中文版

Flash CS6 基础培训教程

（第2版）

数字艺术教育研究室 编著

人民邮电出版社
北京

图书在版编目（CIP）数据

中文版Flash CS6基础培训教程 / 数字艺术教育研究室编著. -- 2版. -- 北京 : 人民邮电出版社, 2018.6（2024.1重印）
ISBN 978-7-115-48046-0

Ⅰ. ①中… Ⅱ. ①数… Ⅲ. ①动画制作软件－技术培训－教材 Ⅳ. ①TP391.414

中国版本图书馆CIP数据核字(2018)第047087号

内容提要

本书全面系统地介绍了 Flash CS6 的基本操作方法和网页动画的制作技巧，内容包括 Flash CS6 基础入门、图形的绘制与编辑、对象的编辑与修饰、文本的编辑、外部素材的应用、元件和库、基本动画的制作、层与高级动画、声音素材的导入和编辑、动作脚本应用基础、制作交互式动画、组件和行为、商业案例实训等。

本书内容均以课堂案例为主线，通过对各案例实际操作的讲解，使读者可以快速上手，熟悉软件功能和艺术设计思路。书中的软件功能解析部分，可以使读者深入学习软件功能。课堂练习和课后习题，可以拓展读者的实际应用能力，提高读者的软件使用技巧。商业案例实训，可以帮助读者快速掌握商业动画的设计理念和设计元素，顺利达到实战水平。

下载资源中包括书中所有案例的素材及效果文件，读者可通过在线方式获取这些资源，具体方法请参看本书前言。同时，读者除了可以通过扫描书中二维码观看当前案例视频外，还可以扫描前言的“在线视频”二维码观看本书所有案例视频。

本书适合作为院校和培训机构艺术专业课程的教材，也可作为 Flash CS6 自学人士的参考用书。

◆ 编　　著　数字艺术教育研究室
责任编辑　张丹丹
责任印制　陈　犇

◆ 人民邮电出版社出版发行　　北京市丰台区成寿寺路 11 号
邮编　100164　　电子邮件　315@ptpress.com.cn
网址　https://www.ptpress.com.cn
涿州市般润文化传播有限公司印刷

◆ 开本：787×1092　1/16
印张：18.75　　2018 年 6 月第 2 版
字数：541 千字　　2024 年 1 月河北第 20 次印刷

定价：49.90 元

读者服务热线：(010)81055410　印装质量热线：(010)81055316
反盗版热线：(010)81055315
广告经营许可证：京东市监广登字 20170147 号

前 言

Flash CS6 是由 Adobe 公司开发的一款网页动画制作软件，它功能强大、易学易用，深受网页制作爱好者和动画设计人员的喜爱，已经成为这一领域非常流行的软件。目前，我国很多院校和培训机构的艺术专业，都将“Flash”列为一门重要的专业课程。为了帮助院校和培训机构艺术专业的教师比较全面、系统地讲授这门课程，使读者能够熟练地使用Flash CS6进行动画设计，数字艺术培训研究室组织相关大专院校从事Flash教学的教师和专业网页动画设计公司经验丰富的设计师共同编写了本书。

我们对本书的编写体系做了精心的设计，按照“课堂案例 – 软件功能解析 – 课堂练习 – 课后习题”这一思路进行编排，通过课堂案例演练使读者快速熟悉软件的功能和动画设计思路，通过软件功能解析使读者深入学习软件功能和制作特色，通过课堂练习和课后习题拓展读者的实际应用能力。在内容编写方面，我们力求通俗易懂，细致全面；在文字叙述方面，我们注意言简意赅、突出重点；在案例选取方面，我们强调案例的针对性和实用性。

本书附带下载资源，内容包括书中所有案例的素材及效果文件。读者在学完本书内容以后，可以调用这些资源进行深入练习。这些学习资源文件均可在线下载，扫描“资源下载”二维码，关注我们的微信公众号即可获得资源文件下载方式。另外，购买本书作为授课教材的教师也可以通过该方式获得教师专享资源，其中包括教学大纲、备课教案、教学 PPT，以及课堂案例、课堂练习和课后习题的教学视频等相关教学资源包。如需资源下载技术支持，请致函 szys@ptpress.com.cn。同时，读者可以通过扫描书中二维码观看当前案例视频。本书的参考学时为 64 学时，其中实训环节为 23 学时。各章的参考学时请参见下面的学时分配表。

章	课程内容	学时分配	
		讲授	实训
第 1 章	Flash CS6 基础入门	2	
第 2 章	图形的绘制与编辑	3	2
第 3 章	对象的编辑与修饰	3	1
第 4 章	文本的编辑	3	1
第 5 章	外部素材的应用	2	1
第 6 章	元件和库	3	1
第 7 章	基本动画的制作	4	2
第 8 章	层与高级动画	4	2
第 9 章	声音素材的导入和编辑	2	1
第 10 章	动作脚本应用基础	3	2
第 11 章	制作交互式动画	3	2
第 12 章	组件和行为	3	2
第 13 章	商业案例实训	6	6
学时总计		41	23

由于时间仓促，加之作者水平有限，书中难免存在错误和不妥之处，敬请广大读者批评指正。

作 者

2018 年 3 月

目 录

第1章 Flash CS6 基础入门

本章介绍

本章将详细讲解 Flash CS6 的基本知识和基本操作。通过学习读者要对 Flash CS6 有初步的认识和了解，并能够掌握软件的基本操作方法和技巧，为以后的学习打下坚实的基础。

学习目标

- 了解 Flash CS6 的操作界面。
- 掌握文件操作的方法和技巧。
- 了解 Flash CS6 的系统配置。

技能目标

- 熟练掌握“时间轴”面板的使用方法。
- 熟练掌握文件的操作方法与技巧。

1.1 Flash CS6 的操作界面

Flash CS6 的操作界面由以下几部分组成：菜单栏、主工具栏、工具箱、时间轴、场景和舞台、属性面板及浮动面板，如图 1-1 所示。下面将一一进行介绍。

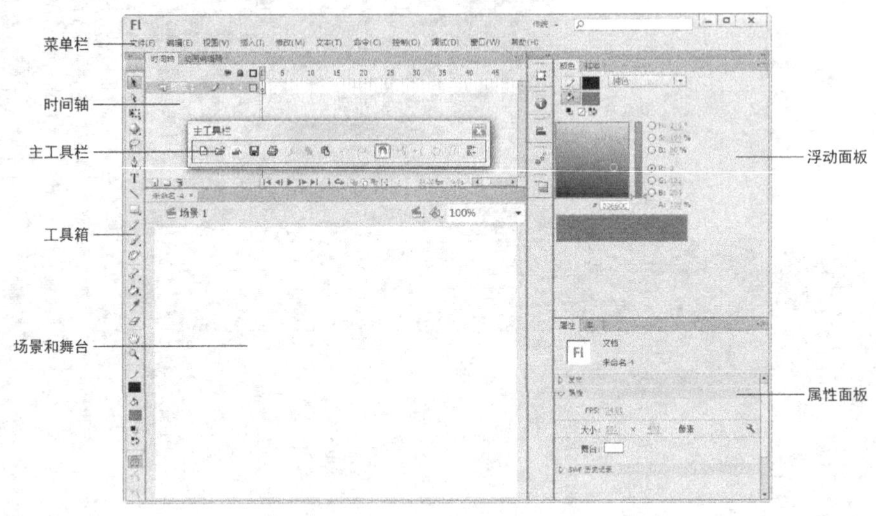

图 1-1

1.1.1 菜单栏

Flash CS6 的菜单栏依次为："文件"菜单、"编辑"菜单、"视图"菜单、"插入"菜单、"修改"菜单、"文本"菜单、"命令"菜单、"控制"菜单、"调试"菜单、"窗口"菜单及"帮助"菜单，如图 1-2 所示。

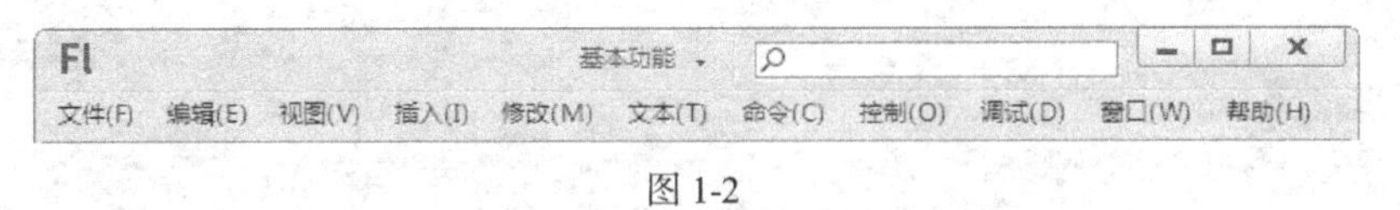

图 1-2

"文件"菜单：主要功能是创建、打开、保存、打印、输出动画，以及导入外部图形、图像、声音、动画文件，以便在当前动画中进行使用。

"编辑"菜单：主要功能是对舞台上的对象以及帧进行选择、复制、粘贴，以及自定义面板、设置参数等。

"视图"菜单：主要功能是进行环境设置。

"插入"菜单：主要功能是向动画中插入对象。

"修改"菜单：主要功能是修改动画中的对象。

"文本"菜单：主要功能是修改文字的外观、对齐以及对文字进行拼写检查等。

"命令"菜单：主要功能是保存、查找、运行命令。

"控制"菜单：主要功能是测试播放动画。

"调试"菜单：主要功能是对动画进行调试。

"窗口"菜单：主要功能是控制各功能面板是否显示及面板的布局设置。

“帮助”菜单：主要功能是提供 Flash CS6 在线帮助信息和支持站点的信息，包括教程和 ActionScript 帮助。

1.1.2　主工具栏

为方便使用，Flash CS6 将一些常用命令以按钮的形式组织在一起，置于操作界面的上方。主工具栏依次为：“新建”按钮、“打开”按钮、“转到 Bridge”按钮、“保存”按钮、“打印”按钮、“剪切”按钮、“复制”按钮、“粘贴”按钮、“撤销”按钮、“重做”按钮、“贴紧至对象”按钮、“平滑”按钮、“伸直”按钮、“旋转与倾斜”按钮、“缩放”按钮以及“对齐”按钮，如图 1-3 所示。

选择“窗口 > 工具栏 > 主工具栏”命令，可以调出主工具栏，还可以通过拖动鼠标改变工具栏的位置。

图 1-3

“新建”按钮：新建一个 Flash 文件。

“打开”按钮：打开一个已存在的 Flash 文件。

“转到 Bridge”按钮：用于打开文件浏览窗口，从中可以对文件进行浏览和选择。

“保存”按钮：保存当前正在编辑的文件，不退出编辑状态。

“打印”按钮：将当前编辑的内容送至打印机输出。

“剪切”按钮：将选中的内容剪切到系统剪贴板中。

“复制”按钮：将选中的内容复制到系统剪贴板中。

“粘贴”按钮：将剪贴板中的内容粘贴到选定的位置。

“撤销”按钮：取消前面的操作。

“重做”按钮：还原被取消的操作。

“贴紧至对象”按钮：选择此按钮进入贴紧状态，用于绘图时调整对象准确定位；设置动画路径时能自动粘连。

“平滑”按钮：使曲线或图形的外观更光滑。

“伸直”按钮：使曲线或图形的外观更平直。

“旋转与倾斜”按钮：改变舞台对象的旋转角度和倾斜变形。

“缩放”按钮：改变舞台中对象的大小。

“对齐”按钮：调整舞台中多个选中对象的对齐方式。

1.1.3　工具箱

工具箱提供了图形绘制和编辑的各种工具，分为“工具”“查看”“颜色”“选项”4 个功能区，如图 1-4 所示。选择“窗口 > 工具”命令，可以调出主工具箱。

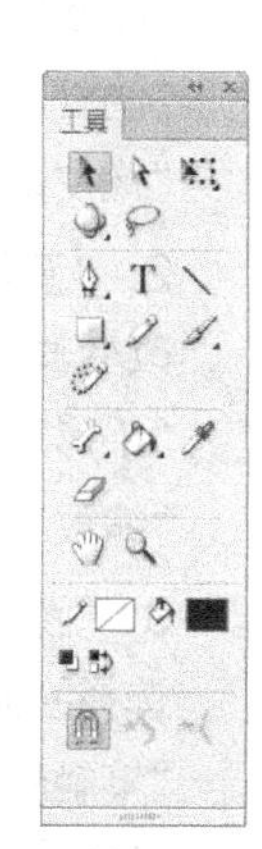

图 1-4

1. “工具”区

提供选择、创建、编辑图形的工具。

“选择”工具：选择和移动舞台上的对象，改变对象的大小和形状等。

“部分选取”工具：用来抓取、选择、移动和改变形状路径。

“任意变形”工具：对舞台上选定的对象进行缩放、扭曲、旋转变形。

“渐变变形”工具：对舞台上选定对象的填充渐变色变形。

“3D 旋转”工具：可以在 3D 空间中旋转影片剪辑实例。在使用该工具选择影片剪辑后，3D 旋转控件出现在选定对象之上。x 轴为红色、y 轴为绿色、z 轴为蓝色。使用橙色的自由旋转控件可同时绕 x 和 y 轴旋转。

“3D 平移”工具：可以在 3D 空间中移动影片剪辑实例。在使用该工具选择影片剪辑后，影片剪辑的 x、y 和 z 3 个轴将显示在舞台上对象的顶部。x 轴为红色、y 轴为绿色，而 z 轴为黑色。应用此工具可以使影片剪辑分别沿着 x、y 或 z 轴进行平移。

“套索”工具：在舞台上选择不规则的区域或多个对象。

“钢笔”工具：绘制直线和光滑的曲线，调整直线长度、角度及曲线曲率等。

“文本”工具：创建、编辑字符对象和文本窗体。

“线条”工具：绘制直线段。

“矩形”工具：绘制矩形向量色块或图形。

“椭圆”工具：绘制椭圆形、圆形向量色块或图形。

“基本矩形”工具：绘制基本矩形，此工具用于绘制图元对象。图元对象允许用户在属性面板中调整其特征的形状。可以在创建形状之后，精确地控制形状的大小、边角半径以及其他属性，而无须从头开始绘制。

“基本椭圆”工具：绘制基本椭圆形，此工具用于绘制图元对象。图元对象允许用户在属性面板中调整其特征的形状。可以在创建形状之后，精确地控制形状的开始角度、结束角度、内径以及其他属性，而无须从头开始绘制。

“多角星形”工具：绘制等比例的多边形（单击矩形工具，将弹出多角星形工具）。

“铅笔”工具：绘制任意形状的向量图形。

“刷子”工具：绘制任意形状的色块向量图形。

“喷涂刷”工具：可以一次性地将形状图案“刷”到舞台上。默认情况下，喷涂刷使用当前选定的填充颜色喷射粒子点。也可以使用喷涂刷工具将影片剪辑或图形元件作为图案应用。

“Deco”工具：可以对舞台上的选定对象应用效果。在选择 Deco 工具后，可以从属性面板中选择要应用的效果样式。

“骨骼”工具：可以向影片剪辑、图形和按钮实例添加 IK 骨骼。

“绑定”工具：可以编辑单个骨骼和形状控制点之间的连接。

“颜料桶”工具：改变色块的色彩。

“墨水瓶”工具：改变向量线段、曲线、图形边框线的色彩。

“滴管”工具：将舞台图形的属性赋予当前绘图工具。

“橡皮擦”工具：擦除舞台上的图形。

2．“查看”区

改变舞台画面以便更好地观察。

“手形”工具：移动舞台画面以便更好地观察。

“缩放”工具：改变舞台画面的显示比例。

3．“颜色”区

选择绘制、编辑图形的笔触颜色和填充色。

“笔触颜色”按钮：选择图形边框和线条的颜色。

“填充色”按钮：选择图形要填充区域的颜色。

“黑白”按钮：系统默认的颜色。

“交换颜色”按钮：可将笔触颜色和填充色进行交换。

4．“选项”区：

不同工具有不同的选项，通过“选项”区为当前选择的工具进行属性选择。

1.1.4　时间轴

时间轴用于组织和控制文件内容在一定时间内播放。按照功能的不同，时间轴窗口分为左右两部分，分别为层控制区、时间线控制区，如图1-5所示。时间轴的主要组件是层、帧和播放头。

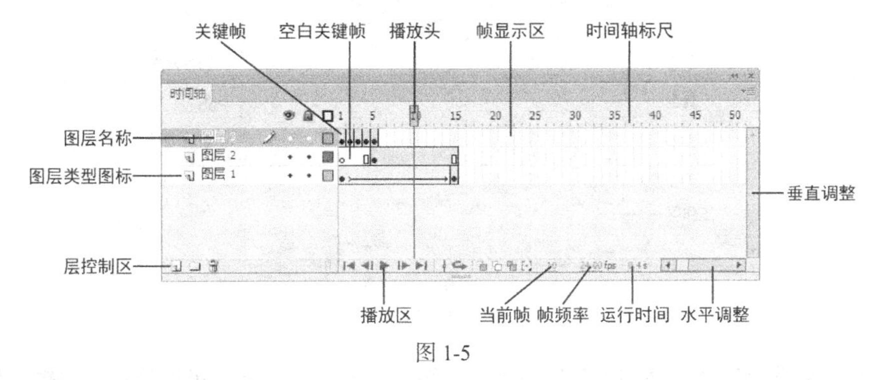

图1-5

1．层控制区

层控制区位于时间轴的左侧。层就像堆叠在一起的多张幻灯胶片一样，每个层都包含一个显示在舞台中的不同图像。在层控制区中，可以显示舞台上正在编辑作品的所有层的名称、类型、状态，并可以通过工具按钮对层进行操作。

“新建图层”按钮：增加新层。

“新建文件夹”按钮：增加新的图层文件夹。

“删除”按钮：删除选定层。

“显示或隐藏所有图层”按钮：控制选定层的显示/隐藏状态。

“锁定或解除锁定所有图层”按钮：控制选定层的锁定/解锁状态。

“将所有图层显示为轮廓”按钮：控制选定层的显示图形外框/显示图形状态。

2．时间线控制区

时间线控制区位于时间轴的右侧，由帧、播放头和多个按钮及信息栏组成。与胶片一样，Flash 文档也将时间长度分为帧。每个层中包含的帧都会显示在该层的右侧。时间轴顶部的时间轴标题指示帧编号。播放头指示舞台中当前显示的帧。信息栏显示当前帧编号、动画播放速率以及到当前帧为止的运行时间等信息。时间线控制区按钮的基本功能如下。

“帧居中”按钮：将当前帧显示到控制区窗口中间。

“绘图纸外观”按钮：在时间线上设置一个连续的显示帧区域，区域内的帧所包含的内容同时显示在舞台上。

“绘图纸外观轮廓”按钮：在时间线上设置一个连续的显示帧区域，除当前帧外，区域内的帧所包含的内容仅显示图形外框。

“编辑多个帧”按钮：在时间线上设置一个连续的显示帧区域，区域内的帧所包含的内容可同时显示和编辑。

“修改绘图纸标记”按钮：单击该按钮会显示一个多帧显示选项菜单，定义第 2 帧、第 5 帧或全部帧内容。

1.1.5 场景和舞台

场景是所有动画元素的最大活动空间，如图 1-6 所示。像多幕剧一样，场景可以不止一个。要查看特定场景，可以选择“视图 > 转到”命令，再从其子菜单中选择场景的名称。

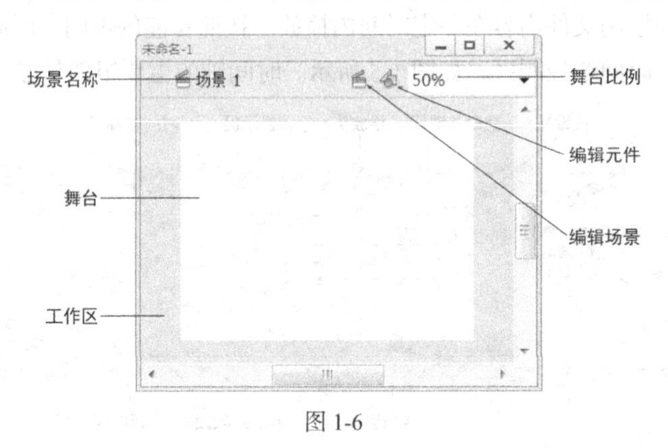

图 1-6

场景也就是常说的舞台，是编辑和播放动画的矩形区域。在舞台上可以放置、编辑向量插图、文本框、按钮、导入的位图图形、视频剪辑等对象。舞台包括大小、颜色等设置。

在舞台上可以显示网格和标尺，帮助制作者准确定位。显示网格的方法是选择“视图 > 网格 > 显示网格”命令，如图 1-7 所示。显示标尺的方法是选择“视图 > 标尺”命令，如图 1-8 所示。

在制作动画时，还常常需要辅助线来作为舞台上不同对象的对齐标准。需要时可以从标尺上向舞台拖曳鼠标以产生蓝色的辅助线，如图 1-9 所示，它在动画播放时并不显示。不需要辅助线时，从舞台上向标尺方向拖曳辅助线来进行删除。还可以通过“视图 > 辅助线 > 显示辅助线”命令，显示出辅助线。通过“视图 > 辅助线 > 编辑辅助线”命令，修改辅助线的颜色等属性。

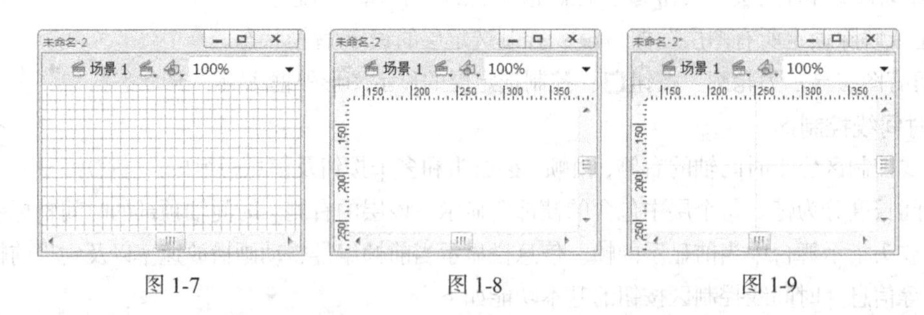

图 1-7　　图 1-8　　图 1-9

1.1.6 属性面板

对于正在使用的工具或资源，使用“属性”面板，可以很容易地查看和更改它们的属性，从而简化文档的创建过程。当选定单个对象时，如文本、组件、形状、位图、视频、组、帧等，“属性”面板可以显示相应的信息和设置，如图 1-10 所示。当选定了两个或多个不同类型的对象时，“属性”面板会显示选定对象的总数，如图 1-11 所示。

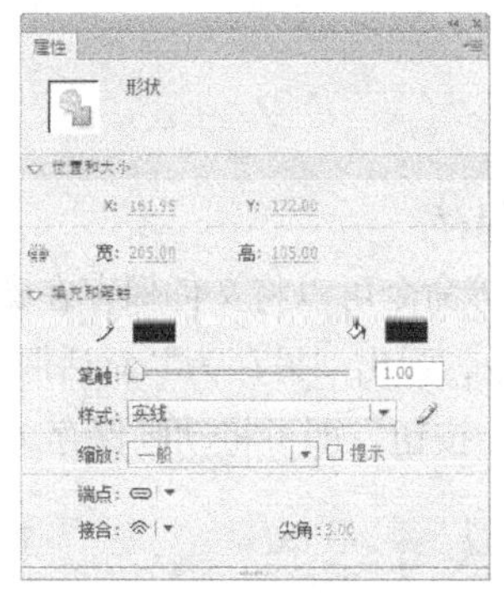

图 1-10

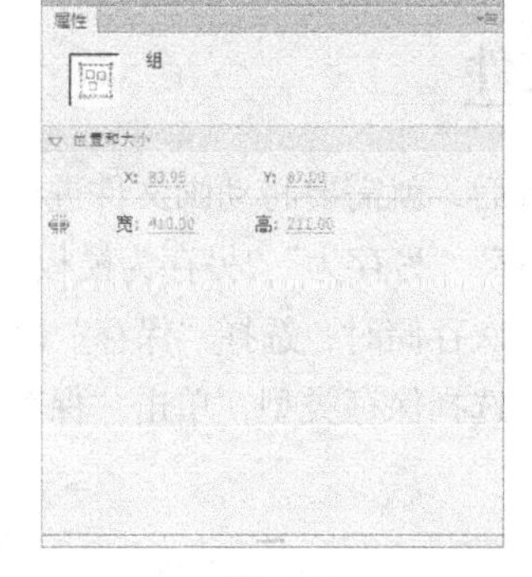

图 1-11

1.1.7　浮动面板

使用面板可以查看、组合和更改资源。但屏幕的大小有限，为了尽量使工作区最大，Flash CS6 提供了许多种自定义工作区的方式，如可以通过“窗口”菜单显示、隐藏面板，还可以通过选择面板左上方的面板名称，将面板从组合中拖曳出来，也可以利用它将独立的面板添加到面板组合中，如图 1-12、图 1-13 所示。

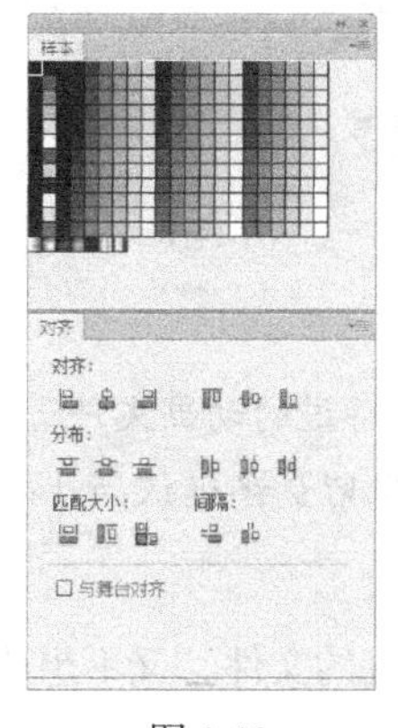

图 1-12

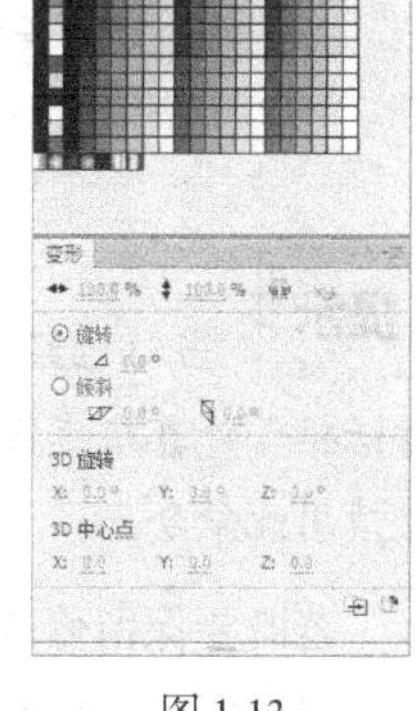

图 1-13

1.2　Flash CS6 的文件操作

1.2.1　新建文件

新建文件是使用 Flash CS6 进行设计的第一步。

选择“文件 > 新建”命令，弹出“新建文档”对话框，如图 1-14 所示。在对话框中，可以创建 Flash 文档，设置 Flash 影片的媒体和结构。创建基于窗体的 Flash 应用程序，应用于 Internet；也可以创建用于控制影片的外部动作脚本文件等。选择完成后，单击“确定”按钮，完成新建文件的任务，如图 1-15 所示。

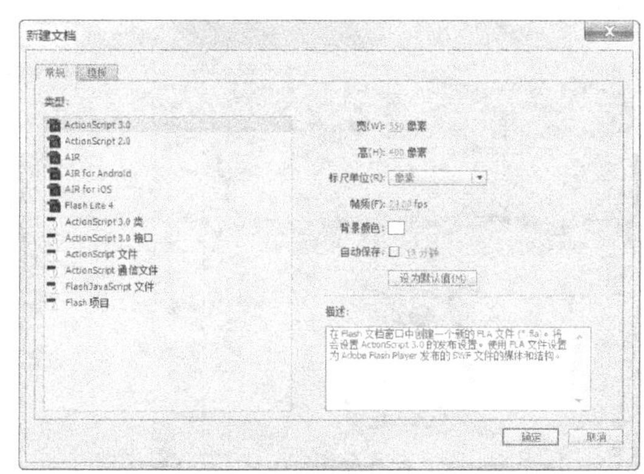

图 1-14

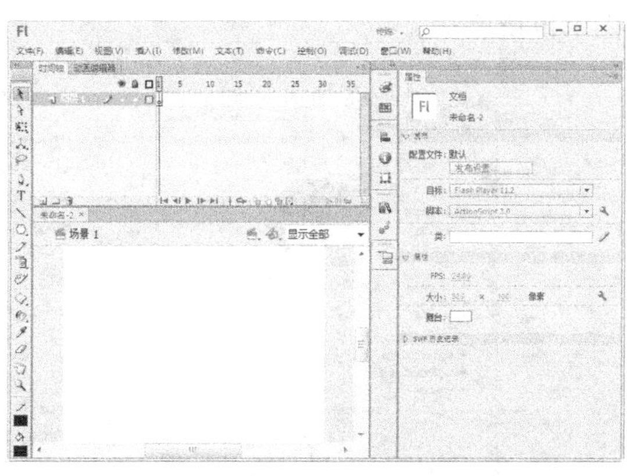

图 1-15

1.2.2 保存文件

编辑和制作完动画后，就需要将动画文件进行保存。

通过“文件 > 保存”“另存为”“另存为模板”等命令可以将文件保存在磁盘上，如图 1-16 所示。当设计好作品进行第一次存储时，选择“保存”命令，弹出“另存为”对话框，如图 1-17 所示；在对话框中，输入文件名，选择保存类型，单击“保存”按钮，即可将动画保存。

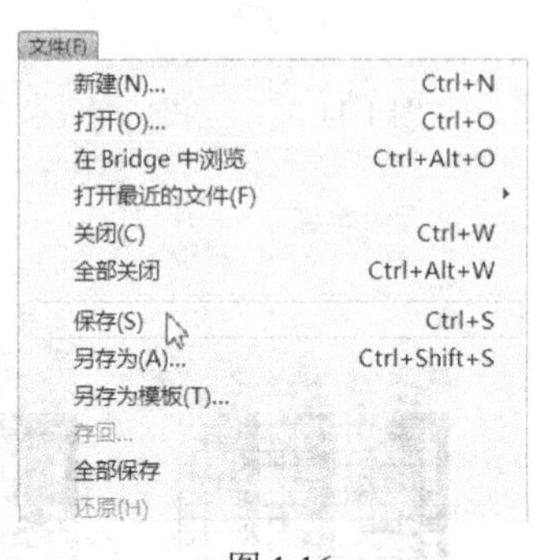

图 1-16

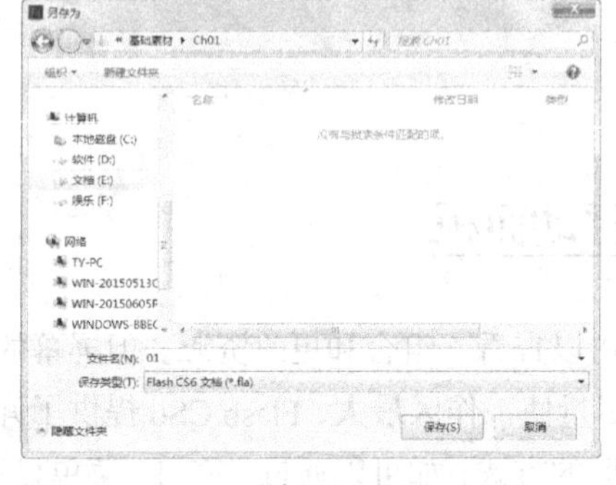

图 1-17

提示 当对已经保存过的动画文件进行了各种编辑操作后，选择“保存”命令，将不弹出“另存为”对话框，计算机直接保留最终确认的结果，并覆盖原始文件。因此，在未确定要放弃原始文件之前，应慎用此命令。

若既要保留修改过的文件，又不想放弃原文件，可以选择“文件 > 另存为”命令，弹出“另存为”对话框，在该对话框中，可以为更改过的文件重新命名、选择路径、设定保存类型，然后进行保存。这样原文件保留不变。

1.2.3 打开文件

如果要修改已完成的动画文件，必须先将其打开。

选择“文件 > 打开”命令，弹出“打开”对话框，在该对话框中搜索路径和文件，确认文件类型和名称，如图 1-18 所示。然后单击“打开”按钮，或直接双击文件，即可打开所指定的动画文件，如图 1-19 所示。

图 1-18

图 1-19

技巧 在“打开”对话框中，也可以一次同时打开多个文件，只要在文件列表中将所需的几个文件选中，并单击“打开”按钮，系统将逐个打开这些文件，以免多次反复调用“打开”对话框。在“打开”对话框中，按住 Ctrl 键的同时，用鼠标单击可以选择不连续的文件。按住 Shift 键，用鼠标单击可以选择连续的文件。

1.3 Flash CS6 的系统配置

应用 Flash 软件制作动画时，可以使用系统默认的配置，也可根据需要自己设定首选参数面板中的数值以及浮动面板的位置。

1.3.1 首选参数面板

应用首选参数面板可以自定义一些常规操作的参数选项。

参数面板依次为：“常规”选项卡、“ActionScript”选项卡、“自动套用格式”选项卡、“剪贴板”选项卡、“绘画”选项卡、“文本”选项卡、“警告”选项卡、“PSD 文件导入器”选项卡、“AI 文件导入器”选项卡以及“发布缓存”选项卡，如图 1-20 所示。选择“编辑 > 首选参数”命令，或按 Ctrl+U 组合键，可以调出“首选参数”对话框。

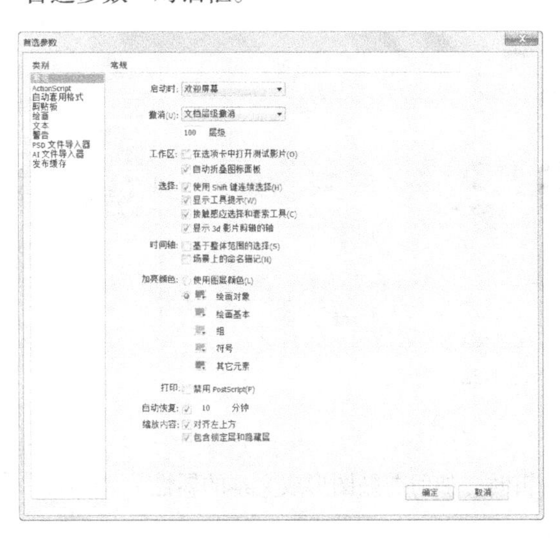

图 1-20

1. 常规选项卡

常规选项卡如图 1-20 所示。

“启动时”选项：用于启动 Flash 应用程序时，对首先打开的文档进行选择，其下拉列表如图 1-21 所示。

“撤销”选项：在该选项下方的“层级”文本框中输入数值，可以对影片编辑中的操作步骤的撤销 / 重做次数进行设置。输入数值的范围为 2~300 的整数。使用撤销级越多，占用的系统内存就越多，可能影响进行速度。

“工作区”选项：若要在选择“控制” > “测试影片”时在应用程序窗口中打开一个新的文档选项

卡，请选择“在选项卡中打开测试影片”选项。默认情况是在其自己的窗口中打开测试影片。若要在面板处于图标模式时使面板自动折叠，请选择“自动折叠图标面板”选项。

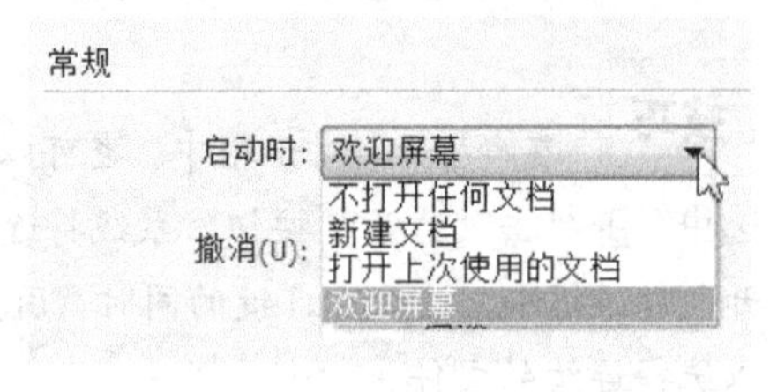

图 1-21

“选择”选项：用于设置如何在影片编辑中选择对象。

“时间轴”选项：用于设置时间轴在被拖出原窗口位置后的停放方式，以及对时间轴中的帧进行选择和命令锚记的设置。

“加亮颜色”选项：用于设置舞台中独立对象被选取时的轮廓颜色。

“打印”选项：该选项只有在 Windows 操作系统中才能使用。选中“禁用 PostScript”复选框，可以在打印时禁用 PostScript 输出。

2．ActionScript 选项卡

ActionScript 选项卡如图 1-22 所示，主要用于设置动作面板中动作脚本的外观。

3．自动套用格式选项卡

自动套用格式选项卡如图 1-23 所示。可以任意选择首选参数中的选项，并在“预览”窗口中查看效果。

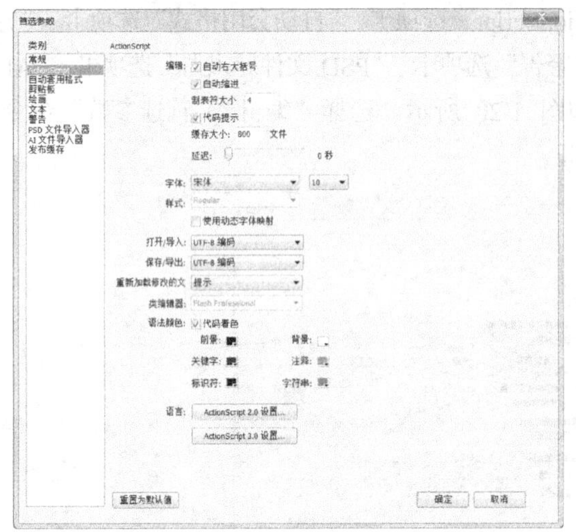
图 1-22

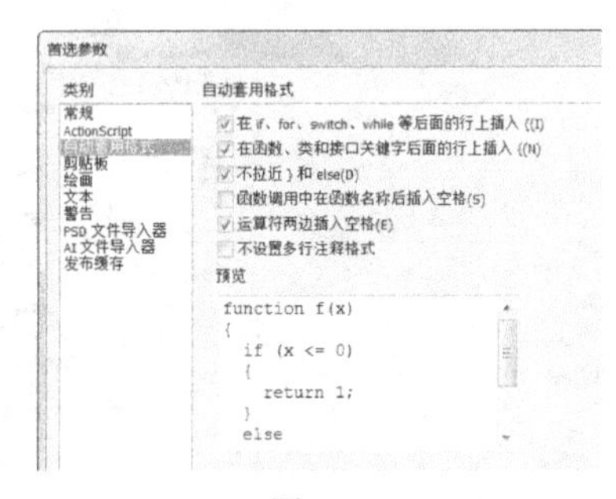

图 1-23

4．剪贴板选项卡

用于设置在编辑影片剪辑时，如何剪贴图形或文本的属性选项，如图 1-24 所示。

“位图”选项组：该选项只有在 Windows 操作系统中才能使用。当剪贴对象是位图时，可以对位图图像的“颜色深度”和“分辨率”等选项进行选择。在“大小限制”文本框中输入数值，可以指定将位图图像放在剪贴板上时所使用的内存量，

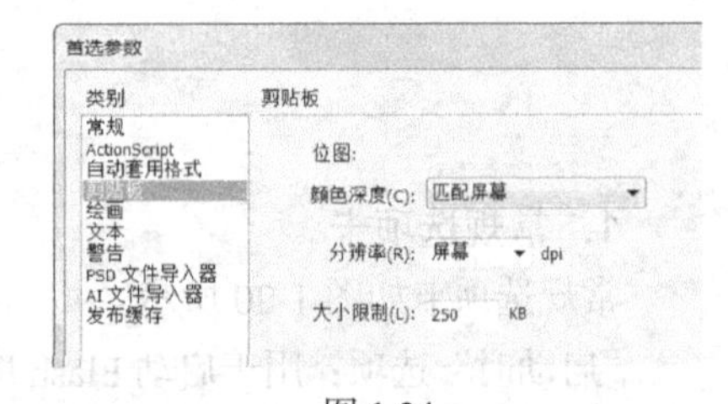

图 1-24

通常对较大或高分辨率的位图图像进行剪贴时，需要设置较大的数值。如果计算机的内存有限，可以选择“无”不应用剪贴。勾选“平滑”复选框，可以对剪贴位图应用消除锯齿的功能。

5．绘画选项卡

绘画选项卡如图 1-25 所示。

可以指定钢笔工具指针显示的外观便于在绘制线段时进行预览，或者查看选定锚记点的外观。并且可以通过绘画设置来指定对齐、平滑和伸直行为，更改每个选项的“容差”设置，也可以打开或关闭每个选项。一般在默认状态下为正常。

6．文本选项卡

用于设置 Flash 编辑过程中使用到“字体映射默认设置”“垂直文本”“输入方法”等功能时的基本属性，如图 1-26 所示。

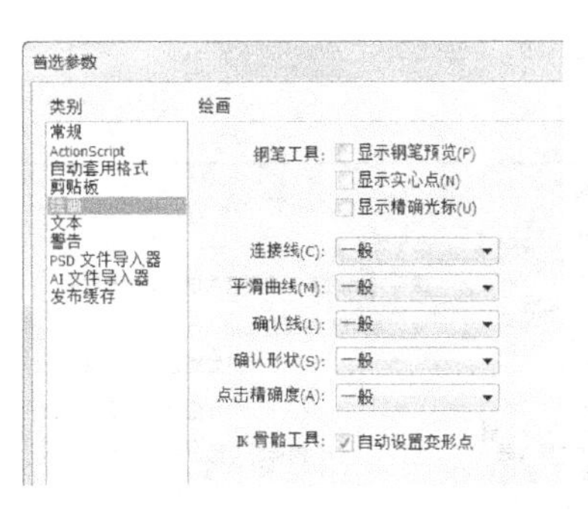

图 1-25

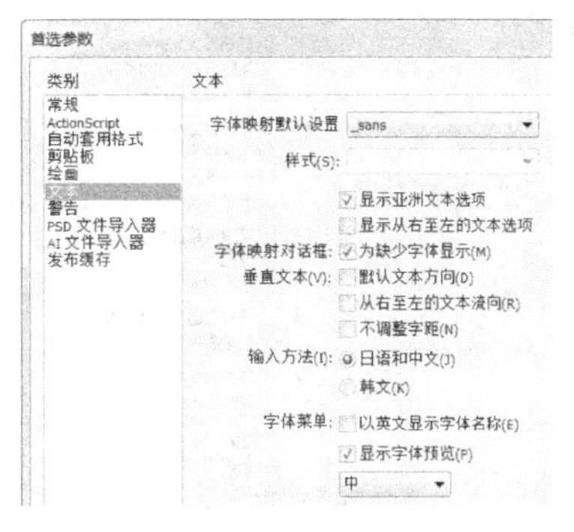

图 1-26

“字体映射默认设置”选项：用于设置在 Flash 中打开文档时替换缺失字体所使用的字体。

“样式”选项：用于设置字体的样式。

“字体映射对话框”复选框：勾选此复选框，将显示缺少的字体。

“垂直文本”选项组：对使用文字工具进行垂直文本编辑时的排列方向、文本流向及字距微调属性进行设置。

“输入方法”选项组：选择输入语言的类型。

“字体菜单”选项组：用于设置字体的显示状态。

7．警告选项卡

警告选项卡如图 1-27 所示，主要用于设置是否对在操作过程中发生的一些异常提出警告。

8．PSD 文件导入器选项卡

PSD 文件导入器选项卡如图 1-28 所示，主要用于导入 Photoshop 图像时的一些设置。

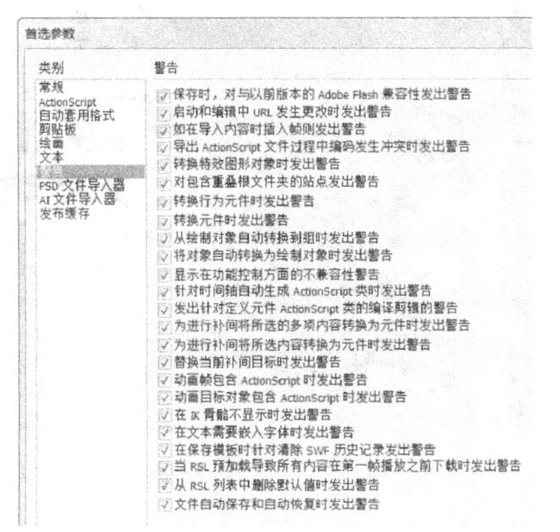

图 1-27

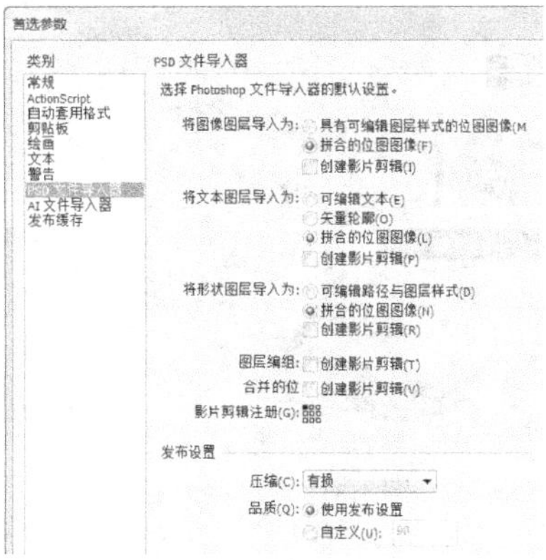

图 1-28

9．AI 文件导入器选项卡

AI 文件导入器选项卡如图 1-29 所示，主要用于导入 Illustrator 文件时的一些设置。

10．发布缓存选项卡

发布缓存选项卡如图 1-30 所示，主要用于磁盘和内存缓存的大小设置。

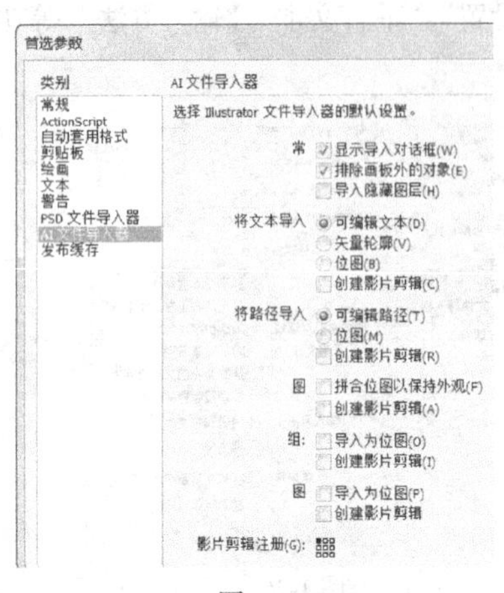

图 1-29

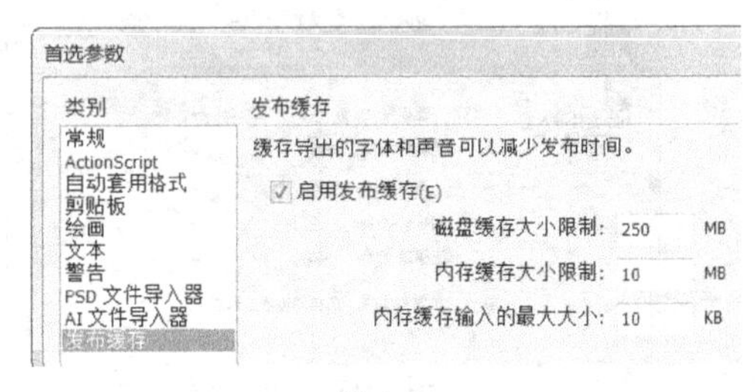

图 1-30

1.3.2　设置浮动面板

Flash 中的浮动面板用于快速设置文档中对象的属性。可以应用系统默认的面板布局；可以根据需要随意地显示或隐藏面板，调整面板的大小。

1．系统默认的面板布局

选择“窗口 > 工作区布局 > 传统”命令，操作界面中将显示传统的面板布局。

2．自定义面板布局

将需要设置的面板调出到操作界面中，效果如图 1-31 所示。

将光标放置在面板名称上，移动面板将其放置在操作界面的右侧，效果如图 1-32 所示。

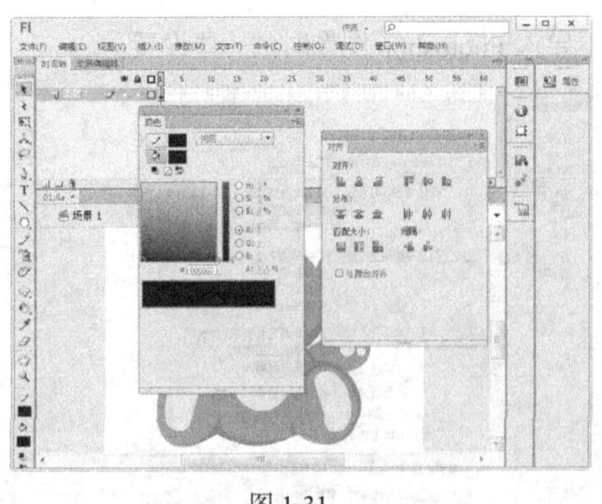

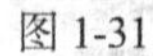

图 1-31

图 1-32

1.3.3　历史记录面板

历史记录面板用于将文档新建或打开以后进行的操作步骤一一进行记录，便于制作者查看操作过程。在面板中可以有选择地撤销一个或多个操作步骤，还可将面板中的步骤应用于同一对象或文档中的不同对象。系统默认的状态下，历史记录面板可以撤销 100 次的操作步骤，还可以根据自身需要在“首选参数”面板（可在操作界面的“编辑”菜单中选择“首选参数”面板）中设置不同的撤销步骤数，数值的范围为 2 ~ 300。

技巧 *历史记录面板中的步骤顺序是按照操作过程一一对应记录下来的，不能进行重新排列。*

选择“窗口 > 其他面板 > 历史记录”命令，或按 Ctrl+F10 组合键，弹出“历史记录”面板，如图 1-33 所示。在文档中进行一些操作后，“历史记录”面板将这些操作按顺序进行记录，如图 1-34 所示。其中滑块所在位置就是当前进行操作的步骤。

将滑块移动到绘制过程中的某一个操作步骤时，该步骤下方的操作步骤将显示为灰色，如图 1-35 所示。这时，再进行新的步骤操作，原来为灰色部分的操作将被新的操作步骤所替代，如图 1-36 所示。在“历史记录”面板中，已经被撤销的步骤将无法重新找回。

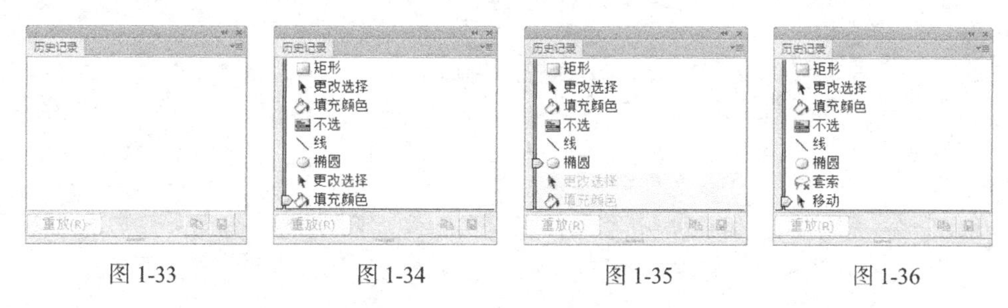

图 1-33　　图 1-34　　图 1-35　　图 1-36

“历史记录”面板可以显示操作对象的一些数据。在面板中单击鼠标右键，在弹出式菜单中选择“视图 > 在面板中显示参数”命令，如图 1-37 所示。这时，面板中会显示出操作对象的具体参数，如图 1-38 所示。

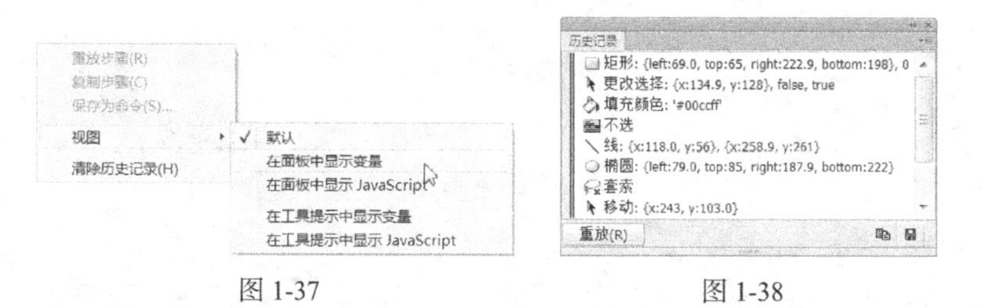

图 1-37　　图 1-38

在“历史记录”面板中，可以将已经应用过的操作步骤进行清除。在面板中单击鼠标右键，在弹出的菜单中选择“清除历史记录”命令，如图 1-39 所示，弹出“Adobe Flash CS6”提示对话框，如图 1-40 所示；单击“是”按钮，面板中的所有操作步骤将会被清除，“历史记录”面板如图 1-41 所示。清除历史记录后，将无法找回被清除的记录。

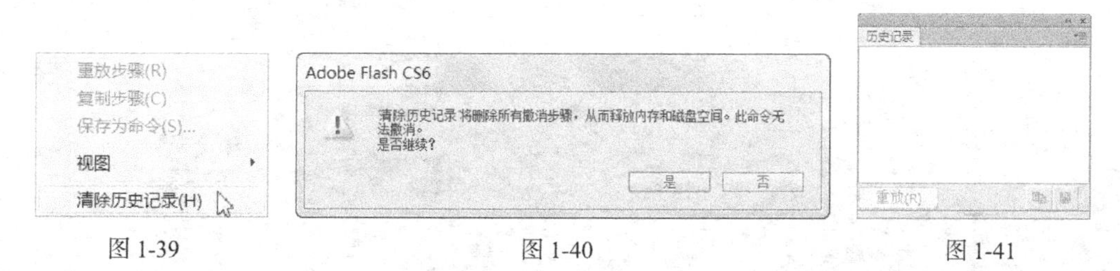

图 1-39　　图 1-40　　图 1-41

第2章 图形的绘制与编辑

本章介绍

本章将介绍 Flash CS6 绘制图形的功能和编辑图形的技巧，并讲解多种选择图形的方法以及设置图形色彩的技巧。通过学习，读者要掌握绘制图形、编辑图形的方法和技巧，要独立绘制出所需的各种图形效果并对其进行编辑，为进一步学习 Flash CS6 打下坚实的基础。

学习目标

- 掌握基本线条与图形的绘制方法。
- 熟练掌握多种图形编辑工具的使用方法和技巧。
- 了解图形的色彩，并掌握几种常用的色彩面板。

技能目标

- 掌握“青蛙卡片”的绘制方法。
- 掌握“网络公司网页标志”的绘制方法。
- 掌握“卡通小鸟”的绘制方法。
- 掌握“卡通按钮”的绘制方法。

2.1 基本线条与图形的绘制

在 Flash CS6 中创造的充满活力的设计作品都是由基本图形组成的，Flash CS6 提供了各种工具来绘制线条和图形。

命令介绍

线条工具：可以绘制不同颜色、宽度、线型的直线。

铅笔工具：可以像使用真实的铅笔一样绘制出任意的线条和形状。

椭圆工具：可以绘制出不同样式的椭圆形和圆形。

刷子工具：可以像使用现实生活中的刷子涂色一样创建出刷子般的绘画效果，如书法效果就可以使用刷子工具来实现。

2.1.1 课堂案例——绘制青蛙卡片

【案例学习目标】使用不同的绘图工具绘制图形并组合成图像效果。

【案例知识要点】使用“铅笔”工具和“颜料桶”工具，绘制白云和飘带图形；使用“椭圆”工具，绘制脸部和眼睛，最终效果如图 2-1 所示。

【效果所在位置】Ch02/效果/绘制青蛙卡片.fla。

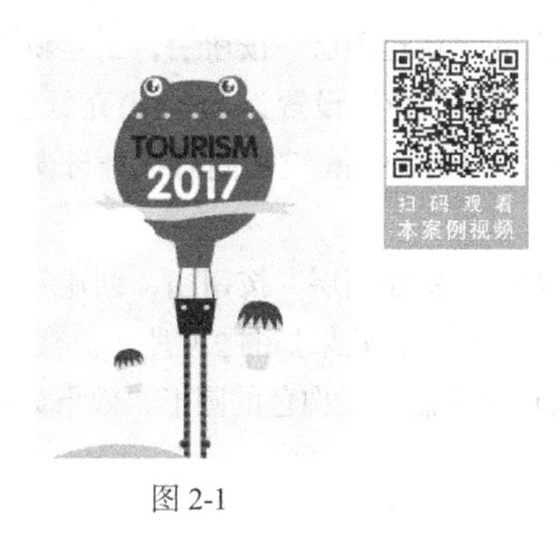

图 2-1

1. 新建文档并绘制白云

（1）选择“文件 > 新建”命令，弹出“新建文档”对话框，在“常规”选项卡中选择“ActionScript 3.0”选项，将“宽”选项设置为 198，“高”选项设置为 283，将“背景颜色”设置为浅黄色（#F4E8DA），单击“确定”按钮，完成文档的创建。

（2）按 Ctrl+F8 组合键，弹出“创建新元件”对话框，在“名称”选项的文本框中输入“白云”，在“类型”选项下拉列表中选择“图形”选项，如图 2-2 所示，单击“确定”按钮，新建图形元件“白云”，舞台窗口也随之转换为图形元件的舞台窗口。

（3）选择“铅笔”工具，在工具箱中将“笔触颜色”设置为黑色，并在工具箱下方的“铅笔模式”选项组的下拉菜单中选中“平滑”选项。在舞台窗口中绘制出一条闭合曲线，效果如图 2-3 所示。

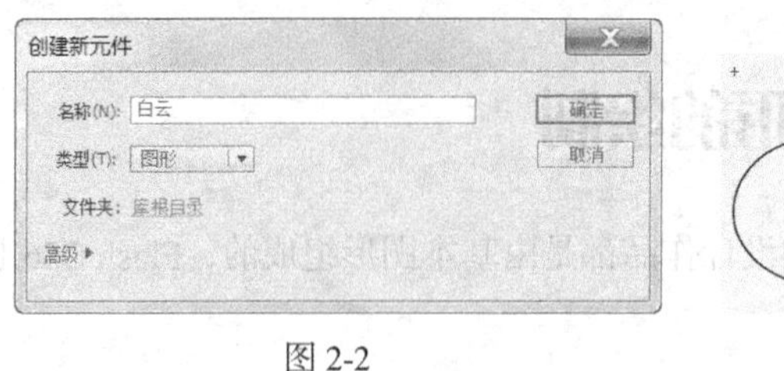

图 2-2

图 2-3

（4）选择“颜料桶”工具，在工具箱中将“填充颜色”设置为白色，在闭合曲线的内部单击鼠标填充颜色，效果如图 2-4 所示。选择“选择”工具，双击边线将其选中，如图 2-5 所示，按 Delete 键将其删除，效果如图 2-6 所示。

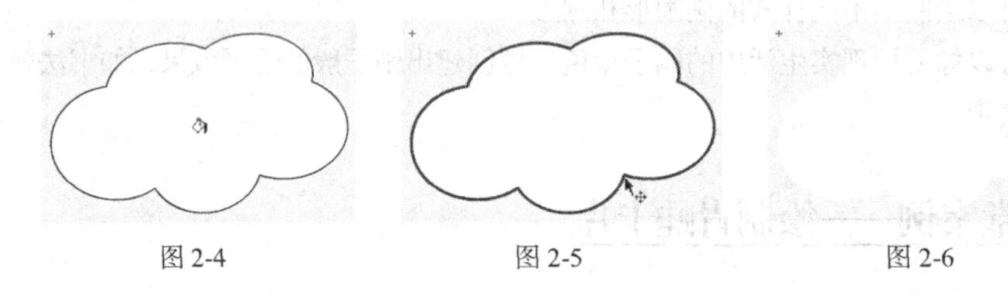

图 2-4　　图 2-5　　图 2-6

2. 绘制脸部图形

（1）单击文档窗口左上方的“场景 1”图标，进入“场景 1”的舞台窗口中。将“图层 1”重命名为“白云 1”。将“库”面板中的图形元件“白云”向舞台窗口中拖曳多次，并分别适当调整其大小与角度，效果如图 2-7 所示。

（2）单击“时间轴”面板下方的“新建图层”按钮，创建新图层并将其命名为“脸蛋”。选择“椭圆”工具，在工具箱中将“笔触颜色”设置为无，“填充颜色”设置为红色（#E60027），单击工具箱下方的“对象绘制”按钮，按住 Shift 键的同时在舞台窗口中绘制一个圆形，效果如图 2-8 所示。

（3）单击“时间轴”面板下方的“新建图层”按钮，创建新图层并将其命名为“眼睛”。按住 Shift 键的同时在舞台窗口中绘制一个圆形，效果如图 2-9 所示。在工具箱中将“填充颜色”设置为白色，按住 Shift 键的同时在舞台窗口中绘制一个白色的圆形，效果如图 2-10 所示。

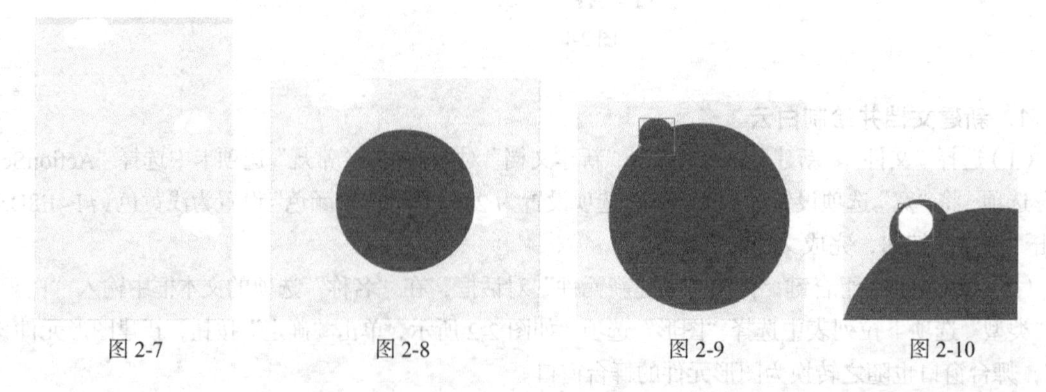

图 2-7　　图 2-8　　图 2-9　　图 2-10

（4）在工具箱中将“填充颜色”设置为黑色，按住 Shift 键的同时在舞台窗口中绘制一个黑色的圆形，效果如图 2-11 所示。在工具箱中将“填充颜色”设置为白色，按住 Shift 键的同时在舞台窗口中绘制两个白色的圆形，效果如图 2-12 所示。用相同的方法绘制出图 2-13 所示的效果。

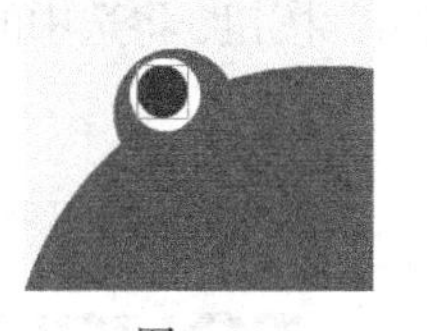

图 2 11

图 2-12

图 2-13

（5）单击“时间轴”面板下方的“新建图层”按钮，创建新图层并将其命名为“嘴和装饰”。选择“线条”工具，在线条工具“属性”面板中，将“笔触颜色”设置为黑色，“笔触”选项设置为 1，在舞台窗口中绘制一条直线，如图 2-14 所示。

（6）选择“选择”工具，将鼠标光标放置在直线的中心部位，当鼠标光标变为时，如图 2-15 所示，单击鼠标并向下拖曳到适当的位置，将直线转换为弧线，效果如图 2-16 所示。

图 2-14

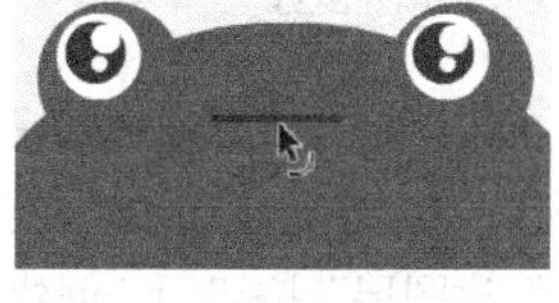

图 2-15

图 2-16

（7）选择“椭圆”工具，在工具箱中将“笔触颜色”设置为无，“填充颜色”设置为肉色（#F3A7A3），按住 Shift 键的同时在舞台窗口中绘制一个圆形，效果如图 2-17 所示。

（8）选择“选择”工具，选中圆形，按住 Alt 键的同时拖曳鼠标到适当的位置，复制圆形，效果如图 2-18 所示。按 3 次 Ctrl+Y 组合键，重复复制圆形，效果如图 2-19 所示。

图 2-17

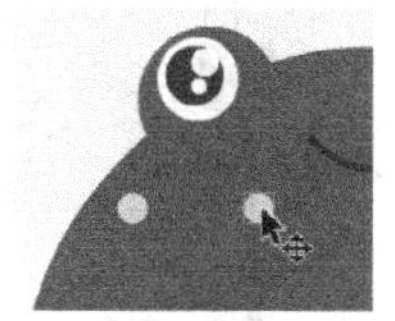

图 2-18

图 2-19

（9）选择“铅笔”工具，在工具箱中将“笔触颜色”设置为黑色，并在工具箱下方的“铅笔模式”选项组的下拉菜单中选中“平滑”选项。在舞台窗口中绘制出一条闭合曲线，效果如图 2-20 所示。

（10）选择“颜料桶”工具，在工具箱中将“填充颜色”设置为黄色（#FABE00），在闭合曲线的内部单击鼠标填充颜色，效果如图 2-21 所示。选择“选择”工具，双击边线将其选中，按 Delete 键将其删除，效果如图 2-22 所示。

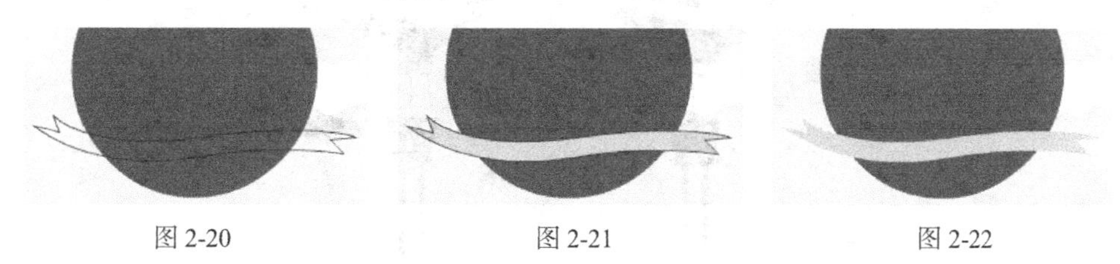

图 2-20　　图 2-21　　图 2-22

3．导入素材绘制小山

（1）选择“文件 > 导入 > 导入到库”命令，在弹出的“导入到库”对话框中选择“Ch02 > 素

材 > 绘制青蛙卡片 >01、02、03”文件，如图 2-23 所示，单击“打开”按钮，将选中的素材导入“库”面板中，如图 2-24 所示。

图 2-23

图 2-24

（2）单击“时间轴”面板下方的“新建图层”按钮，创建新图层并将其命名为“文字”。将“库”面板中的图形元件“03”拖曳到舞台窗口中，并放置在适当的位置，如图 2-25 所示。

（3）单击“时间轴”面板下方的“新建图层”按钮，创建新图层并将其命名为“下体”。将“库”面板中的图形元件“01”拖曳到舞台窗口中，并放置到适当的位置，如图 2-26 所示。在“时间轴”面板中，将“下体”图层拖曳到“脸蛋”图层的下方，效果如图 2-27 所示。

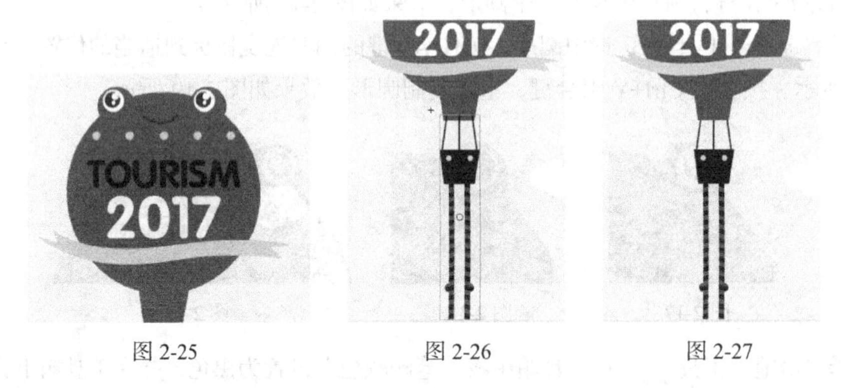

图 2-25　　图 2-26　　图 2-27

（4）单击“时间轴”面板下方的“新建图层”按钮，创建新图层并将其命名为“白云 2”。将“库”面板中的图形元件“白云”向舞台窗口中拖曳两次，并分别调整其大小及角度，效果如图 2-28 所示。

（5）单击“时间轴”面板下方的“新建图层”按钮，创建新图层并将其命名为“降落伞”。将“库”面板中的图形元件“02”拖曳到舞台窗口中，如图 2-29 所示。

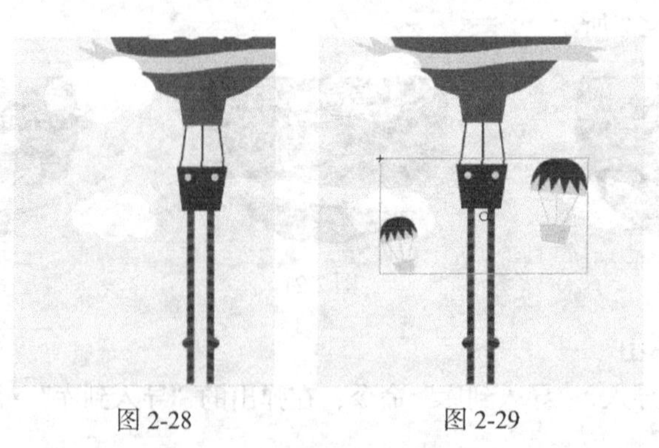

图 2-28　　图 2-29

（6）单击“时间轴”面板下方的“新建图层”按钮，创建新图层并将其命名为“小山”。选择“线条”工具，在线条工具“属性”面板中，将“笔触颜色”设置为黑色，“笔触”选项设置为 1，在舞台窗口中绘制两条直线和一条斜线，使斜线和直线形成闭合路径，效果如图 2-30 所示。

（7）选择“选择”工具，将鼠标光标放置在斜线的中心部位，当鼠标光标变为时，单击鼠标并向上拖曳到适当的位置，将直线转换为弧线，效果如图 2-31 所示。

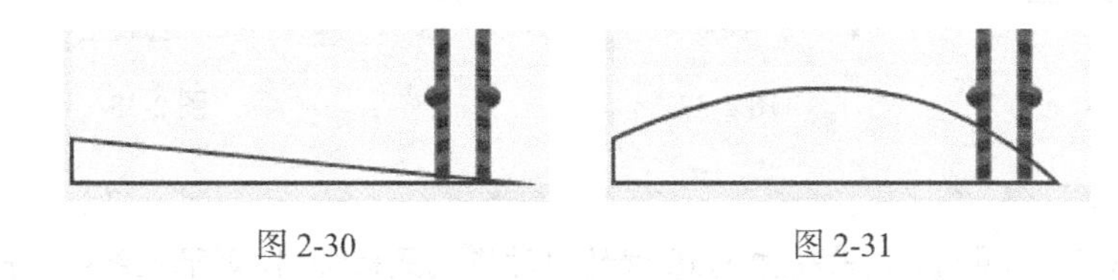

图 2-30　　图 2-31

（8）选择“颜料桶”工具，在工具箱中将“填充颜色”设置为黄绿色（#AB9E4B），在闭合曲线的内部单击鼠标填充颜色，效果如图 2-32 所示。选择“选择”工具，双击边线将其选中，按 Delete 键将其删除，效果如图 2-33 所示。

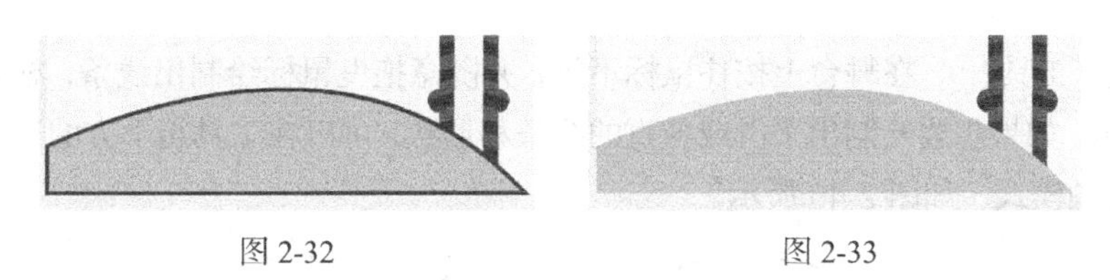

图 2-32　　图 2-33

（9）用上述的方法绘制出图 2-34 所示的效果。青蛙卡片绘制完成，按 Ctrl+Enter 组合键即可查看效果，如图 2-35 所示。

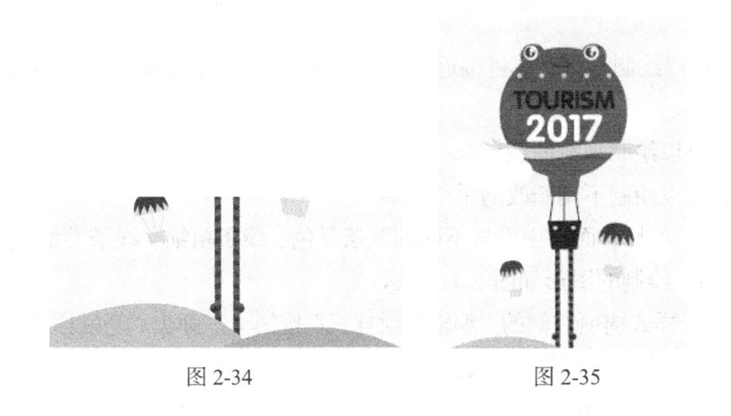

图 2-34　　图 2-35

2.1.2　线条工具

选择“线条”工具，在舞台上单击鼠标，按住鼠标不放并向右拖曳到需要的位置，绘制出一条直线，松开鼠标，直线效果如图 2-36 所示。可以在直线工具“属性”面板中设置不同的线条颜色、线条粗细、线条类型，如图 2-37 所示。

设置不同的线条属性后，绘制的线条如图 2-38 所示。

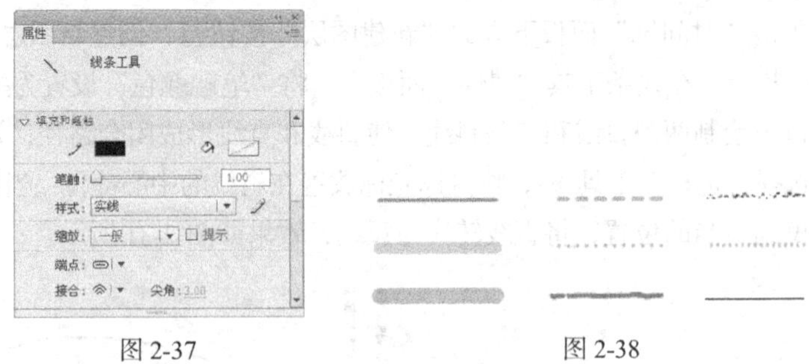

图 2-36　　图 2-37　　图 2-38

提示　选择“线条”工具时，如果按住 Shift 键的同时拖曳鼠标绘制，则限制线条只能在 45° 或 45° 的倍数方向绘制直线。无法为线条工具设置填充属性。

2.1.3　铅笔工具

选择“铅笔”工具，在舞台上按住鼠标不放，并随意拖曳鼠标绘制出线条，松开鼠标，线条效果如图 2-39 所示。如果想要绘制出平滑或伸直的线条和形状，可以在工具箱下方的选项区域中为铅笔工具选择一种绘画模式，如图 2-40 所示。

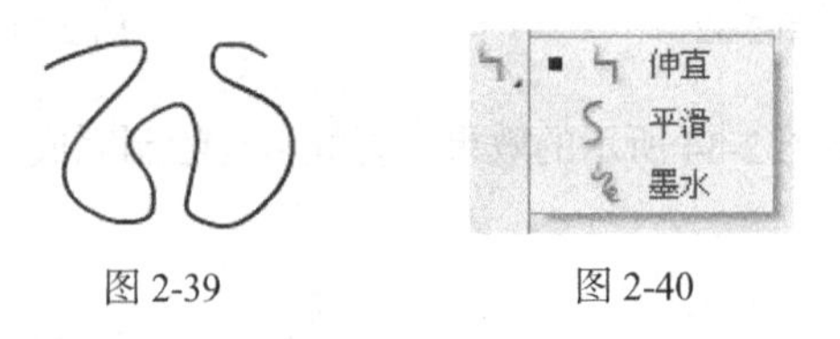

图 2-39　　图 2-40

“伸直”选项：可以绘制直线，并将接近三角形、椭圆、圆形、矩形和正方形的形状转换为这些常见的几何形状。

“平滑”选项：可以绘制平滑曲线。

“墨水”选项：可以绘制不用修改的手绘线条。

可以在铅笔工具“属性”面板中设置不同的线条颜色、线条粗细、线条类型，如图 2-41 所示。设置不同的线条属性后，绘制的图形如图 2-42 所示。

单击“属性”面板样式选项右侧的“编辑笔触样式”按钮，弹出“笔触样式”对话框，如图 2-43 所示，在该对话框中可以自定义笔触样式。

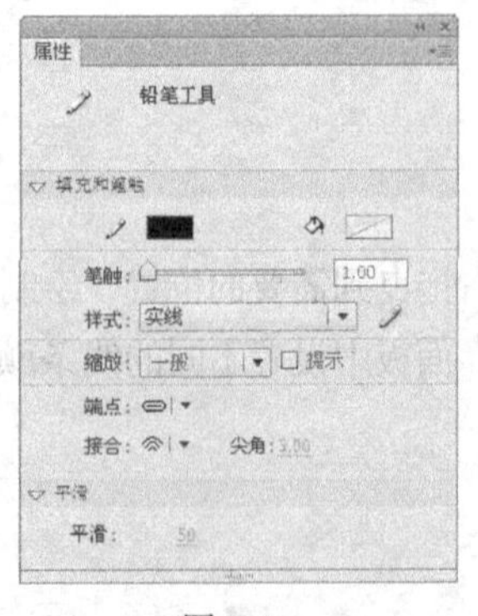

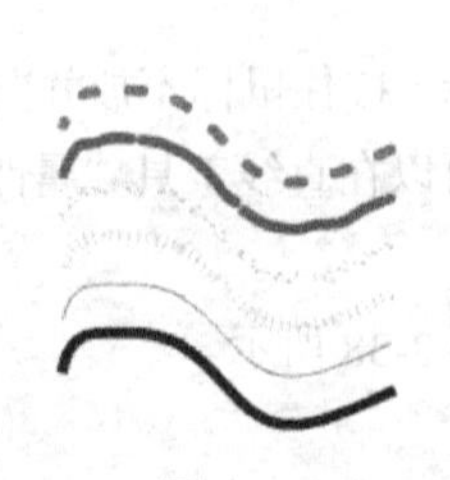

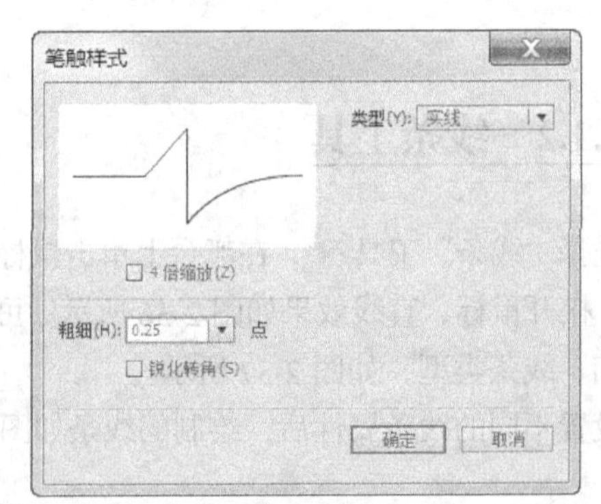

图 2-41　　图 2-42　　图 2-43

"4 倍缩放"选项：可以放大 4 倍预览设置不同选项后所产生的效果。

"粗细"选项：可以设置线条的粗细。

"锐化转角"选项：勾选此选项可以使线条的转折效果变得明显。

"类型"选项：可以在下拉列表中选择线条的类型。

选择"铅笔"工具时，如果按住 Shift 键的同时拖曳鼠标绘制，则可将线条限制为垂直或水平方向。

2.1.4　椭圆工具

选择"椭圆"工具，在舞台上按住鼠标不放，向需要的位置拖曳鼠标，绘制出椭圆图形，松开鼠标，图形效果如图 2-44 所示。按住 Shift 键的同时绘制图形，可以绘制出圆形，效果如图 2-45 所示。

可以在椭圆工具的"属性"面板中设置不同的边框颜色、边框粗细、边框线型和填充颜色，如图 2-46 所示。设置不同的边框属性和填充颜色后，绘制的图形如图 2-47 所示。

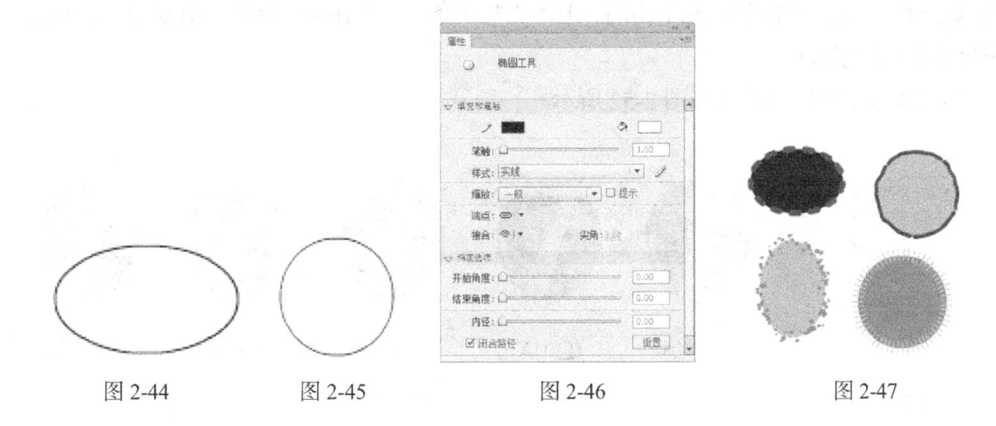

图 2-44　　图 2-45　　图 2-46　　图 2-47

2.1.5　基本椭圆工具

"基本椭圆"工具的使用方法和功能与"椭圆"工具相同，唯一的区别在于，"椭圆"工具必须要先设置椭圆属性，然后绘制，绘制好之后不可以更改椭圆属性；而"基本椭圆"工具绘制前设置属性和绘制后设置属性都是可以的。

2.1.6　刷子工具

选择"刷子"工具，在舞台上按住鼠标不放，随意绘制出笔触，松开鼠标，图形效果如图 2-48 所示。可以在刷子工具的"属性"面板中设置不同的笔触颜色和平滑度，如图 2-49 所示。

在工具箱的下方应用"刷子大小"选项、"刷子形状"选项，可以设置刷子的大小与形状。设置不同的刷子形状后，绘制的笔触效果如图 2-50 所示。

图 2-48

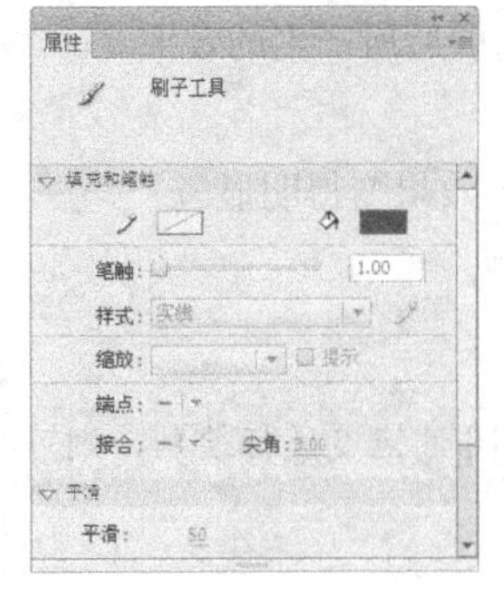

图 2-49

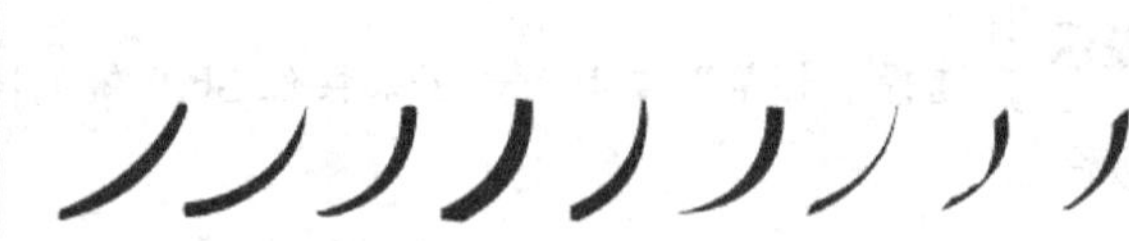

图 2-50

系统在工具箱的下方提供了 5 种刷子的模式供读者选择，如图 2-51 所示。

“标准绘画”模式：会在同一层的线条和填充上以覆盖的方式涂色。

“颜料填充”模式：对填充区域和空白区域涂色，其他部分（如边框线）不受影响。

“后面绘画”模式：在舞台上同一层的空白区域涂色，但不影响原有的线条和填充。

“颜料选择”模式：在选定的区域内涂色，未被选中的区域不能涂色。

“内部绘画”模式：在内部填充上绘图，但不影响线条。如果在空白区域中开始涂色，则该填充不会影响任何现有填充区域。

应用不同模式绘制出的效果如图 2-52 所示。

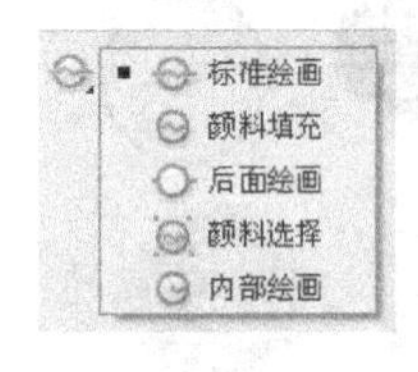

图 2-51

标准绘画

颜料填充

后面绘画

颜料选择

内部绘画

图 2-52

“锁定填充”按钮：先为刷子选择放射性渐变色彩，当没有选择此按钮时，用刷子绘制线条，每个线条都有自己完整的渐变过程，线条与线条之间不会影响，如图 2-53 所示。当选择此按钮时，颜色的渐变过程形成一个固定的区域，在这个区域内，刷子绘制到的地方，就会显示出相应的色彩，如图 2-54 所示。

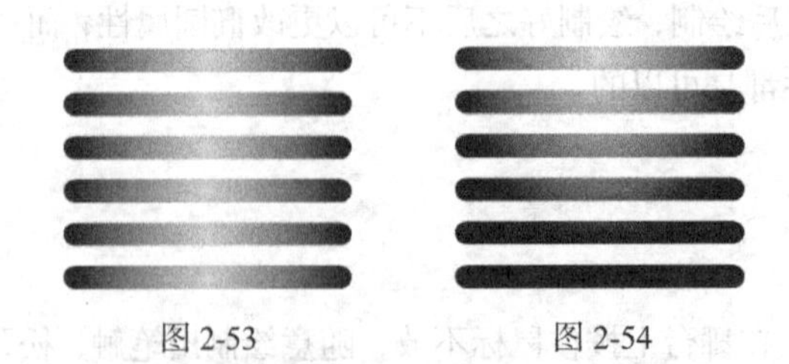

图 2-53　　图 2-54

在使用刷子工具涂色时，可以使用导入的位图作为填充。

导入图片，效果如图 2-55 所示。选择“窗口 > 颜色”命令，弹出“颜色”面板，将“颜色类型”设置为“位图填充”，用刚才导入的位图作为填充图案，如图 2-56 所示。选择“刷子”工具，在窗口中随意绘制一些笔触，效果如图 2-57 所示。

图 2-55

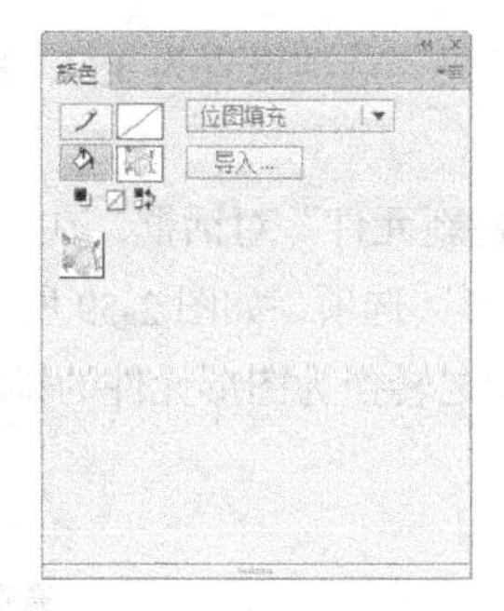

图 2-56

图 2-57

2.2 图形的绘制与选择

应用绘制工具可以绘制多变的图形与路径。若要在舞台上修改图形对象，则需要先选择对象，再对其进行修改。

命令介绍

矩形工具：可以绘制出不同样式的矩形。

钢笔工具：可以绘制出精确的路径。如在创建直线或曲线的过程中，可以先绘制直线或曲线，再调整直线段的角度、长度以及曲线段的斜率。

选择工具：具有选择、移动、复制、调整向量线条和色块的功能，是使用频率较高的一种工具。

套索工具：可以按需要在对象上选取任意一部分不规则的图形。

2.2.1 课堂案例——制作网络公司网页标志

【案例学习目标】使用不同的绘图工具绘制标志图形。

【案例知识要点】使用“文本”工具，输入文字；使用“套索”工具和“选择”工具，删除文字笔画；使用“钢笔”工具、“椭圆”工具和“线条”工具，添加和修改文字笔画效果，最终效果如图 2-58 所示。

【效果所在位置】Ch02/效果/制作网络公司网页标志.fla。

扫码观看本案例视频

图 2-58

1. 输入文字

（1）选择“文件 > 新建”命令，弹出“新建文档”对话框，在“常规”选项卡中选择“ActionScript

3.0”选项，将“宽”选项设置为 500，“高”选项设置为 350，将“背景颜色”设置为黑色，单击“确定”按钮，完成文档的创建。

（2）按 Ctrl+F8 组合键，弹出“创建新元件”对话框，在“名称”选项的文本框中输入“标志”，在“类型”选项的下拉列表中选择“图形”选项，如图 2-59 所示，单击“确定”按钮，新建图形元件“标志”，如图 2-60 所示。舞台窗口也随之转换为图形元件的舞台窗口。

图 2-59

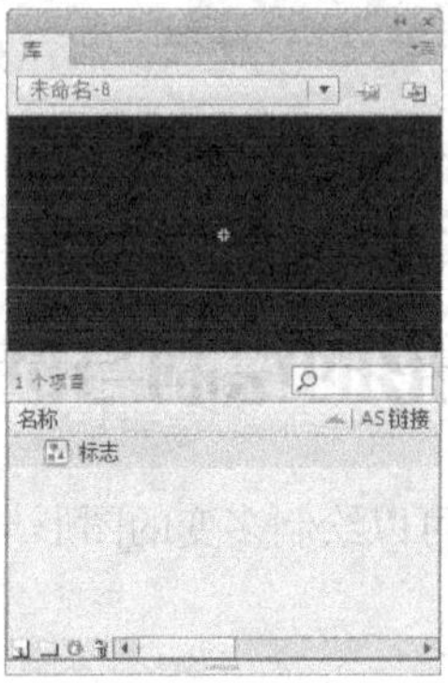

图 2-60

（3）将“图层 1”重新命名为“文字”。选择“文本”工具，在文本工具“属性”面板中进行设置，在舞台窗口中输入需要的白色文字，效果如图 2-61 所示。选中文字，按两次 Ctrl+B 组合键，将文字打散，效果如图 2-62 所示。

图 2-61

图 2-62

2．添加画笔

（1）单击“时间轴”面板下方的“新建图层”按钮，创建新图层并将其命名为“钢笔绘制”。选择“钢笔”工具，在钢笔工具“属性”面板中，将“笔触颜色”设置为红色，在“度”字的右下方单击鼠标，设置起点，如图 2-63 所示，在空白处单击鼠标，设置第 2 个节点，按住鼠标不放，向上拖曳控制手柄，调节控制手柄改变路径的弯度，效果如图 2-64 所示。使用相同的方法，应用“钢笔”工具绘制图 2-65 所示的边线效果。

图 2-63　　图 2-64 　　图 2-65

（2）在工具箱的下方将“填充颜色”设置为白色。选择“颜料桶”工具，在工具箱下方的“空隙大小”选项组中选择“不封闭空隙”选项，在边线内部单击鼠标填充图形，如图 2-66 所示。选择“选择”工具，双击边线将其选中，如图 2-67 所示，按 Delete 键将其删除，效果如图 2-68 所示。

图 2-66　　图 2-67　　图 2-68

（3）选择“选择”工具，在“度”字的上方拖曳出一个矩形，如图 2-69 所示。按 Delete 键将其删除，效果如图 2-70 所示。用相同的方法删除其他文字的笔画，效果如图 2-71 所示。

图 2-69

图 2-70

图 2-71

（4）单击“时间轴”面板下方的“新建图层”按钮，创建新图层并将其命名为“线条绘制”。选择“椭圆”工具，在工具箱中将“笔触颜色”设置为无，“填充颜色”设置为白色，按住 Shift 键的同时绘制圆形，效果如图 2-72 所示。

（5）选择“选择”工具，选取圆形，如图 2-73 所示，按住 Alt 键，拖曳到适当的位置，复制图形，效果如图 2-74 所示。用相同的方法复制多个图形，效果如图 2-75 所示。

图 2-72　　图 2-73　　图 2-74

图 2-75

（6）选择“线条”工具，在线条工具“属性”面板中，将“笔触颜色”设置为白色，其他选项的设置如图 2-76 所示。在“风”字的内部绘制出一条斜线，效果如图 2-77 所示。用相同的方法再次绘制另外一条斜线，效果如图 2-78 所示。

图 2-76

图 2-77

图 2-78

3. 制作标志

（1）单击舞台窗口左上方的“场景 1”图标，进入“场景 1”的舞台窗口。将“图层 1”重命名为“底图”。按 Ctrl+R 组合键，在弹出的“导入”对话框中，选择“Ch02 > 素材 > 制作网络公司网页标志 > 01”文件，单击“打开”按钮，图片被导入舞台窗口中，效果如图 2-79 所示。

（2）单击“时间轴”面板下方的“新建图层”按钮，创建新图层并将其命名为“标志”。将“库”

面板中的图形元件“标志”拖曳到舞台窗口中，并放置在适当的位置，效果如图 2-80 所示。

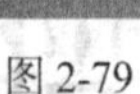

图 2-79

图 2-80

（3）按 Ctrl+T 组合键，弹出“变形”面板，单击面板下方的“重制选区和变形”按钮，复制元件。在图形“属性”面板“样式”选项的下拉列表中选择“色调”选项，各选项的设置如图 2-81 所示，舞台效果如图 2-82 所示。

图 2-81

图 2-82

（4）按 Ctrl+↓组合键，将文字向下移一层，按 6 次键盘上的向下键，将文字向下移动，使文字产生阴影效果，如图 2-83 所示。

（5）选择“文本”工具，在文本工具“属性”面板中进行设置，在舞台窗口中输入需要的深蓝色（#1D4A83）文字，效果如图 2-84 所示。

图 2-83

图 2-84

（6）单击“变形”面板下方的“重制选区和变形”按钮，复制文字。在文本工具“属性”面板中将“颜色”选项改为白色，舞台效果如图 2-85 所示。选择“选择”工具，选取白色文字，然后拖曳到适当的位置，使文字产生阴影效果。网络公司网页标志制作完成，按 Ctrl+Enter 组合键即可查看效果，如图 2-86 所示。

图 2-85　　　　图 2-86

2.2.2　矩形工具

选择“矩形”工具，在舞台上按住鼠标不放，向需要的位置拖曳鼠标，绘制出矩形图形，松开鼠标，矩形图形效果如图 2-87 所示。按住 Shift 键的同时绘制图形，可以绘制出正方形，如图 2-88 所示。

可以在矩形工具“属性”面板中设置不同的边框颜色、边框粗细、边框线型和填充颜色，如图 2-89 所示。设置不同的边框属性和填充颜色后，绘制的图形如图 2-90 所示。

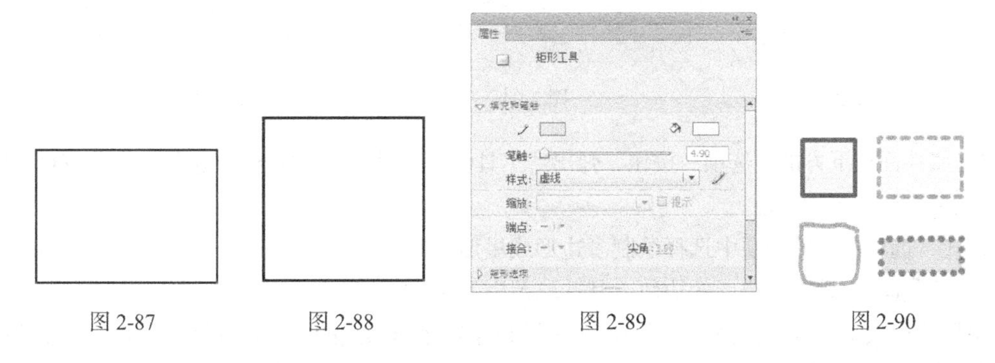

图 2-87　　　　图 2-88　　　　图 2-89　　　　图 2-90

可以应用矩形工具绘制圆角矩形。选择“属性”面板，在“矩形边角半径”选项的数值框中输入需要的数值，如图 2-91 所示。输入的数值不同，绘制出的圆角矩形也不同，效果如图 2-92 所示。

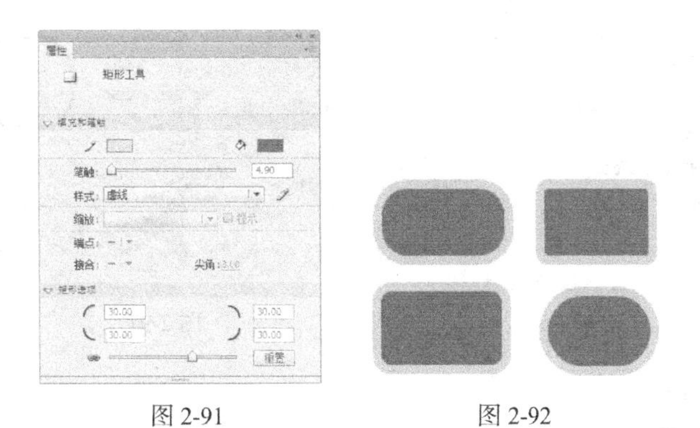

图 2-91　　　　图 2-92

2.2.3　基本矩形工具

“基本矩形”工具的使用方法和功能与“矩形”工具相同，唯一的区别在于，“矩形”工具必须要先设置矩形属性，然后绘制，绘制好之后不可以更改矩形属性；而“基本矩形”工具绘制前设置属性和绘制后设置属性都是可以的。

2.2.4 多角星形工具

应用多角星形工具可以绘制出不同样式的多边形。选择“多角星形”工具，在舞台上按住鼠标不放，向需要的位置拖曳鼠标，绘制出多边形，松开鼠标，多边形效果如图 2-93 所示。

可以在多角星形工具的“属性”面板中设置不同的边框颜色、边框粗细、边框线型和填充颜色，如图 2-94 所示。设置不同的边框属性和填充颜色后，绘制的图形如图 2-95 所示。

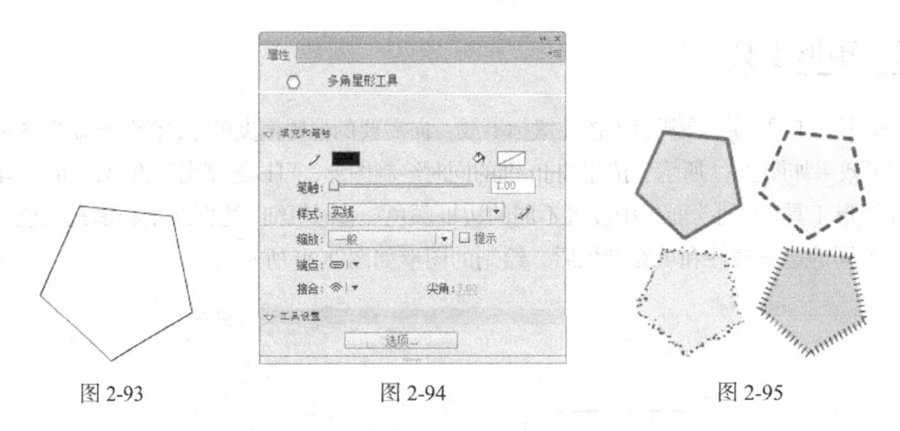

图 2-93　　图 2-94　　图 2-95

单击属性面板下方的“选项”按钮，弹出“工具设置”对话框，如图 2-96 所示，在该对话框中可以自定义多边形的各种属性。

“样式”选项：在此选项中选择绘制多边形或星形。

“边数”选项：设置多边形的边数，其选取范围为 3 ~ 32。

“星形顶点大小”选项：输入一个 0 ~ 1 的数以指定星形顶点的深度。此数越接近 0，创建的顶点就越深。此选项在多边形形状绘制中不起作用。

设置不同的数值后，绘制出的多边形也不同，如图 2-97 所示。

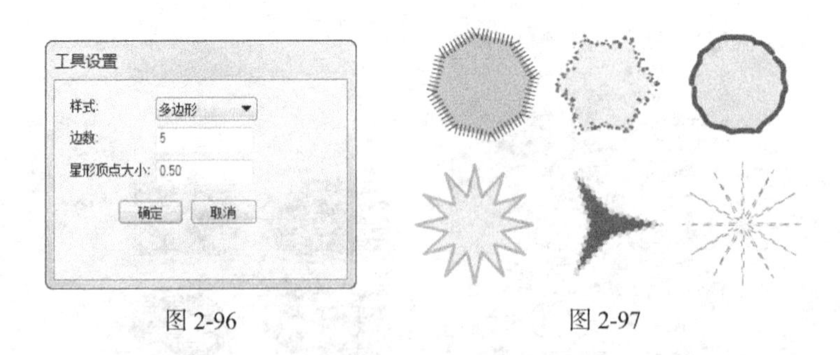

图 2-96　　图 2-97

2.2.5 钢笔工具

选择“钢笔”工具，将鼠标放置在舞台上想要绘制曲线的起点位置，然后按住鼠标不放，此时出现第一个锚点，并且钢笔尖形状的光标变为箭头形状，如图 2-98 所示。松开鼠标，将鼠标放置在想要绘制的第二个锚点的位置，单击鼠标并按住不放，绘制出一条直线段，如图 2-99 所示。将鼠标向其他方向拖曳，直线转换为曲线，如图 2-100 所示。松开鼠标，一条曲线绘制完成，如图 2-101 所示。

图 2-98　　图 2-99　　图 2-100　　图 2-101

用相同的方法可以绘制出多条曲线段组合而成的不同样式的曲线，如图 2-102 所示。

在绘制线段时，如果按住 Shift 键再进行绘制，绘制出的线段将被限制为倾斜 45° 的倍数，如图 2-103 所示。

图 2-102　　图 2-103

在绘制线段时，“钢笔”工具的光标形状会产生不同的变化，其表示的含义也不同。

增加节点：当光标变为带加号时，如图 2-104 所示，在线段上单击鼠标就会增加一个节点，这样有助于更精确地调整线段。增加节点后的效果如图 2-105 所示。

图 2-104　　图 2-105

删除节点：当光标变为带减号时，如图 2-106 所示，在线段上单击节点，就会将这个节点删除。删除节点后的效果如图 2-107 所示。

转换节点：当光标变为带折线时，如图 2-108 所示，在线段上单击节点，就会将这个节点从曲线节点转换为直线节点。转换节点后的效果如图 2-109 所示。

图 2-106　　图 2-107　　图 2-108　　图 2-109

提示　当选择钢笔工具绘画时，若在用铅笔、刷子、线条、椭圆或矩形工具创建的对象上单击，就可以调整对象的节点，以改变这些线条的形状。

2.2.6　选择工具

选择“选择”工具，工具箱下方出现图 2-110 所示的按钮，利用这些按钮可以完成以下工作。

“贴紧至对象”按钮：自动将舞台上两个对象定位到一起，一般制作引导层动画时可利用此按钮将关键帧的对象锁定到引导路径上。此按钮还可以将对象定位到网格上。

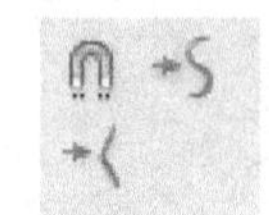
图 2-110

“平滑”按钮：可以柔化选择的曲线条。当选中对象时，此按钮变为可用。

“伸直”按钮：可以锐化选择的曲线条。当选中对象时，此按钮变为可用。

1. 选择对象

选择“选择”工具，在舞台中的对象上单击鼠标进行点选，如图 2-111 所示。按住 Shift 键再点选对象，可以同时选中多个对象，如图 2-112 所示。在舞台中拖曳出一个矩形可以框选对象，如图 2-113 所示。

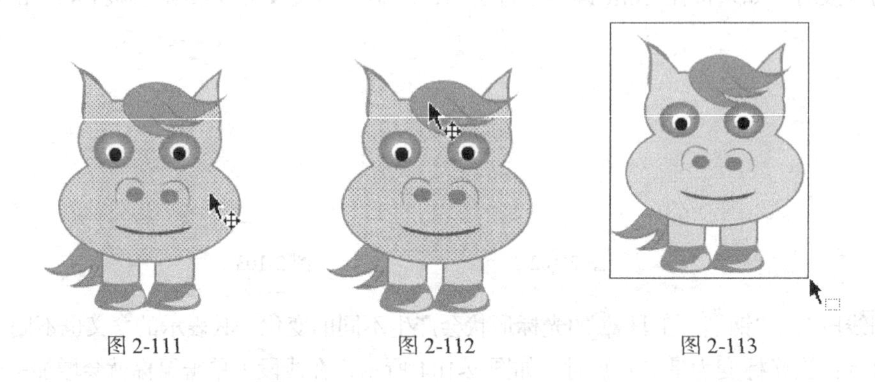
图 2-111　图 2-112　图 2-113

2. 移动和复制对象

选择“选择”工具，点选对象，如图 2-114 所示，按住鼠标不放，直接拖曳对象到任意位置，如图 2-115 所示。

选择“选择”工具，点选对象，按住 Alt 键拖曳选中的对象到任意位置，选中的对象便会被复制，如图 2-116 所示。

图 2-114　图 2-115　图 2-116

3. 调整向量线条和色块

选择“选择”工具，将光标移至对象，光标下方出现圆弧，如图 2-117 所示。拖曳鼠标，对选中的线条和色块进行调整，如图 2-118 所示。

图 2-117　图 2-118

2.2.7　部分选取工具

选择"部分选取"工具，在对象的外边线上单击，此时对象上会出现多个节点，如图 2-119 所示。拖动节点来调整控制线的长度和斜率，从而改变对象的曲线形状，如图 2-120 所示。

图 2-119　　　图 2-120

若想增加图形上的节点，选择"钢笔"工具在图形上单击即可。

在改变对象的形状时，"部分选取"工具的光标形状会产生不同的变化，其表示的含义也不同。

带黑色方块的光标：将光标放置在节点以外的线段上时，光标变为，如图 2-121 所示。这时，可以移动对象到其他位置，如图 2-122 和图 2-123 所示。

图 2-121　　　图 2-122　　　图 2-123

带白色方块的光标：将光标放置在节点上时，光标变为，如图 2-124 所示。这时，可以移动单个的节点到其他位置，如图 2-125 和图 2-126 所示。

图 2-124　　　图 2-125　　　图 2-126

变为小箭头的光标：将光标放置在节点调节手柄的尽头时，光标变为，如图 2-127 所示。这时，可以调节与该节点相连的线段的弯曲度，如图 2-128 和图 2-129 所示。

图 2-127　　图 2-128　　图 2-129

提示　在调整节点的手柄时，调整一个手柄，另外一个相对的手柄也会随之发生变化。如果只想调整其中的一个手柄，按住 Alt 键，再进行调整即可。

可以将直线节点转换为曲线节点，并进行弯曲度调节。选择“部分选取”工具，在对象的外边线上单击，对象上显示出节点，如图 2-130 所示。用鼠标单击要转换的节点，节点从空心变为实心，表示可编辑，如图 2-131 所示。

按住 Alt 键，用鼠标将节点向外拖曳，节点会增加两个可调节手柄，如图 2-132 所示。应用调节手柄可调节线段的弯曲度，如图 2-133 所示。

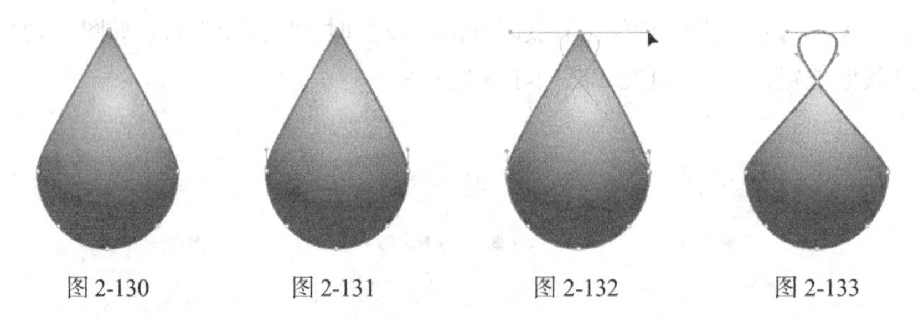

图 2-130　　图 2-131　　图 2-132　　图 2-133

2.2.8　套索工具

选择“套索”工具，在场景中导入一幅位图，按 Ctrl+B 组合键将位图进行分离。用鼠标在位图上任意勾选想要的区域，形成一个封闭的选区，如图 2-134 所示。松开鼠标，选区中的图像被选中，如图 2-135 所示。

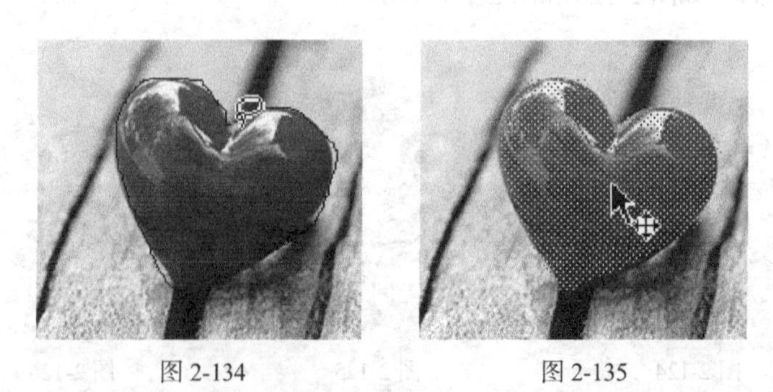

图 2-134　　图 2-135

在选择“套索”工具后，工具箱的下方出现图 2-136 所示的按钮，这些按钮的具体功能如下所示。

“魔术棒”按钮：以点选的方式选择颜色相似的位图图形。

选中“魔术棒”按钮，将光标放在位图上，光标变为，在要选择的位图上单击鼠标，如图 2-137 所示。与点取点颜色相近的图像区域被选中，如图 2-138 所示。

图 2-136

图 2-137

图 2-138

“魔术棒属性”按钮：可以用来设置魔术棒的属性，应用不同的属性，魔术棒选取的图像区域大小各不相同。

单击“魔术棒属性”按钮，弹出“魔术棒设置”对话框，如图 2-139 所示。

在“魔术棒设置”对话框中设置不同数值后，产生的不同效果如图 2-140 所示。

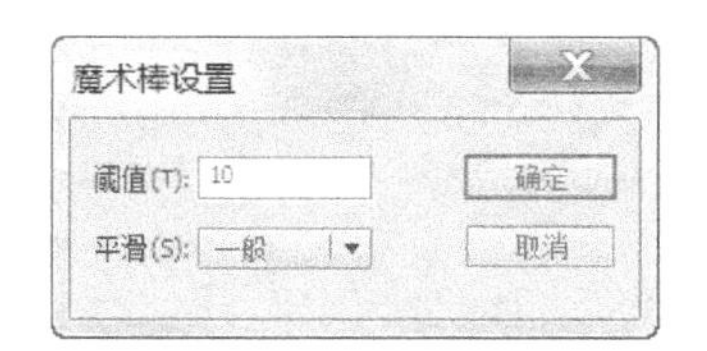

图 2-139

（a）阈值为 10 时选取图像的区域

（b）阈值为 50 时选取图像的区域

图 2-140

“多边形模式”按钮：可以用鼠标精确地勾画想要选中的图像。

选择“多边形模式”按钮，在场景中导入一幅位图，按 Ctrl+B 组合键将位图进行分离。用鼠标在字母“A”的边缘进行绘制，如图 2-141 所示。双击鼠标结束多边形工具的绘制，绘制的区域被选中，如图 2-142 所示。

图 2-141

图 2-142

2.3 图形的编辑

图形的编辑工具可以改变图形的色彩、线条、形态等属性，可以创建充满变化的图形效果。

命令介绍

颜料桶工具：可以修改向量图形的填充色。

橡皮擦工具：用于擦除舞台上无用的向量图形的边框和填充色。

任意变形工具：可以改变选中图形的大小，还可以旋转图形。

2.3.1 课堂案例——绘制卡通小鸟

【案例学习目标】使用图形编辑工具对图形进行编辑，并应用选择工具将其组合成图像。

【案例知识要点】使用“钢笔”工具，绘制小鸟轮廓；使用“墨水瓶”工具、“任意变形”工具，装饰虚线效果；使用“多角星形”工具，绘制五角星；使用“颜料桶”工具，填充颜色；使用“椭圆”工具，绘制眼睛，最终效果如图 2-143 所示。

【效果所在位置】Ch02/效果/绘制卡通小鸟.fla。

图 2-143

1．新建文件绘制主体

（1）选择“文件 > 新建”命令，弹出“新建文档”对话框，在“常规”选项卡中选择“ActionScript 3.0”选项，将“宽”选项设置为 370，“高”选项设置为 370，将“舞台颜色”设置为黄绿色（#C6DC7C），单击“确定”按钮，完成文档的创建。

（2）将“图层 1”重新命名为“头部”。选择“钢笔”工具，在钢笔工具“属性”面板中，将“笔触颜色”设置为黑色，“笔触”选项设置为 1，在舞台窗口中绘制一个闭合边线，效果如图 2-144 所示。

（3）选择“颜料桶”工具，在工具箱中将“填充颜色”设置为绿色（#759E5D），在闭合边线内部单击鼠标填充颜色，效果如图 2-145 所示。选择“选择”工具，在边线上双击鼠标，将其选中，如图 2-146 所示。

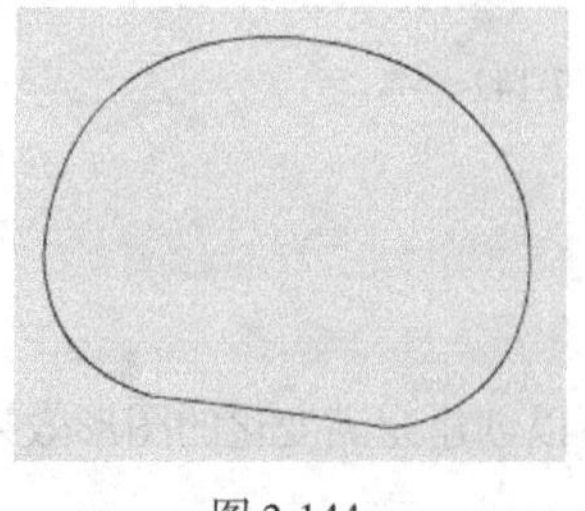

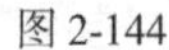

图 2-144

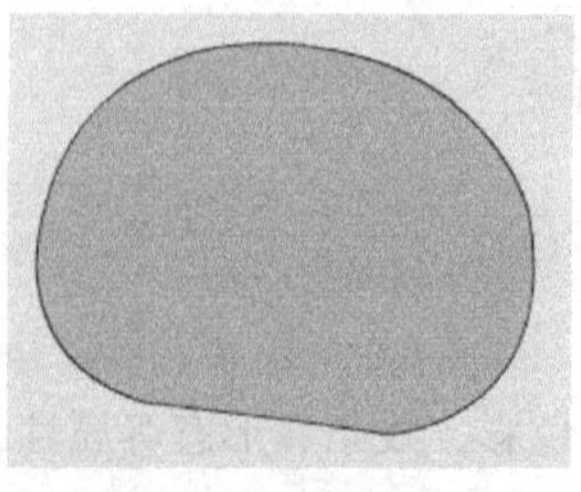

图 2-145

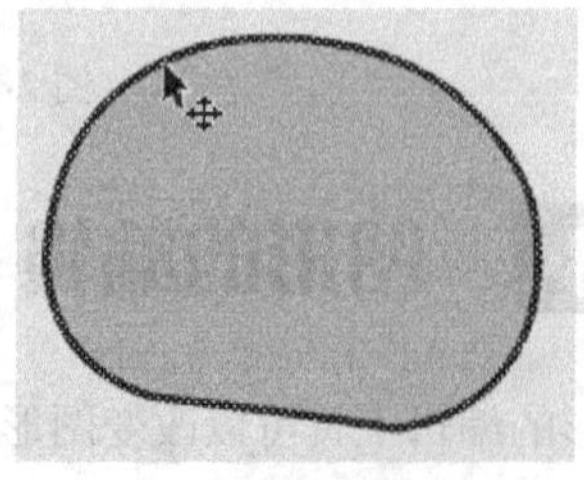

图 2-146

（4）按 Ctrl+X 组合键，将边线剪切，效果如图 2-147 所示。单击“时间轴”面板下方的“新建图层”按钮，创建新图层并将其命名为“装饰线 1”，如图 2-148 所示。

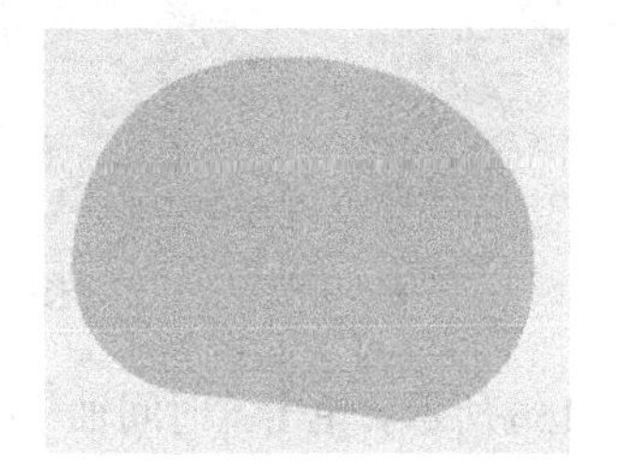

图 2-147

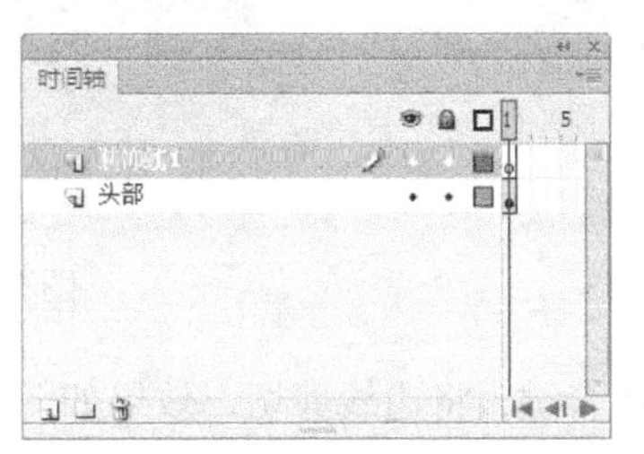

图 2-148

（5）按 Ctrl+Shift+V 组合键，将剪切的边线原位粘贴到“装饰线 1”图层中。选择“任意变形”工具，闭合边线周围出现控制框，如图 2-149 所示，按住 Shift 键的同时，将右上角的控制点向左下方拖曳到适当的位置，等比例缩小，效果如图 2-150 所示。

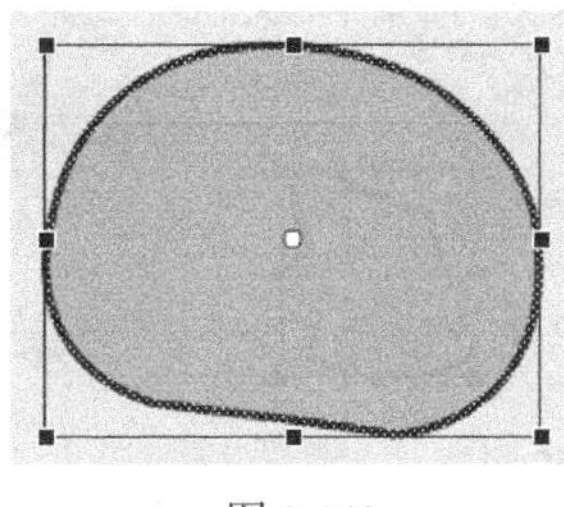

图 2-149

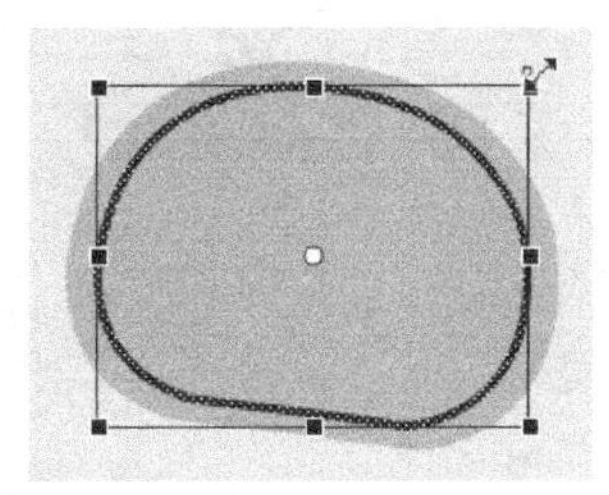

图 2-150

（6）选择“墨水瓶”工具，在墨水瓶工具的“属性”面板中，将“笔触颜色”设置为白色，“笔触”选项设置为 5，在“样式”选项的下拉列表中选择“虚线”，其他选项的设置如图 2-151 所示，然后在黑色边线上单击鼠标，更改边线的效果，如图 2-152 所示。

图 2-151

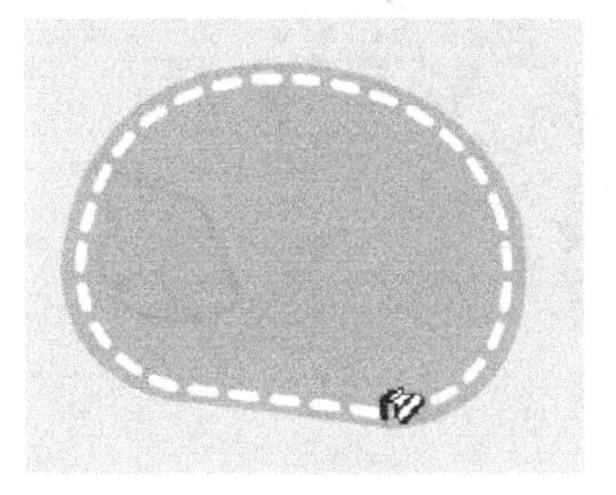

图 2-152

（7）单击“时间轴”面板下方的“新建图层”按钮，创建新图层并将其命名为“尾巴”。选择“钢笔”工具，在钢笔工具的“属性”面板中，将“笔触颜色”设置为黑色，“笔触”选项设置为 1，在舞台窗口中绘制一条闭合边线，效果如图 2-153 所示。

（8）选择“颜料桶”工具，在工具箱中将“填充颜色”设置为绿色（#759E5D），在闭合边线内部单击鼠标填充颜色，效果如图 2-154 所示。选择“选择”工具，在边线上双击鼠标，将其选中，如图 2-155 所示。

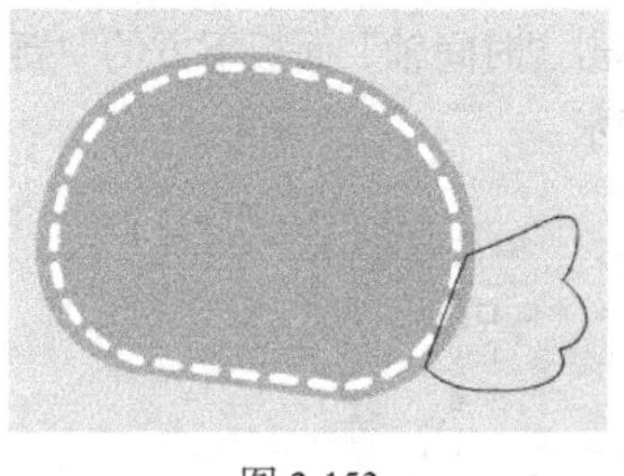

图 2-153

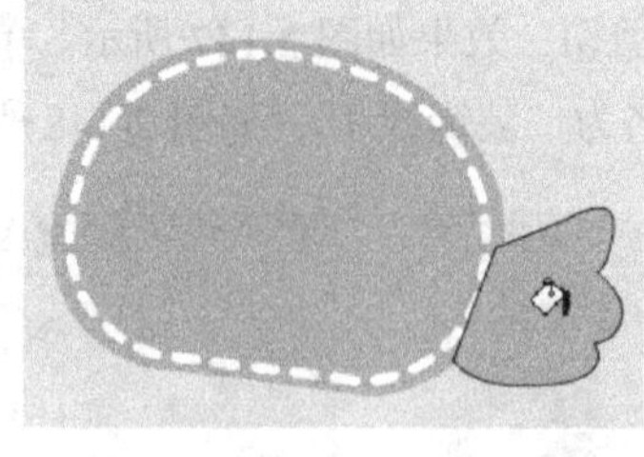

图 2-154

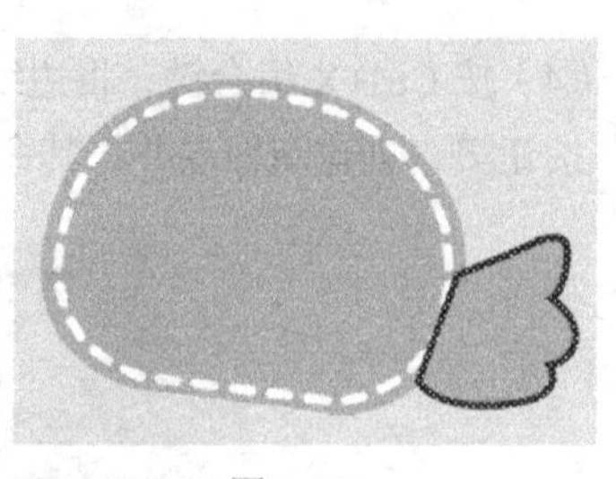

图 2-155

（9）按 Ctrl+X 组合键，将边线剪切，效果如图 2-156 所示。单击“时间轴”面板下方的“新建图层”按钮，创建新图层并将其命名为“装饰线 2”。

（10）按 Ctrl+Shift+V 组合键，将剪切的边线原位粘贴到“装饰线 2”图层中。选择“任意变形”工具，闭合边线周围出现控制框，如图 2-157 所示，按住 Shift 键的同时，将右上角的控制点向左下方拖曳到适当的位置，等比例缩小，效果如图 2-158 所示。

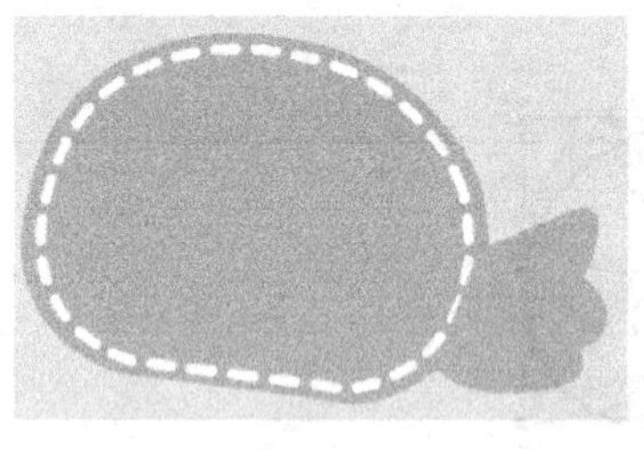

图 2-156

图 2-157

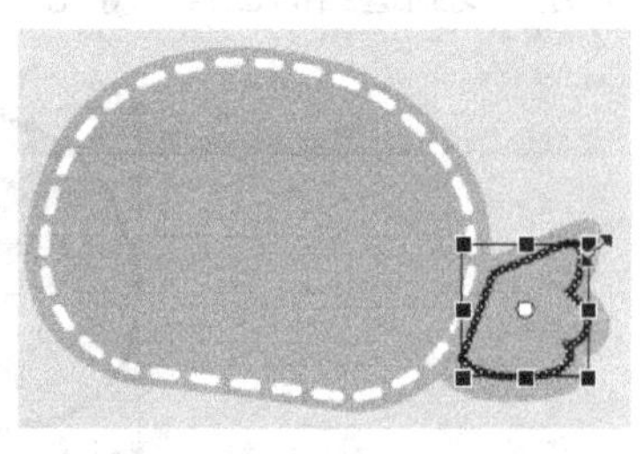

图 2-158

（11）选择“滴管”工具，将光标放在白色虚线上，光标变为，在边框上单击鼠标，吸取边框样本，如图 2-159 所示。单击后，光标变为，在尾巴的黑色边线上单击鼠标，线条的颜色和样式被修改，效果如图 2-160 所示。

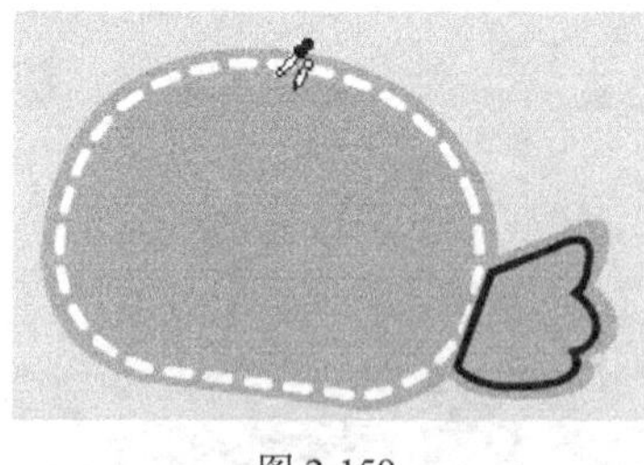

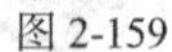

图 2-159

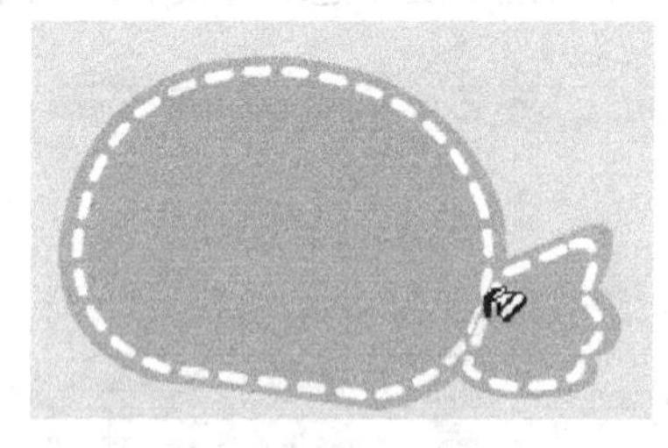

图 2-160

（12）在“时间轴”面板中选中“尾巴”和“装饰线 2”图层，如图 2-161 所示，将其拖曳到“头部”图层的下方，如图 2-162 所示，效果如图 2-163 所示。

图 2-161

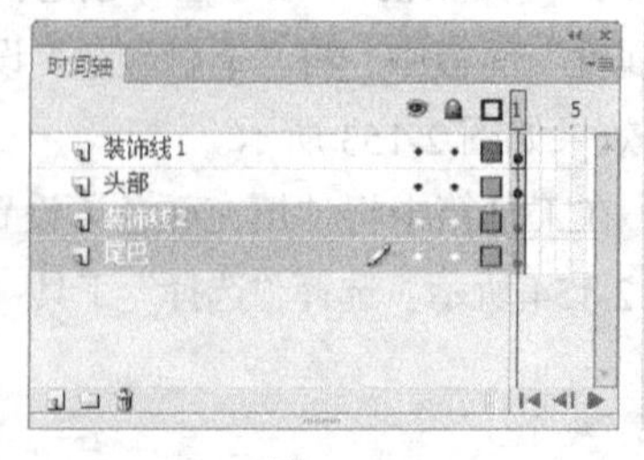

图 2-162

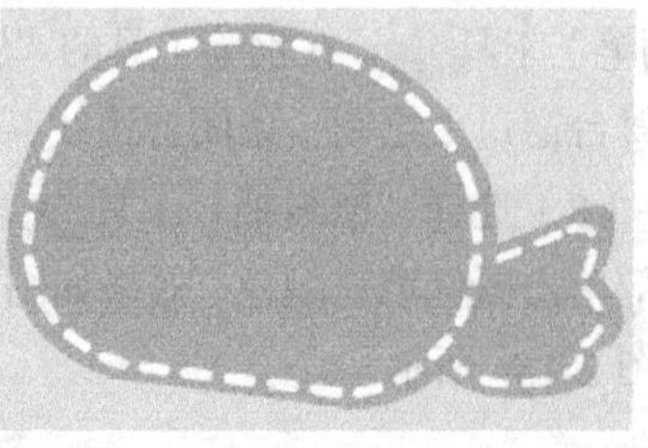

图 2-163

（13）单击“时间轴”面板下方的“新建图层”按钮，创建新图层并将其命名为“凤冠”。选择“椭圆”工具，在工具箱中将“笔触颜色”设置为无，“填充颜色”设置为绿色（#759E5D），在舞台窗口中绘制一个椭圆，如图 2-164 所示。

（14）选择“任意变形”工具，选中椭圆图形，周围出现控制框，将光标放置在控制框的右上角，当光标变为↶时，单击鼠标将其向左上方拖曳，旋转适当的角度，效果如图 2-165 所示。用相同的方法制作出图 2-166 所示的效果。

（15）选择“选择”工具，按住 Shift 键的同时，将两个椭圆同时选择，并将其拖曳到适当的位置，效果如图 2-167 所示。

图 2-164

图 2-165

图 2-166

图 2-167

2．绘制五官

（1）在“时间轴”面板中选中“装饰线 1”图层，单击“时间轴”面板下方的“新建图层”按钮，创建新图层并将其命名为“眼睛”。选择“椭圆”工具，在工具箱中将“笔触颜色”设置为无，“填充颜色”设置为白色，在舞台窗口中绘制一个椭圆，如图 2-168 所示。

（2）在工具箱中将“填充颜色”设置为褐色（#B07600），在舞台窗口中绘制一个椭圆，如图 2-169 所示。在工具箱中将“填充颜色”设置为白色，在舞台窗口中绘制一个圆形，如图 2-170 所示。

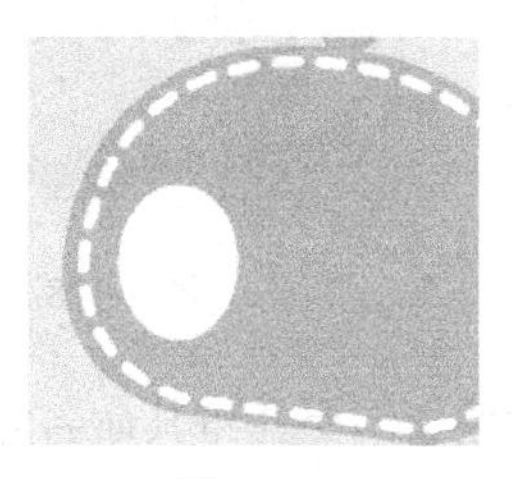
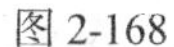
图 2-168

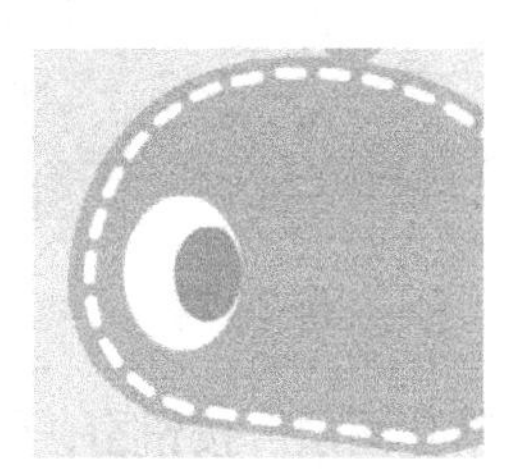
图 2-169

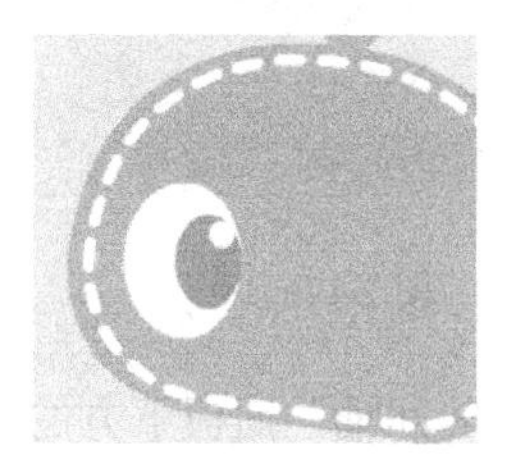
图 2-170

（3）在“时间轴”面板中选中“眼睛”图层，选择“任意变形”工具，图形周围出现控制框，如图 2-171 所示，将光标放置在控制框的右上角，当光标变为↶时，单击鼠标将其向右下方拖曳，旋转适当的角度，效果如图 2-172 所示。

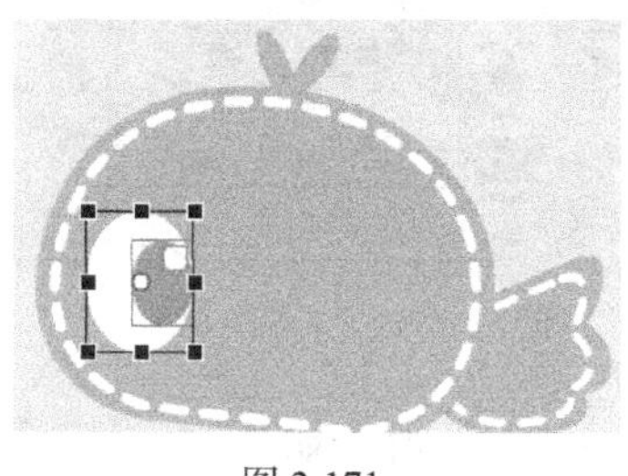
图 2-171

图 2-172

（4）选择“钢笔”工具，在钢笔工具“属性”面板中，将“笔触颜色”设置为黑色，“笔触”

选项设置为 1，在舞台窗口中绘制一条闭合边线，效果如图 2-173 所示。

（5）选择“颜料桶”工具，在工具箱中将“填充颜色”设置为绿色（#759E5D），在闭合边线内部单击鼠标填充颜色，效果如图 2-174 所示。选择“选择”工具，在边线上双击鼠标将其选中，按 Delete 键将其删除，效果如图 2-175 所示。

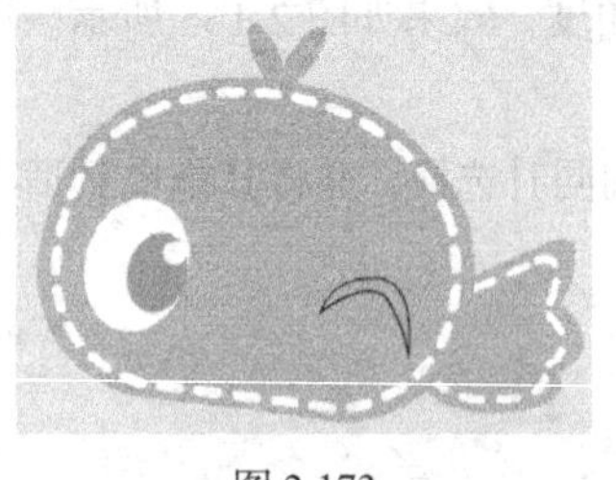

图 2-173

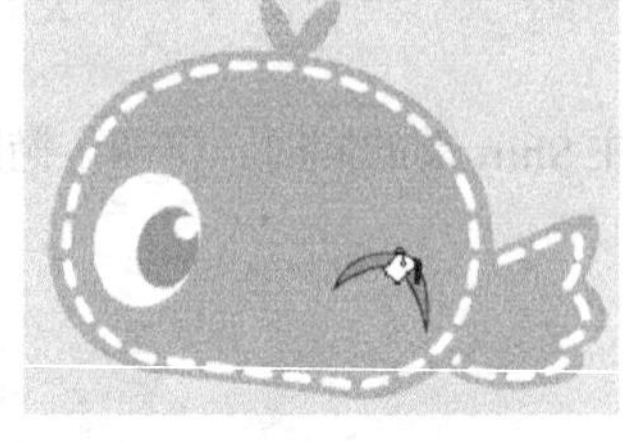

图 2-174

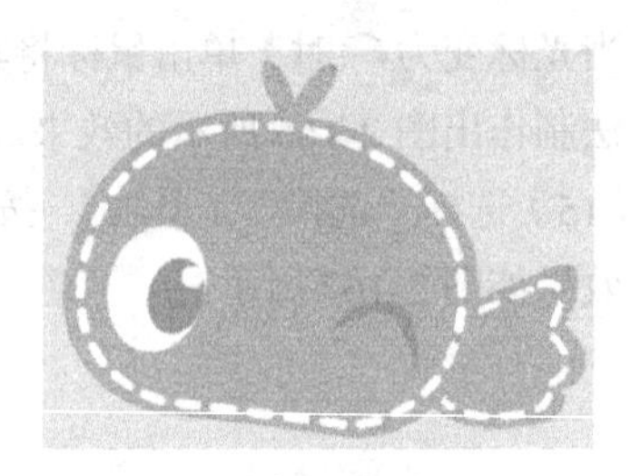

图 2-175

（6）单击“时间轴”面板下方的“新建图层”按钮，创建新图层并将其命名为“嘴巴”。选择“钢笔”工具，在钢笔工具“属性”面板中，将“笔触颜色”设置为黑色，“笔触”选项设置为 1，在舞台窗口中绘制一条闭合边线，效果如图 2-176 所示。

（7）选择“颜料桶”工具，在工具箱中将“填充颜色”设置为黄色（#FBCB6C），在闭合边线内部单击鼠标填充颜色，效果如图 2-177 所示。选择“选择”工具，在边线上双击鼠标将其选中，按 Delete 键将其删除，效果如图 2-178 所示。

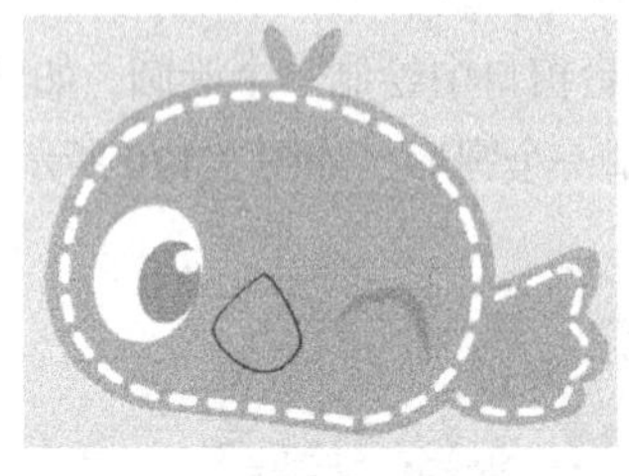

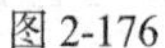

图 2-176

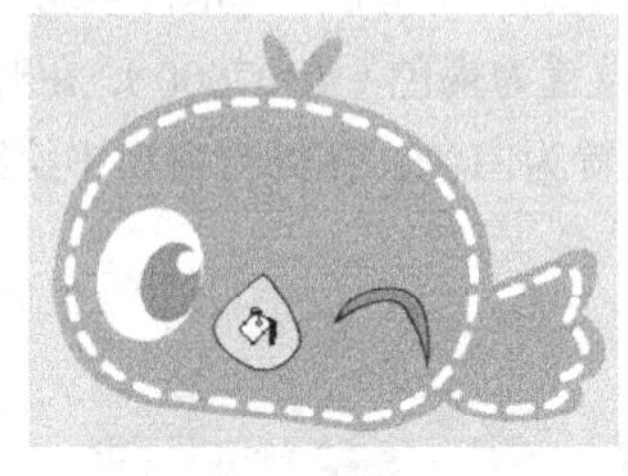

图 2-177

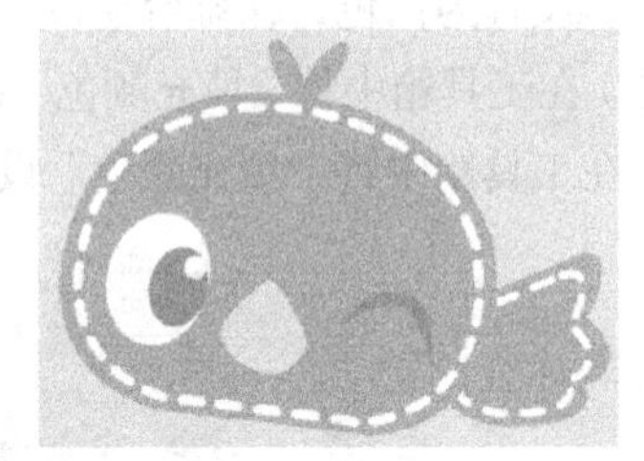

图 2-178

（8）单击“时间轴”面板下方的“新建图层”按钮，创建新图层并将其命名为“星星”。选择“多角星形”工具，在多角星形工具“属性”面板中，将“笔触颜色”设置为无，“填充颜色”设置为橙色（#EF7E00），单击“工具设置”选项组中的“选项”按钮，在弹出的“工具设置”对话框中进行设置，如图 2-179 所示，单击“确定”按钮，完成工具属性的设置。在舞台窗口中绘制一个星星，如图 2-180 所示。

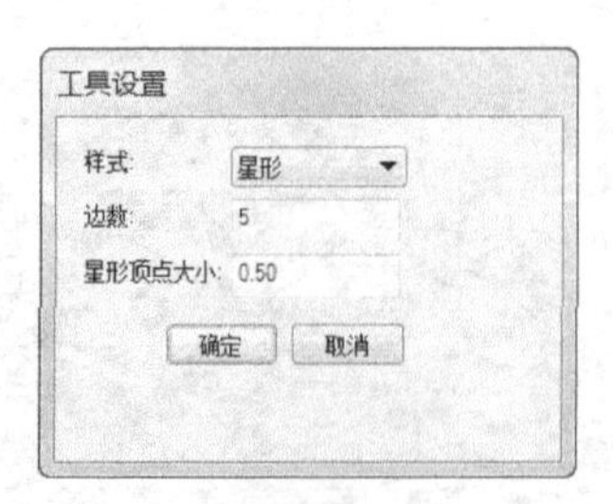

图 2-179

图 2-180

（9）选择“选择”工具，在舞台窗口中选中星星图形，按住 Shift+Alt 组合键的同时，向右拖曳星星到适当的位置复制图形，效果如图 2-181 所示。按两次 Ctrl+Y 组合键，复制图形，效果如图 2-182

所示。选中最右侧的星星，在工具箱中将“填充颜色”设置为白色。卡通小鸟绘制完成，按 Ctrl+Enter 组合键即可查看效果，如图 2-183 所示。

图 2-181

图 2-182

图 2-183

2.3.2　墨水瓶工具

使用墨水瓶工具可以修改向量图形的边线。

导入心形图形，如图 2-184 所示。选择“墨水瓶”工具，在“属性”面板中设置笔触颜色、笔触高度及笔触样式，如图 2-185 所示。

图 2-184

图 2-185

这时，光标变为，在图形上单击鼠标，可以为图形增加设置好的边线，如图 2-186 所示。在“属性”面板中设置不同的属性，绘制的边线效果也不同，如图 2-187 所示。

图 2-186

图 2-187

2.3.3　颜料桶工具

绘制图形边框，如图 2-188 所示。选择“颜料桶”工具，在“属性”面板中设置填充颜色，如图 2-189 所示。在图形边框内单击鼠标，边框内便会被填充颜色，如图 2-190 所示。

系统在工具箱的下方设置了 4 种填充模式供读者选择，如图 2-191 所示。

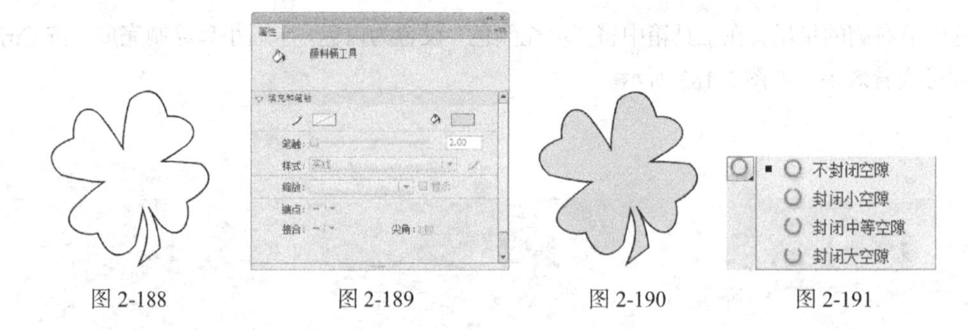

图 2-188　　图 2-189　　图 2-190　　图 2-191

“不封闭空隙”模式：选择此模式时，只有在完全封闭的区域，颜色才能被填充。

“封闭小空隙”模式：选择此模式时，当边线上存在小空隙时，允许填充颜色。

“封闭中等空隙”模式：选择此模式时，当边线上存在中等空隙时，允许填充颜色。

“封闭大空隙”模式：选择此模式时，当边线上存在大空隙时，允许填充颜色。当选择“封闭大空隙”模式时，无论是小空隙还是中等空隙，都可以填充颜色。

根据边框空隙的大小，应用不同的模式进行填充，效果如图 2-192 所示。

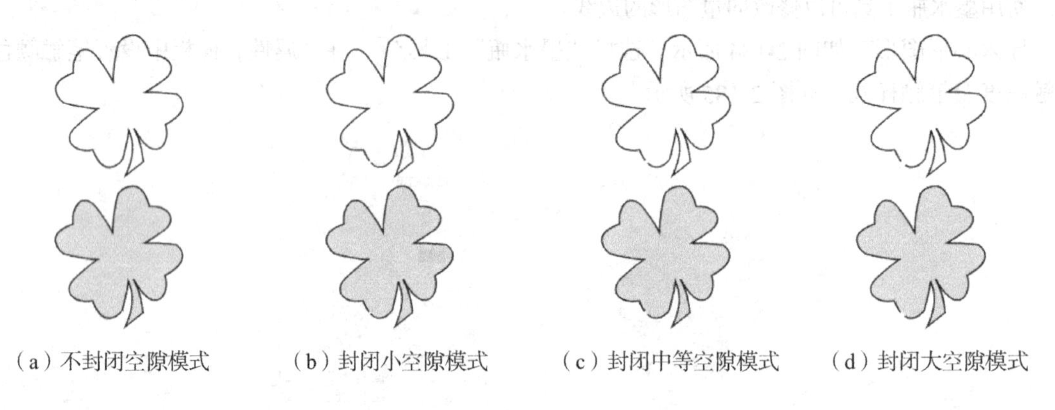

（a）不封闭空隙模式　　（b）封闭小空隙模式　　（c）封闭中等空隙模式　　（d）封闭大空隙模式

图 2-192

“锁定填充”按钮：可以对填充颜色进行锁定，锁定后填充颜色不能被更改。没有选择此按钮时，填充颜色可以根据需要进行变更，如图 2-193 所示；选择此按钮时，将光标放置在填充颜色上，光标变为，填充颜色被锁定，不能随意变更，如图 2-194 所示。

图 2-193　　图 2-194

2.3.4　滴管工具

使用滴管工具可以吸取向量图形的线型和色彩，然后利用颜料桶工具，可以快速修改其他向量图形内部的填充色。利用墨水瓶工具，可以快速修改其他向量图形的边框颜色及线型。

1．吸取填充色

选择“滴管”工具，将光标放在左边图形的填充色上，光标变为，在填充色上单击鼠标，吸取填充色样本，如图 2-195 所示。

单击后，光标变为，表示填充色被锁定。在工具箱的下方，取消对“锁定填充”按钮的选取，光标变为，在右边图形的填充色上单击鼠标，图形的颜色被修改，如图 2-196 所示。

图 2-195　　　　图 2-196

2．吸取边框属性

选择“滴管”工具，将光标放在左边图形的外边框上，光标变为，在外边框上单击鼠标，吸取边框样本，如图 2-197 所示。单击后光标变为，在右边图形的外边框上单击鼠标，线条的颜色和样式被修改，如图 2-198 所示。

图 2-197　　　　图 2-198

3．吸取位图图案

滴管工具可以吸取外部引入的位图图案。导入图片，如图 2-199 所示。按 Ctrl+B 组合键，将位图分离。绘制一个六边形，如图 2-200 所示。

选择“滴管”工具，将光标放在位图上，光标变为，单击鼠标，吸取图案样本，如图 2-201 所示。单击后光标变为，在六边形的内部单击鼠标，图案被填充，如图 2-202 所示。

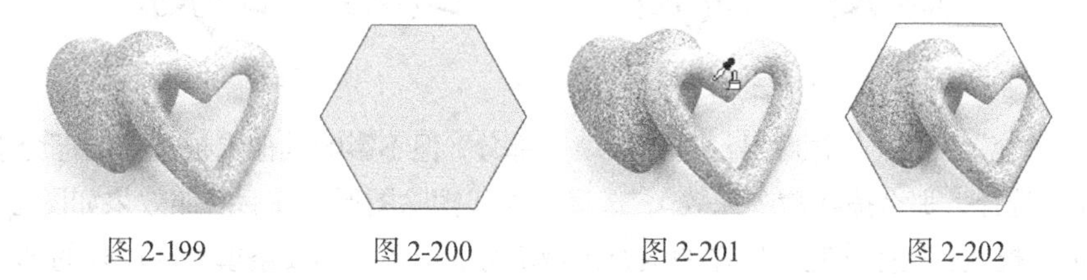

图 2-199　　图 2-200　　图 2-201　　图 2-202

选择“渐变变形”工具，单击被填充图案样本的六边形，出现控制点，如图 2-203 所示。按住 Shift 键，将左下方的控制点向中心拖曳，如图 2-204 所示。填充图案变小，如图 2-205 所示。

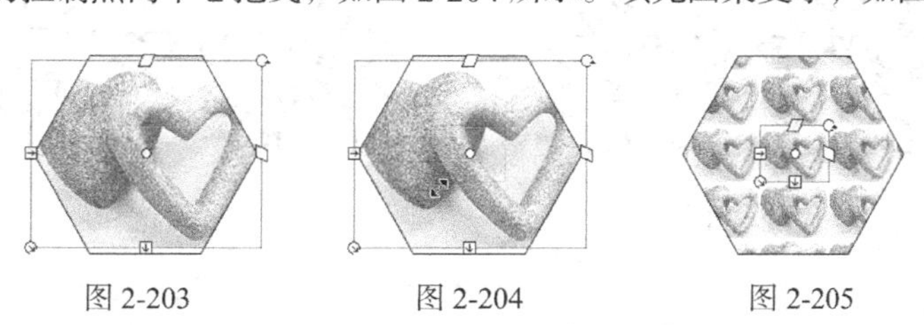

图 2-203　　图 2-204　　图 2-205

4．吸取文字属性

滴管工具还可以吸取文字的颜色。选择要修改的目标文字，如图 2-206 所示。

选择“滴管”工具，将光标放在源文字上，光标变为，如图 2-207 所示。在源文字上单击鼠标，源文字的文字属性被应用到了目标文字上，如图 2-208 所示。

滴管工具 文字属性　　滴管工具 文字属性　　滴管工具 文字属性

图 2-206 　　图 2-207 　　图 2-208

2.3.5　橡皮擦工具

选择“橡皮擦”工具，在图形上想要删除的地方按住鼠标并拖动，图形被擦除，如图 2-209 所示。在工具箱下方的“橡皮擦形状”按钮的下拉菜单中，可以选择橡皮擦的形状与大小。

如果想得到特殊的擦除效果，可以使用系统在工具箱下方设置的 5 种擦除模式，如图 2-210 所示。

“标准擦除”模式：擦除同一层的线条和填充。选择此模式擦除图形的前后对照效果如图 2-211 所示。

图 2-209

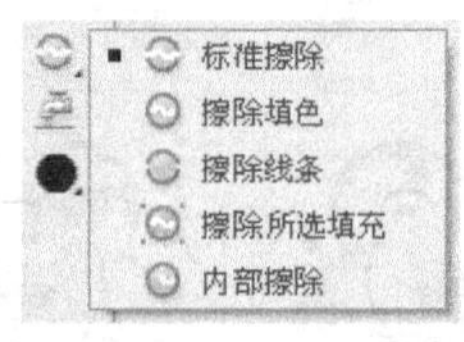

图 2-210

图 2-211

“擦除填色”模式：仅擦除填充区域，其他部分（如边框线）不受影响。选择此模式擦除图形的前后对照效果如图 2-212 所示。

“擦除线条”模式：仅擦除图形的线条部分，但不影响其填充部分。选择此模式擦除图形的前后对照效果如图 2-213 所示。

图 2-212

图 2-213

“擦除所选填充”模式：仅擦除已经选择的填充部分，但不影响其他未被选择的部分（如果场景中没有任何填充被选择，那么擦除命令无效）。选择此模式擦除图形的前后对照效果如图 2-214 所示。

“内部擦除”模式：仅擦除起点所在的填充区域部分，但不影响线条填充区域外的部分。选择此模式擦除图形的前后对照效果如图 2-215 所示。

图 2-214

图 2-215

要想快速删除舞台上的所有对象，双击“橡皮擦”工具即可。

要想删除向量图形上的线段或填充区域，可以选择“橡皮擦”工具，再选中工具箱中的“水龙头”按钮，然后单击舞台上想要删除的线段或填充区域，如图 2-216 和图 2-217 所示。

图 2-216

图 2-217

提示 因为导入的位图和文字不是向量图形，不能擦除它们的部分或全部，所以，必须先选择“修改 > 分离”命令，将它们分离成向量图形，才能使用橡皮擦工具擦除它们的部分或全部。

2.3.6　任意变形工具和渐变变形工具

在制作图形的过程中，可以应用任意变形工具来改变图形的大小及倾斜度，也可以应用渐变变形工具改变图形中渐变填充颜色的渐变效果。

1．任意变形工具

选中图形，按 Ctrl+B 组合键，将其打散。选择“任意变形”工具，图形的周围出现控制点，如图 2-218 所示。拖动控制点改变图形的大小，如图 2-219 和图 2-220 所示（按住 Shift 键，再拖动控制点，可成比例地缩放图形）。

图 2-218

图 2-219

图 2-220

将光标放在 4 个角的控制点上时，光标变为↻，如图 2-221 所示。拖曳鼠标旋转图形，如图 2-222 和图 2-223 所示。

图 2-221

图 2-222

图 2-223

系统在工具箱的下方设置了 4 种变形模式供读者选择，如图 2-224 所示。

“旋转与倾斜”模式：选中图形，选择“旋转与倾斜”模式，将光标放在图形上方中间的控制点上，光标变为⇆，按住鼠标不放，向右水平拖曳控制点，如图 2-225 所示，松开鼠标，图形变倾斜，如图 2-226 所示。

图 2-224　　图 2-225　　图 2-226

“缩放”模式：选中图形，选择“缩放”模式，将光标放在图形右上方的控制点上，光标变为⤢，按住鼠标不放，向右上方拖曳控制点，如图 2-227 所示，松开鼠标，图形变大，如图 2-228 所示。

图 2-227　　图 2-228

“扭曲”模式：选中图形，选择“扭曲”模式，将光标放在图形右上方的控制点上，光标变为▷，按住鼠标不放，向左下方拖曳控制点，如图 2-229 所示，松开鼠标，图形扭曲，如图 2-230 所示。

“封套”模式：选中图形，选择“封套”模式，图形周围出现一些节点，调节这些节点来改变图形的形状，光标变为▷，拖动节点，如图 2-231 所示，松开鼠标，图形扭曲，如图 2-232 所示。

图 2-229　　图 2-230　　图 2-231　　图 2-232

2. 渐变变形工具

使用渐变变形工具可以改变选中图形中的填充渐变效果。当图形的填充色为线性渐变色时，选择“渐变变形”工具，用鼠标单击图形，出现 3 个控制点和 2 条平行线，如图 2-233 所示。向图形中间拖动方形控制点，渐变区域缩小，如图 2-234 所示，效果如图 2-235 所示。

图 2-233　　图 2-234　　图 2-235

将光标放置在旋转控制点上，光标变为，拖动旋转控制点来改变渐变区域的角度，如图 2-236 所示，效果如图 2-237 所示。

当图形填充色为径向渐变色时，选择“渐变变形”工具，用鼠标单击图形，出现 4 个控制点和一个圆形外框，如图 2-238 所示。向图形外侧水平拖动方形控制点，水平拉伸渐变区域，如图 2-239 所示，效果如图 2-240 所示。

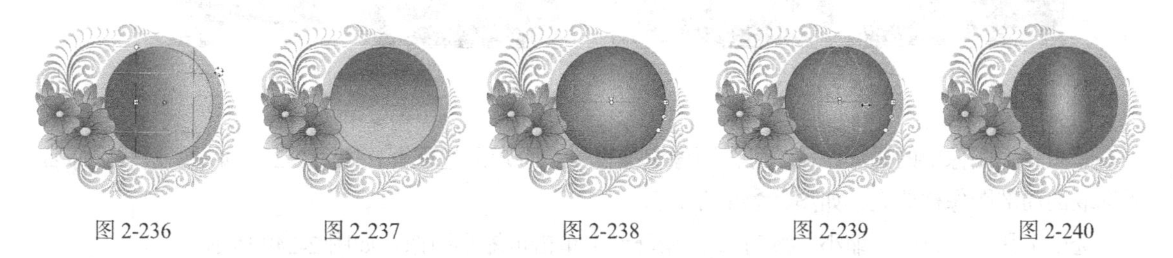

图 2-236　图 2-237　图 2-238　图 2-239　图 2-240

将光标放置在圆形边框中间的圆形控制点上，光标变为，向图形内部拖动鼠标，缩小渐变区域，如图 2-241 所示，效果如图 2-242 所示。将光标放置在圆形边框外侧的圆形控制点上，光标变为，向上旋转拖动控制点，改变渐变区域的角度，如图 2-243 所示，效果如图 2-244 所示。

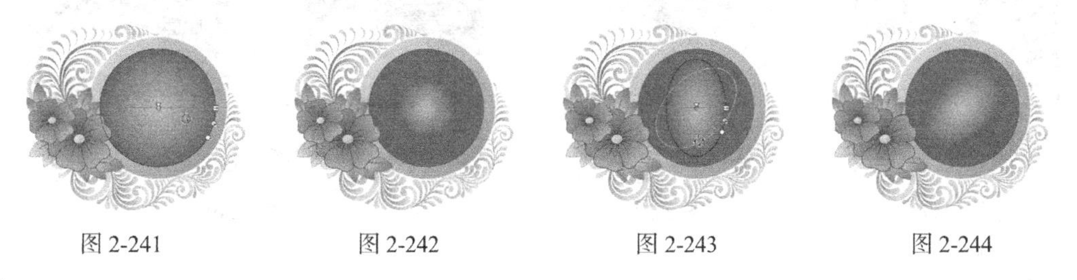

图 2-241　图 2-242　图 2-243　图 2-244

提示

通过移动中心控制点可以改变渐变区域的位置。

2.3.7　手形工具和缩放工具

手形工具和缩放工具都是辅助工具，它们本身并不直接创建和修改图形，只是在创建和修改图形的过程中辅助用户进行操作。

1．手形工具

如果图形很大或被放大得很大，那么需要利用“手形”工具调整观察区域。选择“手形”工具，光标变为手形，按住鼠标不放，拖动图像到需要的位置，如图 2-245 所示。

技巧

当使用其他工具时，按“空格”键即可切换到“手形”工具。双击“手形”工具，将自动调整图像大小以适合屏幕的显示范围。

2．缩放工具

利用缩放工具放大图形以便观察细节，缩小图形以便观看整体效果。选择“缩放”工具，在舞台上单击可放大图形，如图 2-246 所示。

图 2-245

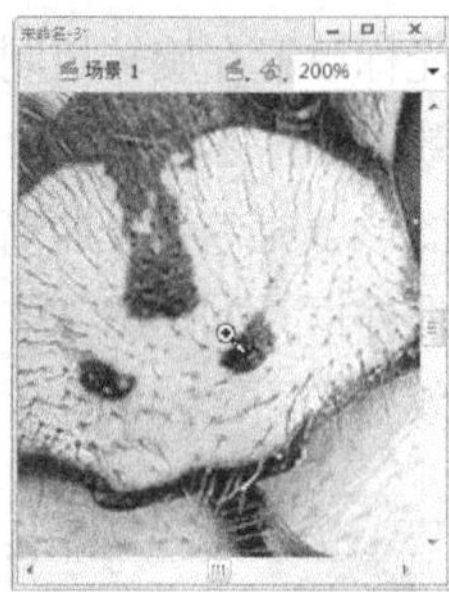

图 2-246

要想放大图像中的局部区域，可在图像上拖曳出一个矩形选取框，如图 2-247 所示，松开鼠标后，所选取的局部图像被放大，如图 2-248 所示。

选中工具箱下方的“缩小”按钮，在舞台上单击可缩小图像，如图 2-249 所示。

图 2-247

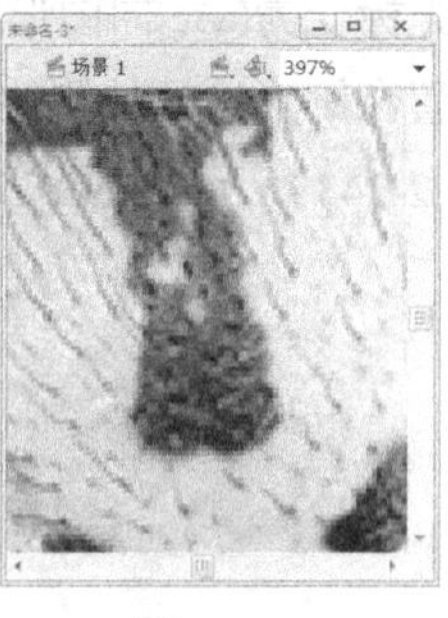

图 2-248

图 2-249

2.4 图形的色彩

根据设计的要求，可以应用纯色编辑面板、颜色面板、样本面板来设置所需要的纯色、渐变色、颜色样本等。

命令介绍

颜色面板：可以设定纯色、渐变色及颜色的不透明度。

纯色面板：可以选择系统设置的颜色，也可根据需要自行设定颜色。

2.4.1 课堂案例——绘制卡通按钮

【案例学习目标】使用绘图工具绘制图形，使用浮动面板设置图形的颜色。

【案例知识要点】使用“基本矩形”工具、“颜色”面板、“渐变变形”工具和“变形”面板，绘制按钮效果；使用“矩形”工具、“椭圆”工具和“钢笔”工具，绘制汽车图形，最终效果如图 2-250 所示。

【效果所在位置】Ch02/效果/绘制卡通按钮.fla。

图 2-250

1. 绘制金属框

（1）选择“文件 > 新建”命令，弹出“新建文档”对话框，选择“常规”选项卡中的“ActionScript 3.0”选项，单击“确定”按钮，进入新建文档舞台窗口。

扫码观看本案例视频

（2）将“图层 1”重新命名为“金属框”。选择“窗口 > 颜色”命令，弹出“颜色”面板，单击“填充颜色”按钮，在“类型”选项的下拉列表中选择“线性渐变”，在色带上设置 3 个控制点，分别选中色带上两侧的控制点，并将其设置为灰色（# D5D7DC）、浅灰色（#B2B6BB），选中色带上中间的控制点，将其设置为淡黑色（#474E4F），生成渐变色，如图 2-251 所示。

（3）选择“基本矩形”工具，在基本矩形工具“属性”面板中将“笔触颜色”设置为无，其他选项的设置如图 2-252 所示，按住 Shift 键的同时，在舞台窗口中绘制一个正方形，效果如图 2-253 所示。

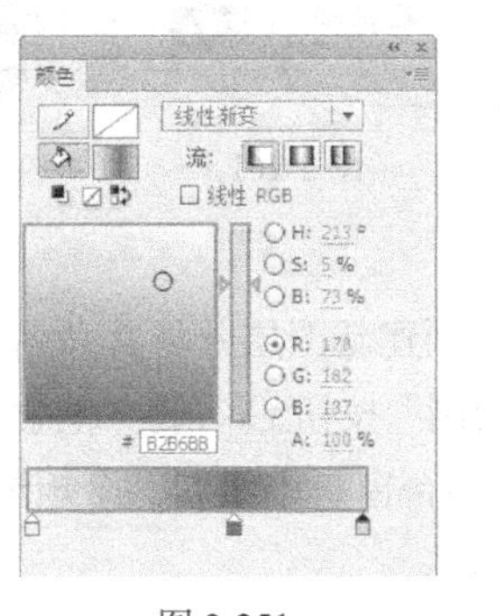

图 2-251

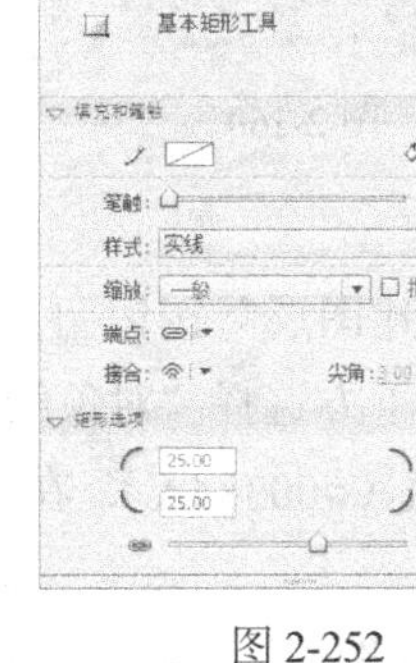

图 2-252

图 2-253

（4）选择“渐变变形”工具，在舞台窗口中单击渐变色，出现控制点和控制线，如图 2-254 所示。将光标放在外侧圆形的控制点上，光标变为图标，向左上方拖曳控制点，改变渐变色的角度，效果如图 2-255 所示。

（5）选择“选择”工具，选中图形，按 Ctrl+C 组合键，复制图形，按 Ctrl+Shift+V 组合键，将图形粘贴到当前位置。选择“窗口 > 变形”命令，弹出“变形”面板，在“变形”面板中将“缩放宽度”选项设置为 90%，“缩放高度”选项也随之变为 90%，如图 2-256 所示，按 Enter 键确定操作，效果如图 2-257 所示。

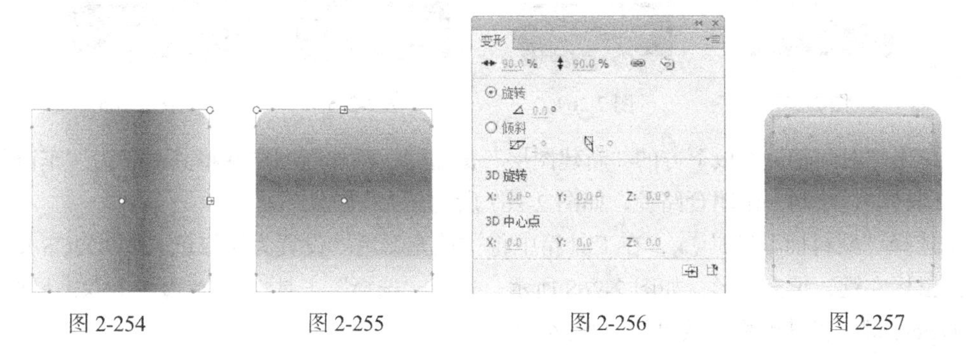

图 2-254　　图 2-255　　图 2-256　　图 2-257

（6）选择“渐变变形”工具，在舞台窗口中单击渐变色，出现控制点和控制线，如图 2-258 所示。将光标放在外侧圆形的控制点上，光标变为图标，向右上方拖曳控制点，改变渐变色的角度，效果如图 2-259 所示。

（7）调出“颜色”面板，单击“交换颜色”按钮，将填充颜色和笔触颜色相互切换，效果如图 2-260 所示。单击“填充颜色”按钮，在“颜色类型”选项的下拉列表中选择“径向渐变”，在色带上设置 3 个控制点，分别选中色带上两侧的控制点，并将其设置为橘黄色（# F0B048）、淡黑色（# 360F08），选中色带上中间的控制点，将其设置为红色（# E42920），生成渐变色，如图 2-261 所示，图形被填充渐变色，效果如图 2-262 所示。

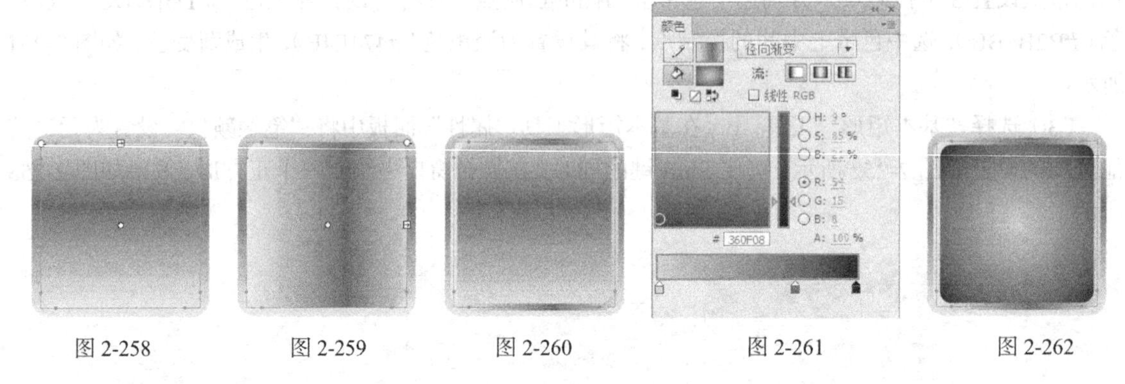

图 2-258　图 2-259　图 2-260　图 2-261　图 2-262

2．绘制车头和车轮

（1）单击“时间轴”面板下方的“新建图层”按钮，创建新图层并将其命名为“车架”。选择“矩形”工具，在工具箱下方选择“对象绘制”按钮，将“笔触颜色”设置为无，“填充颜色”设置为蓝黑色（#00384A），在舞台窗口中绘制一个矩形，效果如图 2-263 所示。

（2）单击“时间轴”面板下方的“新建图层”按钮，创建新图层并将其命名为“头部”。选择“钢笔”工具，绘制一个闭合路径，如图 2-264 所示。

（3）选择“颜料桶”工具，在工具箱中将“填充颜色”设置为浅蓝色（#007C8E），在边线内部单击鼠标左键，填充图形，如图 2-265 所示。选择“选择”工具，在边线上双击鼠标选中边线，按 Delete 键，将其删除，效果如图 2-266 所示。

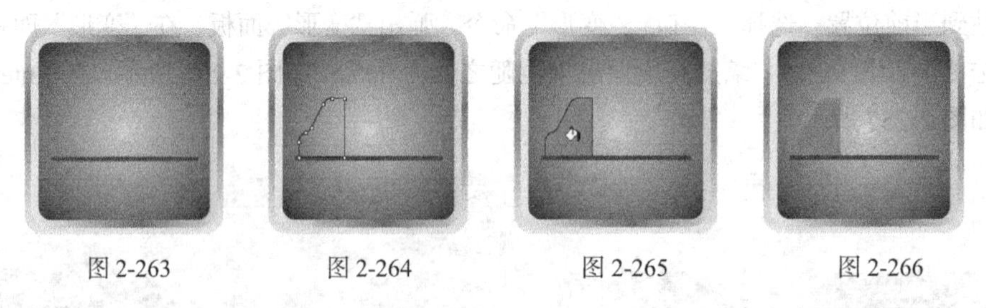

图 2-263　图 2-264　图 2-265　图 2-266

（4）单击“时间轴”面板下方的“新建图层”按钮，创建新图层并将其命名为“车窗”。选择“钢笔”工具，绘制一个闭合路径，如图 2-267 所示。

（5）选择“颜料桶”工具，在工具箱中将“填充颜色”设置为淡绿色（#99D2C5），在边线内部单击鼠标左键，填充图形，如图 2-268 所示。选择“选择”工具，在边线上双击鼠标选中边线，按 Delete 键，将其删除，效果如图 2-269 所示。

（6）选择“套索”工具，在工具箱下方选择“多边形模式”按钮，在图形上选取需要的区域，如图 2-270 所示。按 Ctrl+C 组合键，将其复制，单击“时间轴”面板下方的“新建图层”按钮，创建新图层并将其命名为“高光”。

（7）按 Ctrl+Shift+V 组合键，将复制的图形原位粘贴到“高光”图层中，在形状“属性”面板中，将“填充颜色”设置为白色，“Alpha”设置为 50%，效果如图 2-271 所示。

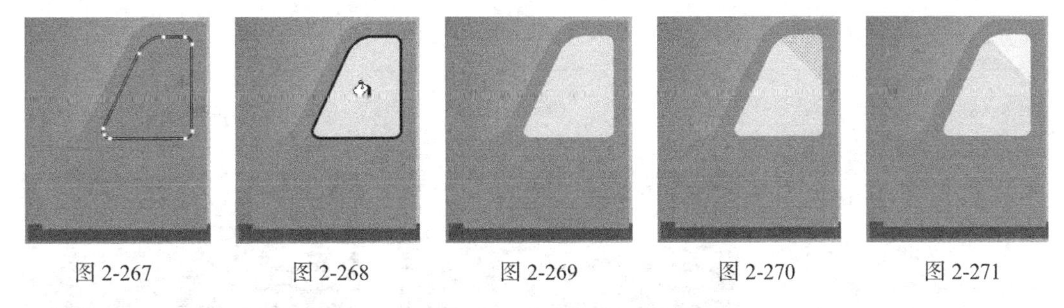

图 2-267　　图 2-268　　图 2-269　　图 2-270　　图 2-271

（8）单击“时间轴”面板下方的“新建图层”按钮，创建新图层并将其命名为“车轮”。选择“椭圆”工具，在工具箱下方选择“对象绘制”按钮，将“填充颜色”设置为蓝黑色（#00384A），按住 Shift 键的同时，在舞台窗口中绘制一个圆形，效果如图 2-272 所示。

（9）选择“选择”工具，选中图形，按 Ctrl+C 组合键，复制图形，按 Ctrl+Shift+V 组合键，将图形粘贴到当前位置。调出“变形”面板，将“缩放宽度”选项设置为 50%，“缩放高度”选项也随之变为 50%，如图 2-273 所示，按 Enter 键确定操作。在工具箱中将“填充颜色”设置为深蓝色（#095D61），填充图形，效果如图 2-274 所示。

图 2-272

图 2-273

图 2-274

（10）选择“选择”工具，按住 Shift 键的同时，单击第一个圆形，将其同时选中。按住 Alt+Shift 组合键的同时，水平向右拖曳图形到适当的位置，复制图形，效果如图 2-275 所示。按 Ctrl+Y 组合键，按需要再复制一个图形并调整其位置，效果如图 2-276 所示。

图 2-275

图 2-276

3. 绘制车厢

（1）单击“时间轴”面板下方的“新建图层”按钮，创建新图层并将其命名为“车厢”。选择“矩形”工具，在矩形工具“属性”面板中将“笔触颜色”设置为无，“填充颜色”设置为橘黄色（#F18E27），其他选项的设置如图 2-277 所示，在舞台窗口中绘制一个矩形，效果如图 2-278 所示。

（2）选择“选择”工具，选中图形，按 Ctrl+C 组合键，复制图形。单击“时间轴”面板下方的“新建图层”按钮，创建新图层并将其命名为“高光 1”。按 Ctrl+Shift+V 组合键，将复制的图形原位粘贴到“高光 1”图层中，按 Ctrl+B 组合键，将图形打散，如图 2-279 所示。

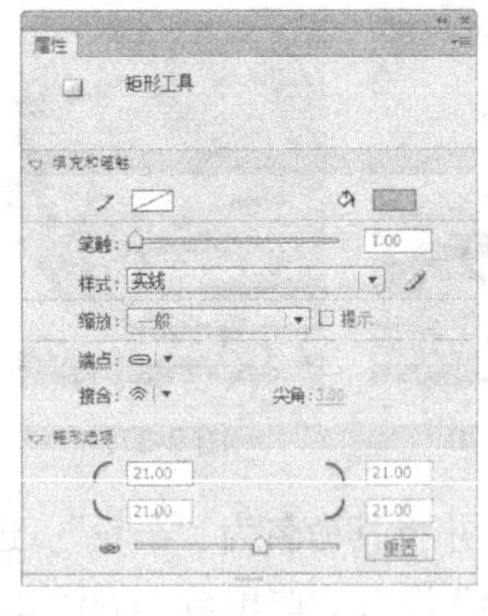

图 2-277

图 2-278

图 2-279

（3）按住 Alt+Shift 组合键的同时，垂直向下拖曳图形到适当的位置，复制图形。在形状“属性”面板中，将“填充颜色”设置为白色，填充图形，效果如图 2-280 所示。按 Delete 键，将其删除。

（4）选择“选择”工具，选中需要的图形，如图 2-281 所示。在形状“属性”面板中，将“填充颜色”设置为浅黄色（#F6AE54），填充图形，并调整其位置，效果如图 2-282 所示。

图 2-280

图 2-281

图 2-282

（5）单击“时间轴”面板下方的“新建图层”按钮，创建新图层并将其命名为“车顶架”。选择“矩形”工具，在工具箱中将“笔触颜色”设置为无，“填充颜色”设置为浅黄色（#F6AE54），在舞台窗口中绘制一个矩形，效果如图 2-283 所示。

（6）选择“矩形”工具，在舞台窗口中再绘制一个矩形，效果如图 2-284 所示。选择“选择”工具，按住 Alt+Shift 组合键的同时，水平向右拖曳图形到适当的位置，复制图形，效果如图 2-285 所示。

图 2-283

图 2-284

图 2-285

（7）选择“矩形”工具，在舞台窗口中再绘制一个矩形，效果如图 2-286 所示。选择“选择”工具，按住 Alt+Shift 组合键的同时，垂直向上拖曳图形到适当的位置，复制图形，效果如图 2-287 所示。连续按 Ctrl+Y 组合键，按需要复制多个图形，效果如图 2-288 所示。

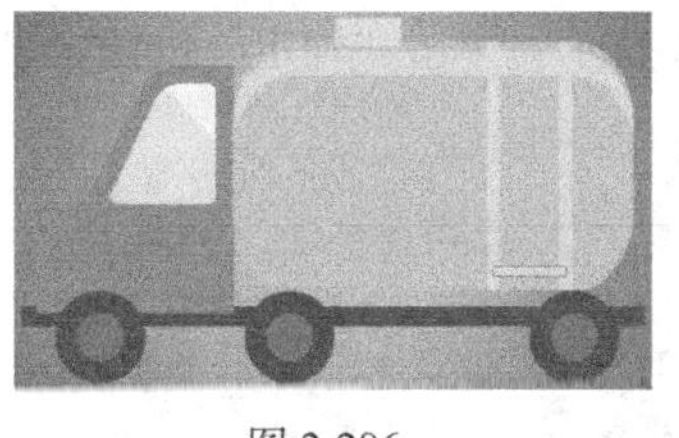

图 2-286

图 2-287

图 2-288

（8）单击“时间轴”面板下方的“新建图层”按钮，创建新图层并将其命名为“水滴”。选择“钢笔”工具，绘制一个闭合路径，如图 2-289 所示。

（9）选择“颜料桶”工具，在工具箱中将“填充颜色”设置为蓝黑色（#00384A），在边线内部单击鼠标左键，填充图形，如图 2-290 所示。选择“选择”工具，在边线上双击鼠标选中边线，按 Delete 键，将其删除，效果如图 2-291 所示。

图 2-289

图 2-290

图 2-291

（10）单击“时间轴”面板下方的“新建图层”按钮，创建新图层并将其命名为“货物架”。选择“矩形”工具，在工具箱中将“笔触颜色”设置为无，“填充颜色”设置为蓝黑色（#00384A），在舞台窗口中绘制一个矩形，效果如图 2-292 所示。卡通按钮绘制完成，效果如图 2-293 所示，按 Ctrl+Enter 组合键即可查看效果。

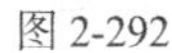

图 2-292

图 2-293

2.4.2　纯色编辑面板

在工具箱的下方单击“填充颜色”按钮，弹出“纯色”面板，如图 2-294 所示。在该面板中可以选择系统设置好的颜色，如果想自行设定颜色，单击面板右上方的颜色选择按钮，弹出“颜色”面板，在面板右侧的颜色选择区中选择要自定义的颜色，如图 2-295 所示。滑动面板右侧的滑动条来设定颜色的亮度，如图 2-296 所示。

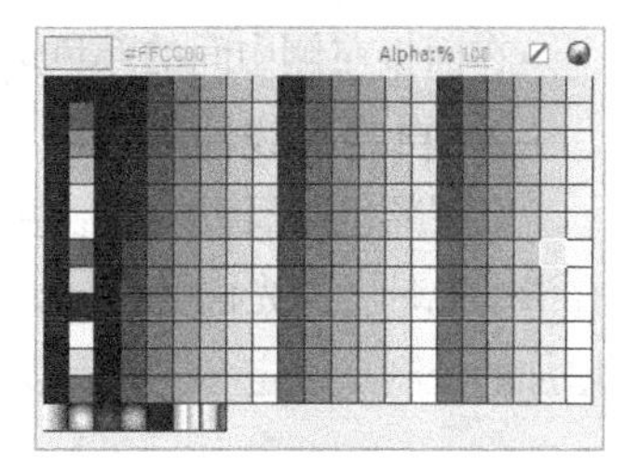

图 2-294

设定颜色后，可在“颜色 | 纯色”选项框中预览设定结果，如图 2-297 所示。单击面板右下方的“添加到自定义颜色”按钮，将定义

好的颜色添加到面板左下方的“自定义颜色”区域中，如图 2-298 所示，单击“确定”按钮，自定义颜色完成。

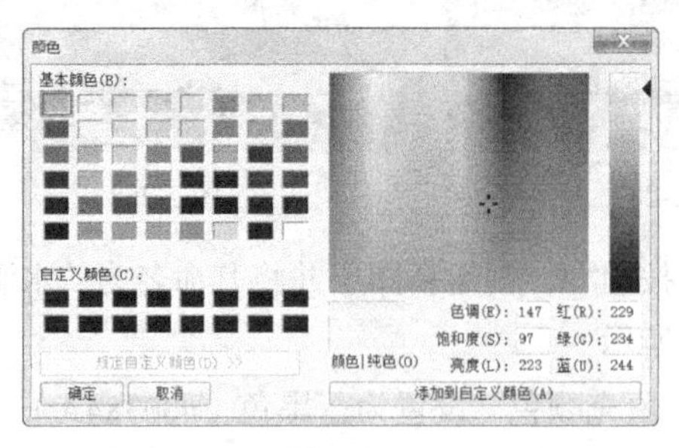

图 2-295

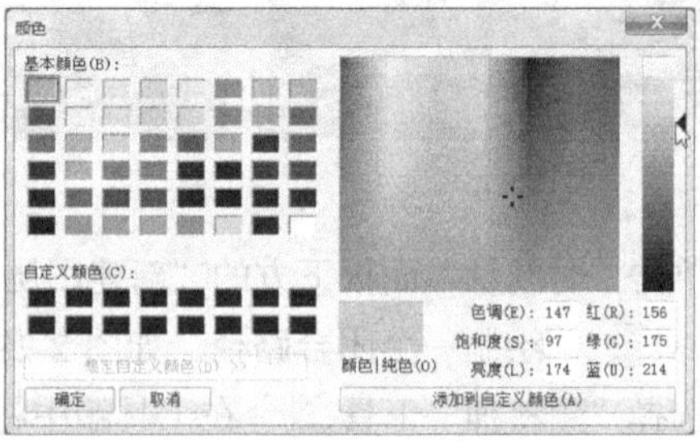

图 2-296

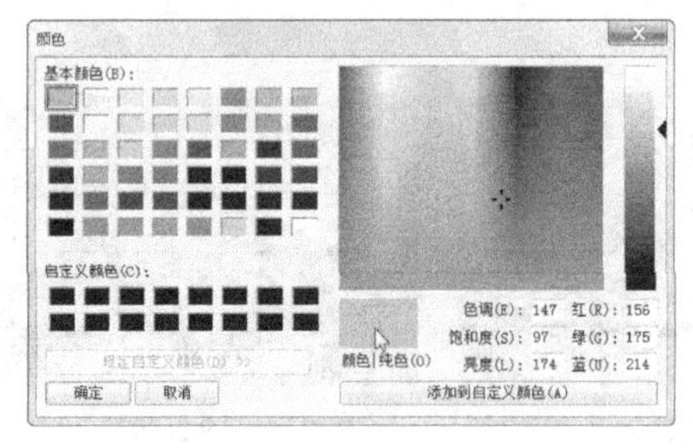

图 2-297

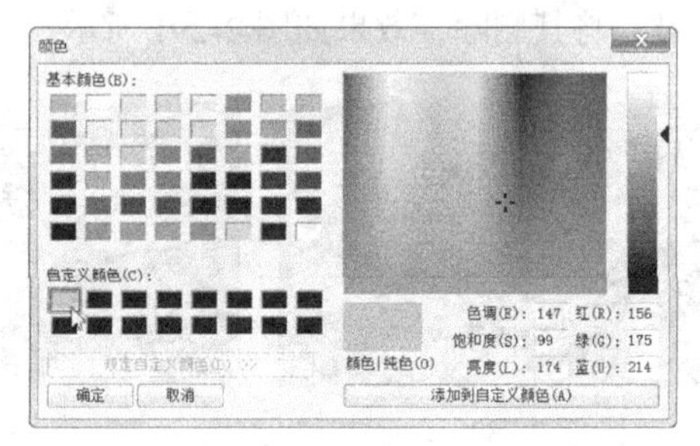

图 2-298

2.4.3 颜色面板

选择“窗口 > 颜色”命令，弹出“颜色”面板。

1．自定义纯色

在“颜色”面板的“类型”选项中，选择“纯色”选项，面板效果如图 2-299 所示。

“笔触颜色”按钮：可以设定矢量线条的颜色。

“填充颜色”按钮：可以设定填充色的颜色。

“黑白”按钮：单击此按钮，线条与填充色恢复为系统默认的状态。

“没有颜色”按钮：用于取消矢量线条或填充色块。当选择“椭圆”工具或“矩形”工具时，此按钮为可用状态。

“交换颜色”按钮：单击此按钮，可以将线条颜色和填充色相互切换。

“H”“S”“B”和“R”“G”“B”选项：可以用精确数值来设定颜色。

“A”选项：用于设定颜色的不透明度，数值选取范围为 0~100。

在面板左侧中间的颜色选择区域内，可以根据需要选择相应的颜色。

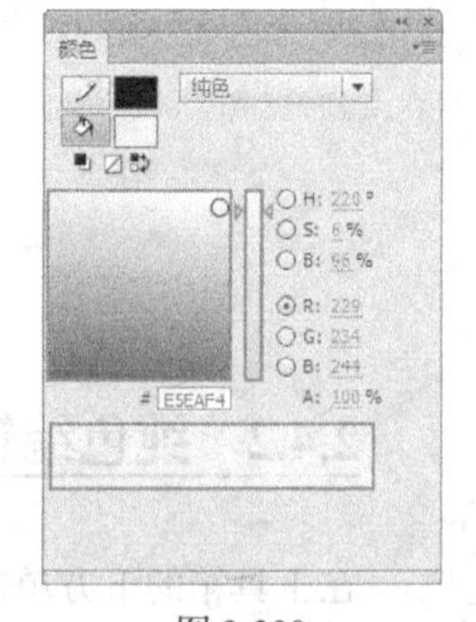

图 2-299

2．自定义线性渐变色

在“颜色”面板的“颜色类型”选项中选择“线性渐变”选项，面板如图 2-300 所示。将光标放置在滑动色带上，光标变为，如图 2-301 所示，在色带上单击鼠标增加颜色控制点，并在面板下方为新增加的控制点设定颜色及明度，如图 2-302 所示。当要删除控制点时，只需将控制点向色带下方拖曳。

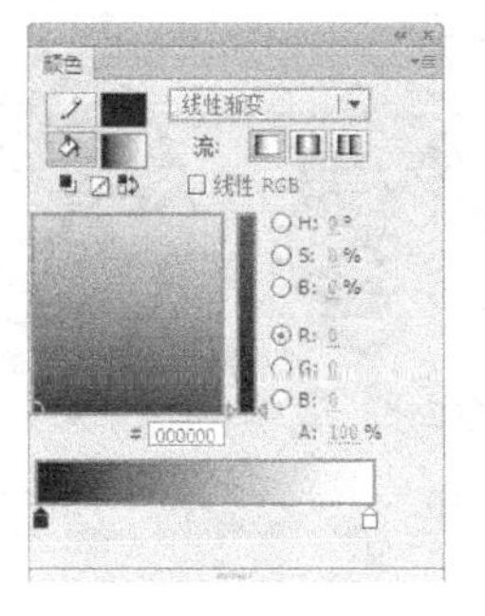

图 2-300

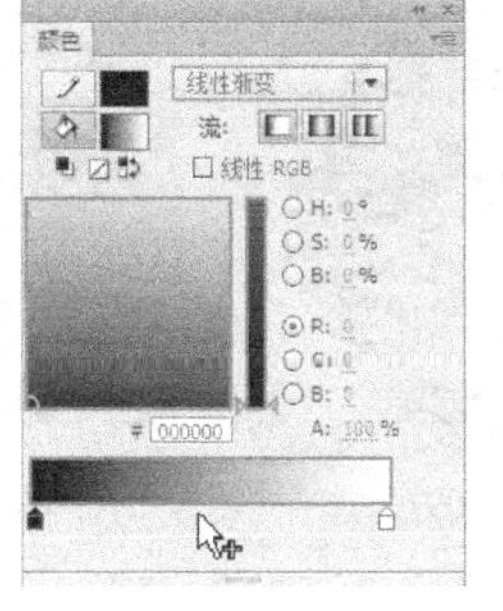

图 2-301

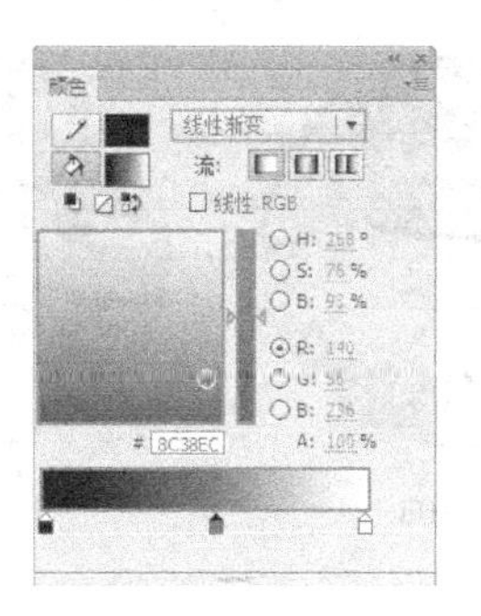

图 2-302

3．自定义径向渐变色

在“颜色”面板的“颜色类型”选项中选择“径向渐变”选项，面板效果如图 2-303 所示。用与定义线性渐变色相同的方法在色带上定义径向渐变色，定义完成后，在面板的左下方显示出定义的渐变色，如图 2-304 所示。

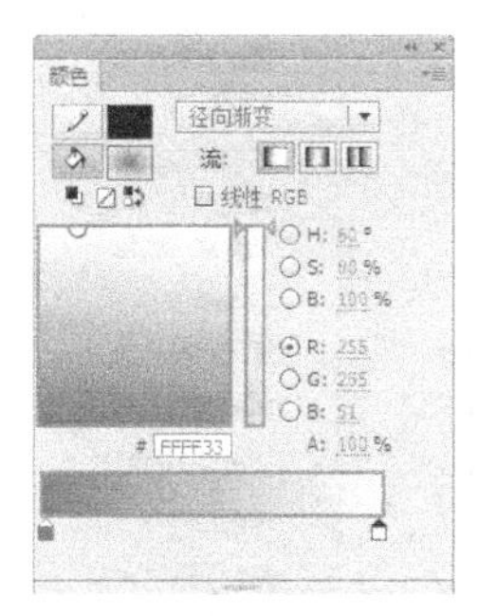

图 2-303

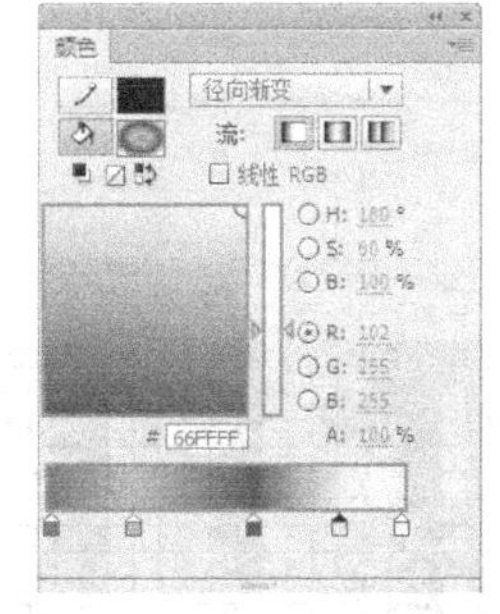

图 2-304

4．自定义位图填充

在“颜色”面板的“颜色类型”选项中，选择“位图填充”选项，如图 2-305 所示。弹出“导入到库”对话框，在该对话框中选择要导入的图片，如图 2-306 所示。

单击“打开”按钮，图片被导入“颜色”面板中。选择“椭圆”工具，在场景中绘制出一个椭圆形，椭圆形被刚才导入的位图所填充，如图 2-307 所示。

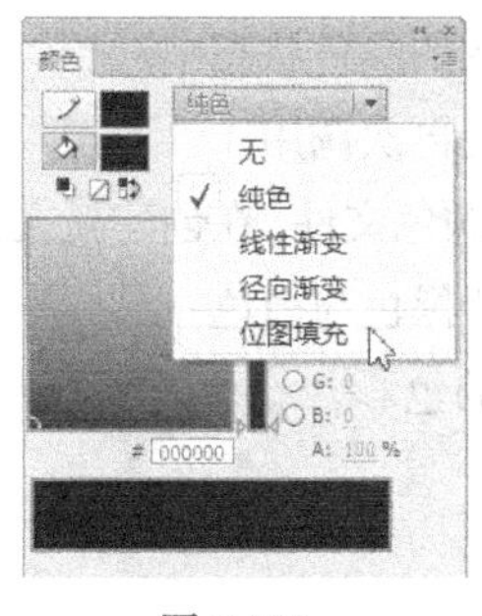

图 2-305

图 2-306

图 2-307

选择“渐变变形”工具，在填充位图上单击，出现控制点。向外拖曳左下方的方形控制点，如图 2-308 所示。松开鼠标后效果如图 2-309 所示。

向上拖曳右上方的圆形控制点，改变填充位图的角度，如图 2-310 所示。松开鼠标后的效果如图 2-311 所示。

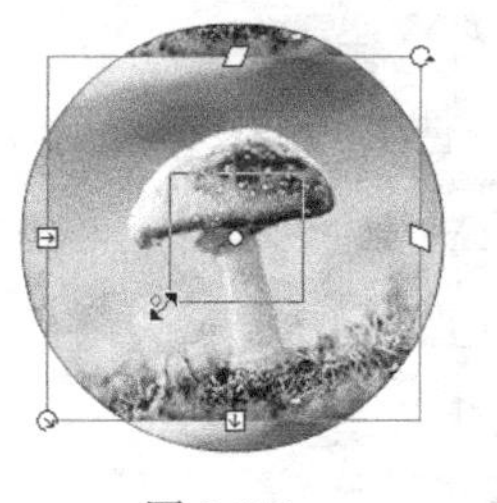

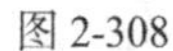

图 2-308

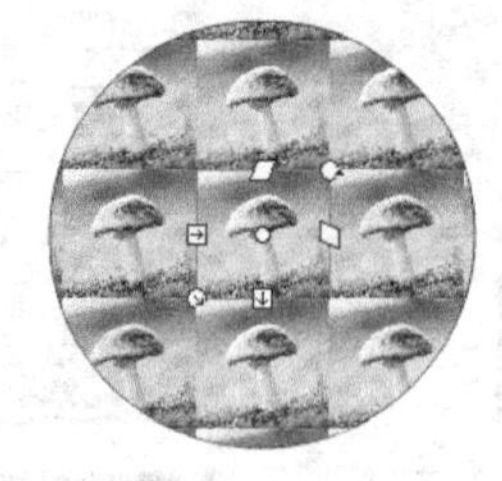

图 2-309

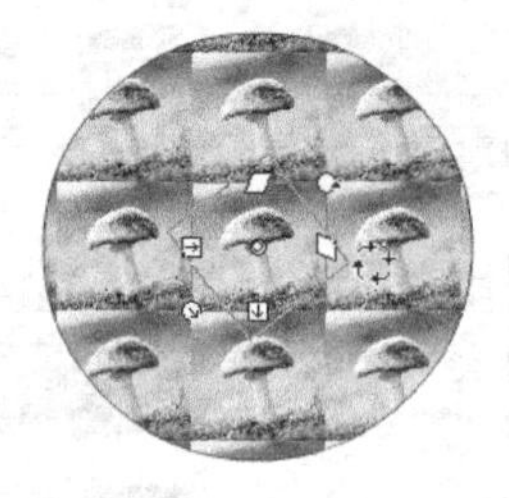

图 2-310

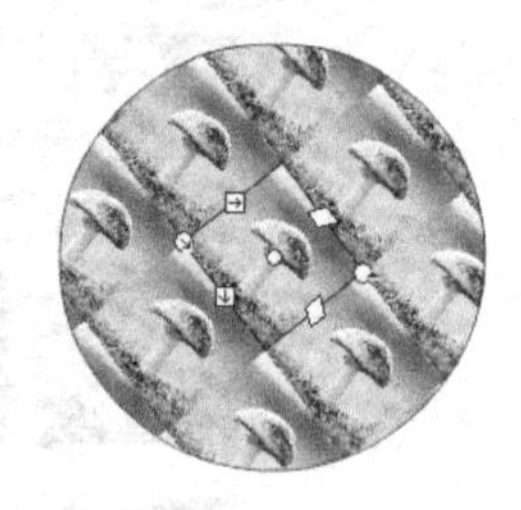

图 2-311

2.4.4 样本面板

在样本面板中可以选择系统提供的纯色或渐变色。选择“窗口 > 样本”命令，弹出“样本”面板，如图 2-312 所示。在控制面板中部的纯色样本区中，系统提供了 216 种纯色。控制面板下方是渐变色样本区。单击控制面板右上方的按钮，弹出下拉菜单，如图 2-313 所示。

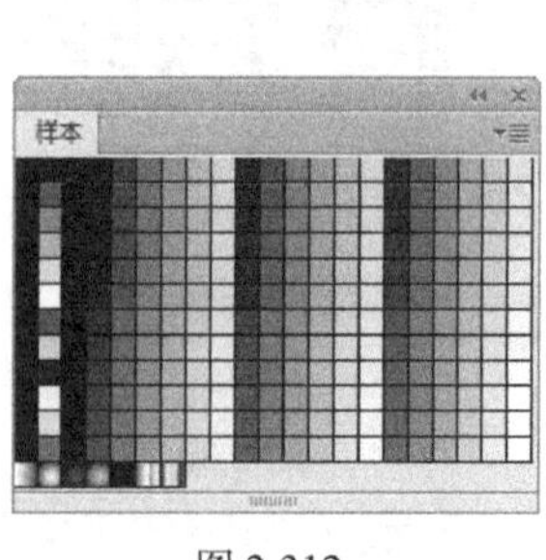

图 2-312

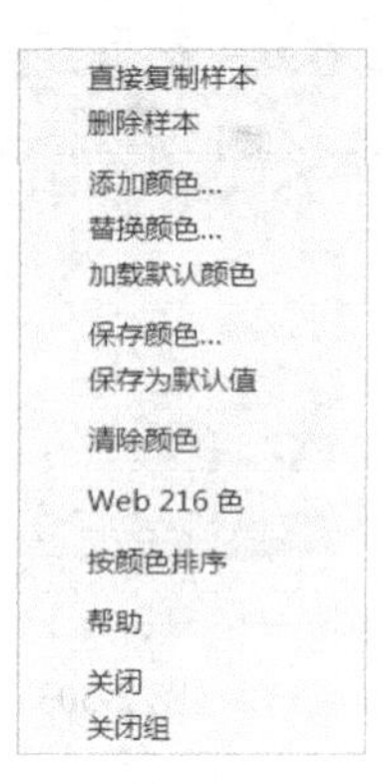

图 2-313

“直接复制样本”命令：可以将选中的颜色直接复制出一个副本。
“删除样本”命令：可以将选中的颜色删除。
“添加颜色”命令：可以将系统中保存的颜色文件添加到面板中。
“替换颜色”命令：可以将选中的颜色替换成系统中保存的颜色文件。
“加载默认颜色”命令：可以将面板中的颜色恢复到系统默认的颜色状态中。
“保存颜色”命令：可以将编辑好的颜色保存到系统中，方便再次调用。
“保存为默认值”命令：可以将编辑好的颜色替换系统默认的颜色文件，在创建新文档时自动替换。
“清除颜色”命令：可以清除当前面板中的所有颜色，只保留黑色与白色。
“Web216 色”命令：可以调出系统自带的符合 Internet 标准的色彩。
“按颜色排序”命令：可以将色标按色相进行排列。
“帮助”命令：选择此命令，将弹出帮助文件。

课堂练习——绘制吊牌

【练习知识要点】使用“任意变形”工具、“颜色”面板和“变形”面板，来完成吊牌的绘制，最终效果如图 2-314 所示。

【素材所在位置】Ch02/素材/绘制吊牌/01 和 02。

【效果所在位置】Ch02/效果/绘制吊牌.fla。

图 2-314

课后习题——绘制咖啡店标志

【习题知识要点】使用“钢笔”工具，绘制标志主体形状；使用“多角星形”工具，绘制星星图形；使用“文本”工具，输入文字，最终效果如图 2-315 所示。

【素材所在位置】Ch02/素材/绘制咖啡店标志/01。

【效果所在位置】Ch02/效果/绘制咖啡店标志.fla。

图 2-315

第3章 对象的编辑与修饰

本章介绍

使用工具栏中的工具创建的向量图形相对来说比较单调，而修改菜单命令修改图形，就可以改变原图形的形状、线条等，并且可以将多个图形组合起来得到所需要的图形效果。本章将详细介绍 Flash CS6 编辑、修饰对象的功能。通过对本章的学习，读者可以掌握编辑和修饰对象的各种方法和技巧，并能根据具体操作特点，灵活地应用编辑和修饰功能。

学习目标

- 掌握对象变形的方法和技巧。
- 掌握对象的修饰方法。
- 熟练运用对齐面板与变形面板编辑对象。

技能目标

- 掌握“环保插画”的绘制方法。
- 掌握“沙滩风景”的绘制方法。
- 掌握“商场促销吊签”的制作方法。

3.1 对象的变形与操作

应用变形命令可以对选择的对象进行变形修改，如扭曲、缩放、倾斜、旋转和封套等。还可以根据需要对对象进行组合、分离、叠放、对齐等一系列操作，从而达到制作要求。

命令介绍

缩放对象：可以对对象进行放大或缩小的操作。

旋转与倾斜对象：可以将对象旋转或倾斜的操作。

翻转对象：可以将对象水平或垂直翻转。

组合对象：制作复杂图形时，可以将多个图形组合成一个整体，以便选择和修改。另外，制作位移动画时，需用“组合”命令将图形转变成组件。

3.1.1 课堂案例——绘制环保插画

【案例学习目标】使用不同的变形命令编辑图形。

【案例知识要点】使用“椭圆”工具、“矩形”工具和“颜色”面板，绘制白云和树图形；使用“组合”命令，将图形编组；使用“变形”面板，调整图形大小，最终效果如图 3-1 所示。

【效果所在位置】Ch03/效果/绘制环保插画.fla。

图 3-1

（1）选择“文件 > 打开”命令，在弹出的“打开”对话框中，选择“Ch03 > 素材 > 绘制环保插画 > 01”文件，如图 3-2 所示，单击“打开”按钮，打开文件，如图 3-3 所示。

图 3-2

图 3-3

（2）单击“时间轴”面板下方的“新建图层”按钮，创建新图层并将其命名为“云彩”。选择“椭圆”工具，在工具箱中将“笔触颜色”设置为无，“填充颜色”设置为浅蓝色（#AFEDED），在舞台窗口中绘制多个圆形，效果如图 3-4 所示。选择“矩形”工具，在舞台窗口中绘制一个矩形，效果如图 3-5 所示。

（3）选择“选择”工具，选中刚绘制的图形，按住 Alt 键的同时，向左上方拖曳图形到适当的位置复制图形。选择“任意变形”工具，按住 Alt+Shift 组合键的同时，用鼠标拖动右上方的控制点，等比例缩小图形，效果如图 3-6 所示。使用相同的方法再复制 2 个图形并调整其大小，效果如图 3-7 所示。

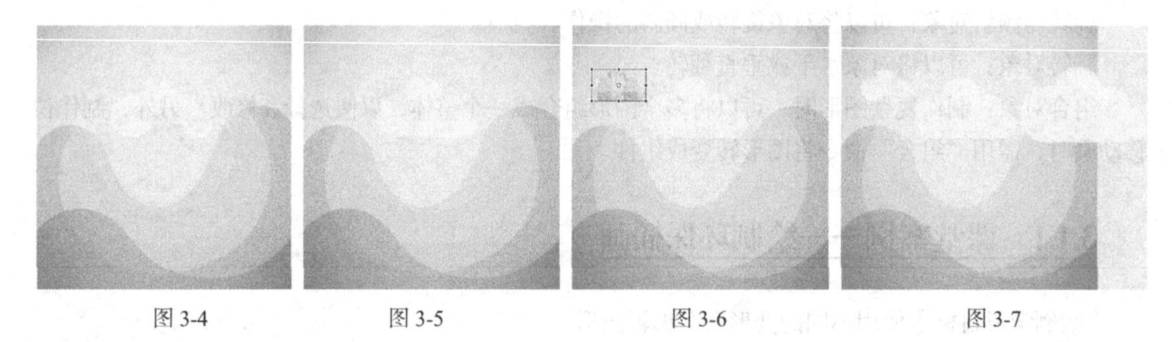

图 3-4　　图 3-5　　图 3-6　　图 3-7

（4）在“时间轴”面板中调整图层的顺序，如图 3-8 所示，舞台窗口中的效果如图 3-9 所示。选中“小山”图层。单击“时间轴”面板下方的“新建图层”按钮，创建新图层并将其命名为“树”。

（5）选择“窗口 > 颜色”命令，弹出“颜色”面板，单击“填充颜色”按钮，在“颜色类型”选项的下拉列表中选择“线性渐变”，选中色带上左侧的色块，将其设置为深褐色（#643B18），选中色带上右侧的色块，将其设置为褐色（#876818），生成渐变色，如图 3-10 所示。选择“矩形”工具，在工具箱下方选择“对象绘制”按钮，在舞台窗口中绘制一个矩形，效果如图 3-11 所示。

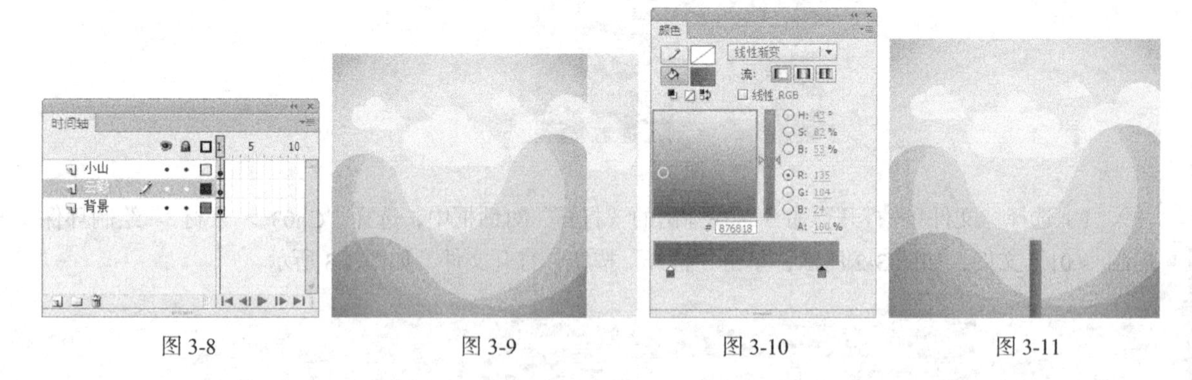

图 3-8　　图 3-9　　图 3-10　　图 3-11

（6）调出“颜色”面板，单击“填充颜色”按钮，在“颜色类型”选项的下拉列表中选择“径向渐变”，选中色带上左侧的色块，将其设置为黄绿色（#A3DB3D），选中色带上右侧的色块，将其设置为绿色（#4AA442），生成渐变色，如图 3-12 所示。选择“椭圆”工具，在工具箱下方选择“对象绘制”按钮，按住 Shift 键的同时，在舞台窗口中绘制一个圆形，效果如图 3-13 所示。

（7）按 F8 键，在弹出的“转换为元件”对话框中进行设置，如图 3-14 所示，单击“确定”按钮，将图形转为影片剪辑元件，如图 3-15 所示。

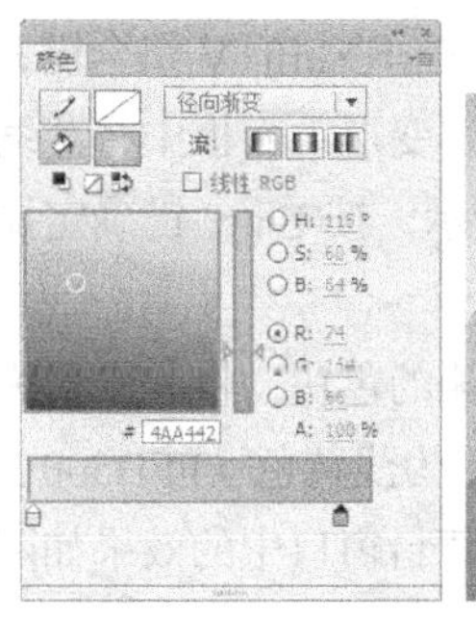

图 3-12

图 3-13

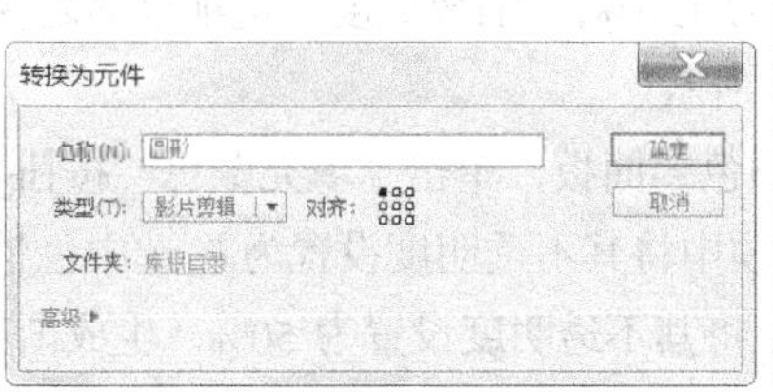

图 3-14

图 3-15

（8）选择“选择”工具，在舞台窗口中选中“圆形”实例，在图形“属性”面板中选择“色彩效果”选项组，在“样式”选项的下拉列表中选择“Alpha”，将其值设置为 80%。舞台窗口中的效果如图 3-16 所示。

（9）选择“选择”工具，按住 Shift 键的同时，单击下方矩形将其同时选中，按 Ctrl+G 组合键，将选中的图形进行组合，如图 3-17 所示。按住 Alt+Shift 组合键的同时，水平向右拖曳图形到适当的位置复制图形。选择“任意变形”工具，缩放复制的“树”实例的大小，效果如图 3-18 所示。用相同的方法再复制一个，缩放大小并放置在适当的位置，效果如图 3-19 所示。

图 3-16

图 3-17

图 3-18

图 3-19

（10）按 Ctrl+F8 组合键，弹出“创建新元件”对话框，在“名称”选项的文本框中输入“太阳”，在“类型”选项的下拉列表中选择“图形”选项，如图 3-20 所示，单击“确定”按钮，新建图形元件“太阳”。舞台窗口也随之转换为图形元件的舞台窗口。

（11）调出“颜色”面板，单击“填充颜色”按钮，在“颜色类型”选项的下拉列表中选择“径向渐变”，选中色带上左侧的色块，将其设置为黄色（#FFE438），选中色带上右侧的色块，将其设置为橘黄色（#FFBE11），生成渐变色，如图 3-21 所示。选择“椭圆”工具，按住 Shift 键的同时，在舞台窗口中绘制一个圆形，效果如图 3-22 所示。

图 3-20

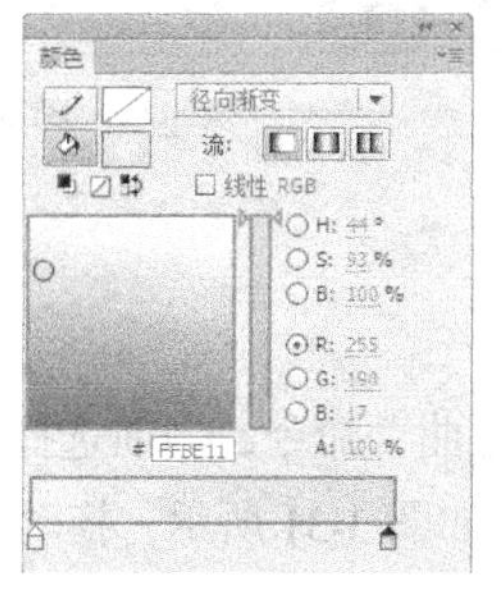

图 3-21

图 3-22

（12）选择“选择”工具，选中图形，按 Ctrl+C 组合键，复制图形，按 Ctrl+Shift+V 组合键，将图形粘贴到当前位置。选择“窗口 > 变形”命令，弹出“变形”面板，在“变形”面板中将“缩放宽度”选项设置为 120%，“缩放高度”选项也随之变为 120%，如图 3-23 所示，按 Enter 键确定操作，效果如图 3-24 所示。

（13）调出“颜色”面板，单击“填充颜色”按钮，选中色带上左侧的色块，将其设置为白色，在“Alpha”选项中将其不透明度设置为 0，选中色带上右侧的色块，将其设置为浅黄色（#FFD500），在“Alpha”选项中将其不透明度设置为 50%，生成渐变色，如图 3-25 所示，舞台窗口中的效果如图 3-26 所示。

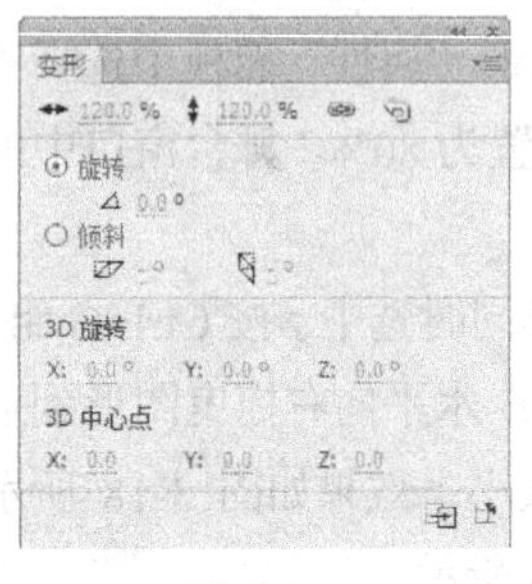

图 3-23

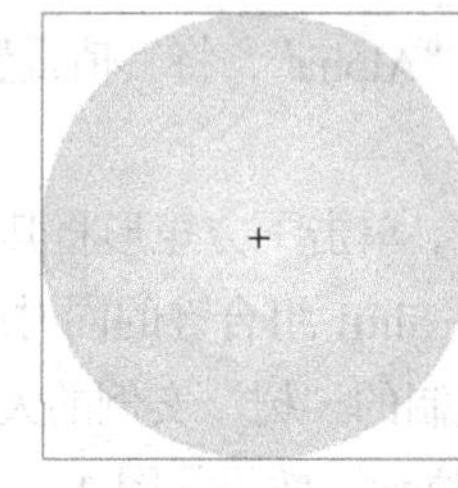

图 3-24

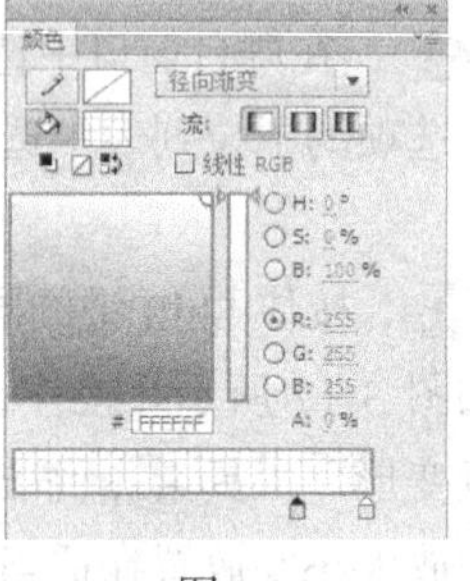

图 3-25

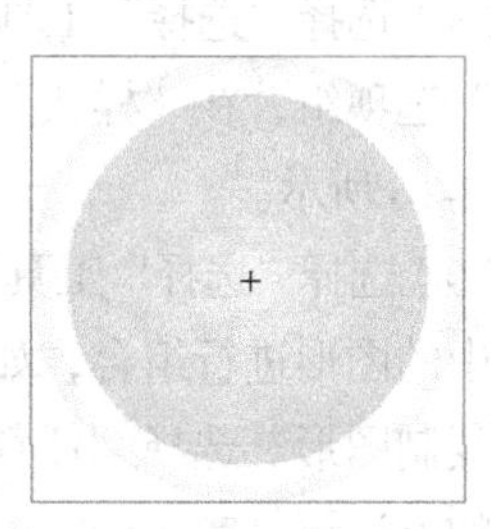

图 3-26

（14）单击舞台窗口左上方的“场景 1”图标，进入“场景 1”的舞台窗口。单击“时间轴”面板下方的“新建图层”按钮，创建新图层并将其命名为“太阳”。将“库”面板中的图形元件“太阳”拖曳到舞台窗口中的适当位置，如图 3-27 所示。

（15）选择“文件 > 导入 > 导入到库”命令，在弹出的“导入到库”对话框中选择“Ch03 > 素材 > 绘制环保插画 > 02”文件，单击“打开”按钮，文件被导入“库”面板中，如图 3-28 所示。

（16）单击“时间轴”面板下方的“新建图层”按钮，创建新图层并将其命名为“草丛”。将“库”面板中的图形元件“02”拖曳到舞台窗口中的适当位置，选择“任意变形”工具，等比例放大图形，效果如图 3-29 所示。环保插画绘制完成，按 Ctrl+Enter 组合键即可查看效果。

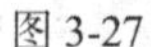

图 3-27

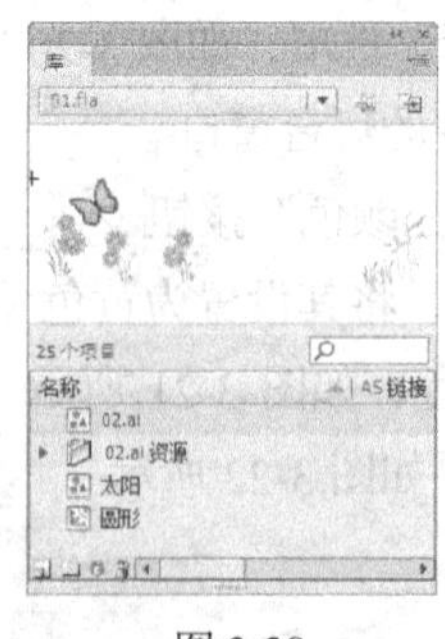

图 3-28

图 3-29

3.1.2 扭曲对象

选择“修改 > 变形 > 扭曲”命令，当前选择的图形上会出现控制点，如图 3-30 所示。光标变为▷，向右下方拖曳控制点，如图 3-31 所示，拖动四角的控制点可以改变图形顶点的形状，效果如图 3-32 所示。

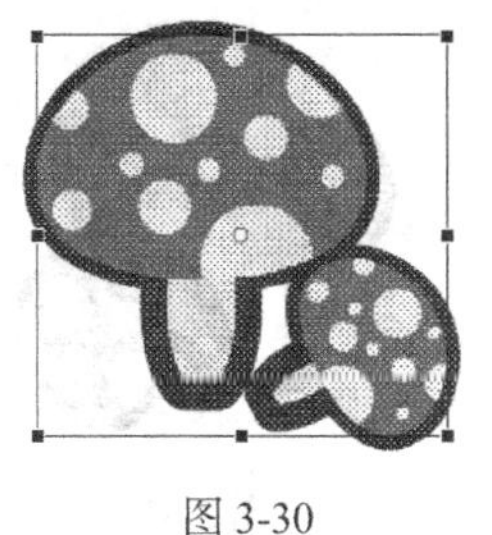
图 3-30

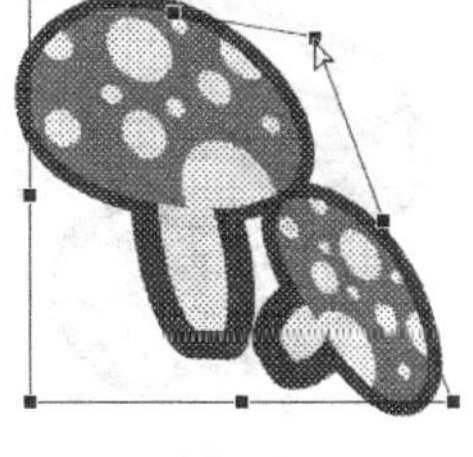
图 3-31

图 3-32

3.1.3　封套对象

选择“修改 > 变形 > 封套”命令，当前选择的图形上会出现控制点，如图 3-33 所示。光标变为，用鼠标拖动控制点，如图 3-34 所示，使图形产生相应的弯曲变化，效果如图 3-35 所示。

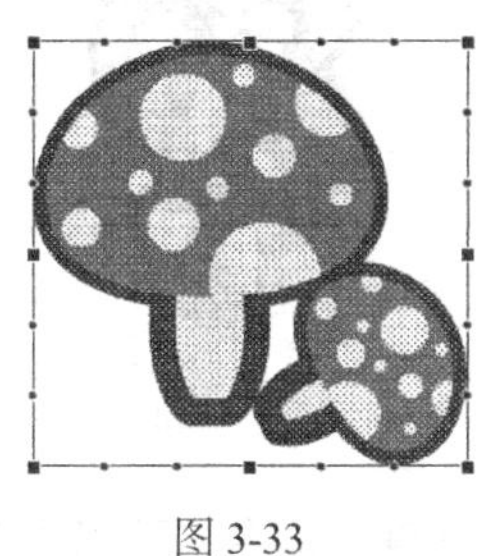
图 3-33

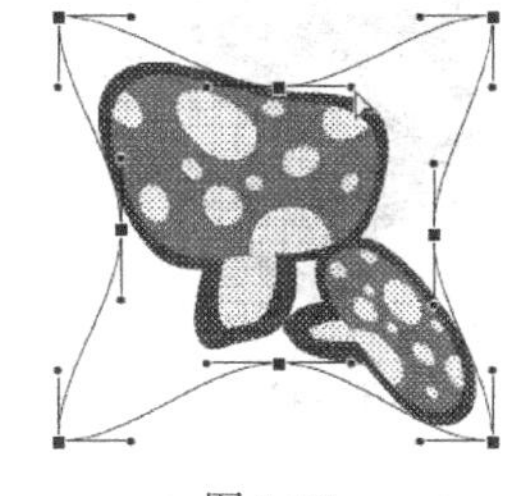
图 3-34

图 3-35

3.1.4　缩放对象

选择“修改 > 变形 > 缩放”命令，当前选择的图形上会出现控制点，如图 3-36 所示。光标变为，按住鼠标不放，向右上方拖曳控制点，如图 3-37 所示，用鼠标拖动控制点可成比例改变图形的大小，效果如图 3-38 所示。

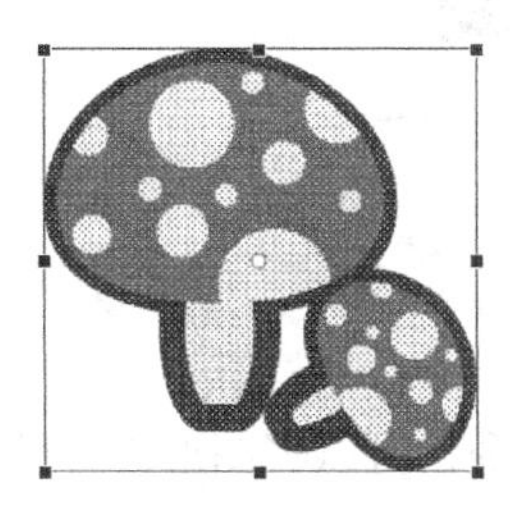
图 3-36

图 3-37

图 3-38

3.1.5　旋转与倾斜对象

选择“修改 > 变形 > 旋转与倾斜”命令，当前选择的图形上会出现控制点，如图 3-39 所示。用鼠标拖动中间的控制点倾斜图形，光标变为，按住鼠标不放，向右水平拖曳控制点，如图 3-40 所示，松开鼠标，图形变为倾斜，如图 3-41 所示。

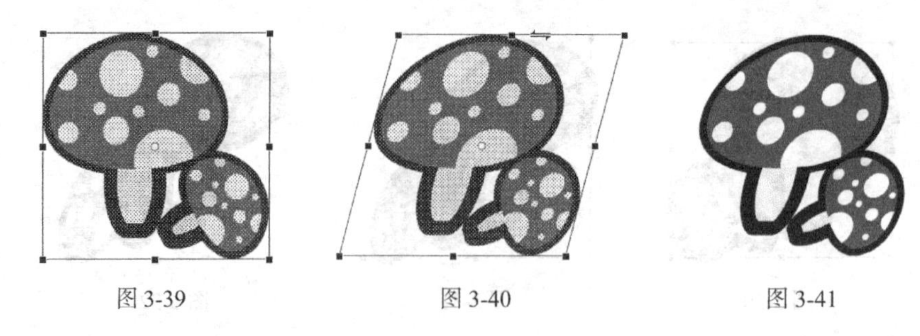

图 3-39　　图 3-40　　图 3-41

将光标放在右上角的控制点上，光标变为↺，如图 3-42 所示，拖动控制点旋转图形，如图 3-43 所示，旋转完成后的效果如图 3-44 所示。

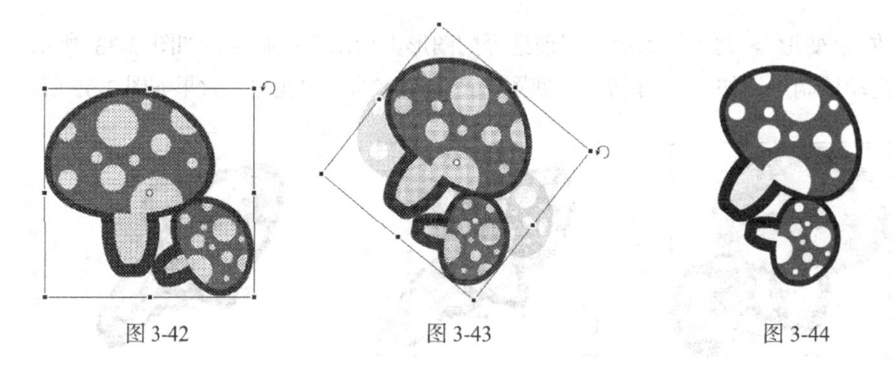

图 3-42　　图 3-43　　图 3-44

选择“修改 > 变形”中的“顺时针旋转 90 度”“逆时针旋转 90 度”命令，可以将图形按照规定的度数进行旋转，效果如图 3-45 和图 3-46 所示。

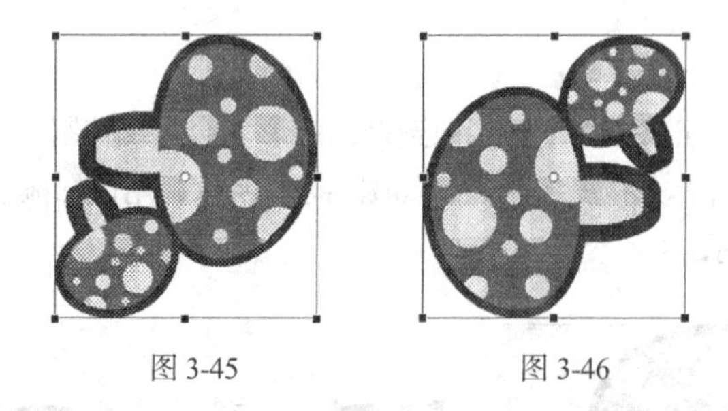

图 3-45　　图 3-46

3.1.6　翻转对象

选择“修改 > 变形”中的“垂直翻转”“水平翻转”命令，可以将图形进行翻转，效果如图 3-47 和图 3-48 所示。

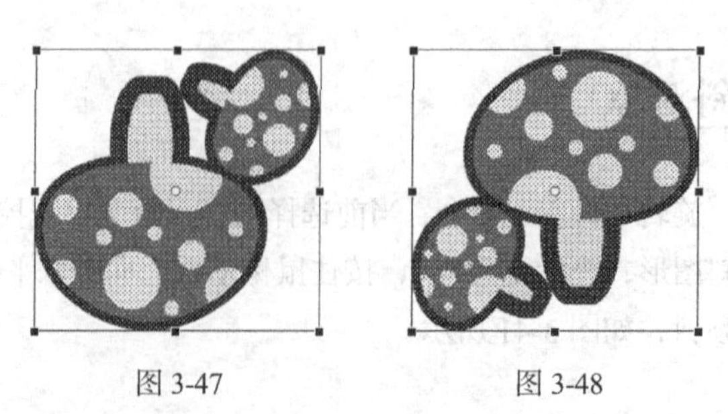

图 3-47　　图 3-48

3.1.7　组合对象

选中多个图形，如图 3-49 所示；选择“修改 > 组合”命令，或按 Ctrl+G 组合键，将选中的图形进行组合，如图 3-50 所示。

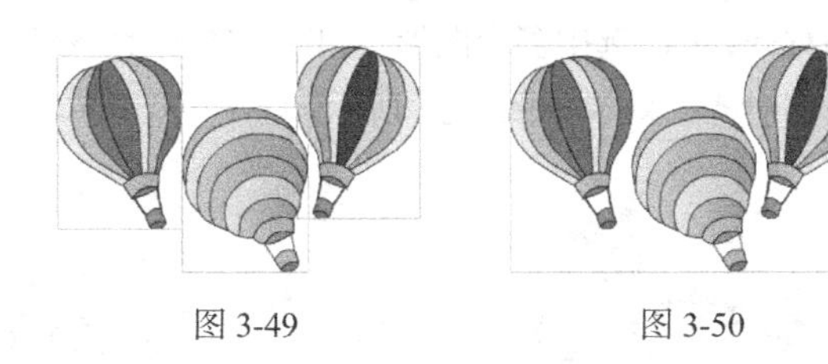

图 3-49　　图 3-50

3.1.8　分离对象

要修改多个图形的组合、图像、文字或组件的一部分时，可以使用“修改 > 分离”命令。另外，制作变形动画时，需使用“分离”命令将图形的组合、图像、文字或组件转变成图形。

选中图形组合，如图 3-51 所示。选择“修改 > 分离”命令，或按 Ctrl+B 组合键，将组合的图形打散，多次使用“分离”命令的效果如图 3-52 所示。

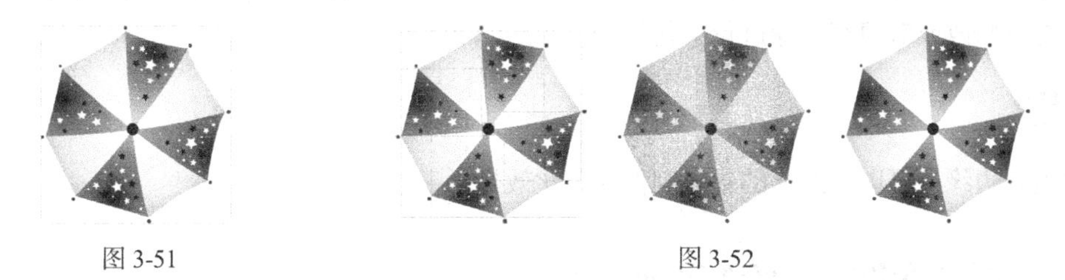

图 3-51　　图 3-52

3.1.9　叠放对象

制作复杂图形时，多个图形的叠放次序不同，会产生不同的效果，可以通过“修改 > 排列”中的命令实现不同的叠放效果。

如果要将图形移动到所有图形的顶层，可以选中要移动的雨伞图形，如图 3-53 所示，然后选择“修改 >排列 > 移至顶层”命令，将选中的雨伞图形移动到所有图形的顶层，效果如图 3-54 所示。

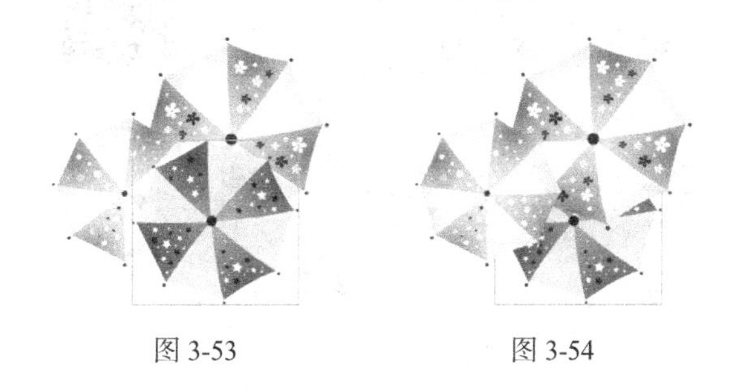

图 3-53　　图 3-54

叠放对象只能是图形的组合或组件。

3.1.10 对齐对象

当选择多个图形、图像、图形的组合、组件时，可以通过“修改 > 对齐”中的命令调整它们的相对位置。

如果要将多个图形的底部对齐，可以选中多个图形，如图 3-55 所示，然后选择“修改 > 对齐 > 底对齐”命令，将所有图形的底部对齐，效果如图 3-56 所示。

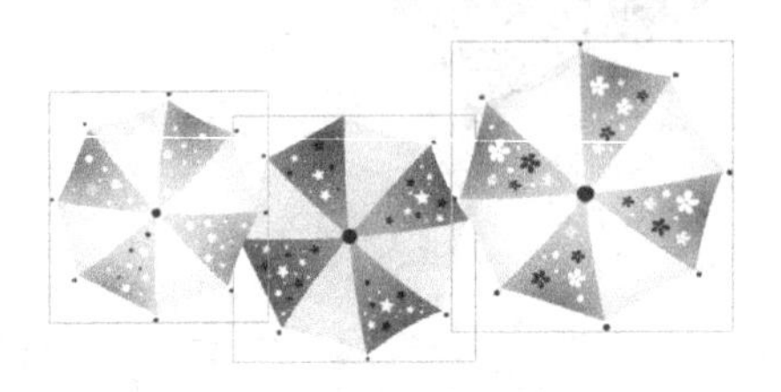
图 3-55

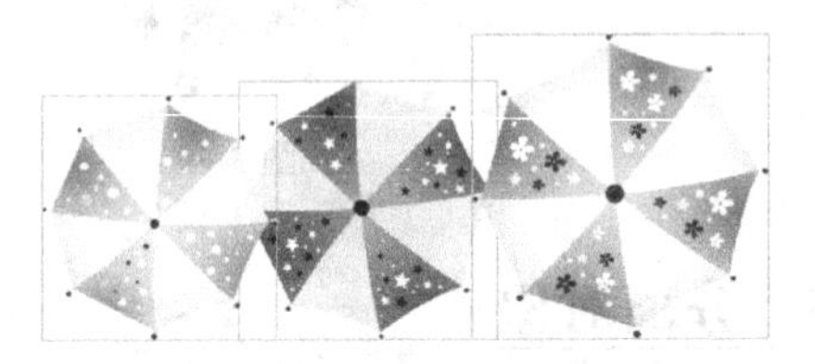
图 3-56

3.2 对象的修饰

在制作动画的过程中，可以应用 Flash CS6 自带的一些命令对曲线进行优化，将线条转换为填充，对填充色进行修改或对填充边缘进行柔化处理。

命令介绍

柔化填充边缘：可以将图形的边缘制作成柔化效果。

3.2.1 课堂案例——绘制沙滩风景

【案例学习目标】使用不同的绘图工具绘制图像，使用形状命令编辑图形。

【案例知识要点】使用“柔化填充边缘”命令，制作太阳发光效果；使用“钢笔”工具，绘制白云形状；使用“变形”面板，改变图形的大小，最终效果如图 3-57 所示。

【效果所在位置】Ch03/效果/绘制沙滩风景.fla。

图 3-57

（1）选择“文件 > 新建”命令，弹出“新建文档”对话框，在“常规”选项卡中选择“ActionScript 3.0”选项，将“宽”选项设置为 600，“高”选项设置为 450，单击“确定”按钮，完成文档的创建。

（2）将“图层 1”重新命名为“背景”，如图 3-58 所示。选择“矩形”工具，在工具箱中将“笔触颜色”设置为无，“填充颜色”设置为青色（#0099FF），单击工具箱下方的“对象绘制”按钮，在舞台窗口中绘制一个矩形，如图 3-59 所示。

图 3-58　　图 3-59

（3）选择“窗口 > 颜色”命令，弹出“颜色”面板，单击“填充颜色”按钮，在“颜色类型”选项的下拉列表中选择“线性渐变”，在色带上将左边的颜色控制点设置为青色（# 81C8EB），将右边的颜色控制点设置为蓝色（#3198CC），生成渐变色，如图 3-60 所示。

（4）选择“颜料桶”工具，在矩形的内部从下向上拖曳鼠标填充渐变色，效果如图 3-61 所示。

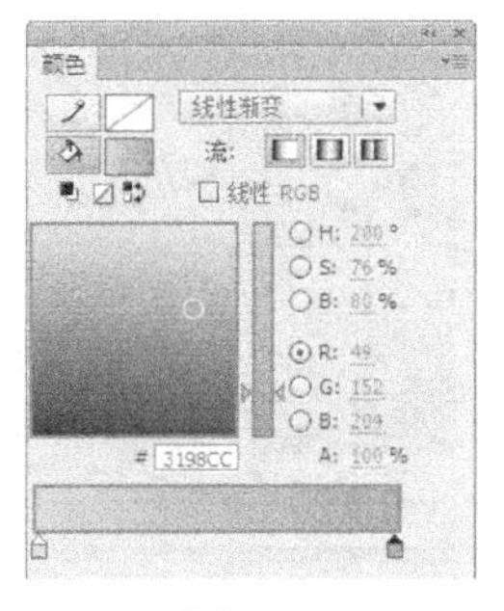

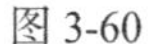

图 3-60　　图 3-61

（5）选择“文件 > 导入 > 导入到舞台”命令，在弹出的“导入”对话框中选择“Ch03 > 素材 > 绘制沙滩风景 > 01”文件，单击“打开”按钮，文件被导入舞台窗口中，如图 3-62 所示。将“图层 1”重命名为“风景”。

（6）单击“时间轴”面板下方的“新建图层”按钮，创建新图层并将其命名为“太阳”。选择“椭圆”工具，在工具箱中将“笔触颜色”设置为无，“填充颜色”设置为黄色（#FFDC00），在舞台窗口中绘制一个圆形，如图 3-63 所示。选择“选择”工具，选中圆形，如图 3-64 所示。

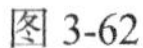

图 3-62　　图 3-63　　图 3-64

（7）选择“修改 > 形状 > 柔化填充边缘”命令，弹出“柔化填充边缘”对话框，在对话框中进行设置，如图 3-65 所示，单击“确定”按钮，效果如图 3-66 所示。

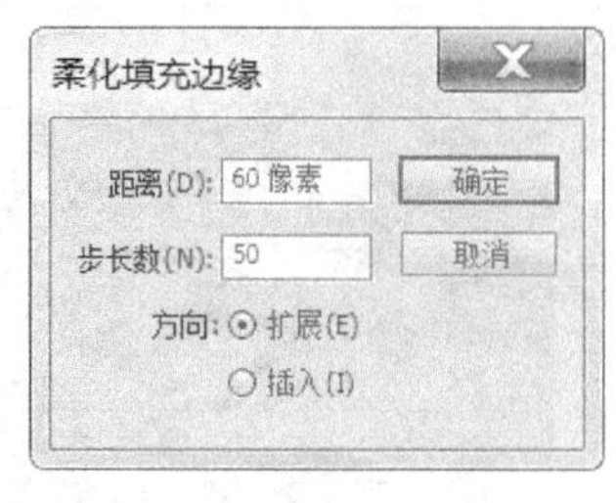

图 3-65

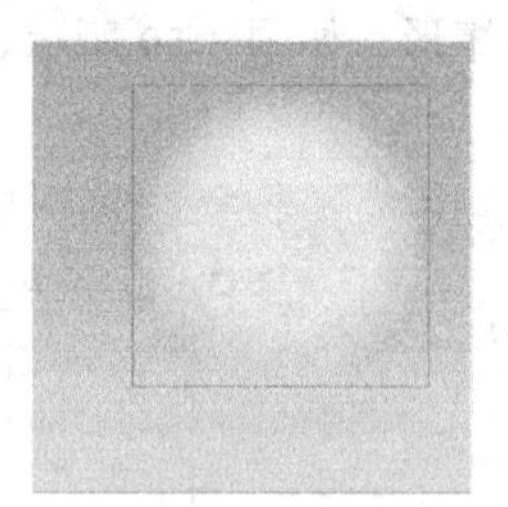

图 3-66

（8）单击“时间轴”面板下方的“新建图层”按钮，创建新图层并将其命名为“云彩”。选择“钢笔”工具，在钢笔工具的“属性”面板中，将“笔触颜色”设置为黑色，“笔触”选项设置为 1，在舞台窗口中绘制一个闭合边线，如图 3-67 所示。

（9）调出“颜色”面板，单击“填充颜色”按钮，在“颜色类型”选项的下拉列表中选择“线性渐变”，在色带上将左边的颜色控制点设置为白色，将右边的颜色控制点设置为淡绿色（#DBEBC8），生成渐变色，如图 3-68 所示。

图 3-67

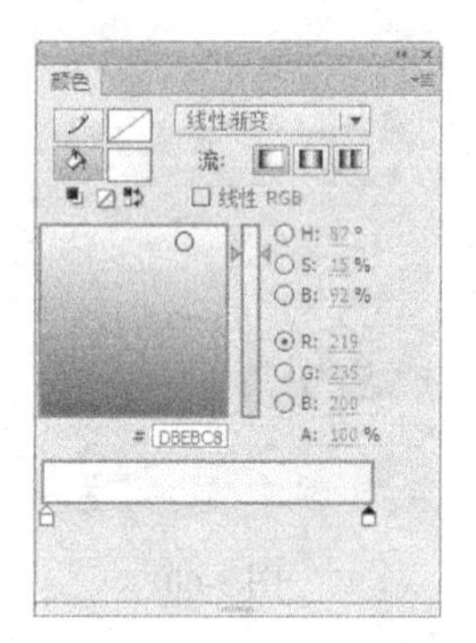

图 3-68

（10）选择“颜料桶”工具，在闭合边线内部从左向右拖曳鼠标填充渐变色，效果如图 3-69 所示。选择“选择”工具，选中云彩图形，如图 3-70 所示，在工具箱中将“笔触颜色”设置为无，效果如图 3-71 所示。

图 3-69

图 3-70

图 3-71

（11）选中“云彩”图形，按住 Alt 键的同时拖曳鼠标到适当的位置复制图形，效果如图 3-72 所示。选择“窗口 > 变形”命令，弹出“变形”面板，在“变形”面板中将“缩放宽度”选项设置为 60%，“缩放高度”选项也随之变为 60%，如图 3-73 所示，按 Enter 键确定操作，效果如图 3-74 所示。

图 3-72

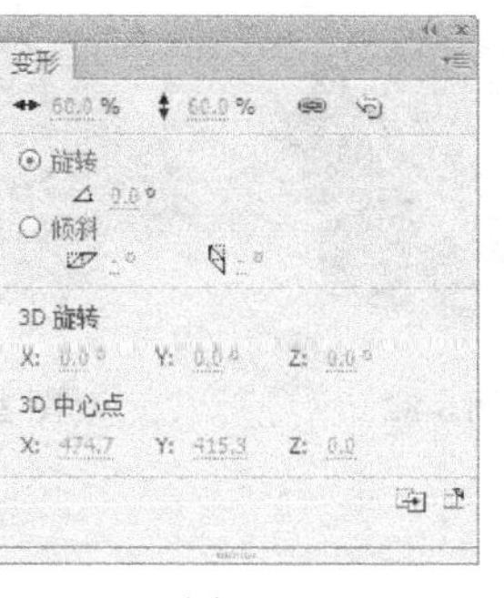

图 3-73

图 3-74

（12）用相同的方法再复制几朵白云图形，然后拖曳到适当的位置并调整其大小，效果如图 3-75 所示。沙滩风景绘制完成，效果如图 3-76 所示，按 Ctrl+Enter 组合键即可查看。

图 3-75

图 3-76

3.2.2　优化曲线

应用优化曲线命令可以将线条优化得较为平滑。选中要优化的线条，如图 3-77 所示。选择“修改 > 形状 > 优化”命令，弹出“优化曲线”对话框，进行设置后，如图 3-78 所示；单击“确定”按钮，弹出提示对话框，如图 3-79 所示，单击“确定”按钮，线条被优化，如图 3-80 所示。

图 3-77

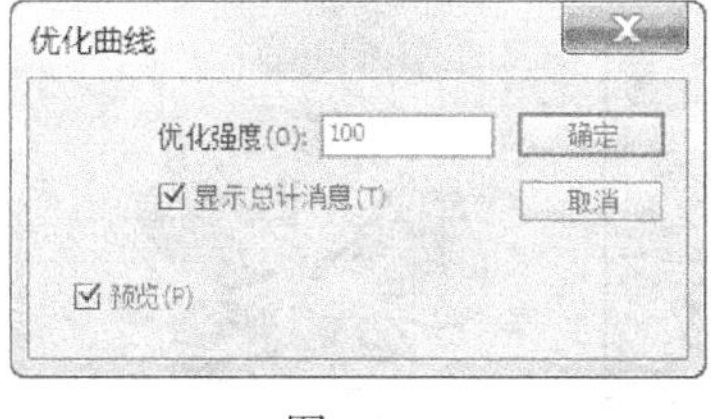

图 3-78

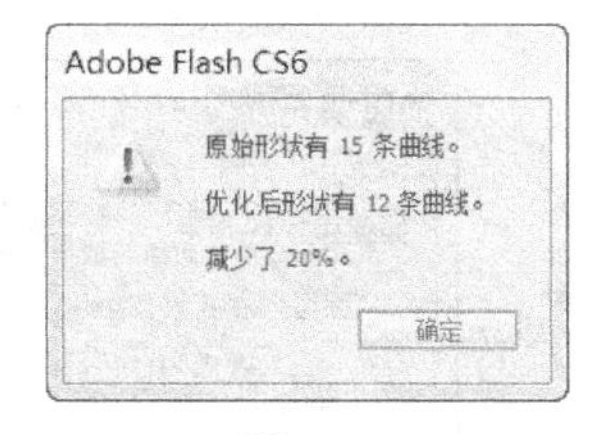

图 3-79

图 3-80

3.2.3　将线条转换为填充

应用将线条转换为填充命令可以将矢量线条转换为填充色块。导入花朵图片，如图 3-81 所示。选择“墨水瓶”工具，为图形绘制外边线，如图 3-82 所示。

选择“选择”工具，双击图形的外边线将其选中，选择“修改 > 形状 > 将线条转换为填充”命令，将外边线转换为填充色块，如图 3-83 所示。这时，可以选择“颜料桶”工具，为填充色块设置其他颜色，如图 3-84 所示。

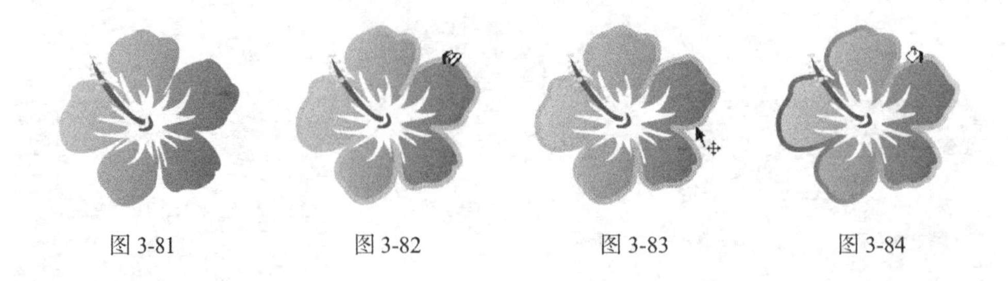

图 3-81　　图 3-82　　图 3-83　　图 3-84

3.2.4 扩展填充

应用扩展填充命令可以将填充颜色向外扩展或向内收缩，扩展或收缩的数值可以自定义。

1．扩展填充色

选中图形的填充颜色，如图 3-85 所示。选择“修改 > 形状 > 扩展填充”命令，弹出“扩展填充”对话框，在“距离”选项的数值框中输入 6（取值范围为 0.05 ~ 144），单击“扩展”单选项，如图 3-86 所示。单击“确定”按钮，填充色向外扩展，效果如图 3-87 所示。

图 3-85

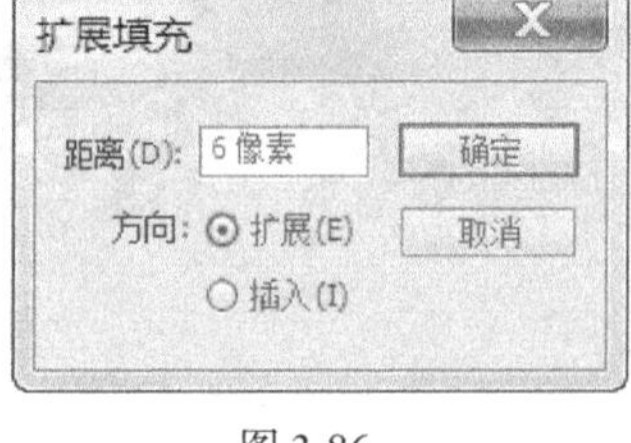

图 3-86

图 3-87

2．收缩填充色

选中图形的填充颜色，选择“修改 > 形状 > 扩展填充”命令，弹出“扩展填充”对话框，在“距离”选项的数值框中输入 12（取值范围为 0.05 ~ 144），单击“插入”单选项，如图 3-88 所示；单击“确定”按钮，填充色向内收缩，效果如图 3-89 所示。

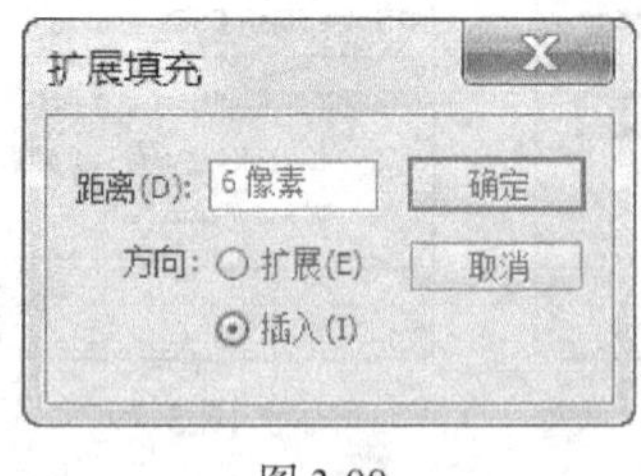

图 3-88

图 3-89

3.2.5 柔化填充边缘

1．向外柔化填充边缘

选中图形，如图 3-90 所示，选择“修改 > 形状 > 柔化填充边缘”命令，弹出“柔化填充边缘”对话框，在“距离”选项的数值框中输入 50，在“步长数”选项的数值框中输入 5，单击“扩展”单选项，如图 3-91 所示，单击“确定”按钮，效果如图 3-92 所示。

图 3-90

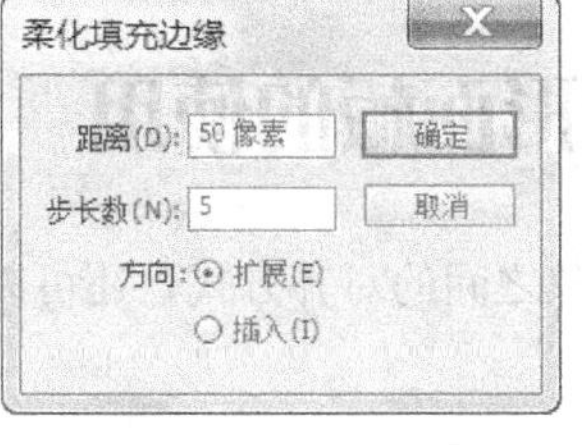

图 3-91

图 3-92

在“柔化填充边缘”对话框中设置不同的数值，所产生的效果也各不相同。

选中图形，选择“修改 > 形状 > 柔化填充边缘”命令，弹出“柔化填充边缘”对话框，在“距离”选项的数值框中输入 30，在“步长数”选项的数值框中输入 20，单击“扩展”单选项，如图 3-93 所示，单击“确定”按钮，效果如图 3-94 所示。

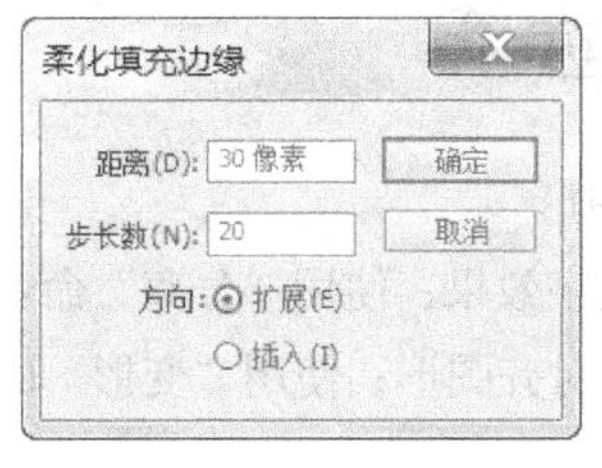

图 3-93

图 3-94

2. 向内柔化填充边缘

选中图形，如图 3-95 所示，选择“修改 > 形状 > 柔化填充边缘”命令，弹出“柔化填充边缘”对话框，在“距离”选项的数值框中输入 50，在“步长数”选项的数值框中输入 5，单击“插入”单选项，如图 3-96 所示，单击“确定”按钮，效果如图 3-97 所示。

图 3-95

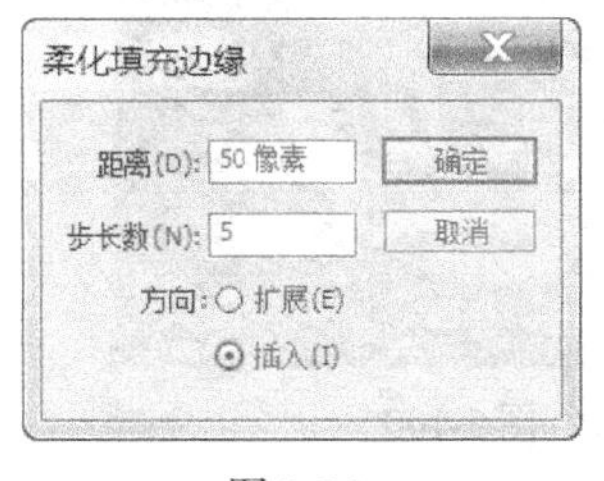

图 3-96

图 3-97

选中图形，选择“修改 > 形状 > 柔化填充边缘”命令，弹出“柔化填充边缘”对话框，在“距离”选项的数值框中输入 30，在“步长数”选项的数值框中输入 20，单击“插入”单选项，如图 3-98 所示，单击“确定”按钮，效果如图 3-99 所示。

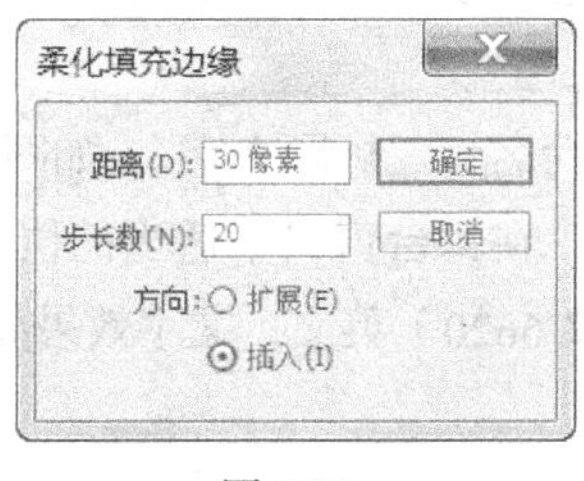

图 3-98

图 3-99

3.3 对齐面板与变形面板的使用

可以应用对齐面板来设置多个对象之间的对齐方式，还可以应用变形面板来改变对象的大小及倾斜度。

命令介绍

对齐面板：可以将多个图形按照一定的规律进行排列。能够快速地调整图形之间的相对位置、平分间距、对齐方向。

变形面板：可以将图形、组、文本及实例进行变形。

3.3.1 课堂案例——制作商场促销吊签

【案例学习目标】使用不同的浮动面板编辑图形。

【案例知识要点】使用“文本”工具，添加文字效果；使用“分离”命令，将文字转为形状；使用“组合”命令，将图形组合；使用“对齐”面板，对齐图形；使用“变形”面板，改变图形的角度，最终效果如图 3-100 所示。

【效果所在位置】Ch03/效果/制作商场促销吊签.fla。

图 3-100

（1）选择“文件 > 新建”命令，弹出“新建文档”对话框，在“常规”选项卡中选择“ActionScript 3.0”选项，将“宽”选项设置为 600，“高”选项设置为 600，“背景颜色”设置为深蓝色（#2F5994），单击“确定”按钮，完成文档的创建。

（2）选择“文件 > 导入 > 导入到舞台”命令，在弹出的“导入”对话框中选择“Ch03 > 素材 > 制作商场促销吊签 > 01”文件，单击“打开”按钮，图片被导入舞台窗口中，拖曳图形到适当的位置，效果如图 3-101 所示。将“图层 1”重命名为“底图”。

（3）在“时间轴”面板中创建新图层并将其命名为“标题文字”，如图 3-102 所示。选择“文本”工具 T，在文本工具“属性”面板中进行设置，在舞台窗口中适当的位置输入大小为 20、字体为“Helvetica Neue Extra Black Cond”的橘黄色（#EC6620）英文，文字效果如图 3-103 所示。

图 3-101

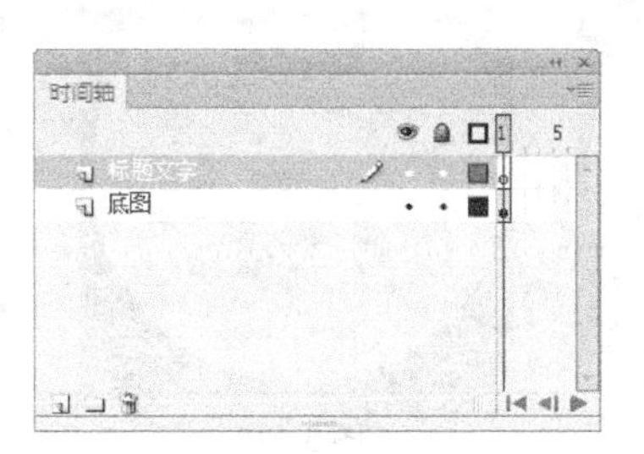

图 3-102

图 3-103

（4）在“时间轴”面板中创建新图层并将其命名为“价位”。在文本工具“属性”面板中进行设置，在舞台窗口中适当的位置输入大小为 20、字体为“Helvetica Neue Extra Black Cond”的深蓝色（#3E74BA）符号，文字效果如图 3-104 所示。然后在舞台窗口中输入大小为 95、字体为“Helvetica Neue Extra Black Cond”的深蓝色（#3E74BA）数字，文字效果如图 3-105 所示。接着在舞台窗口中适当的位置输入大小为 49、字体为“Helvetica Neue Extra Black Cond”的深蓝色（#3E74BA）数字，文字效果如图 3-106 所示。

图 3-104

图 3-105

图 3-106

（5）在文本工具“属性”面板中进行设置，在舞台窗口中适当的位置输入大小为 36、字体为“Helvetica Neue Extra Black Cond”的橘黄色（#EC6620）英文，文字效果如图 3-107 所示。

（6）选择“选择”工具，在舞台窗口中选中输入的符号，如图 3-108 所示，按 Ctrl+B 组合键将其打散，如图 3-109 所示。按 Ctrl+G 组合键将其组合，如图 3-110 所示。

图 3-107

图 3-108

图 3-109

图 3-110

（7）选中数字“79”，如图 3-111 所示，按多次 Ctrl+B 组合键将其打散，如图 3-112 所示。按 Ctrl+G 组合键将其组合，如图 3-113 所示。

图 3-111

图 3-112

图 3-113

（8）选中数字“80”，如图 3-114 所示，按多次 Ctrl+B 组合键将其打散，如图 3-115 所示。按 Ctrl+G 组合键将其组合，如图 3-116 所示。

图 3-114

图 3-115

图 3-116

（9）在舞台窗口中选中符号组合，按住 Shift 键的同时单击“79”组合和“80”组合，将其同时选中，如图 3-117 所示。按 Ctrl+K 组合键，弹出“对齐”面板，单击“顶对齐”按钮，将选中的对象顶部对齐，效果如图 3-118 所示。

（10）在“时间轴”面板中创建新图层并将其命名为“装饰图形”。选中“多角星形”工具，在多角星形工具“属性”面板中，将“笔触颜色”设置为无，“填充颜色”设置为橘黄色（#EC6620），单击“工具设置”选项组中的“选项”按钮 选项... ，在弹出的“工具设置”对话框中进行设置，如图 3-119 所示。单击“确定”按钮，在舞台窗口中适当的位置绘制一个五角星，效果如图 3-120 所示。

图 3-117

图 3-118

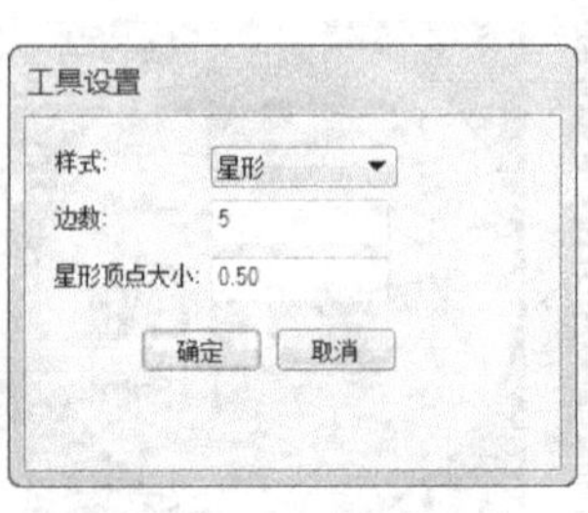

图 3-119

图 3-120

（11）选择“线条”工具，在线条工具“属性”面板中，将“笔触颜色”设置为橘黄色（#EC6620），“填充颜色”设置为无，“笔触”选项设置为 3，其他选项的设置如图 3-121 所示，在舞台窗口中绘制两条水平线，效果如图 3-122 所示。

（12）在线条工具“属性”面板中，将“笔触颜色”设置为灰色（#CCCCCC），“笔触”选项设置为 0.5，其他选项的设置如图 3-123 所示，在舞台窗口中绘制一条水平线，效果如图 3-124 所示。

图 3-121

图 3-122

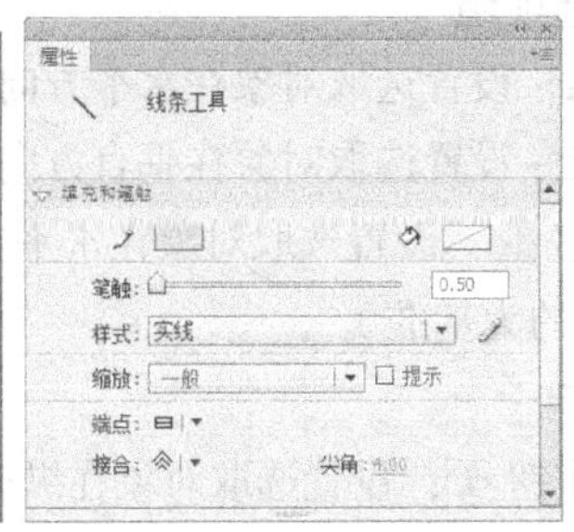

图 3-123

图 3-124

（13）按 Ctrl+A 组合键，将舞台窗口中的所有对象全部选中，如图 3-125 所示。按 Ctrl+T 组合键，弹出“变形”面板，将“旋转”选项设置为 15，如图 3-126 所示，按 Enter 键，对象顺时针旋转 15°，效果如图 3-127 所示。商场促销吊签制作完成，按 Ctrl+Enter 组合键即可查看效果。

图 3-125

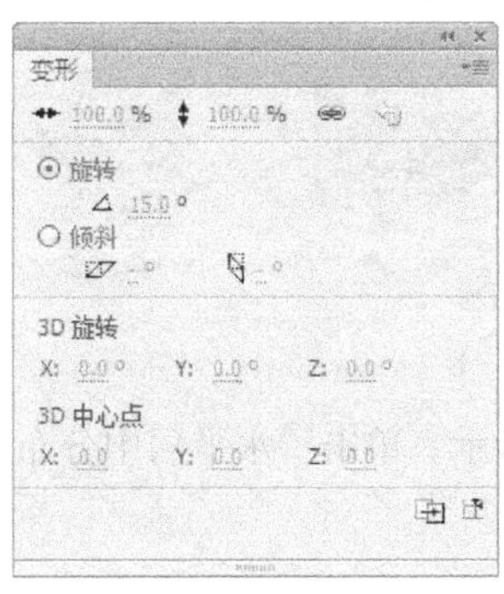

图 3-126

图 3-127

3.3.2　对齐面板

选择“窗口 > 对齐”命令，弹出“对齐”面板，如图 3-128 所示。

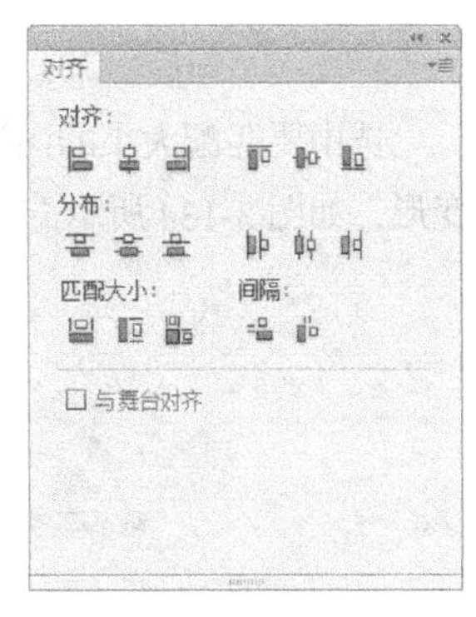

图 3-128

1．“对齐”选项组

“左对齐”按钮：设置选取对象左端对齐。

“水平中齐”按钮：设置选取对象沿垂直线中对齐。

“右对齐”按钮：设置选取对象右端对齐。

“顶对齐”按钮：设置选取对象上端对齐。

“垂直中齐”按钮：设置选取对象沿水平线中对齐。

“底对齐”按钮：设置选取对象下端对齐。

2．“分布”选项组

“顶部分布”按钮：设置选取对象在横向的上端间距相等。

“垂直居中分布”按钮：设置选取对象在横向的中心间距相等。

“底部分布”按钮：设置选取对象在横向的下端间距相等。

“左侧分布”按钮：设置选取对象在纵向的左端间距相等。

“水平居中分布”按钮：设置选取对象在纵向的中心间距相等。

“右侧分布”按钮：设置选取对象在纵向的右端间距相等。

3．“匹配大小”选项组

“匹配宽度”按钮：设置选取对象在水平方向上等尺寸变形（以所选对象中宽度最大的为基准）。

“匹配高度”按钮：设置选取对象在垂直方向上等尺寸变形（以所选对象中高度最大的为基准）。

“匹配宽和高”按钮：设置选取对象在水平方向和垂直方向同时进行等尺寸变形（同时以所选对象中宽度和高度最大的为基准）。

4．“间隔”选项组

“垂直平均间隔”按钮：设置选取对象在纵向上间距相等。

“水平平均间隔”按钮：设置选取对象在横向上间距相等。

5．“与舞台对齐”选项

“与舞台对齐”复选框：勾选此选项后，上述设置的操作都是以整个舞台的宽度或高度为基准的。

选中要对齐的图形，如图 3-129 所示。单击“顶对齐”按钮，图形上端对齐，如图 3-130 所示。

图 3-129

图 3-130

选中要分布的图形，如图 3-131 所示。单击“水平居中分布”按钮，图形在纵向上中心间距相等，如图 3-132 所示。

图 3-131

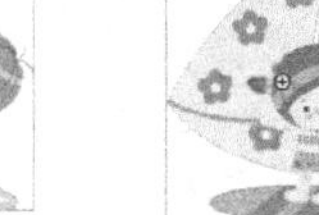

图 3-132

选中要匹配大小的图形，如图 3-133 所示。单击“匹配高度”按钮，图形在垂直方向上等尺寸变形，如图 3-134 所示。

图 3-133

图 3-134

勾选“与舞台对齐”复选框后，应用同一个命令所产生的效果不同。选中图形，如图 3-135 所示。单击“左侧分布”按钮，效果如图 3-136 所示。勾选“与舞台对齐”复选框，单击“左侧分布”按钮，效果如图 3-137 所示。

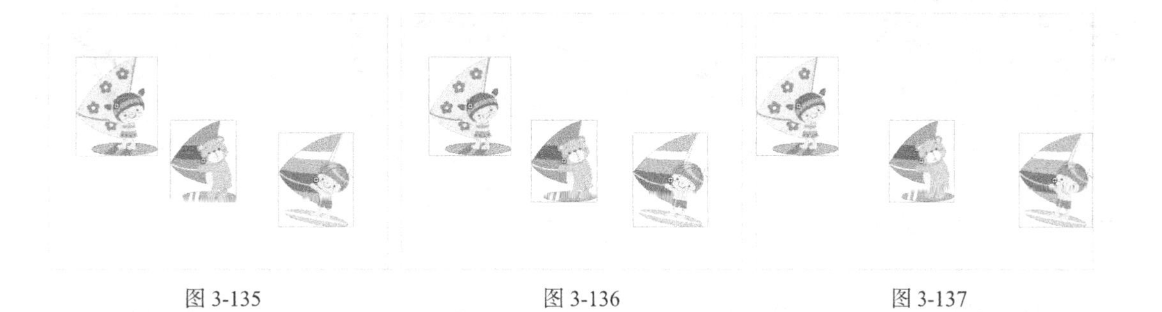

图 3-135　　图 3-136　　图 3-137

3.3.3 变形面板

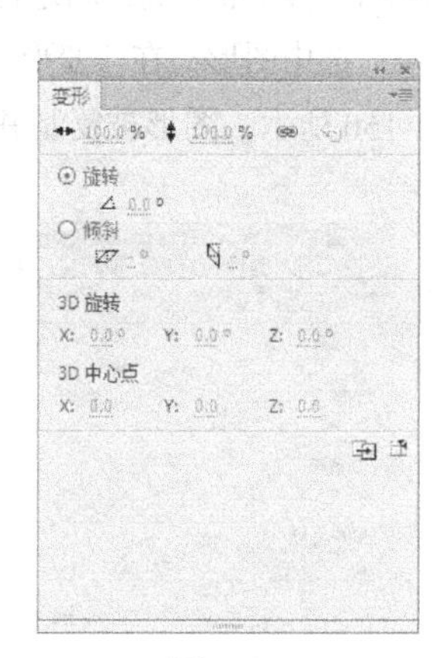

图 3-138

选择“窗口 > 变形”命令，弹出“变形”面板，如图 3-138 所示。

“缩放宽度” 100.0 % 和“缩放高度” 100.0 % 选项：用于设置图形的宽度和高度。

“约束”按钮：用于约束“宽度”和“高度”选项，使图形能够成比例地变形。

“旋转”选项：用于设置图形的角度。

“倾斜”选项：用于设置图形水平倾斜或垂直倾斜。

“重置选区和变形”按钮：用于复制图形并将变形设置应用于图形。

“取消变形”按钮：用于将图形属性恢复到初始状态。

“变形”面板中的设置不同，所产生的效果也各不相同。导入一幅图片，如图 3-139 所示。

选中图形，在“变形”面板中将“缩放宽度”选项设置为 50，按 Enter 键，确定操作，如图 3-140 所示，图形的宽度被改变，效果如图 3-141 所示。

选中图形，在“变形”面板中单击“约束”按钮，将“缩放宽度”选项设置为 50，“缩放高度”选项也随之变为 50，按 Enter 键，确定操作，如图 3-142 所示，图形的宽度和高度成比例地缩小，效果如图 3-143 所示。

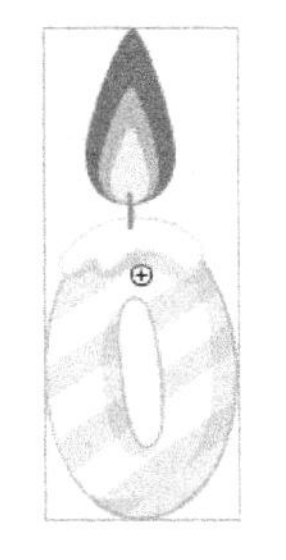

图 3-139

图 3-140

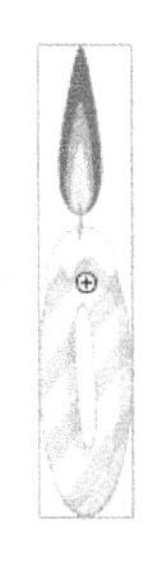

图 3-141

图 3-142

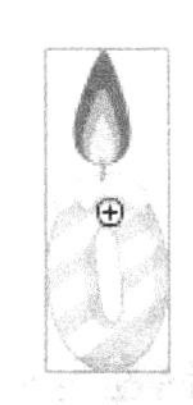

图 3-143

选中图形，在“变形”面板中将“旋转”选项设置为 30，如图 3-144 所示，按 Enter 键，确定操作，图形被旋转，效果如图 3-145 所示。

选中图形，在“变形”面板中单击“倾斜”单选项，将“水平倾斜”选项设置为 40，如图 3-146 所示，按 Enter 键，确定操作，图形水平倾斜变形，效果如图 3-147 所示。

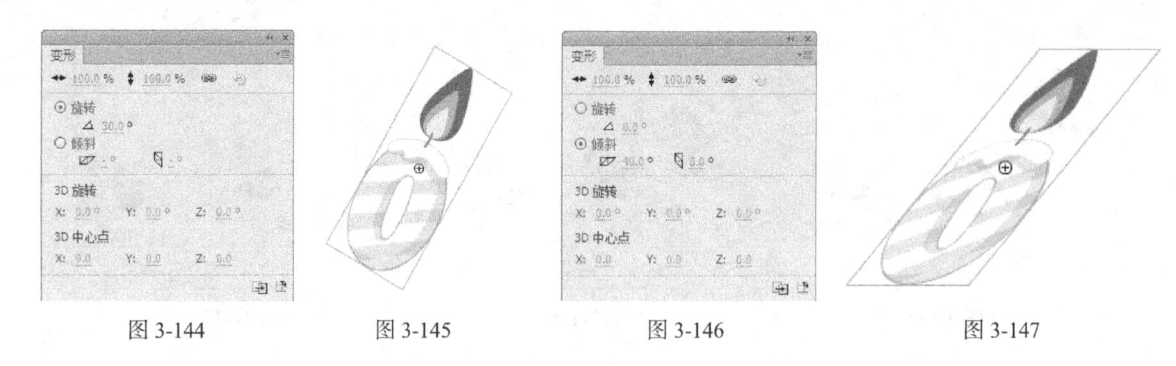

图 3-144 图 3-145 图 3-146 图 3-147

选中图形，在“变形”面板中单击“倾斜”单选项，将“垂直倾斜”选项设置为-20，如图 3-148 所示，按 Enter 键，确定操作，图形垂直倾斜变形，效果如图 3-149 所示。

选中图形，在“变形”面板中将“旋转”选项设置为 60，单击“重制选区和变形”按钮，如图 3-150 所示，图形被复制并沿其中心点旋转了 60°，效果如图 3-151 所示。

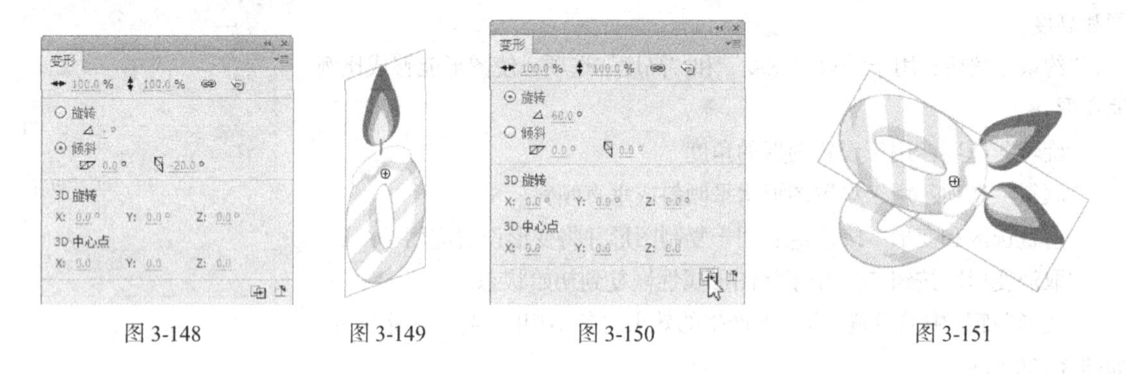

图 3-148 图 3-149 图 3-150 图 3-151

再次单击“重制选区和变形”按钮，图形再次被复制并旋转了 60°，如图 3-152 所示。此时，面板中显示旋转角度为 180°，表示复制出的图形当前角度为 180°，如图 3-153 所示。

图 3-152 图 3-153

课堂练习——绘制圣诞贺卡

【练习知识要点】使用“钢笔”和“颜料桶”工具，绘制房子效果；使用“椭圆”工具和“柔化填充边缘”命令，绘制雪花效果；使用“导入”命令，导入装饰图形，最终效果如图 3-154 所示。

【素材所在位置】Ch03/素材/绘制圣诞贺卡/01~03。

【效果所在位置】Ch03/效果/绘制圣诞贺卡. fla。

图 3-154

课后习题——绘制海港景色

【习题知识要点】使用“椭圆”工具和“选择”工具，绘制云彩图形；使用“钢笔”工具，绘制小树；使用“变形”面板，改变图形的大小，最终效果如图 3-155 所示。

【素材所在位置】Ch03/素材/绘制海港景色/01。

【效果所在位置】Ch03/效果/绘制海港景色. fla。

图 3-155

第4章 文本的编辑

本章介绍

Flash CS6 具有强大的文本输入、编辑和处理功能。本章将详细讲解文本的编辑方法和应用技巧。通过对本章内容的学习，读者可以了解并掌握文本的功能及特点，并能在设计制作任务中充分地利用好文本的效果。

学习目标

- 掌握文本的创建和编辑方法。
- 了解文本的类型及属性设置。
- 熟练运用文本的转换来编辑文本。

技能目标

- 掌握“记事日记”的制作方法。
- 掌握“水果标志”的制作方法。

4.1 文本的类型及使用

建立动画时，常需要利用文字更清楚地表达创作者的意图，而建立和编辑文字必须利用 Flash CS6 提供的文字工具才能实现。

命令介绍

文本属性：Flash CS6 为用户提供了集合多种文字调整选项的属性面板，包括字体属性（字体系列、字体大小、样式、颜色、字符间距、自动字距微调和字符位置）和段落属性（对齐、边距、缩进和行距）。

4.1.1 课堂案例——制作记事日记

【案例学习目标】使用属性面板设置文字的属性。

【案例知识要点】使用“文本”工具，输入文字；使用文本工具“属性”面板，设置文字的字体、大小、颜色、行距和字符设置，最终效果如图 4-1 所示。

【效果所在位置】Ch04/效果/制作记事日记.fla。

图 4-1

（1）选择“文件 > 新建”命令，弹出“新建文档”对话框，在“常规”选项卡中选择“ActionScript 3.0”选项，将“宽”选项设置为 880，“高”选项设置为 700，单击“确定”按钮，完成文档的创建。

（2）选择“文件 > 导入 > 导入到库”命令，在弹出的“导入到库”对话框中选择“Ch04 > 素材 > 制作记事日记 > 01、02”文件，如图 4-2 所示，单击“打开”按钮，文件被导入“库”面板中，如图 4-3 所示。

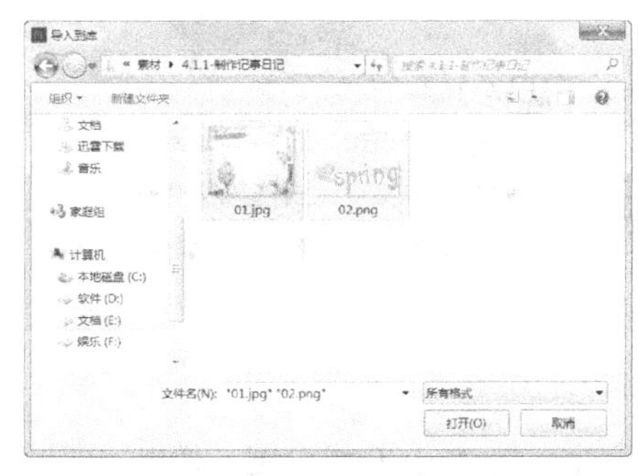

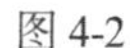

图 4-2　　图 4-3

（3）将“图层 1”图层重命名为“底图”，如图 4-4 所示。分别将“库”面板中的位图“01”“02”拖曳到舞台窗口中，并放置在适当的位置，如图 4-5 所示。

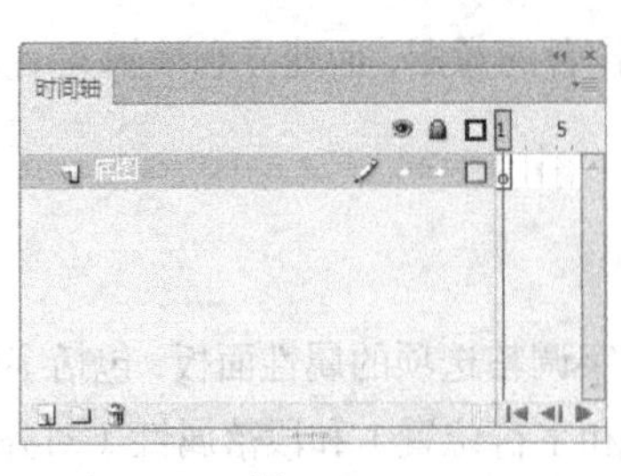

图 4-4

图 4-5

（4）在“时间轴”面板中创建新图层并将其命名为“文字”。选择“文本”工具T，在文本工具“属性”面板中进行设置，在舞台窗口中适当的位置输入大小为 38、字体为“方正兰亭黑简体”的黑色文字，文字效果如图 4-6 所示。

（5）选择“选择”工具，选中文字，按 Ctrl+T 组合键，弹出“变形”面板，将“旋转”选项设置为-10°，如图 4-7 所示，按 Enter 键，确认操作，效果如图 4-8 所示。

图 4-6

图 4-7

图 4-8

（6）选择“文本”工具T，在文本工具“属性”面板中进行设置，如图 4-9 所示。用鼠标在舞台窗口中单击并按住鼠标，向右下方拖曳一个文本框，松开鼠标光标在文本框中闪烁，输入需要的文字，效果如图 4-10 所示。

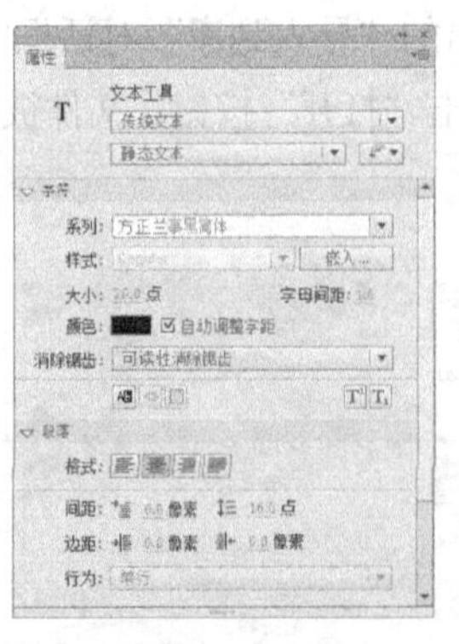

图 4-9

图 4-10

（7）选择“选择”工具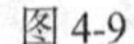，选中段落文字，按 Ctrl+T 组合键，弹出“变形”面板，将“旋转”选项设置为-10°，按 Enter 键，确认操作，效果如图 4-11 所示。记事日记制作完成，按 Ctrl+Enter 组

合键即可查看效果，如图 4-12 所示。

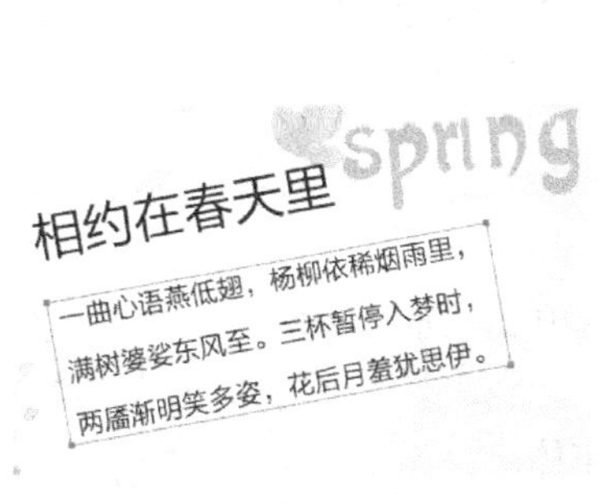

图 4-11

图 4-12

4.1.2　创建文本

选择“文本”工具，选择“窗口 > 属性”命令，弹出“文本工具”属性面板，如图 4-13 所示。

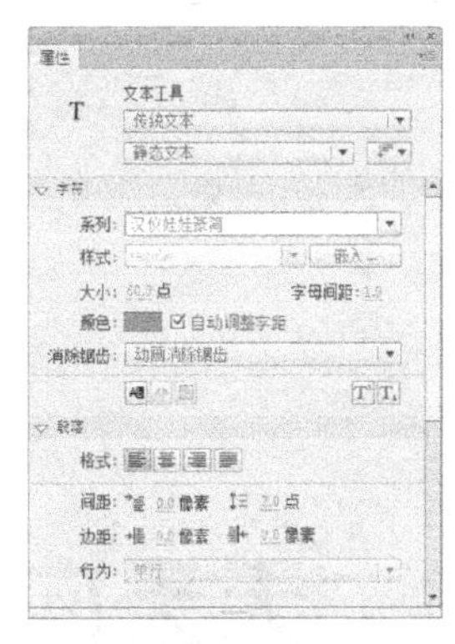

图 4-13

将光标放置在场景中，鼠标光标变为。在场景中单击鼠标，出现文本输入光标，如图 4-14 所示。直接输入文字即可，效果如图 4-15 所示。

用鼠标在场景中单击并按住鼠标，向右下角方向拖曳出一个文本框，如图 4-16 所示。松开鼠标，出现文本输入光标，如图 4-17 所示。在文本框中输入文字，文字被限定在文本框中，如果输入的文字较多，会自动转到下一行显示，如图 4-18 所示。

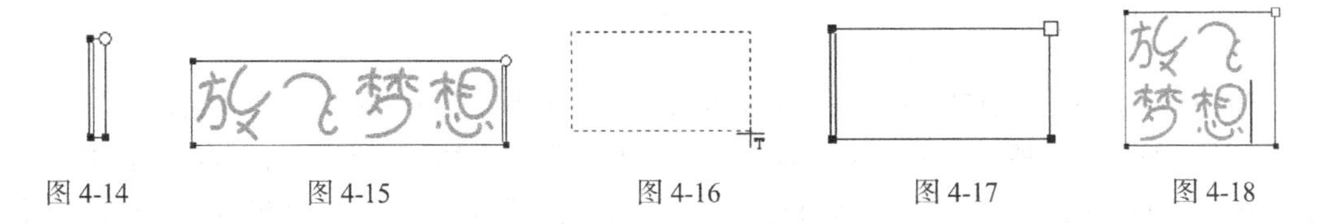

图 4-14　　图 4-15　　图 4-16　　图 4-17　　图 4-18

用鼠标光标向左拖曳文本框上方的方形控制点，可以缩小文字的行宽，如图 4-19 所示。向右拖曳控制点可以扩大文字的行宽，如图 4-20 所示。

图 4-19　　图 4-20

双击文本框上方的方形控制点，如图 4-21 所示，文字将转换成单行显示状态，方形控制点转换为圆形控制点，如图 4-22 所示。

图 4-21 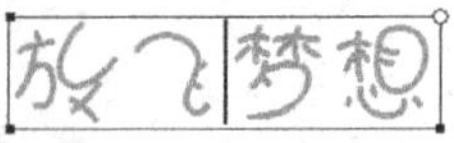　　图 4-22

4.1.3　文本属性

文本属性面板如图 4-23 所示。下面对各文字调整选项逐一进行介绍。

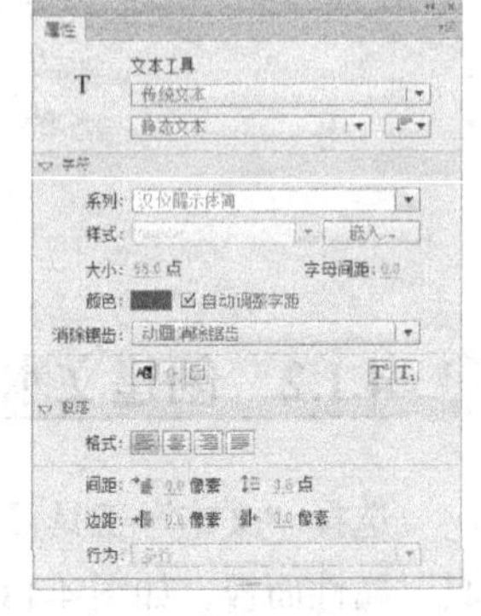

图 4-23

1．设置文本的字体、字体大小、样式和颜色

“字体”选项：设定选定字符或整个文本块的文字字体。

选中文字，如图 4-24 所示，在“文本工具”属性面板“字符”选项组中单击“系列”选项，在弹出的下拉列表中选择要转换的字体，如图 4-25 所示，单击鼠标左键，文字的字体被转换了，效果如图 4-26 所示。

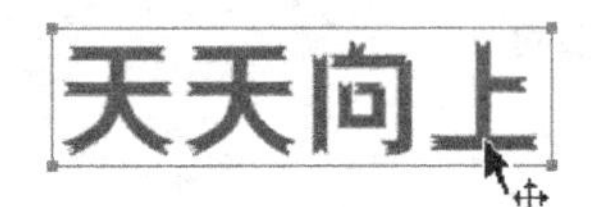

图 4-24

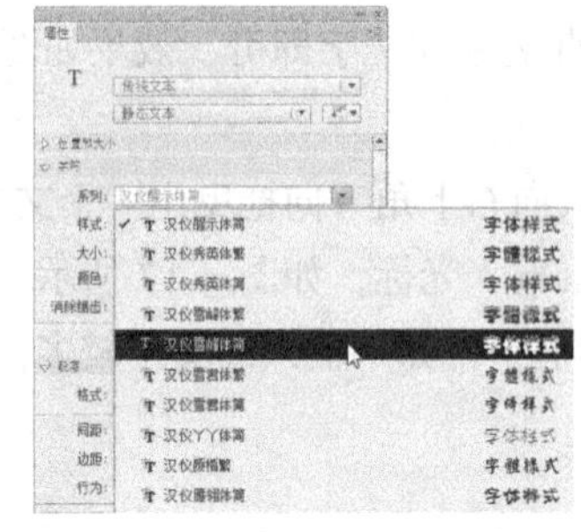

图 4-25

图 4-26

“字体大小”选项：设定选定字符或整个文本块的文字大小。选项值越大，文字越大。

选中文字，如图 4-27 所示，在文本工具“属性”面板中选择“大小”选项，在其数值框中输入设定的数值，或用鼠标拖动其右侧的滑动条来进行设定，如图 4-28 所示，文字的字号变小，如图 4-29 所示。

图 4-27

图 4-28

图 4-29

“颜色”按钮■：为选定字符或整个文本块的文字设定颜色。

选中文字，如图 4-30 所示，在文本工具“属性”面板中单击“颜色”按钮■，弹出“颜色”面板，选择需要的颜色，如图 4-31 所示，为文字替换颜色，效果如图 4-32 所示。

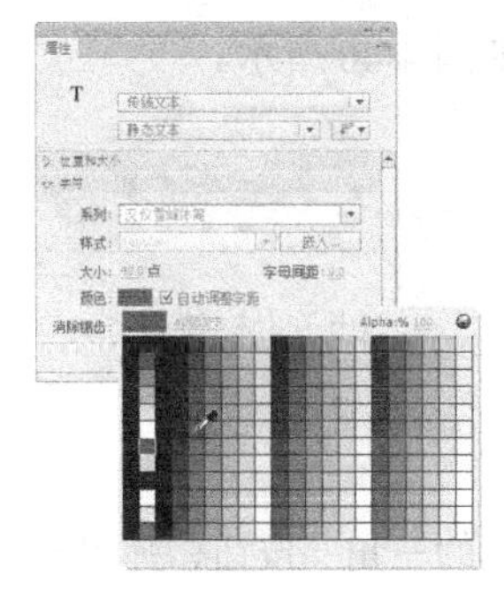

图 4-30　　图 4-31 　　图 4-32

提示 文字只能使用纯色，不能使用渐变色。要想为文本应用渐变，必须将该文本转换为组成它的线条和填充。

“改变文本方向”按钮：在其下拉列表中选择需要的选项可以改变文字的排列方向。

选中文字，如图 4-33 所示，单击“改变文本方向”按钮，在其下拉列表中选择“垂直”命令，如图 4-34 所示，文字将从右向左排列，效果如图 4-35 所示。如果在其下拉列表中选择“垂直，从左向右”命令，如图 4-36 所示，文字将从左向右排列，效果如图 4-37 所示。

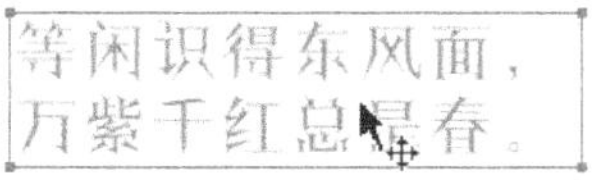

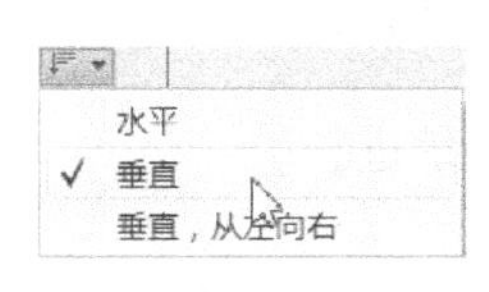

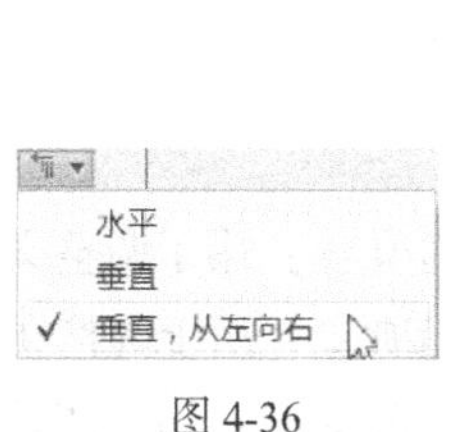

图 4-33　　图 4-34　　图 4-35　　图 4-36 　　图 4-37

“字母间距”选项：通过设置需要的数值，控制字符之间的相对位置。

设置不同的文字间距，文字的效果如图 4-38 所示。

（a）间距为 0 时的效果　　（b）缩小间距后的效果　　（c）扩大间距后的效果

图 4-38

“字母间距”选项：通过设置需要的数值控制字符之间的相对位置。

“切换上标”按钮：可将水平文本放在基线之上或将垂直文本放在基线的右边。

“切换下标”按钮：可将水平文本放在基线之下或将垂直文本放在基线的左边。

选中要设置字符位置的文字，选择“上标”选项，文字在基线以上，如图 4-39 所示。

图 4-39

设置不同字符位置，文字的效果如图 4-40 所示。

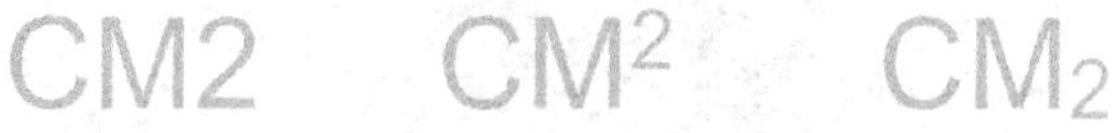

CM2　　CM^2　　CM$_2$

（a）正常位置　（b）上标位置　（c）下标位置

图 4-40

2. 设置段落

单击“属性”面板中“段落”左侧的三角按钮，弹出相应的选项，设置文本段落的格式。

文本排列方式按钮可以将文字以不同的形式进行排列。

“左对齐”按钮：将文字以文本框的左边线进行对齐。

“居中对齐”按钮：将文字以文本框的中线进行对齐。

“右对齐”按钮：将文字以文本框的右边线进行对齐。

“两端对齐”按钮：将文字以文本框的两端进行对齐。

选择不同的排列方式，文字排列的效果如图 4-41 所示。

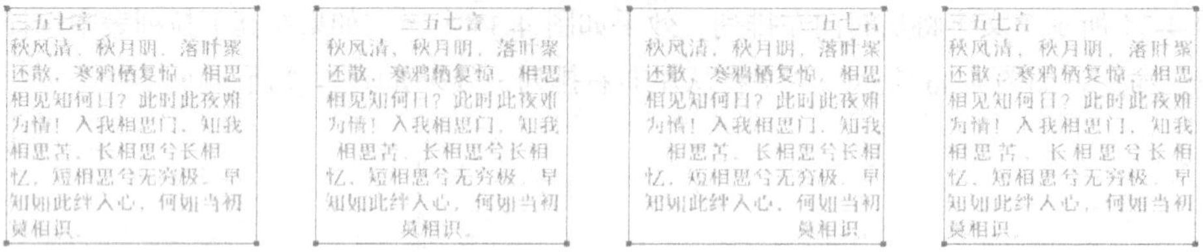

（a）左对齐　（b）居中对齐　（c）右对齐　（d）两端对齐

图 4-41

“缩进”选项：用于调整文本段落的首行缩进。

“行距”选项：用于调整文本段落的行距。

“左边距”选项：用于调整文本段落的左侧间隙。

“右边距”选项：用于调整文本段落的右侧间隙。

选中文本段落，如图 4-42 所示，在“段落”选项中进行设置，如图 4-43 所示，文本段落的格式发生改变，如图 4-44 所示。

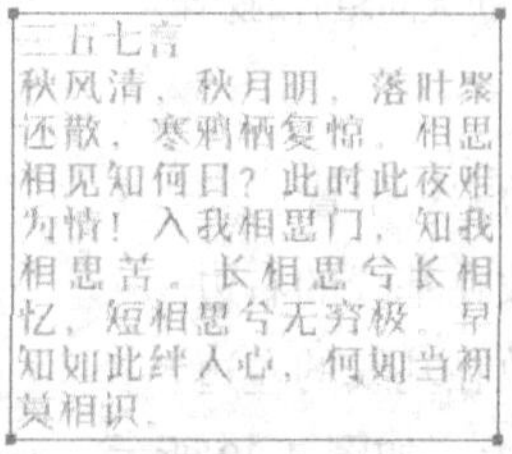

三五七言
秋风清，秋月明，落叶聚还散，寒鸦栖复惊。相思相见知何日？此时此夜难为情！入我相思门，知我相思苦，长相思兮长相忆，短相思兮无穷极。早知如此绊人心，何如当初莫相识。

图 4-42

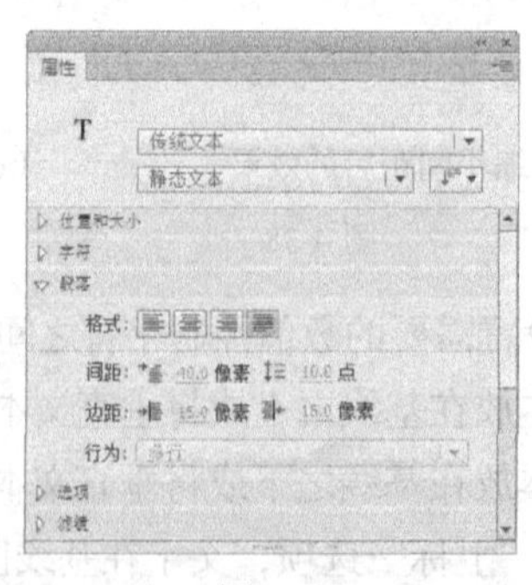

图 4-43

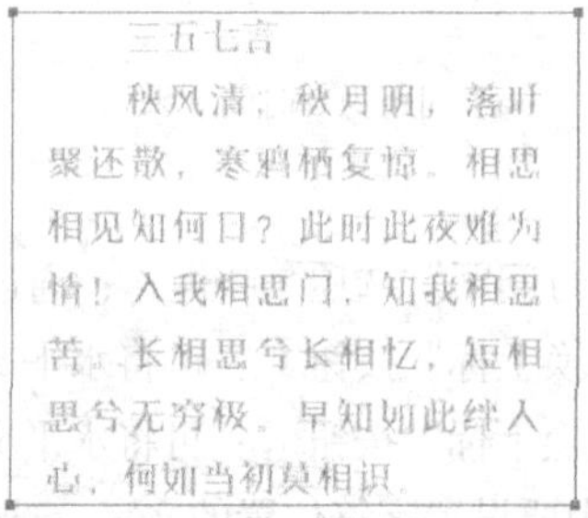

图 4-44

3. 字体呈现方法

Flash CS6 中有 5 种不同的字体呈现选项，如图 4-45 所示。通过设置可以得到不同的样式。

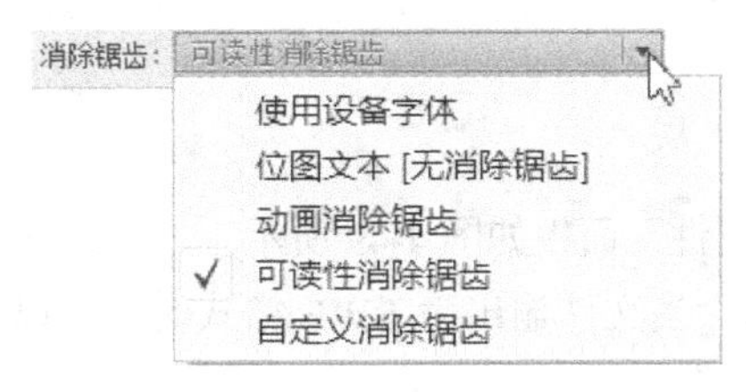

图 4-45

“使用设备字体”：生成一个较小的 SWF 文件。使用用户计算机上当前安装的字体来呈现文本。

“位图文本（无消除锯齿）”：生成明显的文本边缘，没有消除锯齿。因为使用此选项生成的 SWF 文件中包含字体轮廓，所以会生成一个较大的 SWF 文件。

“动画消除锯齿”：生成可顺畅进行动画播放的消除锯齿文本。因为在文本动画播放时没有应用对齐和消除锯齿，所以在某些情况下，文本动画还可以更快地播放。在使用带有许多字母的大字体或缩放字体时，可能看不到性能上的提高。因为使用此选项生成的 SWF 文件中包含字体轮廓，所以会生成一个较大的 SWF 文件。

“可读性消除锯齿”：此选项使用高级消除锯齿引擎。此选项使用 Flash 文本呈现引擎来改进字体的清晰度，特别是较小字体的清晰度。因为使用此选项生成的文件中包含字体轮廓，以及特定的消除锯齿信息，所以层生成最大的 SWF 文件。

“自定义消除锯齿”：此选项与“可读性消除锯齿”选项相同，但是可以直观地操作消除锯齿参数，以生成特定外观。此选项在为新字体或不常见的字体生成最佳的外观方面非常有用。

4．设置文本超链接

“链接”选项：可以在选项的文本框中直接输入网址，使当前文字成为超级链接文字。

“目标”选项：可以设置超级链接的打开方式，共有 4 种方式可以选择。

“_blank”：链接页面在新开的浏览器中打开。

“_parent”：链接页面在父框架中打开。

“_self”：链接页面在当前框架中打开。

“_top”：链接页面在默认的顶部框架中打开。

选中文字，如图 4-46 所示，选择文本工具“属性”面板，在“链接”选项的文本框中输入链接的网址，如图 4-47 所示，在“目标”选项中设置好打开方式，设置完成后文字的下方出现下画线，表示已经链接，如图 4-48 所示。

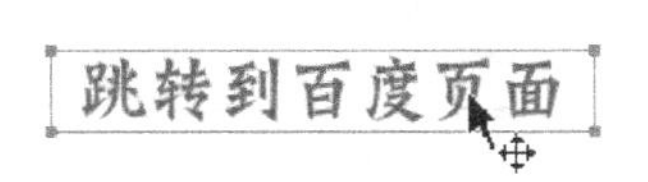

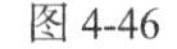

图 4-46

图 4-47

跳转到百度页面

图 4-48

提示　文本只有在水平方向排列时，超链接功能才可用。当文本为垂直方向排列时，超链接不可用。

4.1.4 静态文本

选择“静态文本”选项，“属性”面板如图 4-49 所示。

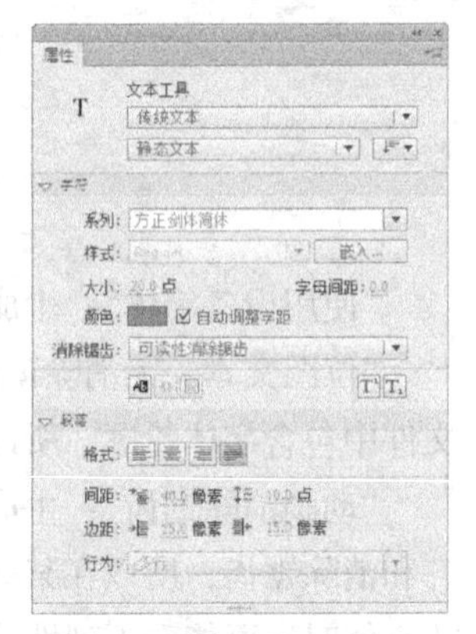

图 4-49

“可选”按钮 AB：选择此项，当文件输出为 SWF 格式时，可以对影片中的文字进行选取、复制操作。

4.1.5 动态文本

选择“动态文本”选项，“属性”面板如图 4-50 所示。动态文本可以作为对象来应用。

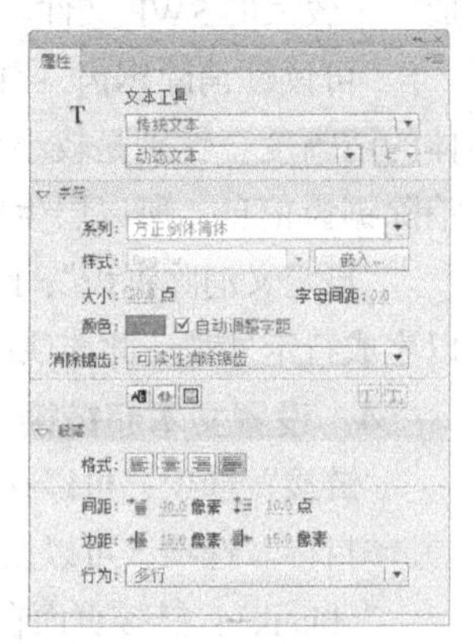

图 4-50

“字符”选项组中的“实例名称”选项，可以设置动态文本的名称。“将文本呈现为 HTML”选项 ◇：文本支持 HTML 标签特有的字体格式、超级链接等超文本格式。“在文本周围显示边框”选项 ▤：可以为文本设置白色的背景和黑色的边框。

“段落”选项组中的“行为”选项包括单行、多行和多行不换行。“单行”：文本以单行方式显示。“多行”：如果输入的文本大于设置的文本限制，输入的文本将被自动换行。“多行不换行”：输入的文本为多行时，不会自动换行。

“选项”选项组中的“变量”选项，可以将该文本框定义为保存字符串数据的变量。此选项需结合动作脚本使用。

4.1.6 输入文本

选择“输入文本”选项，“属性”面板如图 4-51 所示。

“段落”选项组中的“行为”选项新增加了“密码”选项，选择此选项，当文件输出为 SWF 格式时，影片中的文字将显示为星号****。

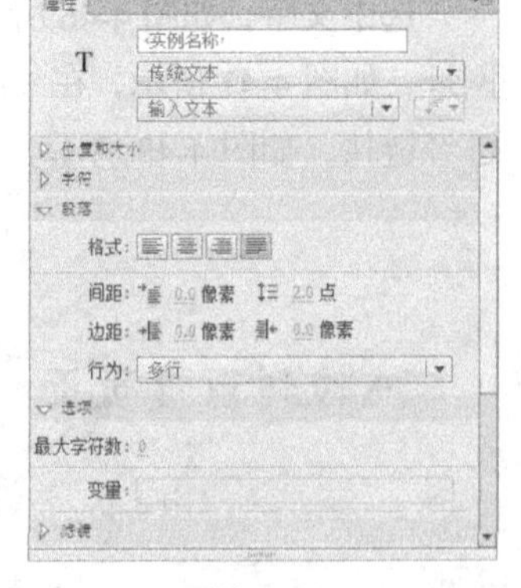

图 4-51

“选项”选项组中的“最多字符数”选项，可以设置输入文字的最多数值。默认值为 0，即为不限制。如设置数值，此数值即为输出 SWF 影片时，显示文字的最多数目。

4.1.7 拼写检查

拼写检查功能用于检查文档中的拼写是否有错误。

选择“文本 > 拼写设置”命令，弹出“拼写设置”对话框，如图 4-52 所示。

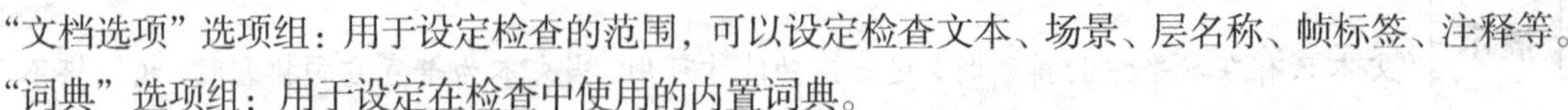

“文档选项”选项组：用于设定检查的范围，可以设定检查文本、场景、层名称、帧标签、注释等。

“词典”选项组：用于设定在检查中使用的内置词典。

“个人词典”选项组：用于创建用户自己添加单词或短语的个人词典。

“检查选项”选项组：用于设定在检查过程中处理特定单词和字符类型所使用的方式。

选择“文本”工具T，在场景中输入文字，如图 4-53 所示。选择“文本 > 拼写检查”命令，弹出“检查拼写”对话框，对话框中标示了拼写错误的单词，如图 4-54 所示。

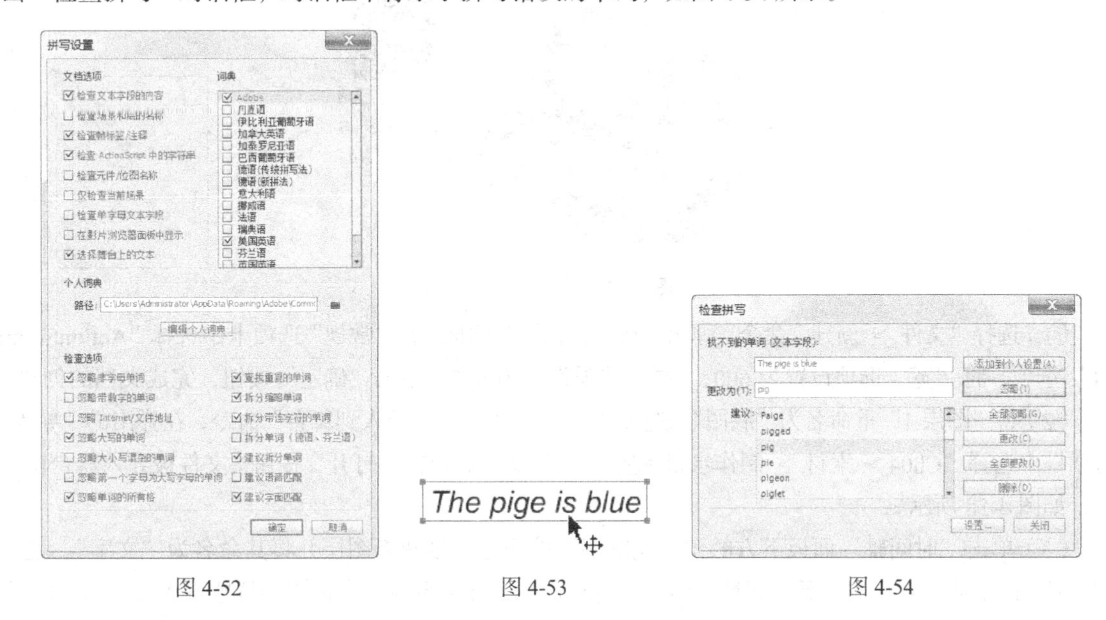

图 4-52　　图 4-53　　图 4-54

在对话框中单击“更改”按钮，对检查出的单词进行更改，弹出提示对话框，如图 4-55 所示，单击“确定”按钮，拼写检查完成，如图 4-56 所示。

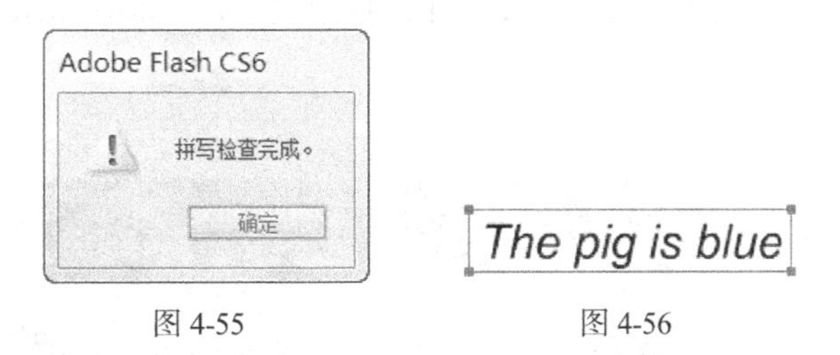

图 4-55　　图 4-56

4.2 文本的转换

在 Flash CS6 中输入文本后，可以根据设计制作的需要对文本进行编辑，如对文本进行变形处理或为文本填充渐变色。

命令介绍

封套命令：可以将文本进行变形处理。

颜色面板：可以为文本填充颜色或渐变色。

4.2.1 课堂案例——制作水果标志

【案例学习目标】使用变形文本和填充文本命令对文字进行变形。

【案例知识要点】使用“文本”工具，输入需要的文字；使用“封套”命令，对文字进行变形；使用“墨水瓶”工具，为文字添加描边效果，最终效果如图 4-57 所示。

【效果所在位置】Ch04/效果/制作水果标志.fla。

图 4-57

（1）选择“文件 > 新建”命令，弹出“新建文档”对话框，在“常规”选项卡中选择“ActionScript 3.0”选项，将“宽”选项设置为 600，“高”选项设置为 517，单击“确定”按钮，完成文档的创建。

（2）将“图层 1”重命名为“底图”。选择“文件 > 导入 > 导入到舞台”命令，在弹出的“导入”对话框中选择“Ch04 > 素材 > 制作水果标牌 > 01”文件，单击“打开”按钮，文件被导入舞台窗口中，如图 4-58 所示。

（3）单击“时间轴”面板下方的“新建图层”按钮，创建新图层并将其命名为“文字”。选择“文本”工具，在文本工具“属性”面板中进行设置，在舞台窗口中适当的位置输入大小为 50、字体为“方正隶书简体”的深红色（# 76161B）文字，效果如图 4-59 所示。

（4）选择“选择”工具，选中文字，按两次 Ctrl+B 组合键，将文字打散，效果如图 4-60 所示。选择“修改 > 变形 > 封套”命令，文字图形上出现控制点，如图 4-61 所示。

图 4-58

图 4-59

图 4-60

图 4-61

（5）将光标放在下方中间的控制点上，光标变为，用鼠标拖曳控制点，如图 4-62 所示，调整文字图形上的其他控制点，使文字图形产生相应的变形，如图 4-63 所示，效果如图 4-64 所示。

图 4-62

图 4-63

图 4-64

（6）选中“文字”图层，选中该层中的所有对象，按 Ctrl+C 组合键，将其复制。选择“墨水瓶”工具，在墨水瓶工具“属性”面板中，将“笔触颜色”设置为白色，“笔触”选项设置为 5。将光标放置在文字的边缘，鼠标光标变为，在“天”文字外侧单击鼠标，为文字图形添加边线。使用相同的方法为其他文字添加边线，效果如图 4-65 所示。

（7）单击“时间轴”面板下方的“新建图层”按钮，创建新图层并将其命名为“文字效果”。按 Ctrl+Shift+V 组合键，将复制的对象原位粘贴到“文字效果”图层中，效果如图 4-66 所示。水果标牌制作完成，按 Ctrl+Enter 组合键即可查看效果，如图 4-67 所示。

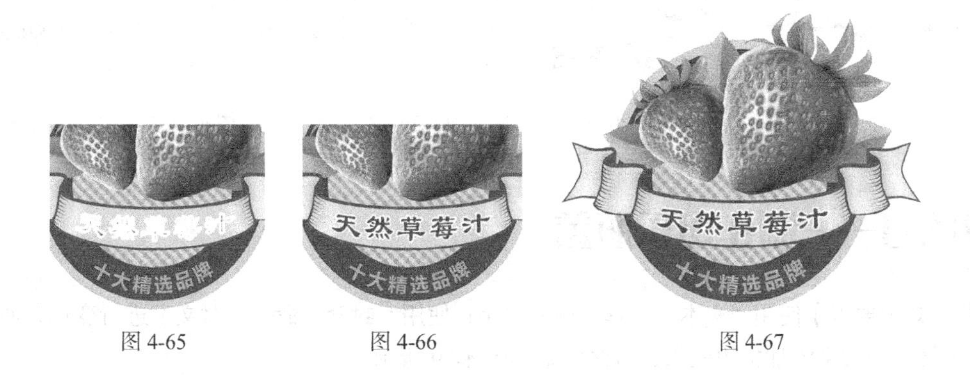

图 4-65　　图 4-66　　图 4-67

4.2.2　变形文本

选中文字，如图 4-68 所示，按两次 Ctrl+B 组合键，将文字打散，如图 4-69 所示。

图 4-68 　　图 4-69

选择“修改 > 变形 > 封套”命令，在文字的周围出现控制点，如图 4-70 所示。拖动控制点，改变文字的形状，如图 4-71 所示，变形完成后的文字效果如图 4-72 所示。

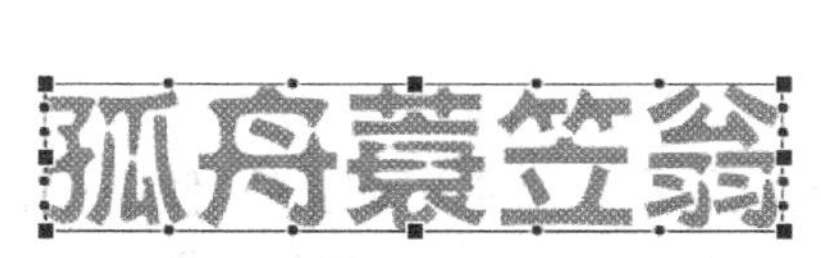

图 4-70

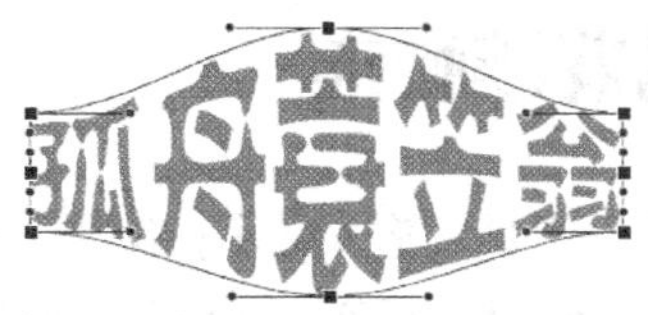

图 4-71

图 4-72

4.2.3　填充文本

选中文字，如图 4-73 所示，按两次 Ctrl+B 组合键，将文字打散，如图 4-74 所示。

选择“窗口 > 颜色”命令，弹出“颜色”面板，在“类型”选项中选择“线性”，在颜色设置条上设置渐变颜色，如图 4-75 所示，文字效果如图 4-76 所示。

选择“墨水瓶”工具，在墨水瓶工具“属性”面板中，设置线条的颜色和笔触大小，如图 4-77 所示，在文字的外边线上单击，为文字添加外边框，如图 4-78 所示。

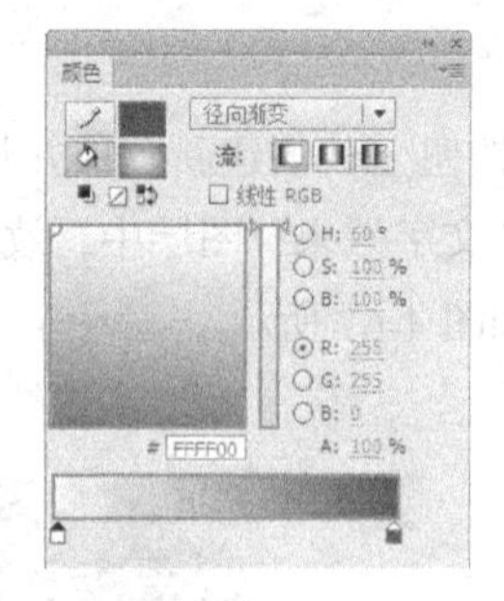

图 4-73　图 4-74　图 4-75　图 4-76　图 4-77　图 4-78

课堂练习——制作可乐瓶盖

【练习知识要点】使用“文本”工具，输入文字；使用“封套”命令，对文字进行变形；使用“墨水瓶”工具，为文字添加描边效果，最终效果如图 4-79 所示。

【素材所在位置】Ch04/素材/制作可乐瓶盖/01。

【效果所在位置】Ch04/效果/制作可乐瓶盖. fla。

图 4-79

课后习题——制作马戏团标志

【习题知识要点】使用“文本”工具，输入文字；使用“分离”命令，将文字打散；使用“墨水瓶”工具，为文字添加笔触效果；使用“颜色”面板和“颜料桶”工具，为文字添加渐变色，最终效果如图 4-80 所示。

【素材所在位置】Ch04/素材/制作马戏团标志/01。

【效果所在位置】Ch04/效果/制作马戏团标志. fla。

图 4-80

第5章 外部素材的应用

本章介绍

Flash CS6 可以导入外部的图像和视频素材来增强画面效果。本章将介绍导入外部素材以及设置外部素材属性的方法。通过对本章内容的学习，读者可以了解并掌握如何应用 Flash CS6 的强大功能来处理和编辑外部素材，并将其与内部素材充分结合，从而制作出更加生动的动画作品。

学习目标

- 了解图像和视频素材的格式。
- 掌握图像素材的导入和编辑方法。
- 掌握视频素材的导入和编辑方法。

技能目标

- 掌握“饮品广告”的绘制方法。
- 掌握“高尔夫广告”的绘制方法。

5.1 图像素材的应用

命令介绍

转换位图为矢量图：相比位图，矢量图具有容量小、放大无失真等优点，Flash CS6 提供了把位图转换为矢量图的方法，简单有效。

5.1.1 课堂案例——制作饮品广告

【案例学习目标】使用转换位图为矢量图命令制作图像的转换。

【案例知识要点】使用“导入到库”命令，将素材导入“库”面板中；使用“转换位图为矢量图”命令，将位图转换为矢量图形，最终效果如图 5-1 所示。

【效果所在位置】Ch05/效果/制作饮品广告.fla。

图 5-1

（1）选择“文件 > 新建”命令，弹出“新建文档”对话框，在“常规”选项卡中选择“ActionScript 3.0”选项，将“宽度”选项设置为 450，“高度”选项设置为 630，单击“确定”按钮，完成文档的创建。

（2）将“图层 1”重命名为“底图”，选择“文件 > 导入 > 导入到舞台”命令，在弹出的“导入到舞台”对话框中选择“Ch05 > 素材 > 制作饮品广告 > 01”文件，单击“打开”按钮，文件被导入舞台窗口中，如图 5-2 所示。

（3）选择“修改 > 位图 > 转换位图为矢量图”命令，弹出“转换位图为矢量图”对话框，在对话框中进行设置，如图 5-3 所示。单击“确定”按钮，效果如图 5-4 所示。

（4）选择“文件 > 导入 > 导入到库”命令，在弹出的“导入到库”对话框中选择“Ch05 > 素材 > 制作饮品广告 > 02、03、04”文件，单击“打开”按钮，将文件导入“库”面板中，如图 5-5 所示。

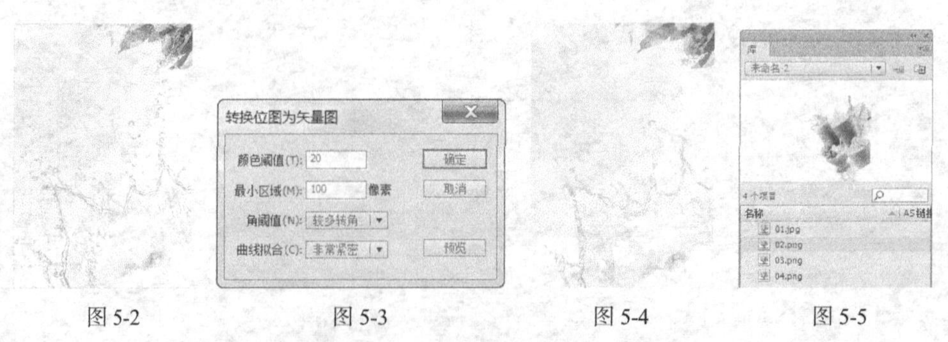

图 5-2　图 5-3　图 5-4　图 5-5

（5）单击“时间轴”面板下方的“新建图层”按钮，创建新图层并将其命名为“冰激凌”。分别将“库”面板中的位图“02”和“03”拖曳到舞台窗口中适当的位置，效果如图 5-6 和图 5-7 所示。

（6）单击“时间轴”面板下方的“新建图层”按钮，创建新图层并将其命名为“文字”，如图 5-8 所示。将“库”面板中的位图“04”拖曳到舞台窗口中适当的位置，效果如图 5-9 所示。饮品广告制作完成，按 Ctrl+Enter 组合键即可查看效果。

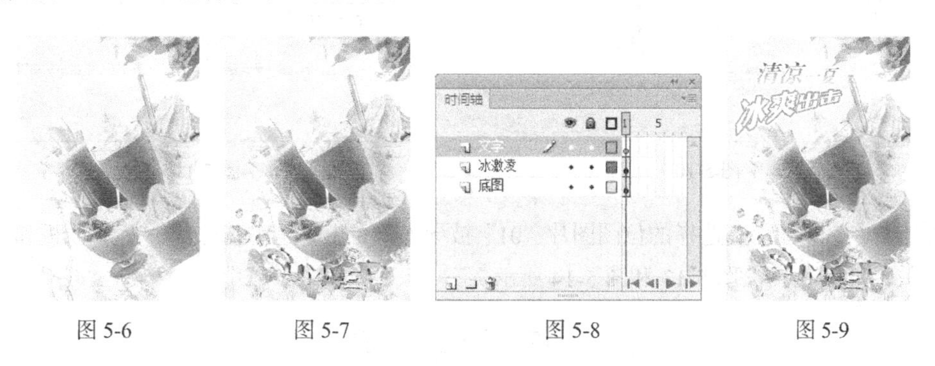

图 5-6　　图 5-7　　图 5-8　　图 5-9

5.1.2　图像素材的格式

Flash CS6 可以导入各种文件格式的矢量图形和位图。矢量格式包括 FreeHand 文件、Adobe Illustrator 文件、EPS 文件或 PDF 文件。位图格式包括 JPEG、GIF、PNG、BMP 等格式。

FreeHand 文件：在 Flash 中导入 FreeHand 文件时，可以保留层、文本块、库元件和页面，还可以选择要导入的页面范围。

Illustrator 文件：此文件支持对曲线、线条样式和填充信息的非常精确地转换。

EPS 文件或 PDF 文件：可以导入任何版本的 EPS 文件及 1.4 版本或更低版本的 PDF 文件。

JPEG 格式：一种压缩格式，可以应用不同的压缩比例对文件进行压缩。压缩后，文件质量损失小，文件数据量大大减小。

GIF 格式：即位图交换格式，一种 256 色的位图格式，压缩率略低于 JPEG 格式。

PNG 格式：能把位图文件压缩到极限以利于网络传输，能保留所有与位图品质有关的信息。PNG 格式支持透明位图。

BMP 格式：在 Windows 环境下使用最为广泛，而且使用时最不容易出问题。但由于文件数据量较大，一般在网上传输时，不考虑该格式。

5.1.3　导入图像素材

Flash CS6 可以识别多种不同的位图和向量图的文件格式，可以通过导入或粘贴的方法将素材引入到 Flash CS6 中。

1．导入到舞台

（1）导入位图到舞台：当导入位图到舞台上时，舞台上显示出该位图，位图同时被保存在“库”面板中。

选择“文件 > 导入 > 导入到舞台”命令，或按 Ctrl+R 组合键，弹出“导入”对话框，在对话框中选中要导入的位图图片“01”，如图 5-10 所示，单击“打开”按钮，弹出提示对话框，如图 5-11 所示。

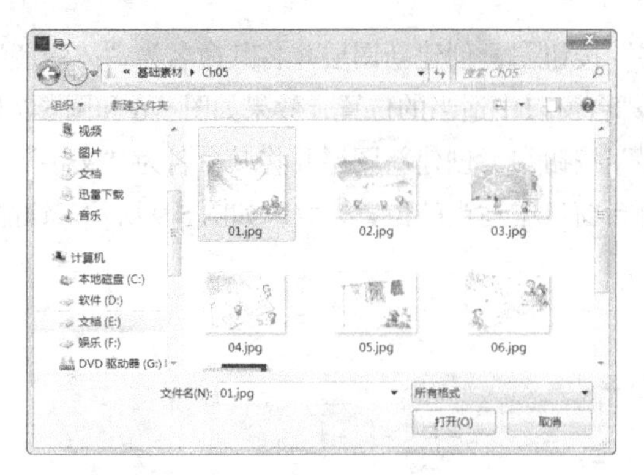

图 5-10

图 5-11

当单击“否”按钮时，选择的位图图片“01”被导入舞台上，这时，舞台、“库”面板和“时间轴”所显示的效果如图 5-12、图 5-13 和图 5-14 所示。

图 5-12

图 5-13

图 5-14

当单击“是”按钮时，位图图片 01 ~ 06 全部被导入舞台上，这时，舞台、“库”面板和“时间轴”所显示的效果如图 5-15、图 5-16 和图 5-17 所示。

图 5-15

图 5-16

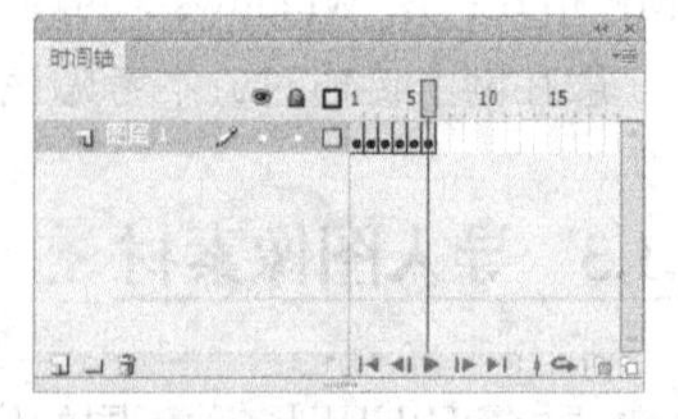

图 5-17

提示 可以用各种方式将多种位图导入 Flash CS6 中，并且可以从 Flash CS6 中启动 Fireworks 或其他外部图像编辑器，从而在这些编辑应用程序中修改导入的位图。可以对导入位图应用压缩和消除锯齿功能，以控制位图在 Flash CS6 中的大小和外观，还可以将导入位图作为填充应用到对象中。

（2）导入矢量图到舞台：当导入矢量图到舞台上时，舞台上显示该矢量图，但矢量图并不会被保存到“库”面板中。

选择“文件 > 导入 > 导入到舞台”命令，弹出“导入”对话框，在对话框中选中需要的文件，单击“打开”按钮，弹出“将‘07.ai’导入到舞台”对话框，如图 5-18 所示，单击“确定”按钮，矢量图被导入舞台上，如图 5-19 所示。此时，查看“库”面板，并没有保存矢量图“花朵图案”。

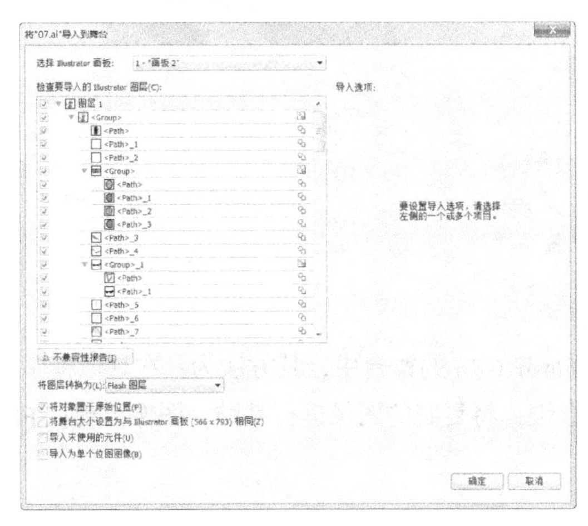

图 5-18

图 5-19

2. 导入到库

（1）导入位图到库：当导入位图到“库”面板时，舞台上不显示该位图，只在“库”面板中进行显示。

选择“文件 > 导入 > 导入到库”命令，弹出“导入到库”对话框，在对话框中选中“08”文件，如图 5-20 所示，单击“打开”按钮，位图被导入“库”面板中，如图 5-21 所示。

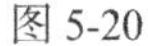
图 5-20

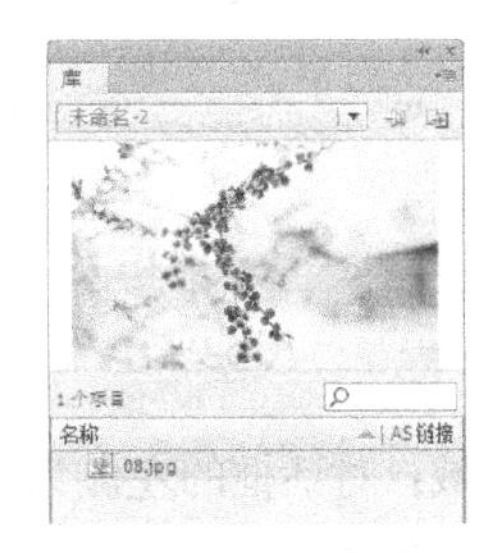

图 5-21

（2）导入矢量图到库：当导入矢量图到“库”面板时，舞台上不显示该矢量图，只在“库”面板中进行显示。

选择“文件 > 导入 > 导入到库”命令，弹出“导入到库”对话框，在对话框中选中“09”文件，单击“打开”按钮，弹出“将‘09.ai’导入到库”对话框，如图 5-22 所示，单击“确定”按钮，矢量图被导入“库”面板中，如图 5-23 所示。

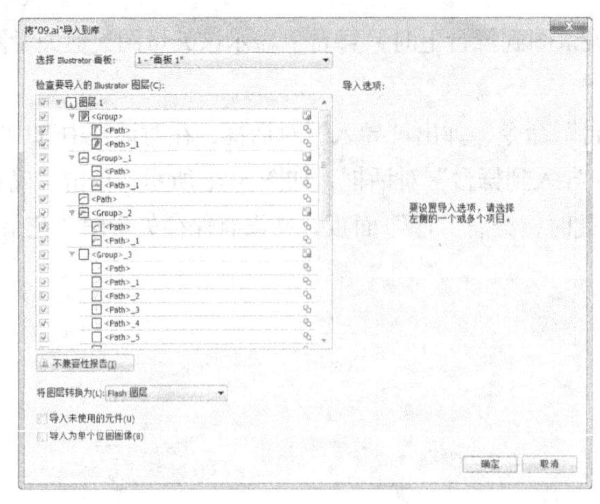

图 5-22

图 5-23

3．外部粘贴

可以将其他程序或文档中的位图粘贴到 Flash CS6 的舞台中，其方法为：在其他程序或文档中复制图像，选中 Flash CS6 文档，按 Ctrl+V 组合键，将复制的图像进行粘贴，图像出现在 Flash CS6 文档的舞台中。

5.1.4 设置导入位图属性

对于导入的位图，用户可以根据需要消除锯齿从而平滑图像的边缘，或选择压缩选项以减小位图文件的大小，以及格式化文件以便在 Web 上显示。这些变化都需要在“位图属性”对话框中进行设定。

在“库”面板中双击位图图标，如图 5-24 所示，弹出“位图属性”对话框，如图 5-25 所示。

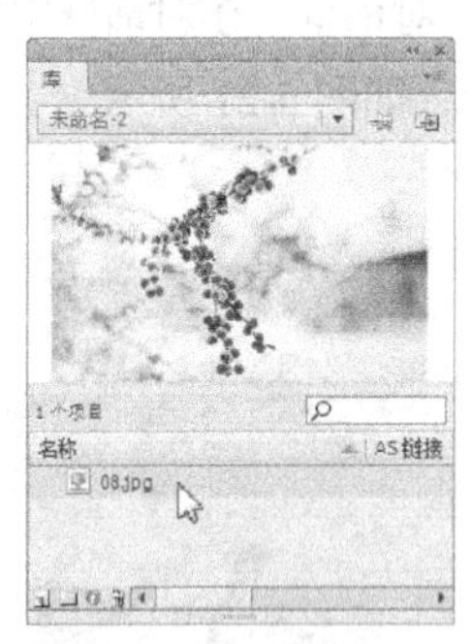

图 5-24

图 5-25

位图浏览区域：对话框的左侧为位图浏览区域，将光标放置在此区域，光标变为手形，拖动鼠标可移动区域中的位图。

位图名称编辑区域：对话框的上方为名称编辑区域，可以在此更换位图的名称。

位图基本情况区域：名称编辑区域下方为基本情况区域，该区域显示了位图的创建日期、文件大小、像素位数以及位图在计算机中的具体位置。

“允许平滑”选项：利用消除锯齿功能平滑位图边缘。

“压缩”选项：设定通过何种方式压缩图像，它包含以下两种方式。“照片（JPEG）”：以 JPEG 格式压缩图像，可以调整图像的压缩比。“无损（PNG/GIF）”：将使用无损压缩格式压缩图像，这样不会丢失图像中的任何数据。

“使用导入的 JPEG 数据”选项：点选此选项，则位图应用默认的压缩品质。点选“自定义”选项，可以在右侧的文本框中输入 1~100 的一个值，以指定新的压缩品质，如图 5-26 所示。输入的数值越高，保留的图像完整性越大，但是产生的文件数据量也越大。

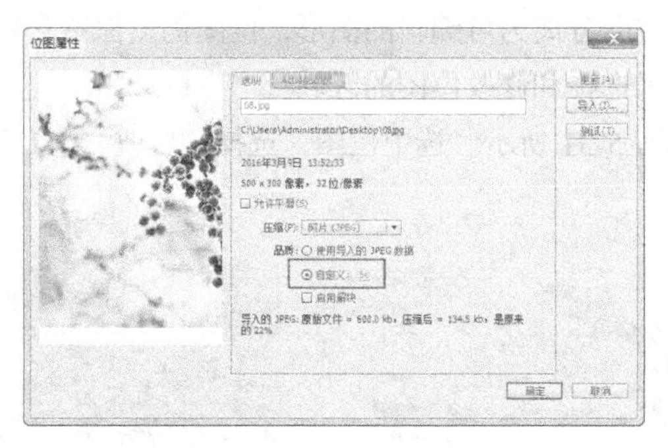

图 5-26

“更新”按钮：如果此图片在其他文件中被更改了，单击此按钮进行刷新。

“导入”按钮：可以导入新的位图，替换原有的位图。单击此按钮，弹出“导入位图”对话框，在对话框中选中要进行替换的位图，如图 5-27 所示，单击“打开”按钮，原有位图被替换，如图 5-28 所示。

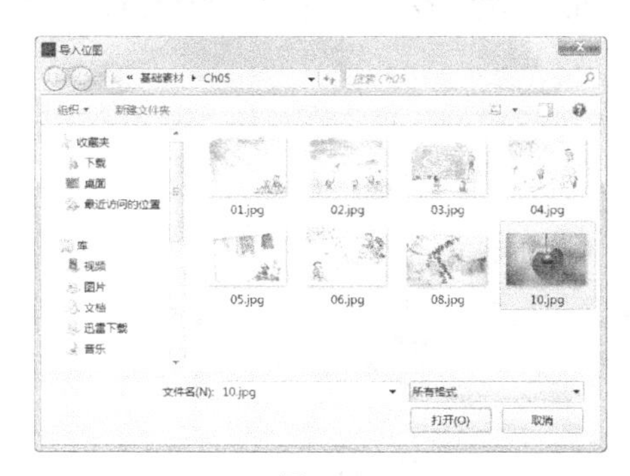

图 5-27

图 5-28

“测试”按钮：单击此按钮可以预览文件压缩后的结果。

在“自定义”选项的数值框中输入数值，如图 5-29 所示，单击“测试”按钮，在对话框左侧的位图浏览区域中，可以观察压缩后的位图质量效果，如图 5-30 所示。

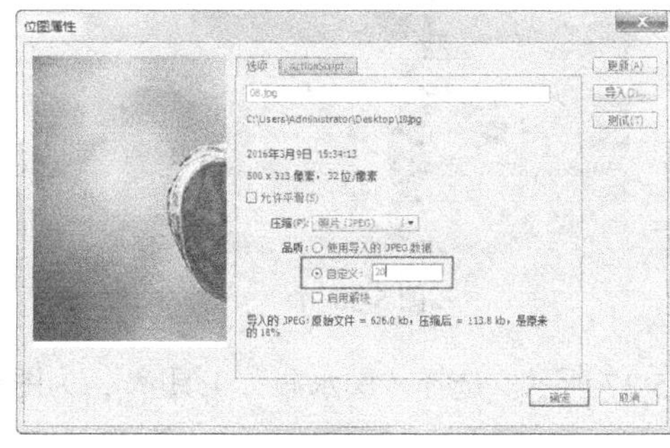

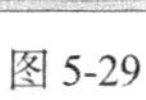

图 5-29

图 5-30

将“位图属性”对话框中的所有选项设置完成后，单击“确定”按钮即可。

5.1.5 将位图转换为图形

使用 Flash CS6 可以将位图分离为可编辑的图形，位图仍然保留它原来的细节。分离位图后，可以使用绘画工具和涂色工具来选择和修改位图的区域。

在舞台中导入位图，如图 5-31 所示。选中位图，选择“修改 > 分离”命令，将位图打散，如图 5-32 所示。

图 5-31

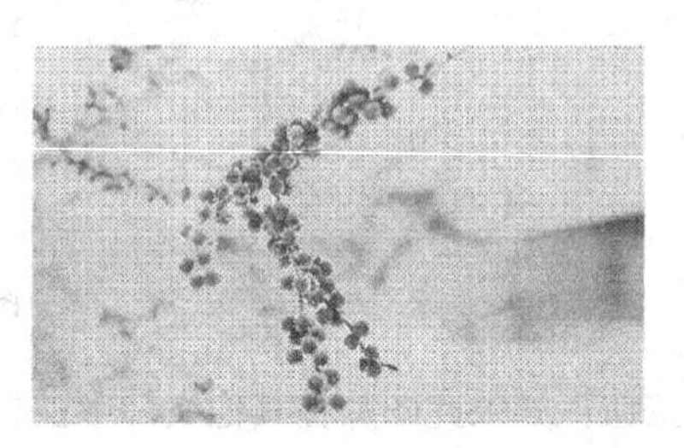

图 5-32

对打散后的位图进行编辑的方法如下。

（1）选择“刷子”工具，在位图上进行绘制，如图 5-33 所示。若未将图形分离，绘制线条后，线条将在位图的下方显示，如图 5-34 所示。

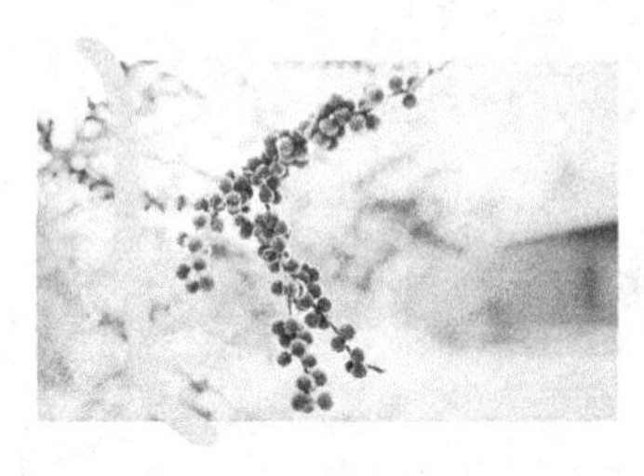

图 5-33

图 5-34

（2）选择“选择”工具，直接在打散后的图形上拖曳，改变图形形状或删减图形，如图 5-35 和图 5-36 所示。

图 5-35

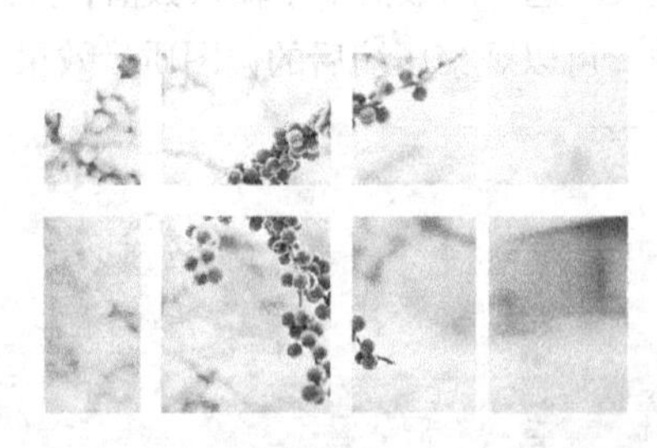

图 5-36

（3）选择“橡皮擦”工具，擦除图形，如图 5-37 所示。选择“墨水瓶”工具，为图形添加外边框，如图 5-38 所示。

（4）选择“套索”工具，选中工具箱下方的“魔术棒”按钮，在图形的蓝色部分上单击鼠标，将图形上的蓝色部分选中，如图 5-39 所示，按 Delete 键，删除选中的图形，如图 5-40 所示。

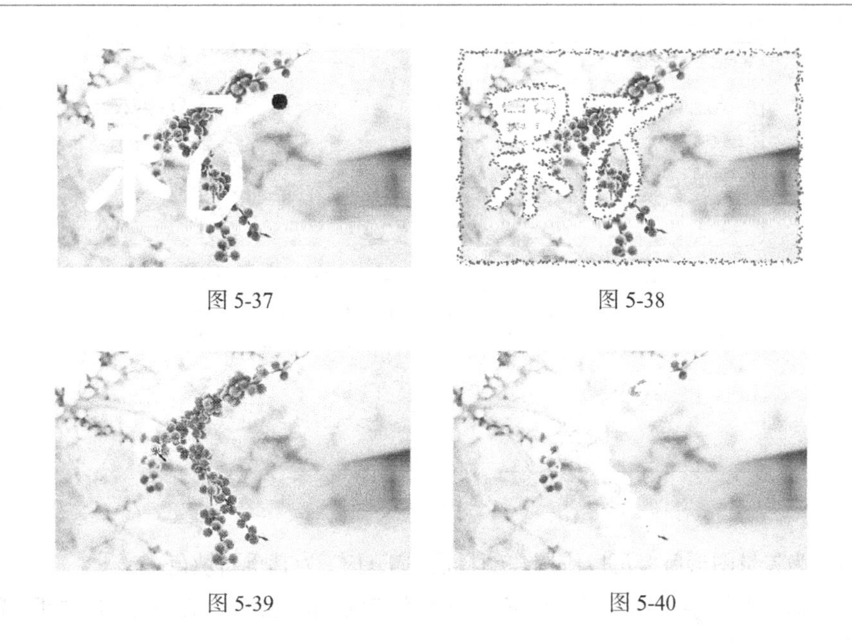

图 5-37　　图 5-38

图 5-39　　图 5-40

提示 将位图转换为图形后，图形不再链接到“库”面板中的位图组件。也就是说，当修改打散后的图形时不会对“库”面板中相应的位图组件产生影响。

5.1.6　将位图转换为矢量图

选中位图，如图 5-41 所示，选择“修改 > 位图 > 转换位图为矢量图”命令，弹出“转换位图为矢量图”对话框，设置数值后，如图 5-42 所示，单击“确定”按钮，位图转换为矢量图，如图 5-43 所示。

图 5-41

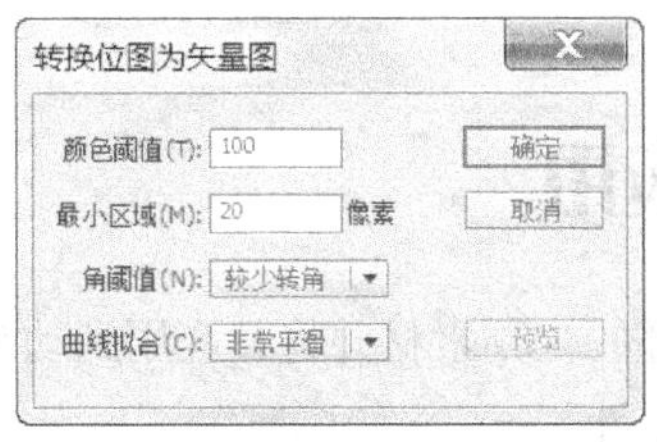

图 5-42

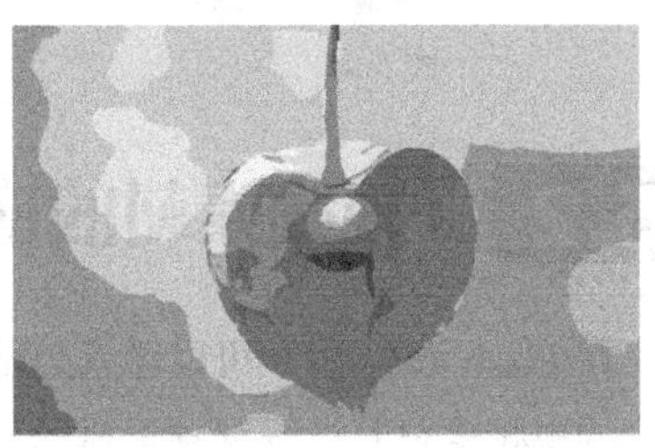

图 5-43

“颜色阈值”选项：设置将位图转化成矢量图形时的色彩细节。数值的输入范围为 0 ~ 500，该值越大，图像越细腻。

“最小区域”选项：设置将位图转化成矢量图形时色块的大小。数值的输入范围为 0 ~ 1000，该值越大，色块越大。

“角阈值”选项：定义角转化的精细程度。

“曲线拟合”选项：设置在转换过程中对色块处理的精细程度。图形转化时边缘越光滑，原图像细节的失真程度越高。

在“转换位图为矢量图”对话框中，设置不同的数值，所产生的效果也不相同，如图 5-44 所示。

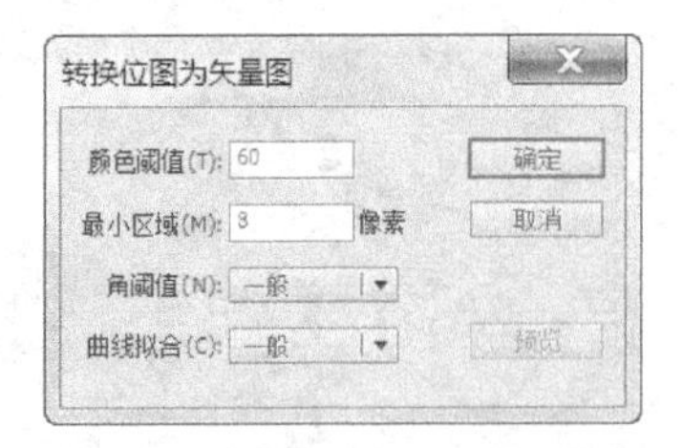

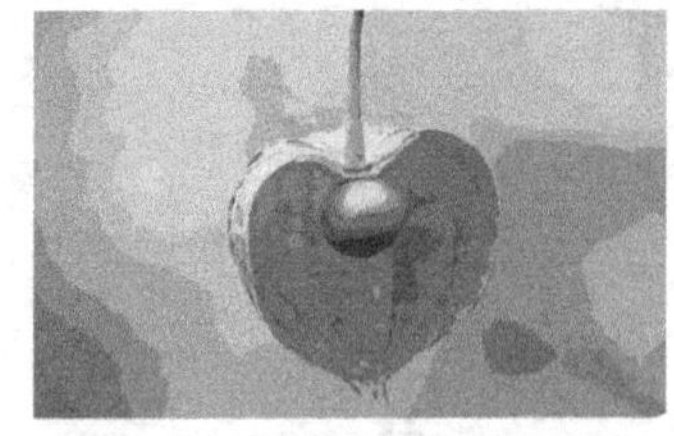
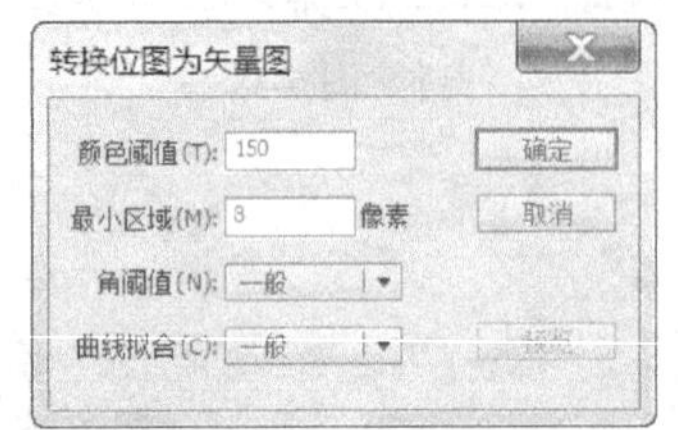

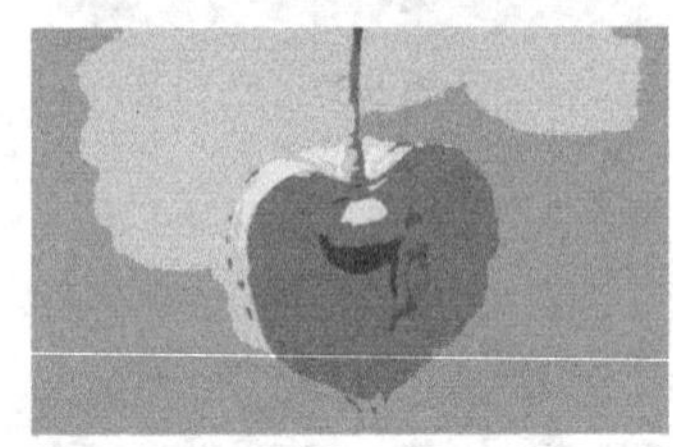

图 5-44

将位图转换为矢量图形后，可以应用“颜料桶”工具为其重新填色。

选择“颜料桶”工具，将“填充颜色”设置为蓝色（0099FF），在图形的背景区域单击，将背景区域填充为蓝色，如图 5-45 所示。

将位图转换为矢量图形后，还可以用“滴管”工具对图形进行采样，然后将其用作填充。选择“滴管”工具，光标变为，在红色心形上单击，吸取心形的色彩值，如图 5-46 所示，吸取后，光标变为，在适当的位置单击，用吸取的颜色进行填充，效果如图 5-47 所示。

图 5-45

图 5-46

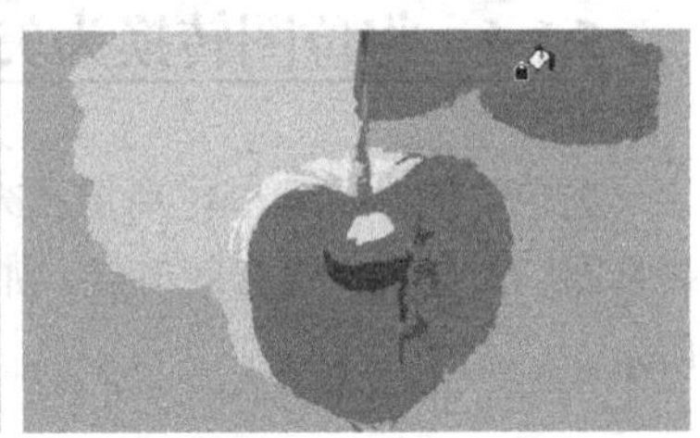
图 5-47

5.2 视频素材的应用

在 Flash CS6 中，可以导入外部的视频素材并将其应用到动画作品中，也可以根据需要导入不同格式的视频素材并设置视频素材的属性。

命令介绍

导入视频：可以将需要的视频素材导入动画中，并对其进行适当的变形。

5.2.1 课堂案例——制作高尔夫广告

【案例学习目标】使用变形工具调整图片的大小，使用导入命令导入视频。

【案例知识要点】使用“导入”命令，导入视频；使用“任意变形”工具，调整视频的大小，最终效果如图 5-48 所示。

【效果所在位置】Ch05/效果/制作高尔夫广告.fla。

图 5-48

（1）选择“文件 > 新建”命令，弹出“新建文档”对话框，在“常规”选项卡中选择“ActionScript 3.0”选项，将“宽”选项设置为 600，“高”选项设置为 600，单击“确定”按钮，完成文档的创建。

（2）选择“文件 > 导入 > 导入到舞台”命令，在弹出的“导入”对话框中选择“Ch05 > 素材 > 制作高尔夫广告 > 01”文件，单击“打开”按钮，文件被导入舞台窗口中，效果如图 5-49 所示。在“时间轴”面板中将“图层 1”重新命名为“底图”。

（3）单击“时间轴”面板下方的“新建图层”按钮，创建新图层并将其命名为“视频”。选择“文件 > 导入 > 导入视频”命令，在弹出的“导入视频”对话框中单击“浏览”按钮，在弹出的“打开”对话框中选择“Ch05 > 素材 > 制作高尔夫广告 > 02”文件，单击“打开”按钮，回到“导入视频”对话框中，点选“在 SWF 中嵌入 FLV 并在时间轴中播放”选项，如图 5-50 所示。

图 5-49

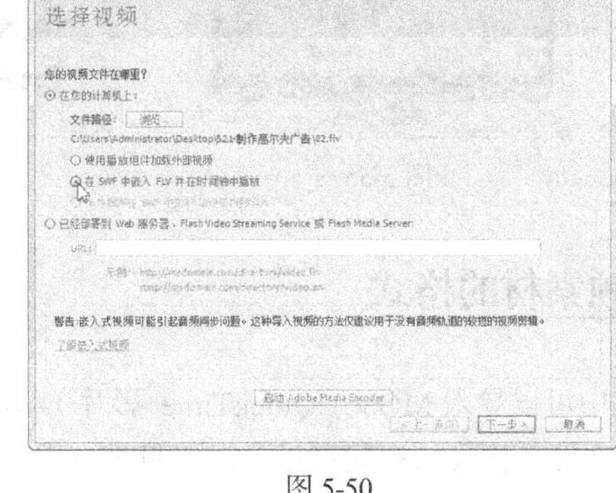

图 5-50

（4）单击“下一步”按钮，弹出“嵌入”对话框，在对话框中的设置如图 5-51 所示。单击“下一步”按钮，弹出“完成视频导入”对话框，如图 5-52 所示，单击“完成”按钮完成视频的导入，“02”视频文件被导入舞台窗口中，如图 5-53 所示。

（5）选中“底图”图层的第 173 帧，按 F5 键，插入普通帧，如图 5-54 所示。

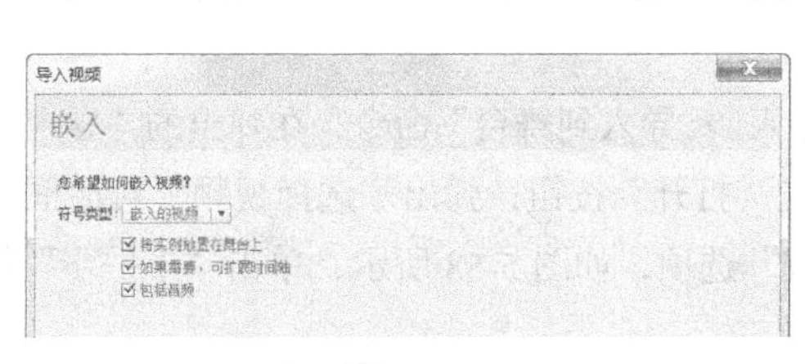

图 5-51

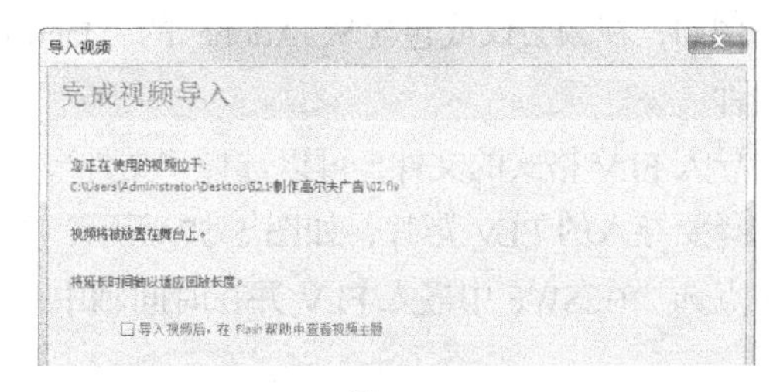

图 5-52

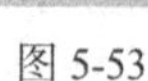

图 5-53　　　　图 5-54

（6）选中舞台窗口中的视频实例，选择“任意变形”工具，视频的周围出现控制点，将光标放在视频右下方的控制点上，光标变为，按住 Alt 键的同时按住鼠标不放，向右侧拖曳控制点到适当的位置，松开鼠标，视频被放大。将视频放置到适当的位置，在舞台窗口的任意位置单击鼠标，取消对视频的选取，效果如图 5-55 所示。高尔夫广告制作完成，按 Ctrl+Enter 组合键即可查看效果，效果如图 5-56 所示。

图 5-55　　　　图 5-56

5.2.2　视频素材的格式

在 Flash CS6 中可以导入 MOV（QuickTime 影片）、AVI（音频视频交叉文件）和 MPG/MPEG（运动图像专家组文件）格式的视频素材，最终将带有嵌入视频的 Flash CS6 文档以 SWF 格式的文件发布，或将带有链接视频的 Flash CS6 文档以 MOV 格式的文件发布。

5.2.3　导入视频素材

Macromedia Flash Video（FLV）文件可以导入或导出带编码音频的静态视频流。适用于通讯应用程序，例如，视频会议或包含从 Adobe 的 Macromedia Flash Media Server 中导出的屏幕共享编码数据的文件。

要导入 FLV 格式的文件，可以选择“文件 > 导入 > 导入到舞台”命令，在弹出的“导入”对话框中选择要导入的 FLV 影片，如图 5-57 所示，单击“打开”按钮，弹出“选择视频”对话框，在对话框中点选“在 SWF 中嵌入 FLV 并在时间轴中播放”选项，如图 5-58 所示，单击“下一步”按钮。

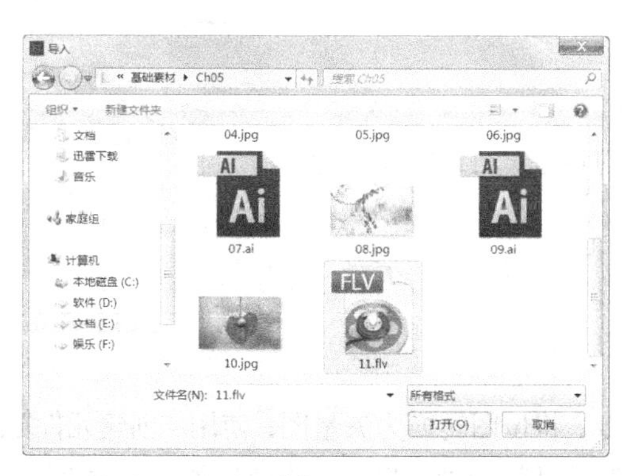

图 5-57

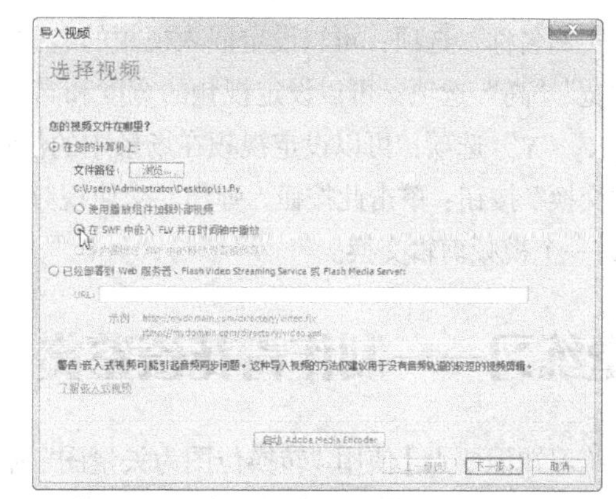

图 5-58

进入“嵌入”对话框，如图 5-59 所示。单击“下一步”按钮，弹出“完成视频导入”对话框，如图 5-60 所示。

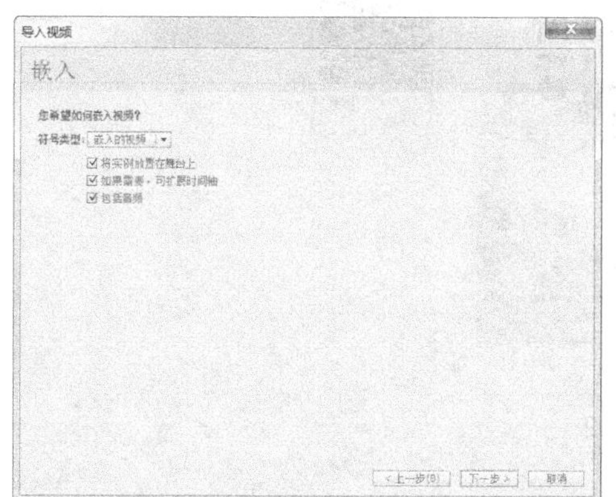

图 5-59

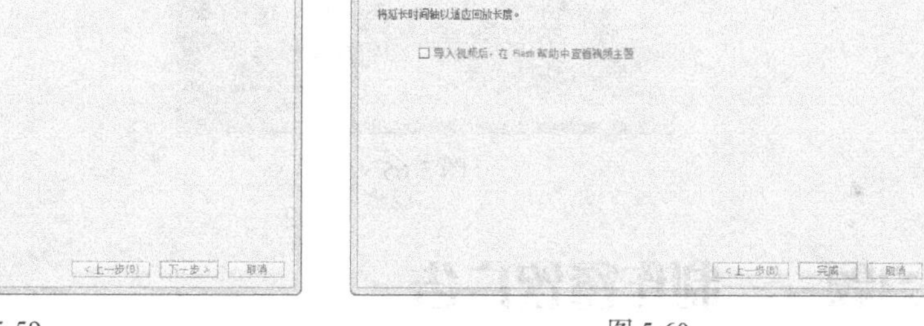

图 5-60

单击“完成”按钮完成视频的编辑，效果如图 5-61 所示此时，“时间轴”和“库”面板中的效果如图 5-62 和图 5-63 所示。

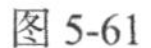

图 5-61

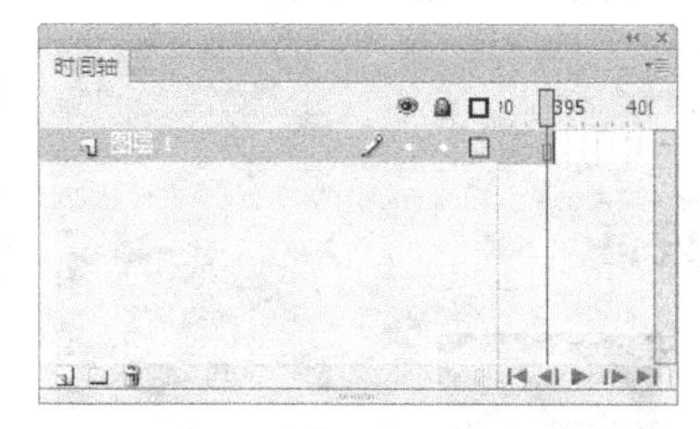

图 5-62

图 5-63

5.2.4　视频的属性

在属性面板中可以更改导入视频的属性。选中视频，选择“窗口 > 属性”命令，弹出视频“属性”面板，如图 5-64 所示。

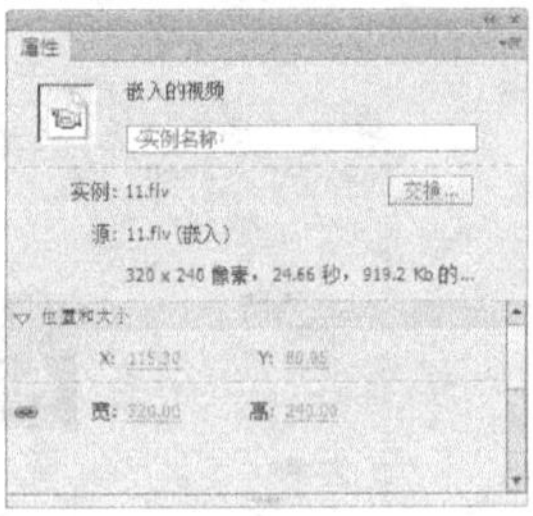

“实例名称”选项：可以设定嵌入视频的名称。

“宽”“高”选项：可以设定视频的宽度和高度。

“X”“Y”选项：可以设定视频在场景中的位置。

“交换”按钮：单击此按钮，弹出“交换视频”对话框，可以将视频剪辑与另一个视频剪辑交换。

图 5-64

课堂练习——制作青花瓷鉴赏

【练习知识要点】使用“转换位图为矢量图”命令，将位图转换为矢量图；使用“创建元件”命令，将位图创建为元件；使用“创建传统补间”命令，制作补间动画效果，最终效果如图 5-65 所示。

【素材所在位置】Ch05/素材/制作青花瓷鉴赏/01~06。

【效果所在位置】Ch05/效果/制作青花瓷鉴赏. fla。

图 5-65

课后习题——制作餐饮广告

【习题知识要点】使用“导入视频”命令，导入视频；使用“任意变形”工具，调整视频的大小；使用“矩形”工具，绘制视频边框，最终效果如图 5-66 所示。

【素材所在位置】Ch05/素材/制作餐饮广告/01 和 02。

【效果所在位置】Ch05/效果/制作餐饮广告. fla。

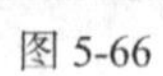

图 5-66

第6章 元件和库

本章介绍

在 Flash CS6 中，元件起着举足轻重的作用。通过重复应用元件，可以提高工作效率、减少文件量。本章将介绍元件的创建、编辑、应用，以及库面板的使用方法。通过对本章的学习，读者可以了解并掌握如何应用元件的相互嵌套及重复应用制作出变化无穷的动画效果。

学习目标

- 了解元件的类型。
- 熟练掌握元件的创建方法。
- 掌握元件的引用方法。
- 熟练运用库面板编辑元件。
- 熟练掌握实例的创建和应用。

技能目标

- 掌握“城市动画”的制作方法。
- 掌握“按钮实例”的制作方法。

6.1 元件与库面板

元件就是可以被不断重复使用的特殊对象符号。当不同的舞台剧幕上有相同的对象进行表演时，用户可先建立该对象的元件，需要时只需在舞台上创建该元件的实例。在 Flash CS6 文档的库面板中可以存储创建的元件以及导入的文件。只要建立 Flash CS6 文档，就可以使用相应的库。

命令介绍

元件：在 Flash CS6 中可以将元件分为 3 种类型，即图形元件、按钮元件、影片剪辑元件。在创建元件时，可根据作品的需要来判断元件的类型。

6.1.1 课堂案例——制作城市动画

【案例学习目标】使用绘图工具绘制图形，使用变形工具调整图形的大小和位置。

【案例知识要点】使用“关键帧”命令和“创建传统补间”命令，制作汽车影片剪辑元件；使用“属性”面板，调整元件的色调，最终效果如图 6-1 所示。

【效果所在位置】Ch06/效果/制作城市动画.fla。

图 6-1

1. 导入素材制作文字动画

（1）选择“文件 > 新建”命令，弹出“新建文档”对话框，在“常规”选项卡中选择“ActionScript 2.0”选项，将“宽”选项设置为 600，“高”选项设置为 600，单击“确定”按钮，完成文档的创建。

（2）选择“文件 > 导入 > 导入到库”命令，在弹出的“导入到库”对话框中选择“Ch06 > 素材 > 制作城市动画 > 01 ~ 03”文件，单击“打开”按钮，文件被导入到“库”面板中，如图 6-2 所示。

（3）在“库”面板下方单击“新建元件”按钮，弹出“创建新元件”对话框，在“名称”选项的文本框中输入“车轮”，在“类型”选项的下拉列表中选择“图形”选项，单击“确定”按钮，新建图形元件“车轮”，如图 6-3 所示。舞台窗口也随之转换为图形元件的舞台窗口。

（4）将“库”面板中的位图“03”文件拖曳到舞台窗口中，并放置在舞台中适当的位置，效果如

图 6-4 所示。使用相同的方法将“库”面板中的位图“02”文件，制作成图形元件“车身”，如图 6-5 所示。

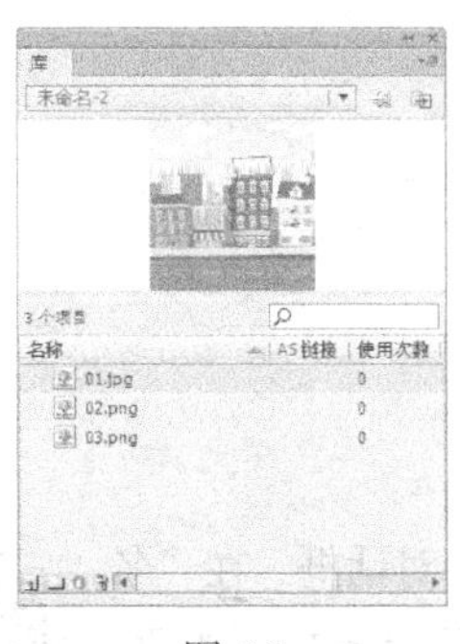

图 6-2

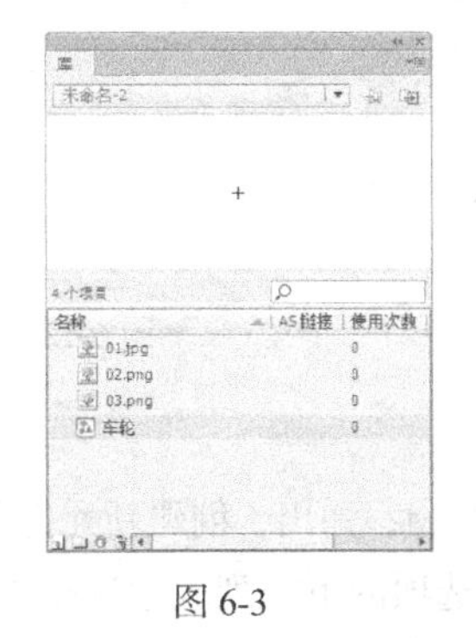

图 6-3

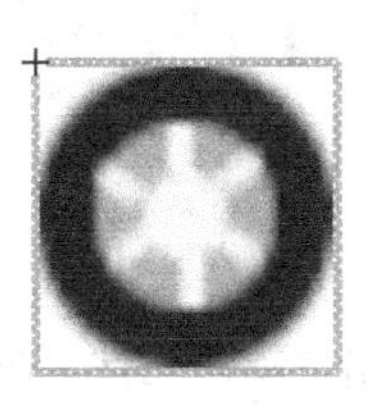

图 6-4

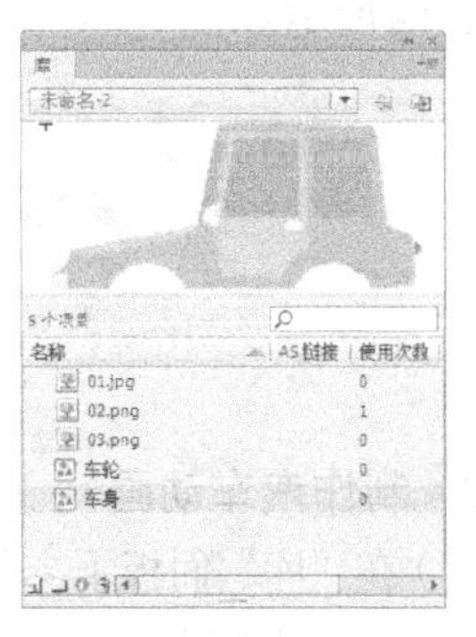

图 6-5

（5）在“库”面板下方单击“新建元件”按钮，弹出“创建新元件”对话框，在“名称”选项的文本框中输入“文字动”，在“类型”选项的下拉列表中选择“影片剪辑”选项，单击“确定”按钮，新建影片剪辑元件“文字动”，如图 6-6 所示。舞台窗口也随之转换为影片剪辑元件的舞台窗口。

（6）选择“文本”工具，在文本工具“属性”面板中进行设置，在舞台窗口中适当的位置输入大小为 30、字体为“方正毡笔黑简体”的黑色文字，文字效果如图 6-7 所示。

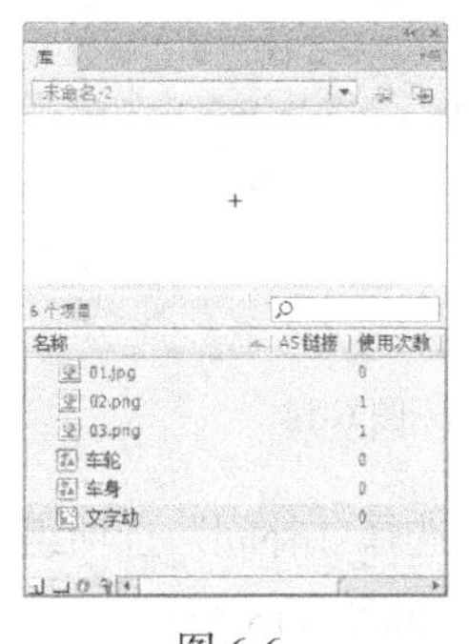

图 6-6

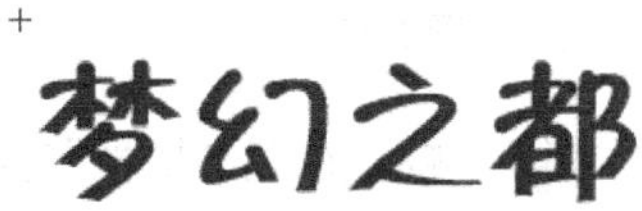

梦幻之都

图 6-7

（7）选择“选择”工具，在舞台窗口中选中文字，如图 6-8 所示，按 Ctrl+T 组合键，弹出“变形”面板，将“旋转”选项设置为-2.7°，如图 6-9 所示，按 Enter 键确定操作，效果如图 6-10 所示。

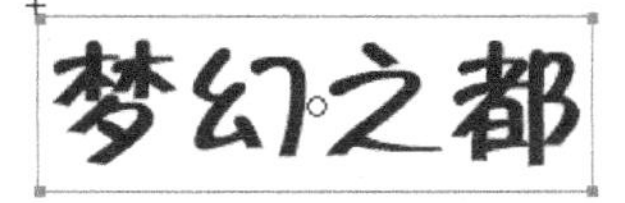

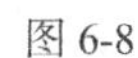

图 6-8

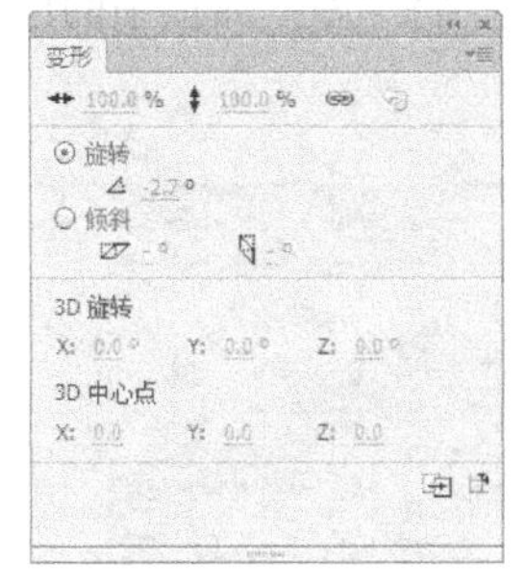

图 6-9

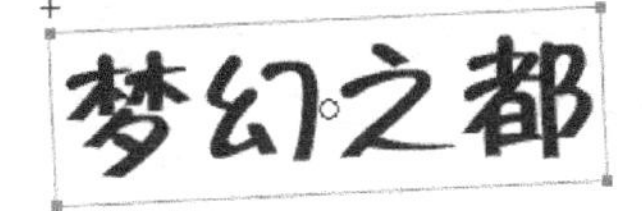

图 6-10

（8）按两次 Ctrl+B 组合键，将文字打散。分别选中“图层 1”的第 15 帧和第 30 帧，按 F6 键，插入关键帧。选中“图层 1”的第 45 帧，按 F5 键，插入普通帧。选中“图层 1”的第 15 帧，在舞台窗口中选中文字，在工具箱中将“填充颜色”设置为红色（#FF0000），效果如图 6-11 所示。选中“图层 1”的第 30 帧，在舞台窗口中选中文字，在工具箱中将“填充颜色”设置为黄色（#FF9933），效果如图 6-12 所示。

梦幻之都

图 6-11

梦幻之都

图 6-12

2．制作汽车动画

（1）在“库”面板下方单击“新建元件”按钮，弹出“创建新元件”对话框，在“名称”选项的文本框中输入“车轮动”，在“类型”选项的下拉列表中选择“影片剪辑”选项，单击“确定”按钮，新建影片剪辑元件“车轮动”。舞台窗口也随之转换为影片剪辑元件的舞台窗口。

（2）将“库”面板中的图形元件“车轮”拖曳到舞台窗口中，如图 6-13 所示。选中“图层 1”的第 10 帧，按 F6 键，插入关键帧。用鼠标右键单击“图层 1”的第 1 帧，在弹出的快捷菜单中选择“创建传统补间”命令，生成传统补间动画，如图 6-14 所示。

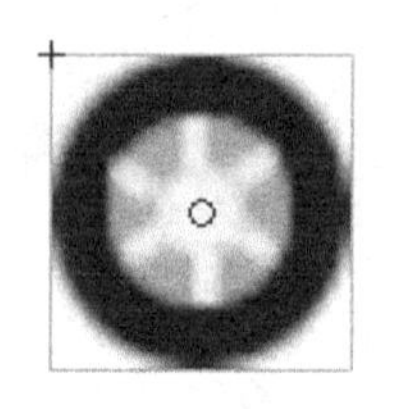

图 6-13

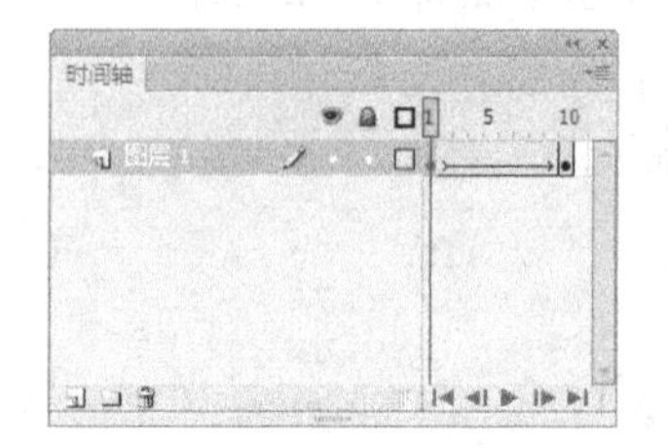

图 6-14

（3）选中“图层 1”的第 1 帧，在帧“属性”面板中选择“补间”选项组，在“旋转”选项的下拉列表中选择“顺时针”，将“旋转次数”选项设置为 1，如图 6-15 所示。

（4）在“库”面板下方单击“新建元件”按钮，弹出“创建新元件”对话框，在“名称”选项的文本框中输入“汽车动 1”，在“类型”选项的下拉列表中选择“影片剪辑”选项，单击“确定”按钮，新建影片剪辑元件“汽车动 1”，如图 6-16 所示。舞台窗口也随之转换为影片剪辑元件的舞台窗口。

（5）将“图层 1”重命名为“车身”。将“库”面板中的位图“02”拖曳到舞台窗口中，并放置在适当的位置，如图 6-17 所示。

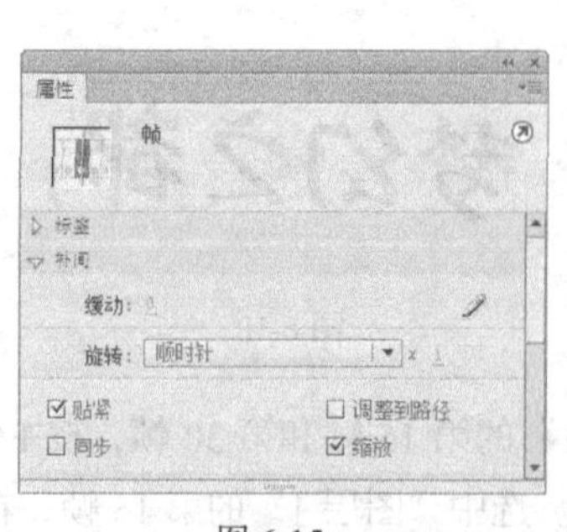

图 6-15

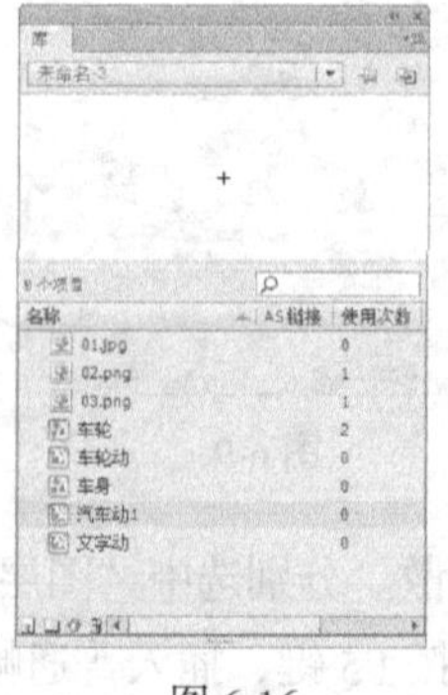

图 6-16

图 6-17

（6）在“时间轴”面板中创建新图层并将其命名为“车轮”。将“库”面板中的影片剪辑元件“车轮动”拖曳到舞台窗口中，并放置在适当的位置，如图 6-18 所示。按住 Alt+Shift 组合键，用鼠标将“车轮动”实例拖曳到适当的位置进行复制，效果如图 6-19 所示。

图 6-18　　　　图 6-19

（7）在“时间轴”面板中将“车轮”图层拖曳到“车身”图层的下方，如图 6-20 所示，效果如图 6-21 所示。

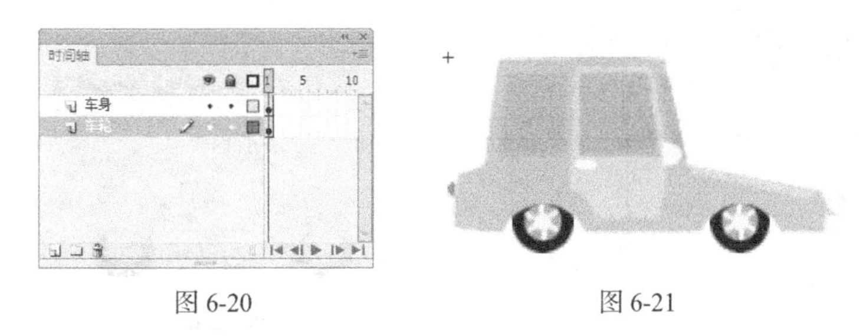

图 6-20　　　　图 6-21

（8）在“库”面板中新建一个影片剪辑元件“汽车动 2”。舞台窗口也随之转换为影片剪辑元件的舞台窗口。将“图层 1”重命名为“车身”。将“库”面板中的图形元件“车身”拖曳到舞台窗口中，并放置在适当的位置，如图 6-22 所示。选择“修改 > 变形 > 水平翻转”命令，将选中的实例进行水平翻转，效果如图 6-23 所示。

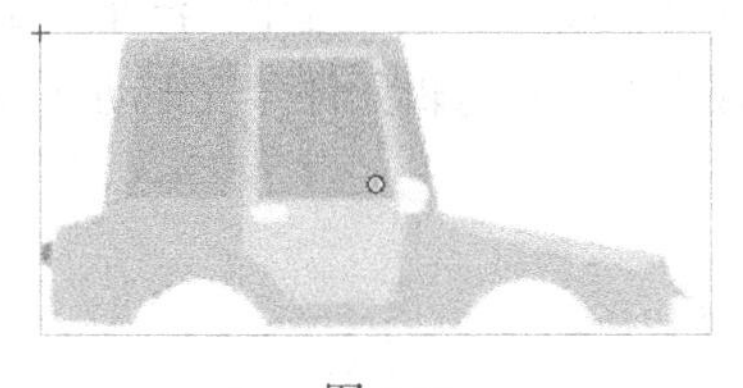

图 6-22

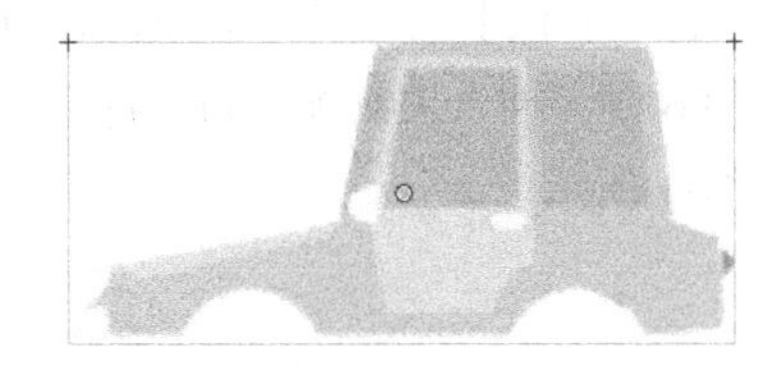

图 6-23

（9）在图形“属性”面板中选择“色彩效果”选项组，在“样式”选项下拉列表中选择“高级”，各选项的设置如图 6-24 所示，舞台窗口中的效果如图 6-25 所示。

图 6-24

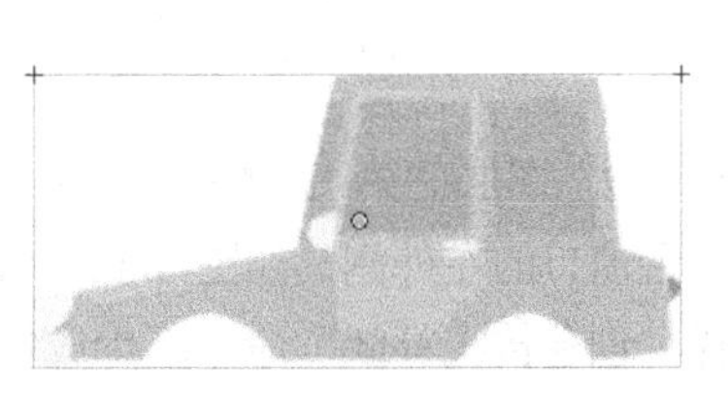

图 6-25

（10）在“时间轴”面板中创建新图层并将其命名为“车轮”。将“库”面板中的影片剪辑元件“车轮动”拖曳到舞台窗口中，并放置在适当的位置，如图 6-26 所示。按住 Alt+Shift 组合键的同时，用鼠标将“车轮动”实例拖曳到适当的位置进行复制，效果如图 6-27 所示。

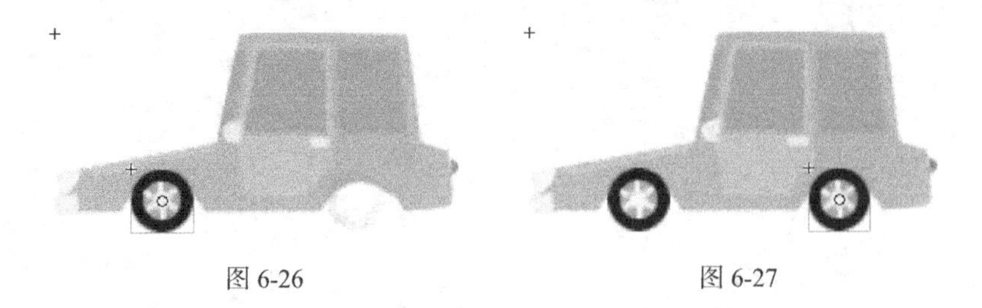

图 6-26　　图 6-27

（11）在“时间轴”面板中将“车轮”图层拖曳到“车身”图层的下方，如图 6-28 所示，效果如图 6-29 所示。

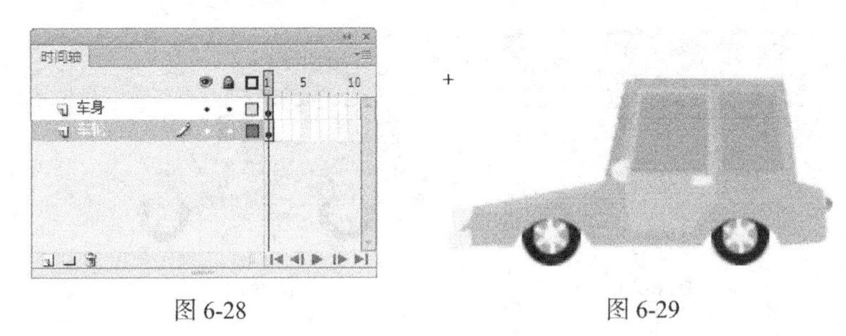

图 6-28　　图 6-29

3．制作场景动画

（1）单击舞台窗口左上方的“场景 1”图标，进入“场景 1”的舞台窗口。将“图层 1”重新命名为“底图”。将“库”面板中的位图“01”拖曳到舞台窗口的中心位置，效果如图 6-30 所示。选中“底图”图层的第 120 帧，按 F5 键，插入普通帧。

（2）在“时间轴”面板中创建新图层并将其命名为“汽车动 2”。选中“汽车动 2”图层的第 25 帧，按 F6 键，插入关键帧。将“库”面板中的影片剪辑元件“汽车动 2”拖曳到舞台窗口的右外侧，如图 6-31 所示。

图 6-30

图 6-31

（3）选中“汽车动 2”图层的第 120 帧，按 F6 键，插入关键帧。在舞台窗口中将“汽车动 2”实例水平向左拖曳到舞台窗口的左外侧，如图 6-32 所示。用鼠标右键单击“汽车动 2”图层的第 25 帧，在弹出的菜单中选择“创建传统补间”命令，生成传统补间动画，如图 6-33 所示。

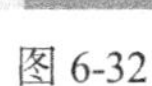

图 6-32

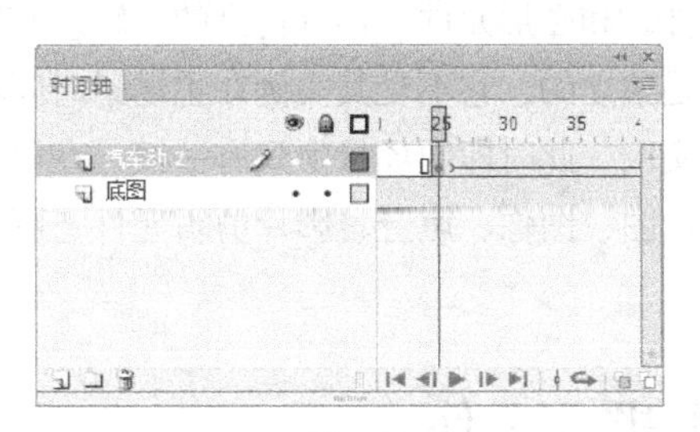

图 6-33

（4）在“时间轴”面板中创建新图层并将其命名为“汽车动 1”。将“库”面板中的影片剪辑元件“汽车动 1”拖曳到舞台窗口的左外侧，如图 6-34 所示。选中“汽车动 1”图层的第 90 帧，按 F6 键，插入关键帧。在舞台窗口中将“汽车动 1”实例水平向右拖曳到舞台窗口的右外侧，如图 6-35 所示。

（5）用鼠标右键单击“汽车动 1”图层的第 1 帧，在弹出的菜单中选择“创建传统补间”命令，生成传统补间动画。

（6）在“时间轴”面板中创建新图层并将其命名为“文字”。将“库”面板中的影片剪辑元件“文字”拖曳到舞台窗口中，并放置在适当的位置，如图 6-36 所示。城市动画效果制作完成，按 Ctrl+Enter 组合键即可查看效果。

图 6-34

图 6-35

图 6-36

6.1.2 元件的类型

1. 图形元件

图形元件一般用于创建静态图像或创建可重复使用的、与主时间轴关联的动画，它有自己的编辑区和时间轴。如果在场景中创建元件的实例，那么实例将受到主场景中时间轴的约束。换句话说，图形元件中的时间轴与其实例在主场景的时间轴同步。另外，在图形元件中可以使用矢量图、图像、声音和动画的元素，但不能为图形元件提供实例名称，也不能在动作脚本中引用图形元件，并且声音在图形元件中失效。

2. 按钮元件

按钮元件是创建能激发某种交互行为的按钮。创建按钮元件的关键是设置 4 种不同状态的帧，即“弹起”（鼠标抬起）、“指针经过”（鼠标移入）、“按下”（鼠标按下）、“点击”（鼠标响应区域，在这个区域创建的图形不会出现在画面中）。

3．影片剪辑元件

影片剪辑元件和图形元件一样有自己的编辑区和时间轴，但又和图形元件不完全相同。影片剪辑元件的时间轴是独立的，它不受其实例在主场景时间轴（主时间轴）的控制。例如，在场景中创建影片剪辑元件的实例，此时即便场景中只有一帧，在电影片段中也可播放动画。另外，在影片剪辑元件中可以使用矢量图、图像、声音、影片剪辑元件、图形组件和按钮组件等，并且能在动作脚本中引用影片剪辑元件。

6.1.3 创建图形元件

选择“插入 > 新建元件”命令，弹出“创建新元件”对话框，在“名称”选项的文本框中输入“钻石”；在“类型”选项的下拉列表中选择“图形”选项，如图 6-37 所示。

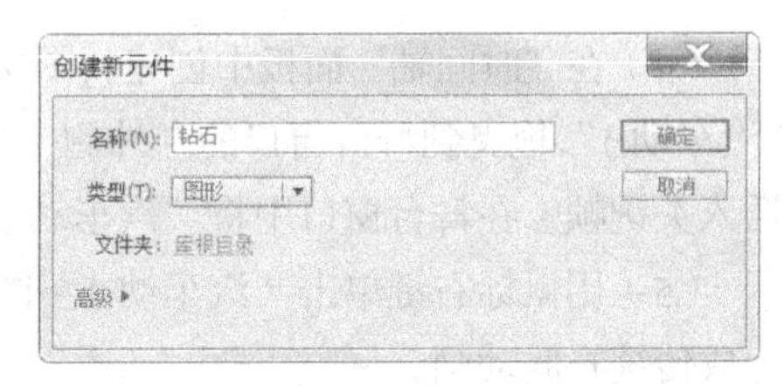

图 6-37

单击“确定”按钮，创建一个新的图形元件“钻石”。图形元件的名称出现在舞台的左上方，舞台切换到了图形元件“钻石”的窗口，窗口中间出现“ + ”号，代表图形元件的中心定位点，如图 6-38 所示。在“库”面板中显示出图形元件，如图 6-39 所示。

选择“文件 > 导入 > 导入到舞台”命令，弹出“导入”对话框，选择要导入的图形，将其导入舞台，如图 6-40 所示，完成图形元件的创建。单击舞台左上方的场景名称“场景 1”就可以返回到场景的编辑舞台。

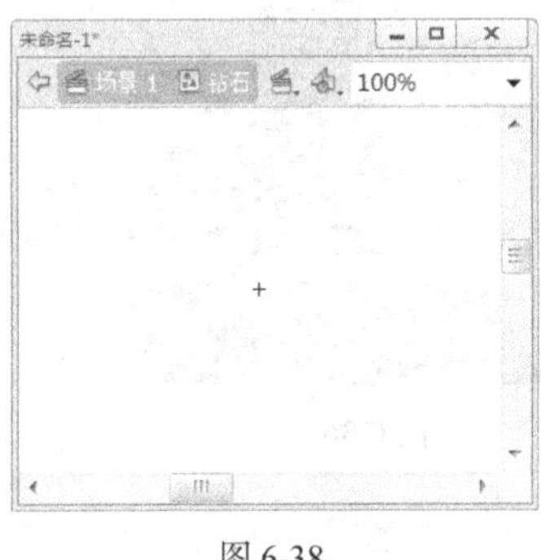

图 6-38

图 6-39

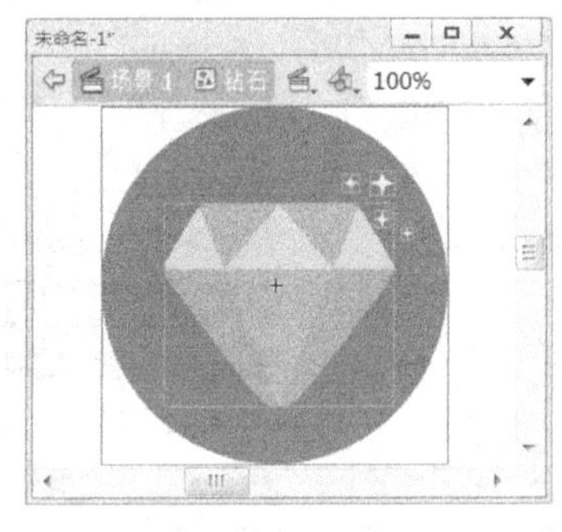

图 6-40

还可以应用“库”面板创建图形元件。单击“库”面板右上方的按钮，在弹出式菜单中选择“新建元件”命令，弹出“创建新元件”对话框，选中“图形”选项，单击“确定”按钮，创建图形元件。也可在“库”面板中创建按钮元件或影片剪辑元件。

6.1.4 创建按钮元件

虽然 Flash CS6 库中提供了一些按钮，但如果需要复杂的按钮，还是需要自己创建。

选择“插入 > 新建元件”命令，弹出“创建新元件”对话框，在“名称”选项的文本框中输入“动作”，在“类型”选项的下拉列表中选择“按钮”选项，如图 6-41 所示。

单击“确定”按钮，创建一个新的按钮元件“动作”。按钮元件的名称出现在舞台的左上方，舞台切换到了按钮元件“动作”的窗口，窗口中间出现“ + ”号，代表按钮元件的中心定位点。在“时间轴”窗口中显示出 4 个状态帧：“弹起”“指针”“按下”“点击”，如图 6-42 所示。

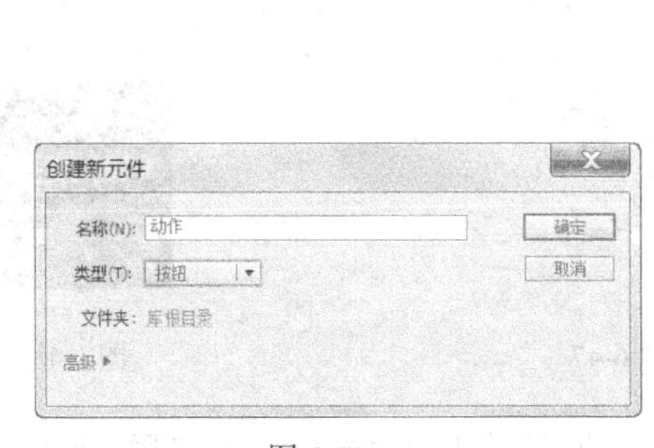

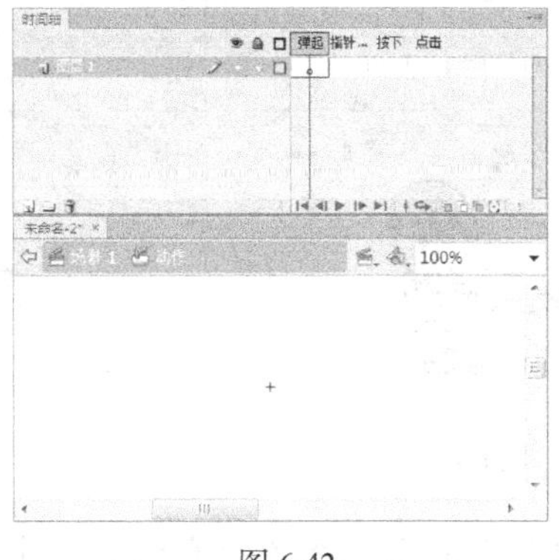

图 6-41　　图 6-42

“弹起”帧：设置鼠标指针不在按钮上时按钮的外观。

“指针”帧：设置鼠标指针放在按钮上时按钮的外观。

“按下”帧：设置按钮被单击时的外观。

“点击”帧：设置响应鼠标单击的区域。此区域在影片里不可见。

“库”面板中的效果如图 6-43 所示。

选择“文件 > 导入 > 导入到舞台”命令，弹出“导入”对话框，在弹出的对话框中，选择本书学习资源中的“基础素材 > Ch06 > 02”文件，单击“打开”按钮，将素材导入舞台，效果如图 6-44 所示。在“时间轴”面板中选中“指针经过”帧，按 F7 键，插入空白关键帧，如图 6-45 所示。

图 6-43　　图 6-44　　图 6-45

选择“文件 > 导入 > 导入到舞台”命令，弹出“导入”对话框，在弹出的对话框中，选择本书学习资源中的“基础素材 > Ch06 > 03”文件，单击“打开”按钮，将素材导入舞台，效果如图 6-46 所示。在“时间轴”面板中选中“按下”帧，按 F7 键，插入空白关键帧。

选择“文件 > 导入 > 导入到舞台”命令，弹出“导入”对话框，在弹出的对话框中，选择本书学习资源中的“基础素材 > Ch06 > 04”文件，单击“打开”按钮，将素材导入舞台，效果如图 6-47 所示。

在“时间轴”面板中选中“点击”帧，按 F7 键，插入空白关键帧。选择“矩形”工具，在工具箱中将“笔触颜色”设置为无，“填充颜色”设置为黑色，按住 Shift 键的同时在中心点上绘制出一个矩形，作为按钮动画应用时鼠标响应的区域，如图 6-48 所示。

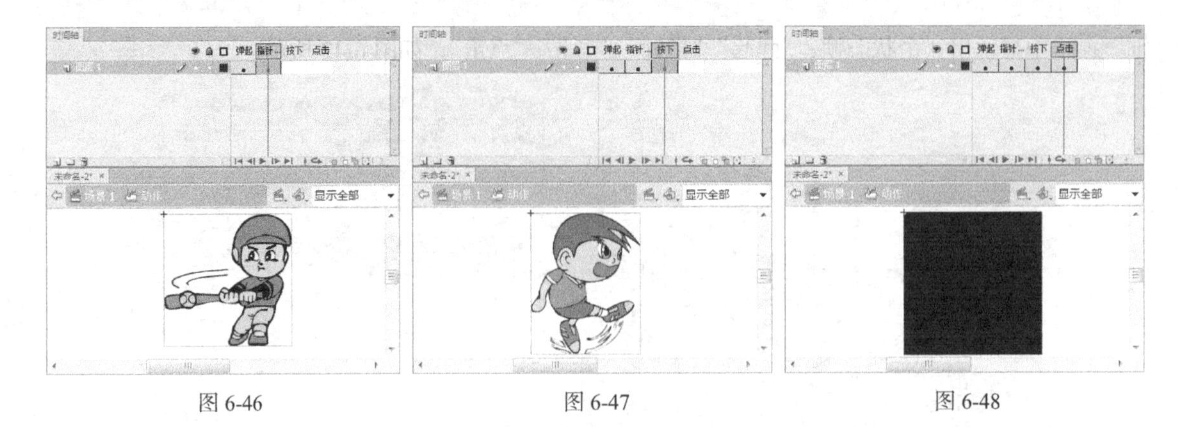

图 6-46　　图 6-47　　图 6-48

按钮元件制作完成，在各关键帧上，舞台中显示的图形如图 6-49 所示。单击舞台窗口左上方的“场景 1”图标，就可以返回到场景 1 的编辑舞台。

（a）弹起关键帧　（b）指针经过关键帧　（c）按下关键帧　（d）单击关键帧

图 6-49

6.1.5　创建影片剪辑元件

选择“插入 > 新建元件”命令，弹出“创建新元件”对话框，在“名称”选项的文本框中输入“字母变形”，在“类型”选项的下拉列表中选择“影片剪辑”选项，如图 6-50 所示。

图 6-50

单击“确定”按钮，创建一个新的影片剪辑元件“字母变形”。影片剪辑元件的名称出现在舞台的左上方，舞台切换到了影片剪辑元件“字母变形”的窗口，窗口中间出现“＋”号，代表影片剪辑元件的中心定位点，如图 6-51 所示。在“库”面板中显示出影片剪辑元件，如图 6-52 所示。

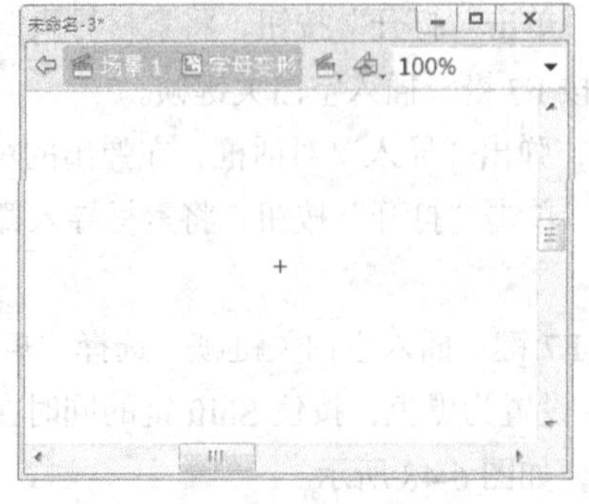

图 6-51

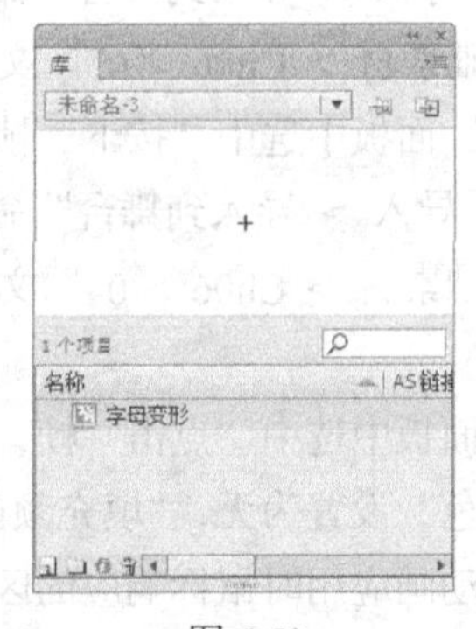

图 6-52

选择“文本”工具T，在文本工具“属性”面板中进行设置，在舞台窗口中适当的位置输入大小为 200、字体为“方正水黑简体”的绿色（#009900）字母，文字效果如图 6-53 所示。选择“选择”工具，选中字母，按 Ctrl+B 组合键，将其打散，效果如图 6-54 所示。在“时间轴”面板中选中第 20 帧，按 F7 键，插入空白关键帧，如图 6-55 所示。

图 6-53

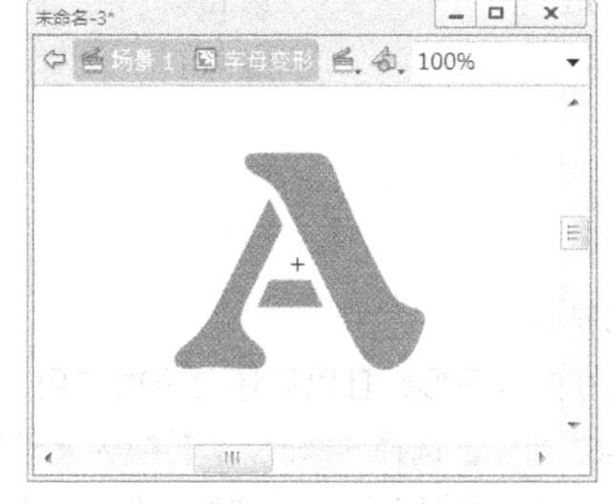

图 6-54

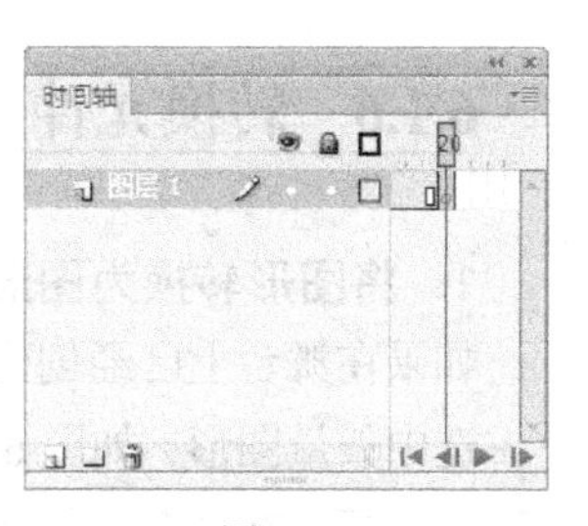

图 6-55

选择“文本”工具T，在文本工具“属性”面板中进行设置，在舞台窗口中适当的位置输入大小为 200、字体为“方正水黑简体”的橙黄色（#FF9900）字母，文字效果如图 6-56 所示。选择“选择”工具，选中字母，按 Ctrl+B 组合键，将其打散，效果如图 6-57 所示。

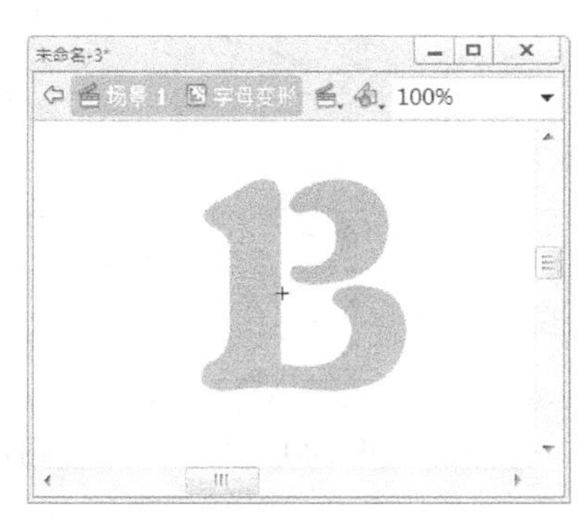

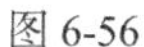
图 6-56

图 6-57

在“时间轴”面板中选中第 1 帧，如图 6-58 所示；单击鼠标右键，在弹出的菜单中选择“创建补间形状”命令，如图 6-59 所示。

在“时间轴”面板中出现箭头标志线，如图 6-60 所示。

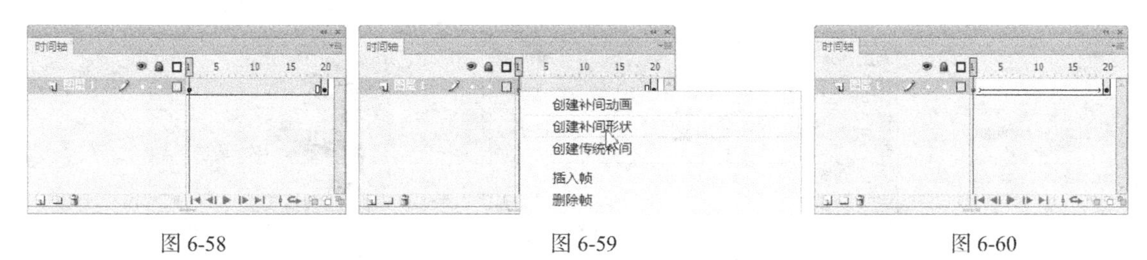

图 6-58　　图 6-59　　图 6-60

影片剪辑元件制作完成，在不同的关键帧上，舞台中显示出不同的变形图形，如图 6-61 所示。单击舞台左上方的场景名称“场景 1”就可以返回到场景的编辑舞台。

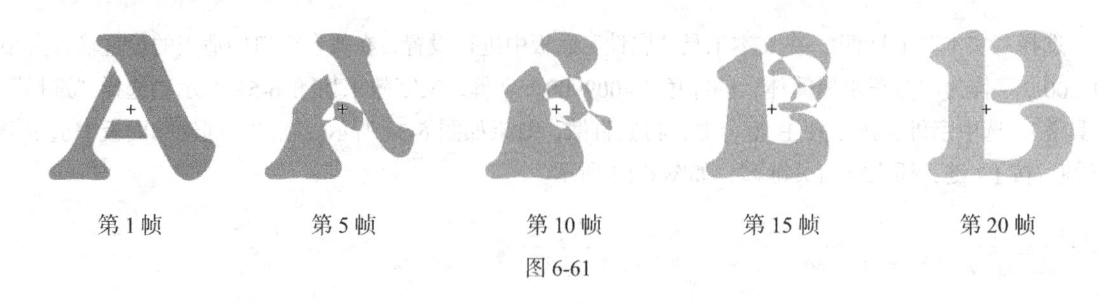

第 1 帧　第 5 帧　第 10 帧　第 15 帧　第 20 帧

图 6-61

6.1.6　转换元件

1．将图形转换为图形元件

如果在舞台上已经创建好矢量图形并且以后还要再次应用，可将其转换为图形元件。

选中矢量图形，如图 6-62 所示。选择“修改 > 转换为元件”命令，或按 F8 键，弹出“转换为元件”对话框，在“名称”选项的文本框中输入要转换元件的名称，在“类型”选项的下拉列表中选择“图形”元件，如图 6-63 所示；单击“确定”按钮，矢量图形被转换为图形元件，舞台和“库”面板中的效果如图 6-64 和图 6-65 所示。

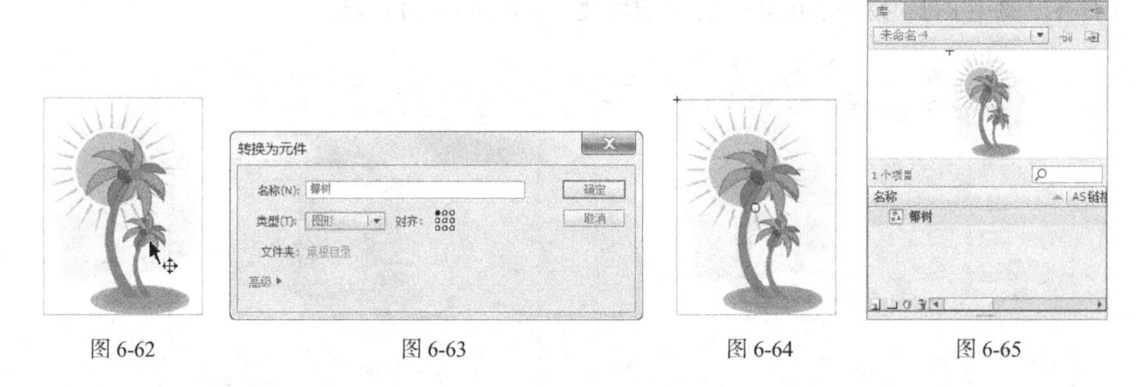

图 6-62　图 6-63　图 6-64　图 6-65

2．设置图形元件的中心点

选中矢量图形，选择“修改 > 转换为元件”命令，弹出“转换为元件”对话框，在对话框的“对齐”选项中有 9 个中心定位点，可以用来设置转换元件的中心点。选中右下方的定位点，如图 6-66 所示；单击“确定”按钮，矢量图形转换为图形元件，元件的中心点在其右下方，如图 6-67 所示。

图 6-66　图 6-67

在“对齐”选项中设置不同的中心点，转换的图形元件效果如图 6-68 所示。

（a）中心点在左侧中

（b）中心点在右上方

（c）中心点在底部中心

图 6-68

3．转换元件

在制作的过程中，可以根据需要将一种类型的元件转换为另一种类型的元件。

选中“库”面板中的图形元件，如图 6-69 所示，单击面板下方的“属性”按钮，弹出“元件属性”对话框，在“类型”选项的下拉列表中选择“影片剪辑”选项，如图 6-70 所示，单击“确定”按钮，图形元件转化为影片剪辑元件，如图 6-71 所示。

图 6-69

图 6-70

图 6-71

6.1.7　库面板的组成

选择“窗口 > 库”命令，或按 Ctrl+L 组合键，弹出“库”面板，如图 6-72 所示。

在“库”面板的上方显示出与“库”面板相对应的文档名称。在文档名称的下方显示预览区域，可以在此观察选定元件的效果。如果选定的元件为多帧组成的动画，在预览区域的右上方显示出两个按钮，如图 6-73 所示。单击“播放”按钮，可以在预览区域里播放动画。单击“停止”按钮，停止播放动画。在预览区域的下方显示出当前“库”面板中的元件数量。

图 6-72

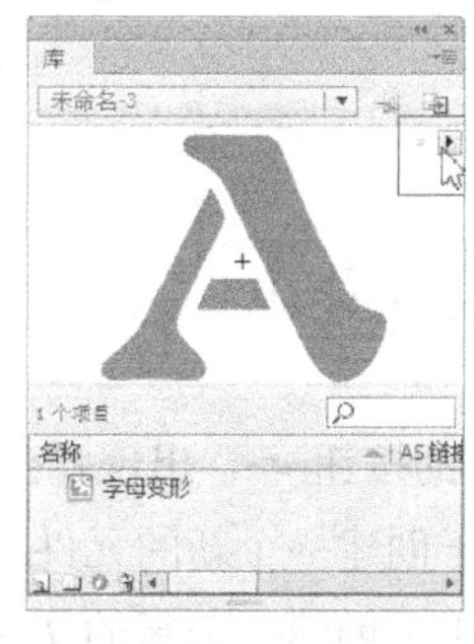

图 6-73

当“库”面板呈最大宽度显示时，将出现一些按钮。

“名称”按钮：单击此按钮，“库”面板中的元件将按名称排序，如图 6-74 所示。

“类型”按钮：单击此按钮，“库”面板中的元件将按类型排序，如图 6-75 所示。

“使用次数”按钮：单击此按钮，“库”面板中的元件将按被引用的次数排序。

“链接”按钮：与“库”面板弹出式菜单中“链接”命令的设置相关联。

“修改日期”按钮：单击此按钮，“库”面板中的元件通过被修改的日期进行排序，如图 6-76 所示。

图 6-74

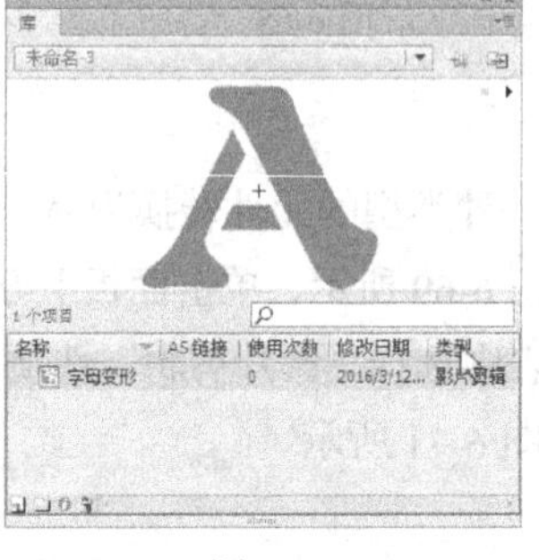

图 6-75

图 6-76

在“库”面板的下方有 4 个按钮。

“新建元件”按钮：用于创建元件。单击此按钮，弹出“创建新元件”对话框，可以通过设置创建新的元件，如图 6-77 所示。

“新建文件夹”按钮：用于创建文件夹。可以分门别类地建立文件夹，将相关的元件调入其中，以方便管理。单击此按钮，在“库”面板中生成新的文件夹，可以设定文件夹的名称，如图 6-78 所示。

“属性”按钮：用于转换元件的类型。单击此按钮，弹出“元件属性”对话框，可以将元件类型相互转换，如图 6-79 所示。

“删除”按钮：删除“库”面板中被选中的元件或文件夹。单击此按钮，所选的元件或文件夹被删除。

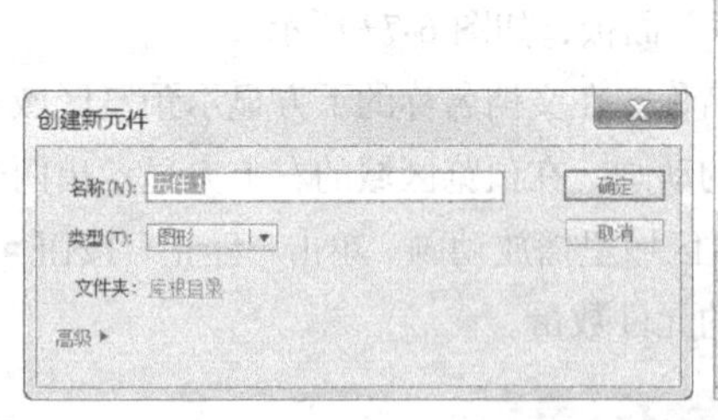

图 6-77

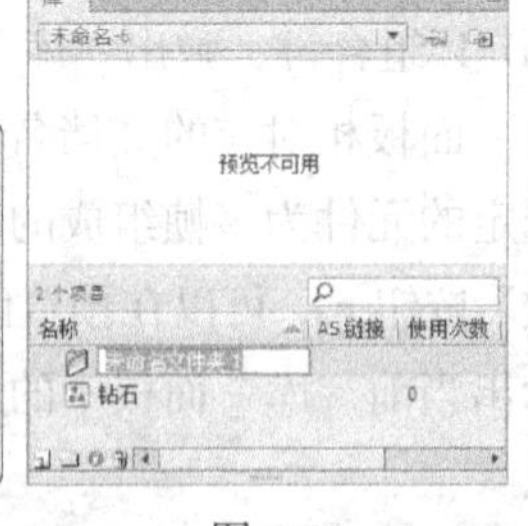

图 6-78

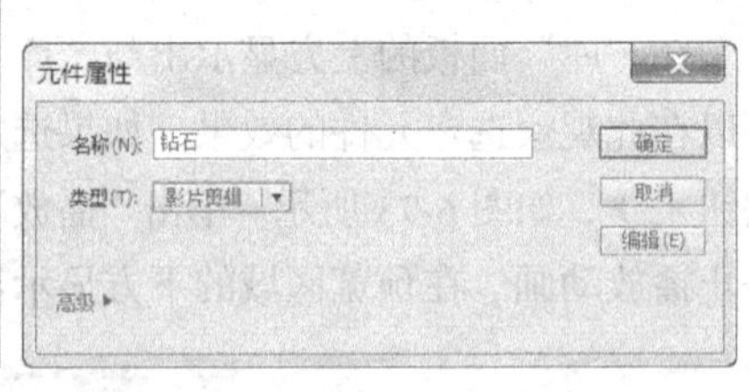

图 6-79

6.1.8 库面板弹出式菜单

单击“库”面板右上方的按钮，出现弹出式菜单，菜单中提供了实用命令，如图 6-80 所示。

“新建元件”命令：用于创建一个新的元件。

“新建文件夹”命令：用于创建一个新的文件夹。

“新建字型”命令：用于创建字体元件。

“新建视频”命令：用于创建视频资源。

“重命名”命令：用于重新设定元件的名称。也可双击要重命名的元件，再更改名称。

“删除”命令：用于删除当前选中的元件。

“直接复制”命令：用于复制当前选中的元件。此命令不能用于复制文件夹。

“移至”命令：用于将选中的元件移动到新建的文件夹中。

“编辑”命令：选择此命令，主场景舞台被切换到当前选中元件的舞台。

“编辑方式”命令：用于编辑所选位图元件。

“播放”命令：用于播放按钮元件或影片剪辑元件中的动画。

“更新”命令：用于更新资源文件。

“属性”命令：用于查看元件的属性或更改元件的名称和类型。

“组件定义”命令：用于介绍组件的类型、数值和描述语句等属性。

“运行时共享库 URL”命令：用于设置公用库的链接。

“选择未用项目”命令：用于选出在“库”面板中未经使用的元件。

“展开文件夹”命令：用于打开所选文件夹。

“折叠文件夹”命令：用于关闭所选文件夹。

“展开所有文件夹”命令：用于打开“库”面板中的所有文件夹。

“折叠所有文件夹”命令：用于关闭“库”面板中的所有文件夹。

“帮助”命令：用于调出软件的帮助文件。

“关闭”命令：选择此命令可以将库面板关闭。

“关闭组”命令：选择此命令将关闭组合后的面板组。

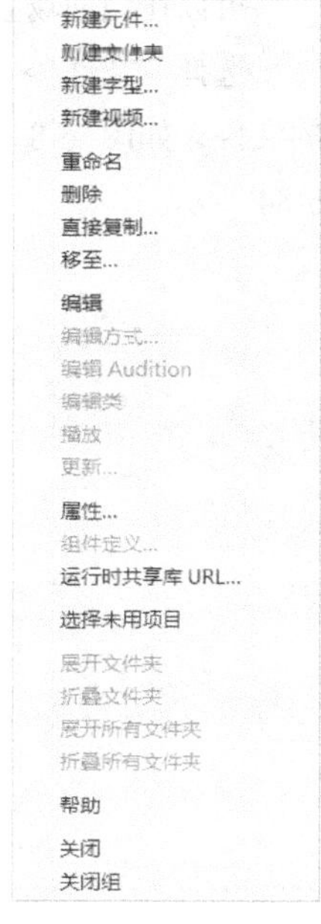

图 6-80

6.1.9 内置公用库及外部库的文件

1. 内置公用库

Flash CS6 附带的内置公用库中包含一些范例，可以使用内置公用库向文档中添加按钮或声音。使用内置公用库资源可以优化动画制作者的工作流程和文件资源管理。

选择“窗口 > 公用库”命令，有 3 种公用库可供选择，如图 6-81 所示。在菜单中选择“Buttons”命令，弹出“外部库”面板，如图 6-82 所示。

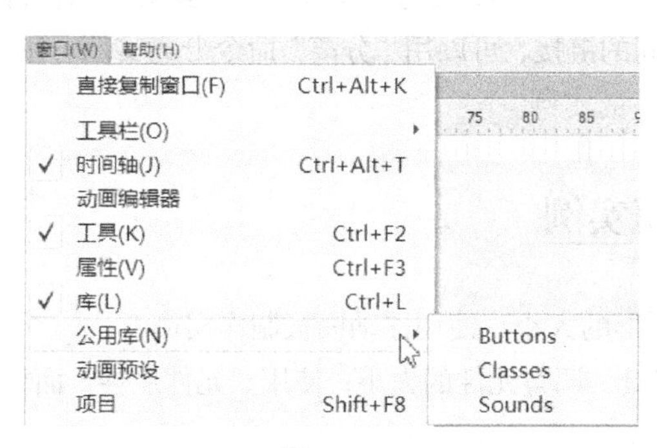

图 6-81

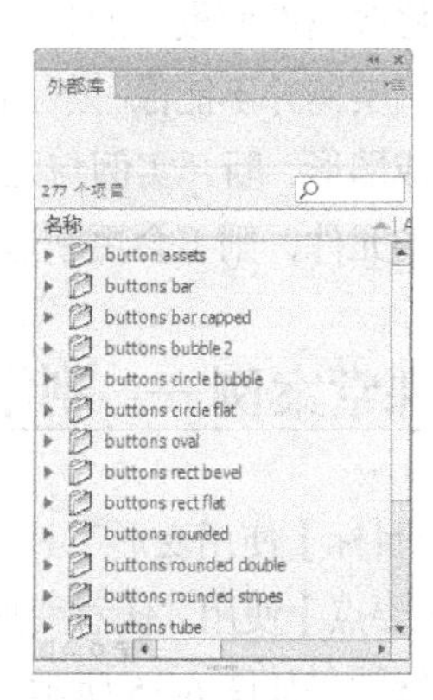

图 6-82

在按钮公用库中，“库”面板下方的按钮都为灰色不可用。不能直接修改公用库中的元件，将公用库中的元件调入到舞台中或当前文档的库中即可进行修改。

2．内置外部库

可以在当前场景中使用其他 Flash CS6 文档的库信息。

选择“文件 > 导入 > 打开外部库”命令，弹出“作为库打开”对话框，在对话框中选中要使用的文件，如图 6-83 所示；单击“打开”按钮，选中文件的“库”面板被调入到当前的文档中，如图 6-84 所示。

图 6-83

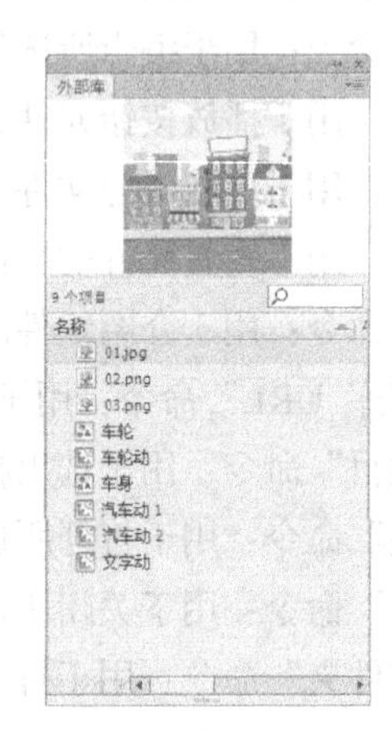

图 6-84

要在当前文档中使用选定文件库中的元件，可将元件拖到当前文档的“库”面板或舞台上。

6.2 实例的创建与应用

实例是元件在舞台上的一次具体使用。当修改元件时，该元件的实例也随之被更改。重复使用实例不会增加动画文件的大小，这是使动画文件保持较小体积的一个很好的方法。每一个实例都有区别于其他实例的属性，这可以通过修改该实例属性面板的相关属性来实现。

命令介绍

改变实例的颜色和透明效果：每个实例都有自己的颜色和透明度，要修改它们，可先在舞台中选择实例，然后修改属性面板中的相关属性。

分离实例：实例并不能像一般图形一样单独修改填充色或线条，如果要对实例进行这些修改，必须将实例分离成图形，断开实例与元件之间的链接，可以用“分离”命令分离实例。在分离实例之后，若修改该实例的元件，则不会更新这个元件的实例。

6.2.1 课堂案例——制作按钮实例

【案例学习目标】使用变形工具调整图形的大小，使用浮动面板制作实例。

【案例知识要点】使用“任意变形”工具，调整元件的大小；使用“元件属性”面板，调整元件的不透明度，最终效果如图 6-85 所示。

【效果所在位置】Ch06/效果/制作按钮实例.fla。

图 6-85

（1）打开本书学习资源中的“Ch06 > 素材 > 制作按钮实例 > 制作按钮实例.fla”文件，如图 6-86 所示，单击“打开”按钮，打开文件，如图 6-87 所示。

图 6-86

图 6-87

（2）单击“时间轴”面板下方的“新建图层”按钮，创建新图层并将其命名为“线条”。选择“线条”工具，在线条工具“属性”面板中，将“笔触颜色”设置为紫灰色（#6C6584），“笔触”选项设置为 2，在舞台窗口中绘制 4 条线段，如图 6-88 所示。

（3）单击“时间轴”面板下方的“新建图层”按钮，创建新图层并将其命名为“按钮”。分别将“库”面板中的按钮元件“按钮”“按钮 1”“按钮 2”“按钮 3”“按钮 4”拖曳到舞台窗口中并放置在适当的位置，如图 6-89 所示。

图 6-88

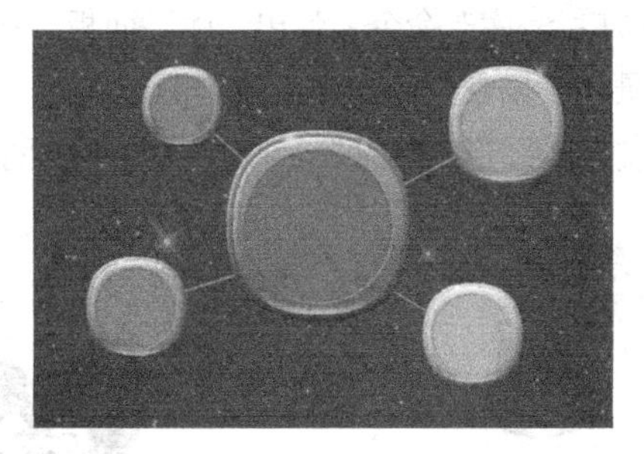

图 6-89

（4）单击“时间轴”面板下方的“新建图层”按钮，创建新图层并将其命名为“文字”。将“库”面板中的图形元件“文字”拖曳到舞台窗口中，并放置在适当的位置，如图 6-90 所示。选择“选择”工具，在舞台窗口中选中“文字”实例，在图形“属性”面板中选择“色彩效果”选项组，在“样式”选项的下拉列表中选择“Alpha”，将其值设置为 50%，如图 6-91 所示，按 Enter 键，舞台窗口中的效果如图 6-92 所示。

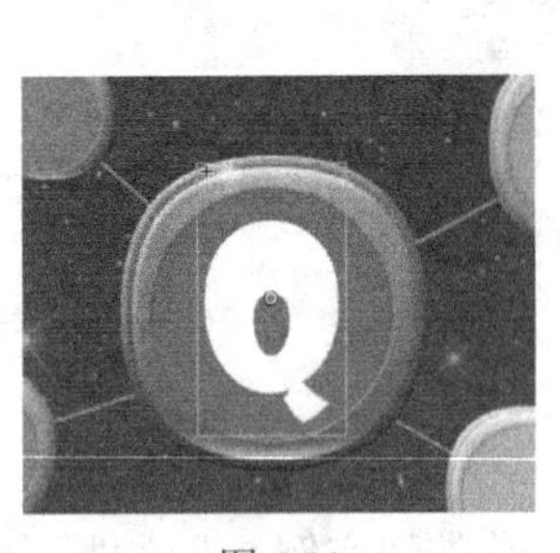

图 6-90

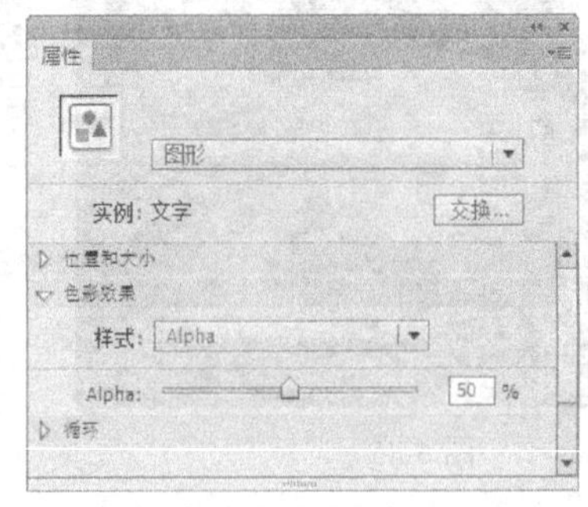

图 6-91

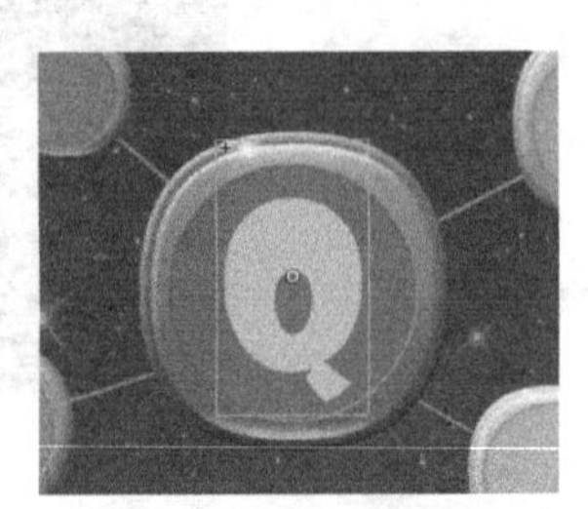

图 6-92

（5）按住 Alt 键的同时，拖曳“文字”实例到适当的位置，复制图形。选择“任意变形”工具，按住 Shift 键的同时，向内拖曳控制点等比例缩小图形，并调整其位置，效果如图 6-93 所示。使用相同的方法制作出如图 6-94 所示的效果。按钮实例制作完成，按 Ctrl+Enter 组合键即可查看效果。

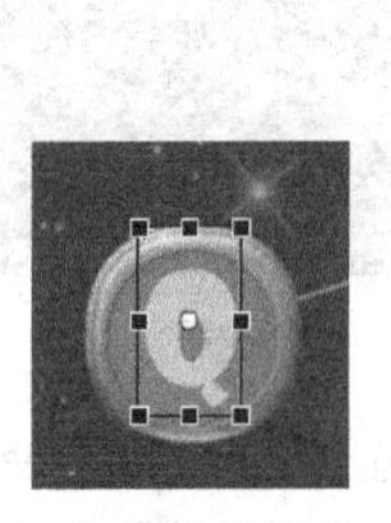

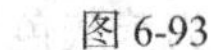

图 6-93

图 6-94

6.2.2 建立实例

1. 建立图形元件的实例

选择“窗口 > 库”命令，弹出“库”面板，在面板中选中图形元件“狗狗”，如图 6-95 所示，将其拖曳到场景中，场景中的狗图形就是图形元件“狗狗”的实例，如图 6-96 所示。

选中该实例，图形“属性”面板中的效果如图 6-97 所示。

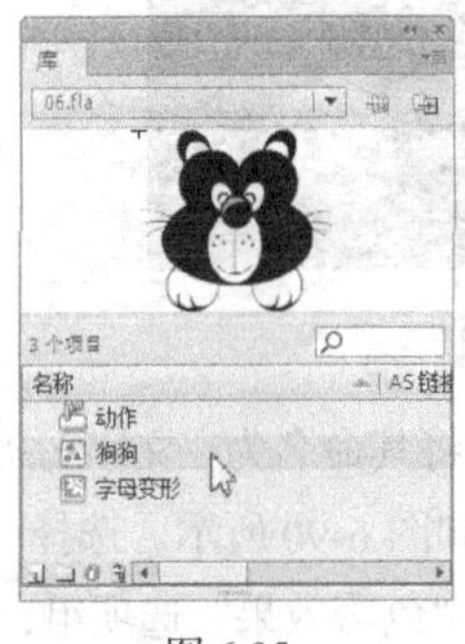

图 6-95

图 6-96

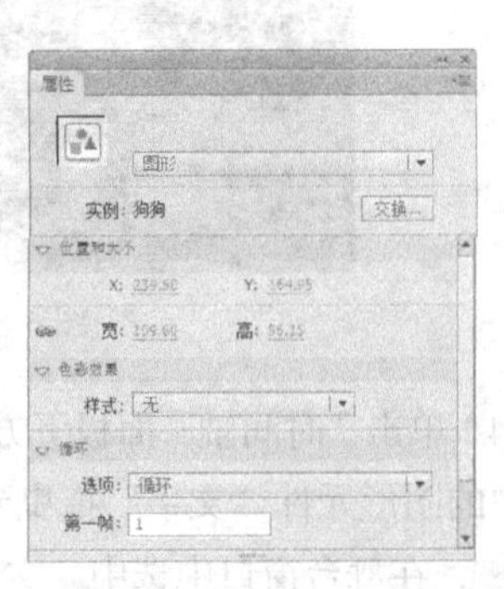

图 6-97

“交换”按钮：用于交换元件。

“X”“Y”选项：用于设置实例在舞台中的位置。

“宽”“高”选项：用于设置实例的宽度和高度。

“色彩效果”选项组中

“样式”选项：用于设置实例的明亮度、色调和透明度。

在“循环”选项组的“选项”中

“循环”选项：会按照当前实例占用的帧数来循环包含在该实例内的所有动画序列。

“播放一次”选项：从指定的帧开始播放动画序列，直到动画结束，然后停止。

“单帧”选项：显示动画序列的一帧。

“第一帧”选项：用于指定动画从哪一帧开始播放。

2. 建立按钮元件的实例

选中“库”面板中的按钮元件“动作”，如图 6-98 所示，将其拖曳到场景中，场景中的图形就是按钮元件“动作”的实例，如图 6-99 所示。

选中该实例，按钮“属性”面板中的效果如图 6-100 所示。

图 6-98

图 6-99

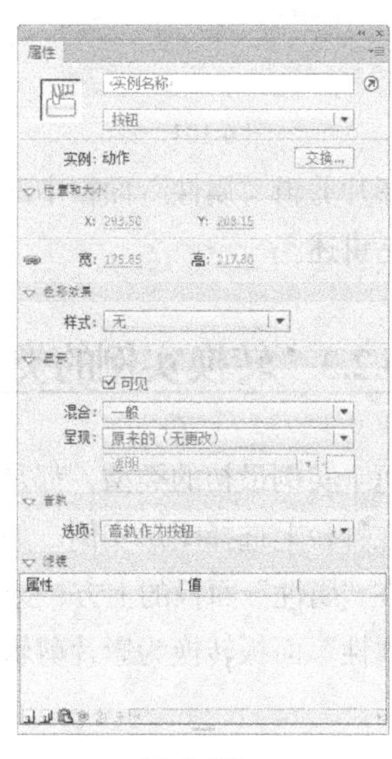

图 6-100

“实例名称”选项：可以在选项的文本框中为实例设置一个新的名称。

在“音轨”选项组中的“选项”中

“音轨作为按钮”选项：选择此选项，在动画运行中，当按钮元件被按下时画面上的其他对象不再响应鼠标操作。

“音轨作为菜单项”选项：选择此选项，在动画运行中，当按钮元件被按下时其他对象还会响应鼠标操作。

按钮“属性”面板中的其他选项与图形“属性”面板中的选项作用相同，不再一一讲述。

3. 建立影片剪辑元件的实例

选中“库”面板中的影片剪辑元件“字母变形”，如图 6-101 所示，将其拖曳到场景中，场景中的字母图形就是影片剪辑元件“字母变形”的实例，如图 6-102 所示。

选中该实例，影片剪辑“属性”面板中的效果如图 6-103 所示。

图 6-101　　　　图 6-102　　　　图 6-103

影片剪辑“属性”面板中的选项与图形“属性”面板、按钮“属性”面板中的选项作用相同，不再一一讲述。

6.2.3 转换实例的类型

每个实例最初的类型，都是延续了其对应元件的类型。可以将实例的类型进行转换。

在舞台上选择图形实例，如图 6-104 所示，图形“属性”面板如图 6-105 所示。

在“属性”面板的上方，选择“实例行为”选项下拉列表中的“影片剪辑”，如图 6-106 所示，图形“属性”面板转换为影片剪辑“属性”面板，如图 6-107 所示，实例类型从图形转换为影片剪辑。

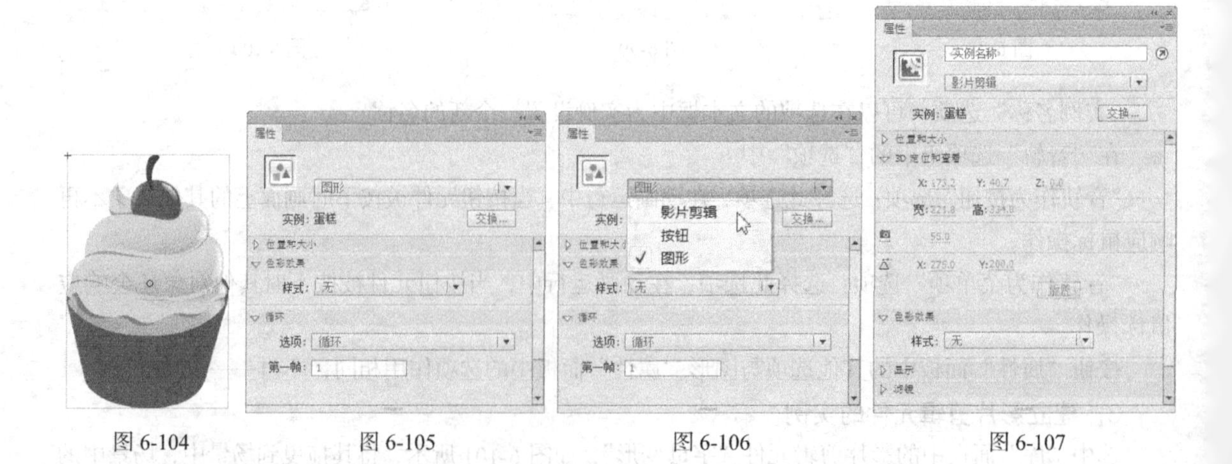

图 6-104　　　　图 6-105　　　　图 6-106　　　　图 6-107

6.2.4　替换实例引用的元件

如果需要替换实例所引用的元件，但保留所有的原始实例属性（如色彩效果或按钮动作），可以通过 Flash 的“交换元件”命令来实现。

将图形元件拖曳到舞台中成为图形实例，选择图形“属性”面板，在“样式”选项的下拉列表中选择“Alpha”，在下方的“Alpha 数量”选项的数值框中输入 50%，将实例的不透明度设置为 50%，如图 6-108 所示，实例效果如图 6-109 所示。

图 6-108

图 6-109

单击图形“属性”面板中的“交换元件”按钮 交换... ，弹出“交换元件”对话框，在对话框中选中按钮元件“按钮”，如图 6-110 所示；单击“确定”按钮，图形元件转换为按钮，但实例的不透明度没有改变，如图 6-111 所示。

图形“属性”面板中的效果如图 6-112 所示，元件替换完成。

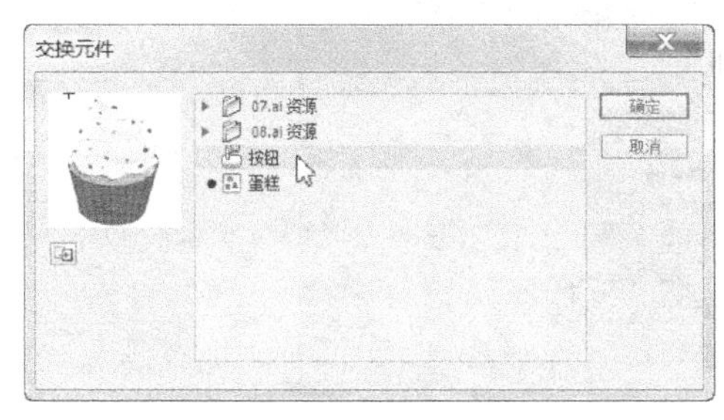

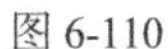

图 6-110

图 6-111

图 6-112

还可以在“交换元件”对话框中单击“直接复制元件”按钮，如图 6-113 所示，弹出“直接复制元件”对话框，在“元件名称”选项中可以设置复制元件的名称，如图 6-114 所示。

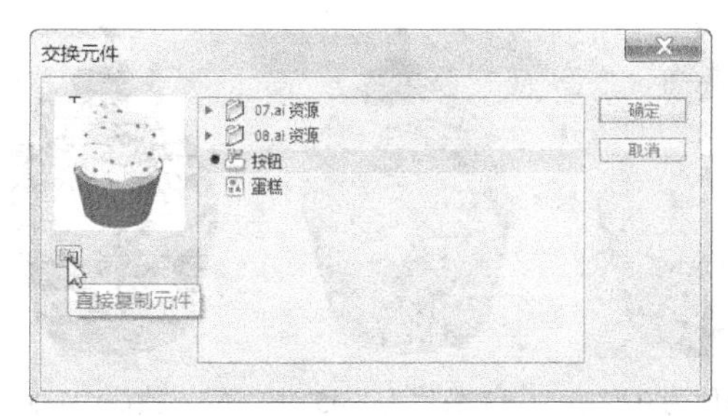

图 6-113

图 6-114

单击“确定”按钮，复制出新的元件“按钮 副本”，如图 6-115 所示。单击“确定”按钮，元件被新复制的元件替换，图形“属性”面板中的效果如图 6-116 所示。

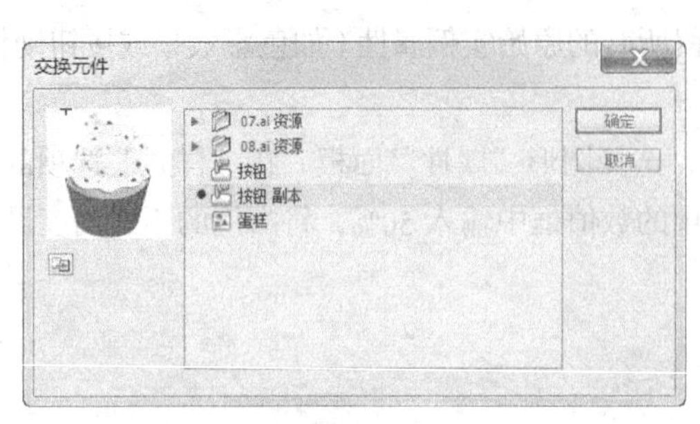

图 6-115

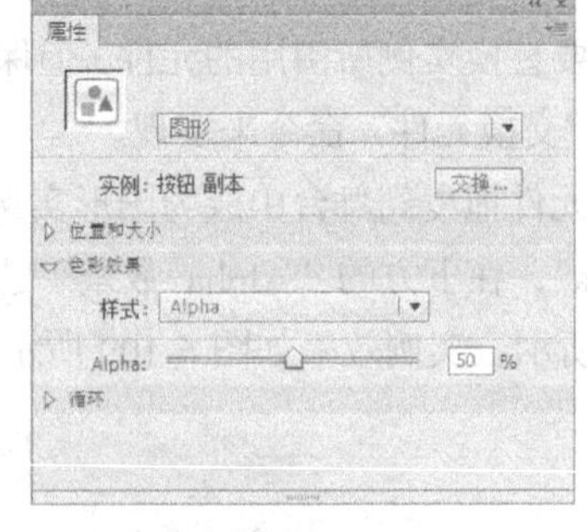

图 6-116

6.2.5　改变实例的颜色和透明效果

在舞台中选中实例，在“属性”面板中选择“样式”选项的下拉列表，如图 6-117 所示。

“无”选项：表示对当前实例不进行任何更改。如果对之前做的实例变化效果不满意，可以选择此选项，取消实例的变化效果，再重新设置新的效果。

“亮度”选项：用于调整实例的明暗对比度。

可以在“亮度数量”选项中直接输入数值，也可以拖动右侧的滑块来设置数值，如图 6-118 所示。其默认的数值为 0，取值范围为-100 ~ 100。当取值大于 0 时，实例变亮。当取值小于 0 时，实例变暗。

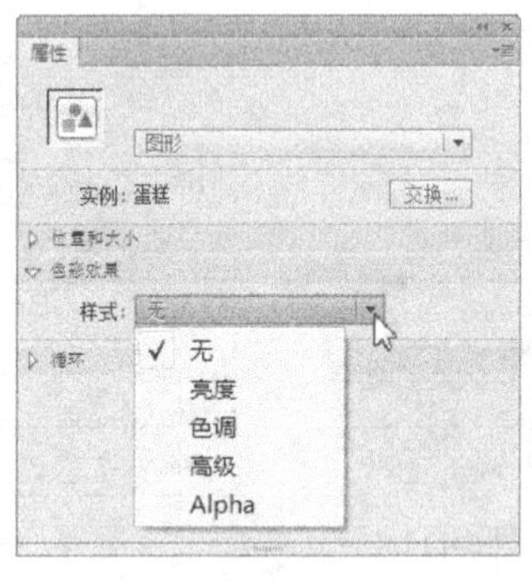

图 6-117

图 6-118

输入不同数值，实例不同的亮度效果如图 6-119 所示。

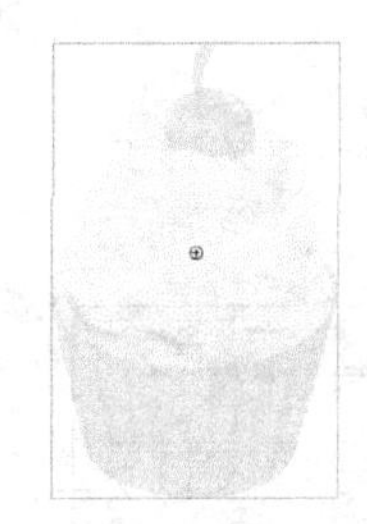

（a）数值为 80 时

（b）数值为 45 时

（c）数值为 0 时

（d）数值为 – 45 时

（e）数值为 – 80 时

图 6-119

“色调”选项：用于为实例增加颜色，如图 6-120 所示。可以单击“样式”选项右侧的色块，在弹出的色板中选择要应用的颜色，如图 6-121 所示。应用颜色后实例效果如图 6-122 所示。

图 6-120

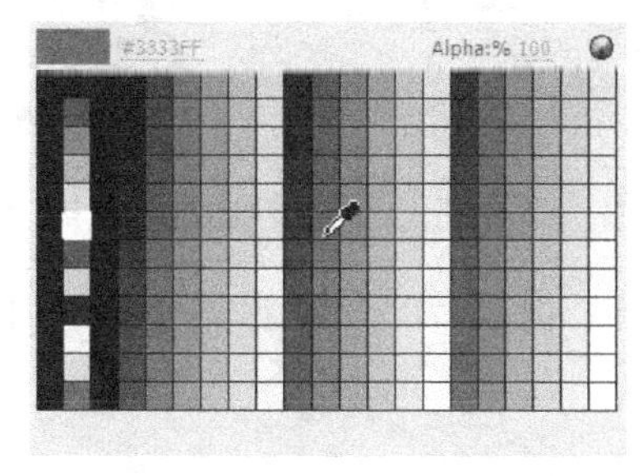

图 6-121

图 6-122

设置红、绿、蓝的颜色数值，如图 6-123 所示。数值范围为 0~100。当数值为 0 时，实例颜色将不受影响。当数值为 100 时，实例的颜色将完全被所选颜色取代。也可以在“RGB”选项的数值框中输入数值来设置颜色。

“Alpha”选项：用于设置实例的透明效果，如图 6-124 所示。数值范围为 0~100。数值为 0 时实例不透明，数值为 100 时实例消失。

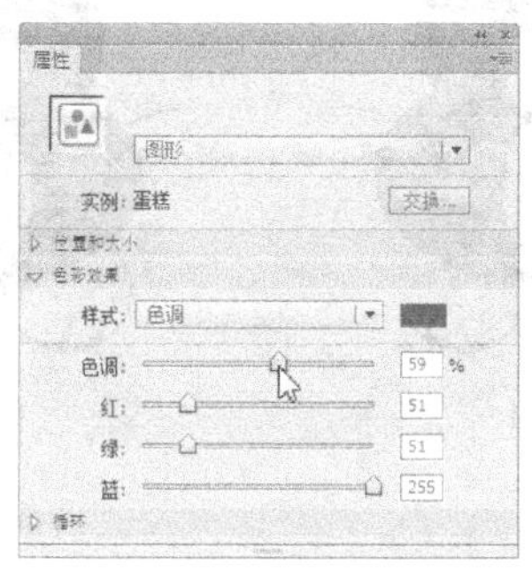

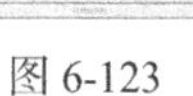
图 6-123

图 6-124

输入不同数值，实例的不透明度效果如图 6-125 所示。

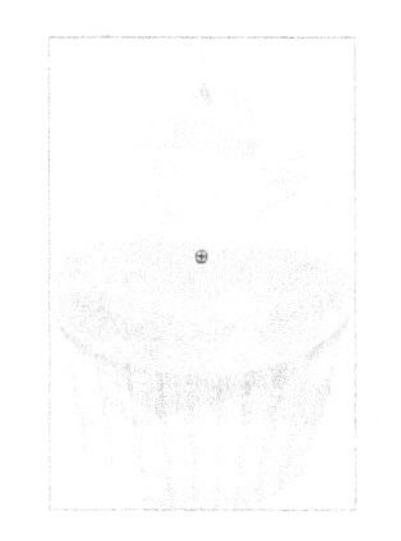
（a）数值为 10 时

（b）数值为 30 时

（c）数值为 60 时

（d）数值为 80 时

（e）数值为 100 时

图 6-125

“高级”选项：用于设置实例的颜色和透明效果，可以分别调节“红”“绿”“蓝”“Alpha”的值。

在舞台中选中实例，如图 6-126 所示，在“样式”选项的下拉列表中选择“高级”选项，如图 6-127 所示，各个选项的设置如图 6-128 所示，效果如图 6-129 所示。

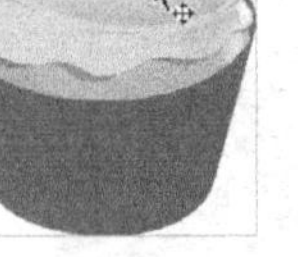

图 6-126

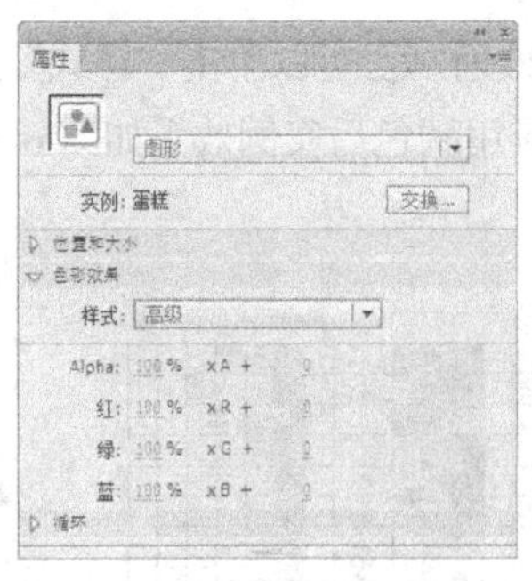

图 6-127

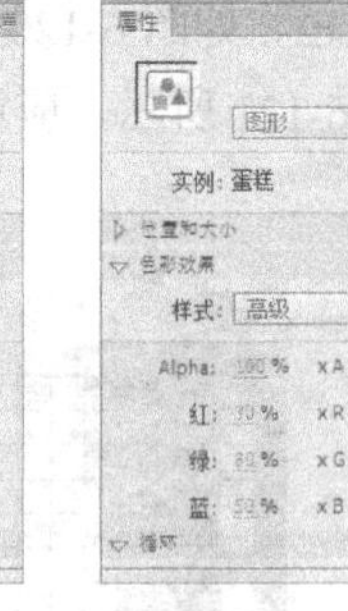

图 6-128

图 6-129

6.2.6　分离实例

选中实例，如图 6-130 所示。选择“修改 > 分离”命令，或按 Ctrl+B 组合键，将实例分离为图形，即填充色和线条的组合，如图 6-131 所示。选择“颜料桶”工具，设置不同的填充颜色，改变图形的填充色，如图 6-132 所示。

图 6-130

图 6-131

图 6-132

6.2.7　元件编辑模式

元件创建完毕后常常需要修改，此时需要进入元件编辑状态，修改完元件后又需要退出元件编辑状态进入主场景编辑动画。

（1）进入组件编辑模式，可以通过以下几种方式。

在主场景中双击元件实例进入元件编辑模式。

在“库”面板中双击要修改的元件进入元件编辑模式。

在主场景中用鼠标右键单击元件实例，在弹出的菜单中选择“编辑”命令进入元件编辑模式。

在主场景中选择元件实例后，选择“编辑 > 编辑元件”命令进入元件编辑模式。

（2）退出元件编辑模式，可以通过以下几种方式。

单击舞台窗口左上方的场景名称，进入主场景窗口。

选择“编辑 > 编辑文档”命令，进入主场景窗口。

课堂练习——制作家电促销广告

【练习知识要点】使用“创建元件”命令，创建按钮元件；使用“文本”工具，添加文本说明；使用“属性”面板，调整元件的不透明度，最终效果如图 6-133 所示。

【素材所在位置】Ch06/素材/制作家电促销广告/01~04。

【效果所在位置】Ch06/效果/制作家电促销广告.fla。

图 6-133

课后习题——制作美丽风景动画

【习题知识要点】使用“钢笔”工具，绘制云朵和树图形元件；使用“创建传统补间”命令，制作太阳动画影片剪辑元件；使用“任意变形”工具，调整元件的大小，最终效果如图 6-134 所示。

【素材所在位置】Ch06/素材/制作美丽风景动画/01。

【效果所在位置】Ch06/效果/制作美丽风景动画.fla。

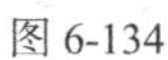

图 6-134

第7章 基本动画的制作

本章介绍

在 Flash CS6 动画的制作过程中，时间轴和帧起到了关键性的作用。本章将介绍动画中帧和时间轴的使用方法及应用技巧。通过对本章的学习，读者可以了解并掌握如何灵活地应用帧和时间轴，并根据设计需要制作出丰富多彩的动画效果。

学习目标

- 了解帧和时间轴的基本概念。
- 掌握帧动画的制作方法。
- 掌握形状补间动画的制作方法。
- 掌握动作补间动画的制作方法。
- 掌握色彩变化动画的制作方法。
- 熟悉测试动画的方法。

技能目标

- 掌握“打字效果”的制作方法。
- 掌握“小松鼠动画”的制作方法。
- 掌握“时尚戒指广告”的制作方法。
- 掌握“创意城市动画”的制作方法。
- 掌握“变色文字”的制作方法。

7.1 帧与时间轴

要将一幅幅静止的画面按照某种顺序快速地、连续地播放，需要用时间轴和帧来为它们完成时间和顺序的安排。

命令介绍

帧：动画是通过连续播放一系列静止画面，给视觉造成连续变化的效果，这一系列单幅的画面就叫帧，它是 Flash 动画中最小时间单位里出现的画面。

时间轴面板：实现动画效果最基本的面板。

7.1.1 课堂案例——制作打字效果

【案例学习目标】使用不同的绘图工具绘制图形，使用时间轴制作动画。

【案例知识要点】使用“刷子”工具，绘制光标图形；使用“文本”工具，添加文字；使用“翻转帧”命令，将帧进行翻转，最终效果如图 7-1 所示。

【效果所在位置】Ch07/效果/制作打字效果.fla。

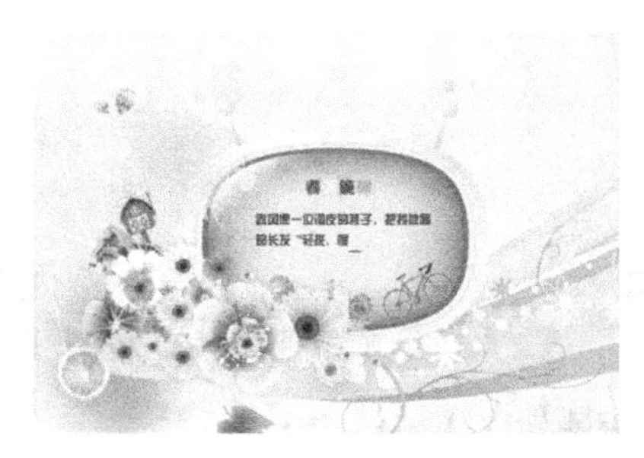

图 7-1

1. 导入图片并制作元件

（1）选择“文件 > 新建”命令，弹出“新建文档”对话框，在“常规”选项卡中选择“ActionScript 3.0”选项，将“宽”选项设置为 600，“高”选项设置为 400，单击“确定”按钮，完成文档的创建。

（2）选择“文件 > 导入 > 导入到库”命令，在弹出的“导入”对话框当中选择“Ch07 > 素材 > 制作打字效果 > 01”文件，单击“打开”按钮，文件被导入“库”面板中，如图 7-2 所示。

（3）按 Ctrl+F8 组合键，弹出“创建新元件”对话框，在“名称”选项的文本框中输入“光标”，在“类型”选项的下拉列表中选择“图形”选项，单击“确定”按钮，新建图形元件“光标”，如图 7-3 所示。舞台窗口也随之转换为图形元件的舞台窗口。

（4）选择“刷子”工具，在刷子工具“属性”面板中将“平滑度”选项设置为 0，在舞台窗口中绘制一条黑色直线，效果如图 7-4 所示。

（5）按 Ctrl+F8 组合键，弹出“创建新元件”对话框，在“名称”选项的文本框中输入“文字动”，在“类型”选项的下拉列表中选择“影片剪辑”选项，单击“确定”按钮，新建影片剪辑元件“文字动”，如图 7-5 所示。舞台窗口也随之转换为影片剪辑元件的舞台窗口。

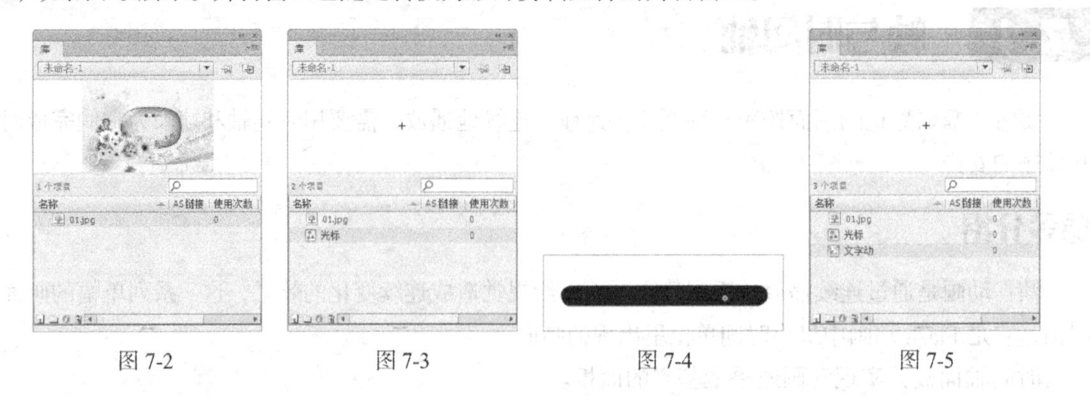

图 7-2　　图 7-3　　图 7-4　　图 7-5

2. 添加文字并制作打字效果

（1）将“图层 1”重新命名为“文字”。选择“文本”工具T，在文本工具“属性”面板中进行设置，在舞台窗口中适当的位置输入大小为 12、字体为“方正综艺简体”的黑色文字，文字效果如图 7-6 所示。

（2）单击“时间轴”面板下方的“新建图层”按钮，创建新图层并将其命名为“光标”。分别选中“文字”图层和“光标”图层的第 5 帧，按 F6 键，插入关键帧，如图 7-7 所示。将“库”面板中的图形元件“光标”拖曳到“光标”图层的舞台窗口中，选择“任意变形”工具，调整光标图形的大小，效果如图 7-8 所示。

图 7-6　　图 7-7　　图 7-8

（3）选择“选择”工具，将光标拖曳到文字中省略号的下方，如图 7-9 所示。选中“文字”图层的第 5 帧，选择“文本”工具T，将光标上方的省略号删除，效果如图 7-10 所示。分别选中“文字”图层和“光标”图层的第 10 帧，按 F6 键，插入关键帧，如图 7-11 所示。

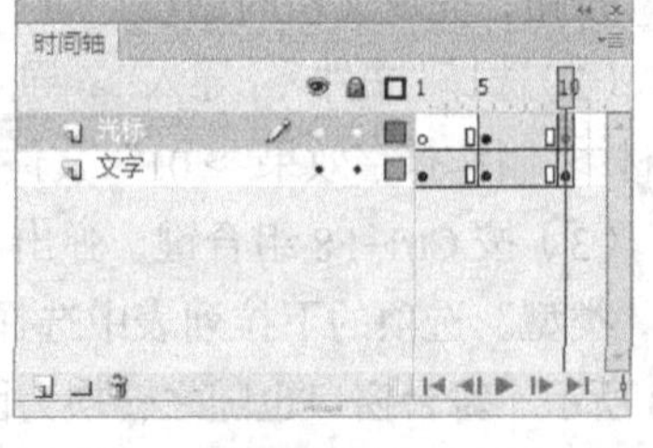

图 7-9　　图 7-10　　图 7-11

（4）选中“光标”图层的第 10 帧，将光标平移到文字中“是”字的下方，如图 7-12 所示。选中“文字”图层的第 10 帧，将光标上方的“是”字删除，效果如图 7-13 所示。

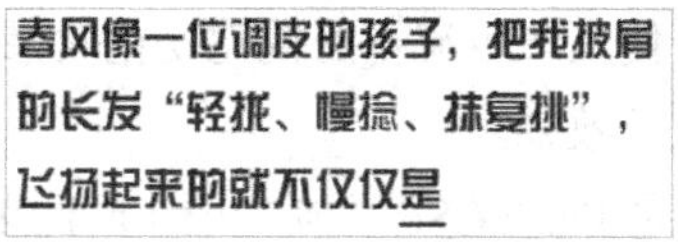

春风像一位调皮的孩子，把我披肩
的长发“轻扰、慢捻、抹复挑”，
飞扬起来的就不仅仅是_

图 7-12

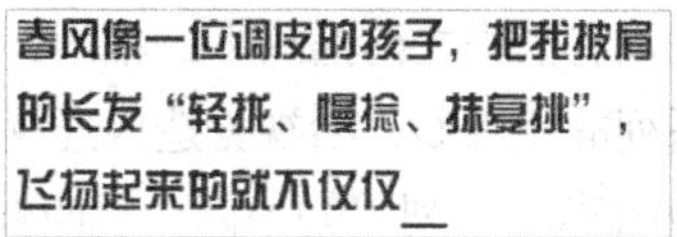

春风像一位调皮的孩子，把我披肩
的长发“轻扰、慢捻、抹复挑”，
飞扬起来的就不仅仅_

图 7-13

（5）用相同的方法，每间隔 5 帧插入一个关键帧，在插入的帧上将光标移动到前一个字的下方，并删除该字，直到删除完所有的字，如图 7-14 所示，舞台窗口中的效果如图 7-15 所示。

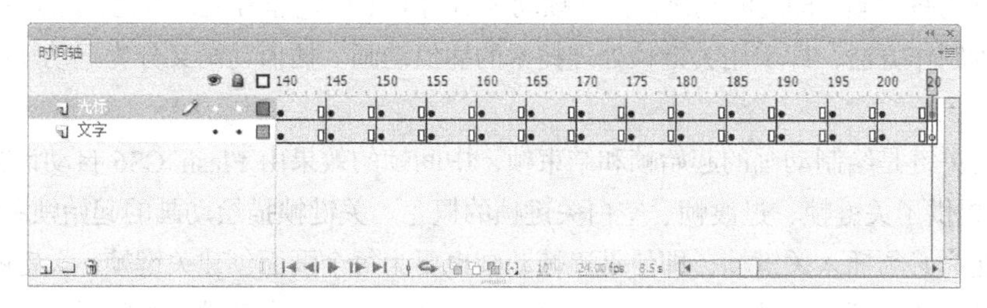

图 7-14

图 7-15

（6）按住 Shift 键的同时单击“文字”图层和“光标”图层的图层名称，选中两个图层中的所有帧，选择“修改 > 时间轴 > 翻转帧”命令，对所有帧进行翻转，如图 7-16 所示。

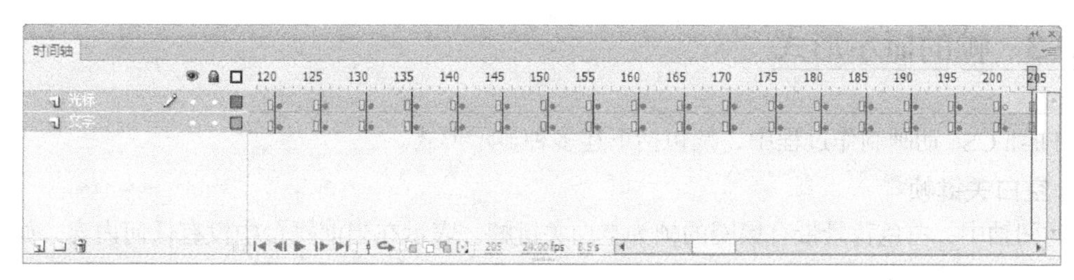

图 7-16

（7）单击舞台窗口左上方的“场景 1”图标 场景 1，进入“场景 1”的舞台窗口，将“图层 1”重新命名为“底图”。将“库”面板中的位图“01”拖曳到舞台窗口的中心位置，效果如图 7-17 所示。将“库”面板中的影片剪辑元件“文字动”拖曳到舞台窗口中适当的位置，如图 7-18 所示。打字效果制作完成，按 Ctrl+Enter 组合键即可查看效果，如图 7-19 所示。

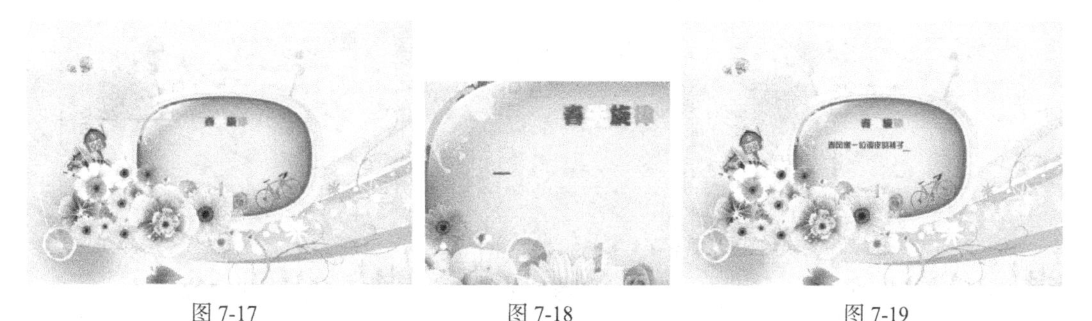

图 7-17　　图 7-18　　图 7-19

7.1.2　动画中帧的概念

医学证明，人类具有视觉暂留的特点，即人眼看到物体或画面后，在 1/24 秒内不会消失。利用这一原理，在一幅画没有消失之前播放下一幅画，就会使人产生流畅的视觉变化效果。所以，动画就是通过连续播放一系列静止画面，给视觉造成连续变化的效果。

在 Flash CS6 中，这一系列单幅的画面就叫帧，它是 Flash CS6 动画中最小时间单位里出现的画面。每秒钟显示的帧数叫帧率，如果帧率太慢就会使人产生视觉上不流畅的感觉。所以，按照人的视觉原理，一般将动画的帧率设置为 24 帧/秒。

在 Flash CS6 中，动画制作的过程就是决定动画每一帧显示什么内容的过程。用户可以像传统动画一样自己绘制动画的每一帧，即逐帧动画。但逐帧动画所需的工作量非常大，为此，Flash CS6 还提供了一种简单的动画制作方法，即采用关键帧处理技术的插值动画。插值动画又分为运动动画和变形动画两种。

制作插值动画的关键是绘制动画的起始帧和结束帧，中间帧的效果由 Flash CS6 自动计算得出。为此，Flash CS6 中提供了关键帧、过渡帧、空白关键帧的概念。关键帧描绘动画的起始帧和结束帧。当动画内容发生变化时必须插入关键帧，即使是逐帧动画也要为每个画面创建关键帧。关键帧有延续性，开始关键帧中的对象会延续到结束关键帧。过渡帧是动画起始、结束关键帧中间系统自动生成的帧。空白关键帧是不包含任何对象的关键帧。因为 Flash CS6 只支持在关键帧中绘画或插入对象。所以，当动画内容发生变化而又不希望延续前面关键帧的内容时需要插入空白关键帧。

7.1.3 帧的显示形式

在 Flash CS6 动画制作过程中，帧包括下述多种显示形式。

1．空白关键帧

在时间轴中，白色背景带有黑圈的帧为空白关键帧。表示在当前舞台中没有任何内容，如图 7-20 所示。

2．关键帧

在时间轴中，灰色背景带有黑点的帧为关键帧。表示在当前场景中存在一个关键帧，在关键帧相对应的舞台中存在一些内容，如图 7-21 所示。

在时间轴中，存在多个帧。带有黑色圆点的第 1 帧为关键帧，最后 1 帧上面带有黑的矩形框，为普通帧。除了第 1 帧以外，其他帧均为普通帧，如图 7-22 所示。

图 7-20

图 7-21

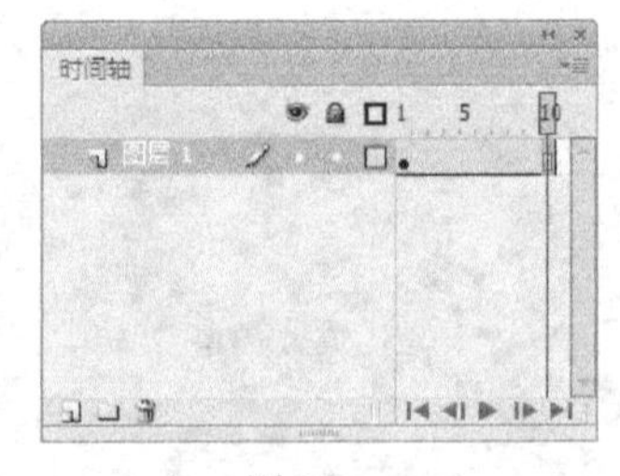

图 7-22

3．传统补间帧

在时间轴中，带有黑色圆点的第 1 帧和最后 1 帧为关键帧，中间蓝色背景带有黑色箭头的帧为补间帧，如图 7-23 所示。

4．形状补间帧

在时间轴中，带有黑色圆点的第 1 帧和最后 1 帧为关键帧，中间绿色背景带有黑色箭头的帧为补间帧，如图 7-24 所示。

在时间轴中，帧上出现虚线，表示未完成或中断了的补间动画，虚线表示不能够生成补间帧，如图 7-25 所示。

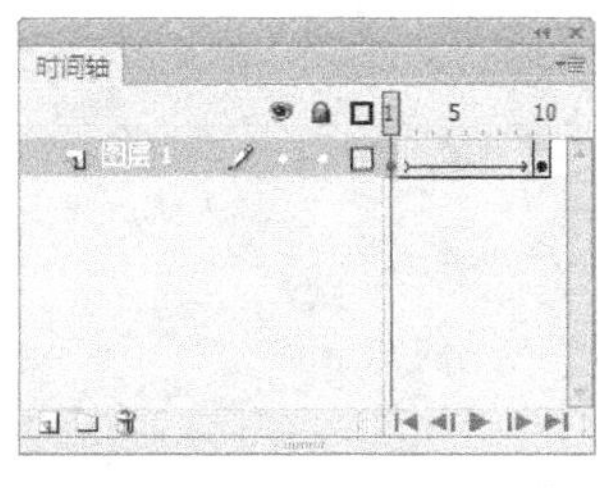

图 7-23

图 7-24

图 7-25

5．包含动作语句的帧

在时间轴中，第 1 帧上出现一个字母“a”，表示这 1 帧中包含了使用“动作”面板设置的动作语句，如图 7-26 所示。

图 7-26

6．帧标签

在时间轴中，第 1 帧上出现一只红旗，表示这一帧的标签类型是名称。红旗右侧的“mc”是帧标签的名称，如图 7-27 所示。

在时间轴中，第 1 帧上出现两条绿色斜杠，表示这一帧的标签类型是注释，如图 7-28 所示。帧注释是对帧的解释，帮助理解该帧在影片中的作用。

在时间轴中，第 1 帧上出现一个金色的锚，表示这一帧的标签类型是锚记，如图 7-29 所示。帧锚记表示该帧是一个定位，方便浏览者在浏览器中快进、快退。

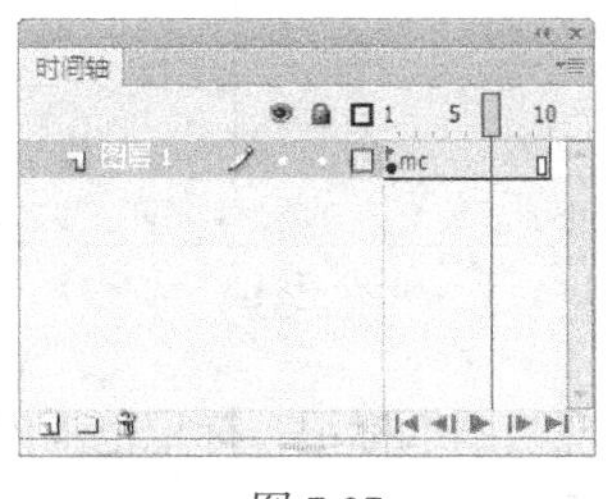

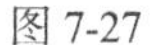
图 7-27

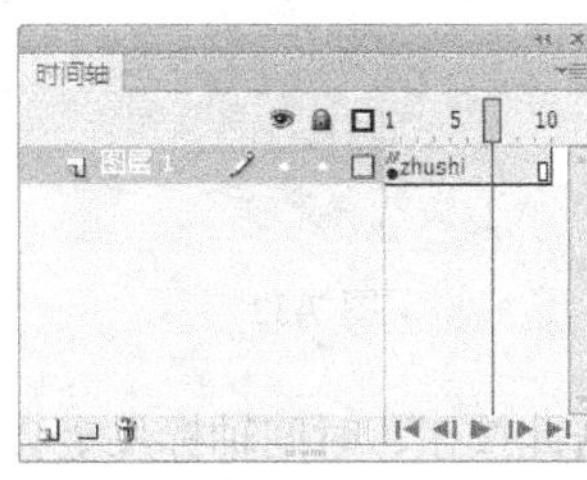

图 7-28

图 7-29

7.1.4 时间轴面板

“时间轴”面板由图层面板和时间轴组成，如图 7-30 所示。

眼睛图标：单击此图标，可以隐藏或显示图层中的内容。

锁状图标：单击此图标，可以锁定或解锁图层。

线框图标：单击此图标，可以将图层中的内容以线框的方式显示。

“新建图层”按钮：用于创建图层。

“新建文件夹”按钮：用于创建图层文件夹。

“删除”按钮：用于删除无用的图层。

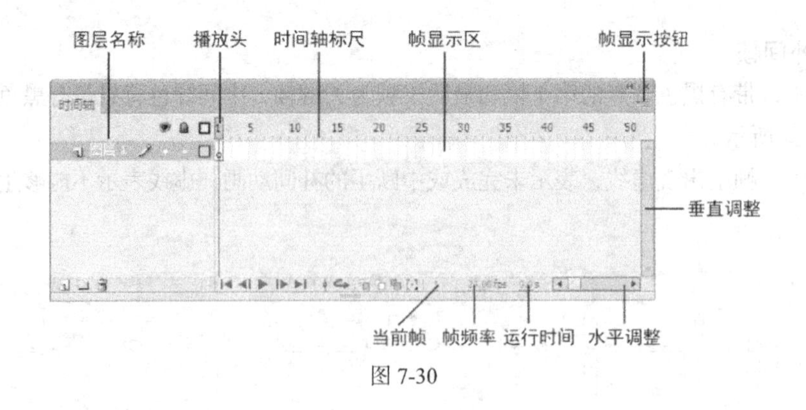

图 7-30

7.1.5 绘图纸（洋葱皮）功能

一般情况下，Flash CS6 的舞台只能显示当前帧中的对象。如果希望在舞台上出现多帧对象以帮助当前帧对象的定位和编辑，Flash CS6 提供的绘图纸（洋葱皮）功能可以将其实现。

时间轴面板下方的按钮功能如下。

"帧居中"按钮：单击此按钮，播放头所在帧会显示在时间轴的中间位置。

"循环"按钮：单击此按钮，标记范围内的帧，在舞台上将会以循环的方式播放。

"绘图纸外观"按钮：单击此按钮，时间轴标尺上会出现绘图纸标记，标记范围内的帧上的对象将同时显示在舞台中，如图 7-31 和图 7-32 所示。可以用鼠标拖动标记点来增加显示的帧数，如图 7-33 所示。

图 7-31　　图 7-32　　图 7-33

"绘图纸外观轮廓"按钮：单击此按钮，时间轴标尺上会出现绘图纸标记，标记范围内的帧上的对象将以轮廓线的形式同时显示在舞台中，如图 7-34 和图 7-35 所示。

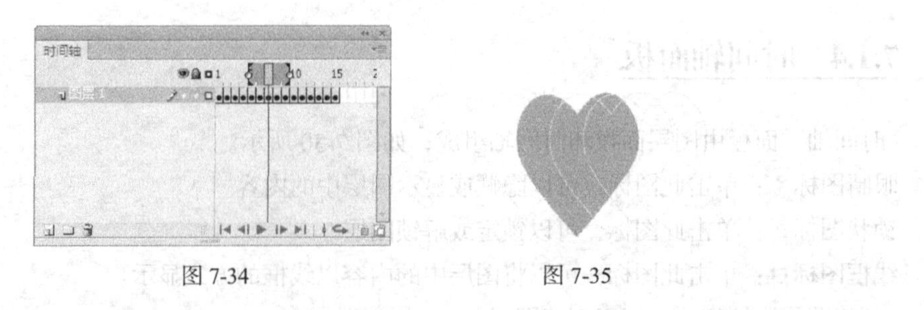

图 7-34　　图 7-35

"编辑多个帧"按钮：单击此按钮，绘图纸标记范围内的帧上的对象将同时显示在舞台中，可以同时编辑所有的对象，如图 7-36 和图 7-37 所示。

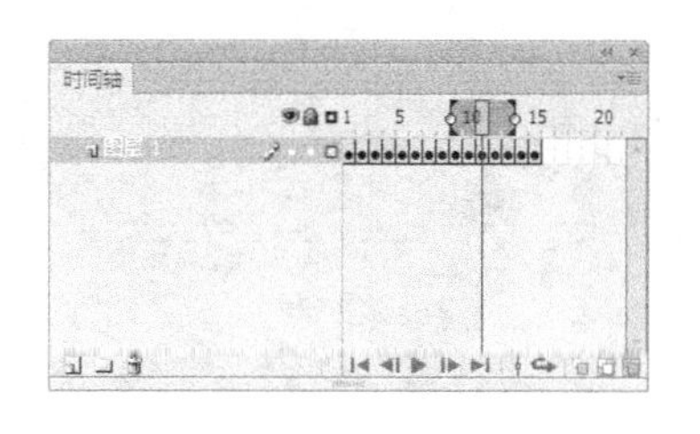

图 7-36

图 7-37

“修改标记”按钮：单击此按钮，弹出下拉菜单，如图 7-38 所示。

“始终显示标记”命令：选择此命令，在时间轴标尺上总是显示出绘图纸标记。

“锚定标记”命令：选择此命令，将锁定绘图纸标记的显示范围，移动播放头将不会改变显示范围，如图 7-39 所示。

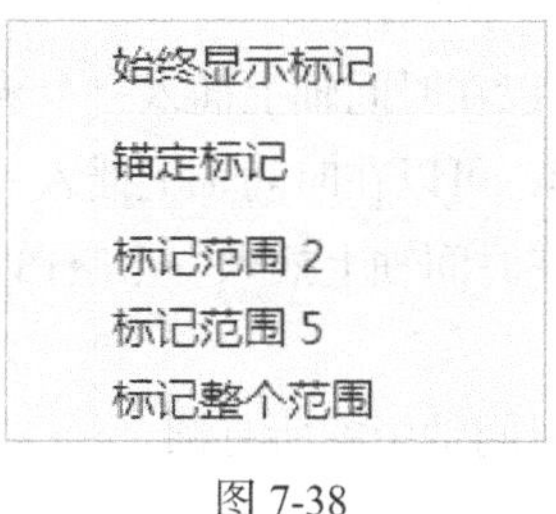

图 7-38

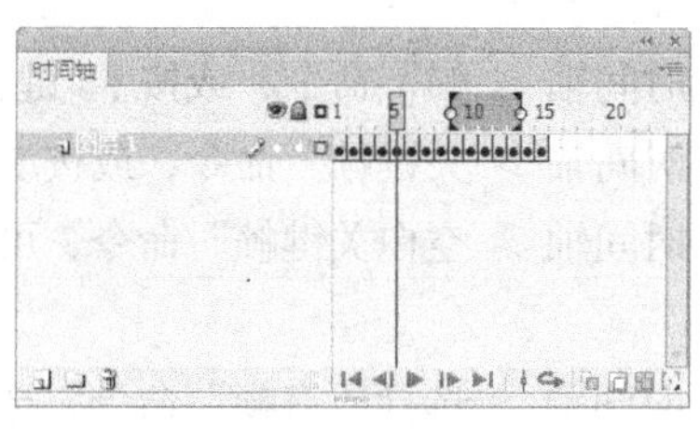

图 7-39

“标记范围 2”命令：选择此命令，绘图纸标记显示范围为从当前帧的前 2 帧开始，到当前帧的后 2 帧结束，如图 7-40 和图 7-41 所示。

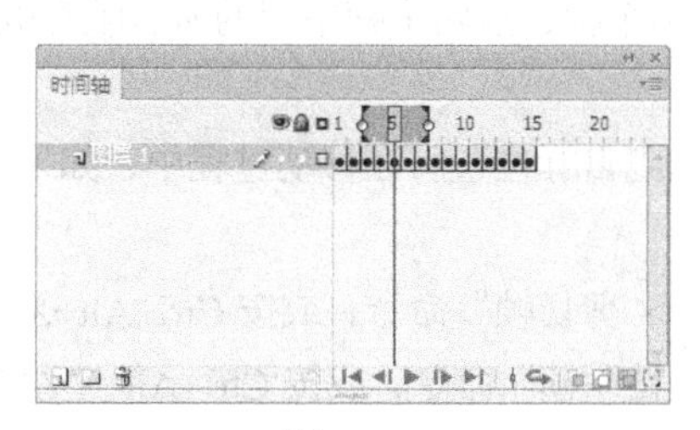

图 7-40

图 7-41

“标记范围 5”命令：选择此命令，绘图纸标记显示范围为从当前帧的前 5 帧开始，到当前帧的后 5 帧结束，如图 7-42 和图 7-43 所示。

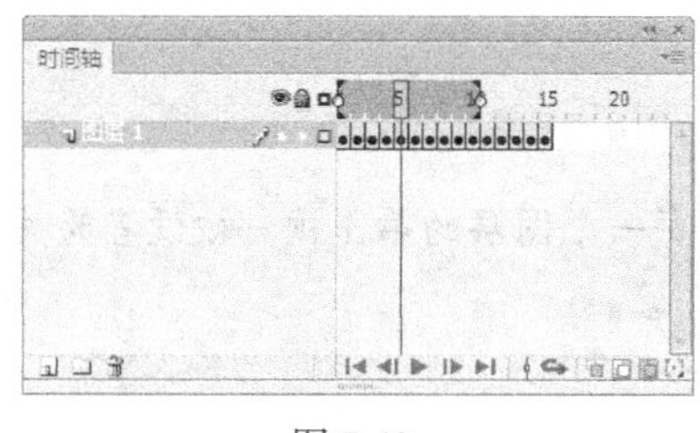

图 7-42

图 7-43

“标记整个范围”命令：选择此命令，绘图纸标记显示范围为时间轴中的所有帧，如图 7-44 和图 7-45 所示。

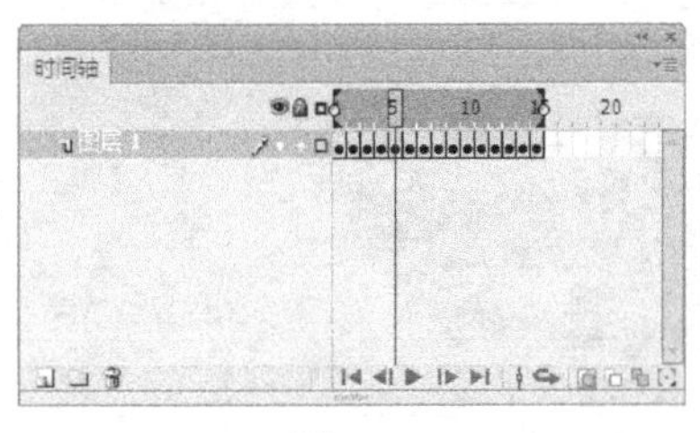

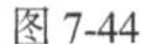
图 7-44

图 7-45

7.1.6　在时间轴面板中设置帧

在时间轴面板中，可以对帧进行一系列的操作。

1．插入帧

选择“插入 > 时间轴 > 帧”命令，或按 F5 键，可以在时间轴上插入一个普通帧。

选择“插入 > 时间轴 > 关键帧”命令，或按 F6 键，可以在时间轴上插入一个关键帧。

选择“插入 > 时间轴 > 空白关键帧”命令，可以在时间轴上插入一个空白关键帧。

2．选择帧

选择“编辑 > 时间轴 > 选择所有帧”命令，选中时间轴中的所有帧。

单击要选的帧，帧变为深色。

单击鼠标左键，选中要选择的帧，再向前或向后进行拖曳，其间光标经过的帧全部被选中。

按住 Ctrl 键的同时，用鼠标单击要选择的帧，可以选择多个不连续的帧。

按住 Shift 键的同时，用鼠标单击要选择的两个帧，这两个帧中间的所有帧都被选中。

3．移动帧

选中一个或多个帧，按住鼠标，移动所选帧到目标位置。在移动过程中，如果按住 Alt 键，会在目标位置上复制出所选的帧。

选中一个或多个帧，选择“编辑 > 时间轴 > 剪切帧”命令，或按 Ctrl+Alt+X 组合键，剪切所选的帧；选中目标位置，选择“编辑 > 时间轴 > 粘贴帧”命令，或按 Ctrl+Alt+V 组合键在目标位置上粘贴所选的帧。

4．删除帧

用鼠标右键单击要删除的帧，在弹出的菜单中选择“清除帧”命令。

选中要删除的普通帧，按 Shift+F5 组合键，删除帧。选中要删除的关键帧，按 Shift+F6 组合键，删除关键帧。

提示　在 Flash CS6 系统默认状态下，时间轴面板中每一个图层的第 1 帧都被设置为关键帧。后面插入的帧将拥有第 1 帧中的所有内容。

7.2　帧动画

应用帧可以制作帧动画或逐帧动画，利用在不同帧上设置不同的对象来实现动画效果。

命令介绍

逐帧动画：制作类似传统动画，每一个帧都是关键帧，整个动画是通过关键帧的不断变化产生的，不依靠 Flash CS6 的运算。但需要绘制每一个关键帧中的对象，且每个帧都是独立的，在画面上可以是互不相关的。

7.2.1　课堂案例——制作小松鼠动画

【案例学习目标】使用时间轴面板，制作帧动画，使用变形工具改变图形大小。

【案例知识要点】使用“导入到舞台”命令，导入松鼠的序列图；使用“时间轴”面板，制作逐帧动画；使用“创建传统补间”命令，制作松鼠运动效果；使用“任意变形”工具，改变图形的大小，最终效果如图 7-46 所示。

【效果所在位置】Ch07/效果/制作小松鼠动画.fla。

图 7-46

1. 制作逐帧动画

（1）选择“文件 > 打开”命令，在弹出的“打开”对话框中选择“Ch07 > 素材 > 制作小松鼠动画 > 00”文件，单击“打开”按钮打开文件，如图 7-47 所示。

（2）按 Ctrl+F8 组合键，弹出“创建新元件”对话框，在“名称”选项的文本框中输入“小松鼠”，在“类型”选项的下拉列表中选择“影片剪辑”选项，单击“确定”按钮，新建影片剪辑元件“小松鼠”，如图 7-48 所示。舞台窗口也随之转换为影片剪辑元件的舞台窗口。

（3）选择“文件 > 导入 > 导入到舞台”命令，在弹出的“导入”对话框中选择“Ch07 > 素材 > 制作小松鼠动画 > 01”文件，单击“打开”按钮，弹出“Adobe Flash CS6”对话框，询问是否导入序列中的所有图像，单击“是”按钮，图片序列被导入舞台窗口中，效果如图 7-49 所示。

图 7-47

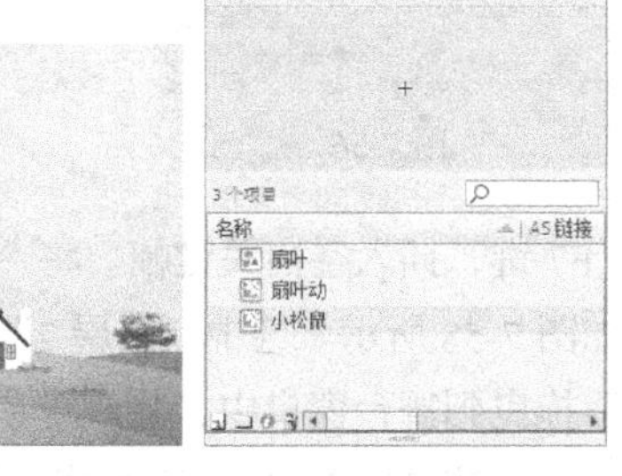

图 7-48

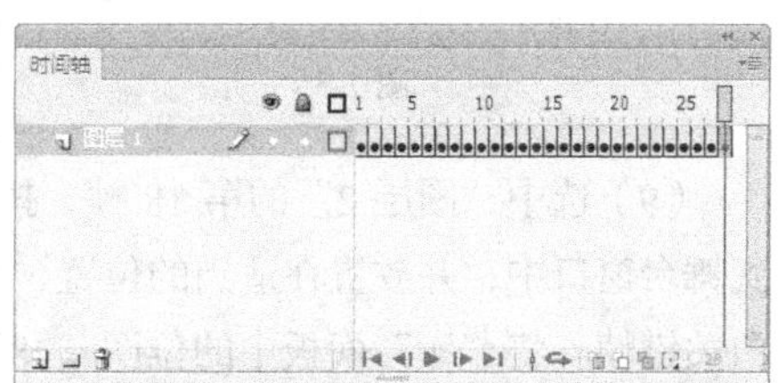

图 7-49

（4）在“时间轴”面板中选中第 21 帧至第 28 帧之间的帧，如图 7-50 所示。按 Shift+F5 组合键，将选中的帧删除，效果如图 7-51 所示。

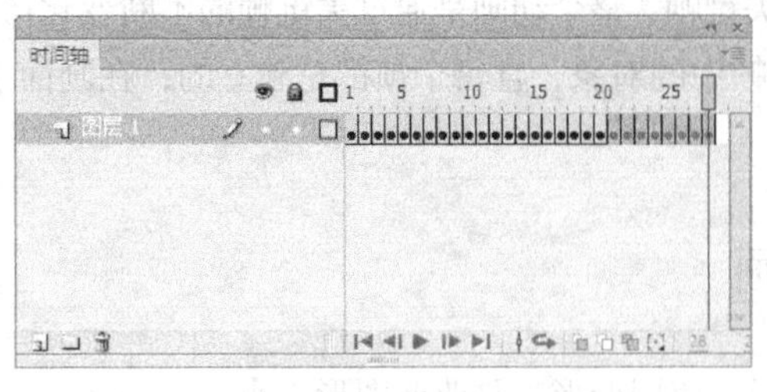

图 7-50

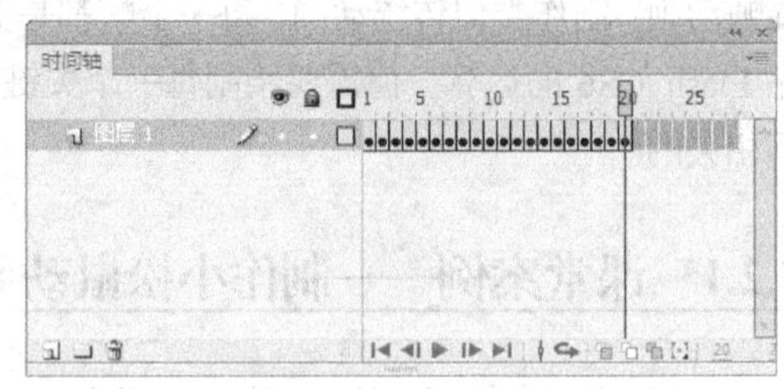

图 7-51

（5）单击“时间轴”面板下方的“新建图层”按钮，新建“图层 2”。将“库”面板中的位图“21”拖曳到舞台窗口中，并放置在适当的位置，如图 7-52 所示。选中“图层 2”的第 3 帧，按 F7 键，插入空白关键帧。将“库”面板中的位图“22”拖曳到舞台窗口中，并放置在适当的位置，如图 7-53 所示。

（6）选中“图层 2”的第 6 帧，按 F7 键，插入空白关键帧。将“库”面板中的位图“23”拖曳到舞台窗口中，并放置在适当的位置，如图 7-54 所示。

图 7-52

图 7-53

图 7-54

（7）选中“图层 2”的第 9 帧，按 F7 键，插入空白关键帧。将“库”面板中的位图“24”拖曳到舞台窗口中，并放置在适当的位置，如图 7-55 所示。选中“图层 2”的第 12 帧，按 F7 键，插入空白关键帧。将“库”面板中的位图“25”拖曳到舞台窗口中，并放置在适当的位置，如图 7-56 所示。

（8）选中“图层 2”的第 15 帧，按 F7 键，插入空白关键帧。将“库”面板中的位图“26”拖曳到舞台窗口中，并放置在适当的位置，如图 7-57 所示。

图 7-55

图 7-56

图 7-57

（9）选中“图层 2”的第 18 帧，按 F7 键，插入空白关键帧。将“库”面板中的位图“27”拖曳到舞台窗口中，并放置在适当的位置，如图 7-58 所示。选中“图层 2”的第 20 帧，按 F7 键，插入空白关键帧。将“库”面板中的位图“28”拖曳到舞台窗口中，并放置在适当的位置，如图 7-59 所示。分别选中“图层 1”和“图层 2”的第 21 帧，按 F5 键，插入普通帧，如图 7-60 所示。

图 7-58

图 7-59

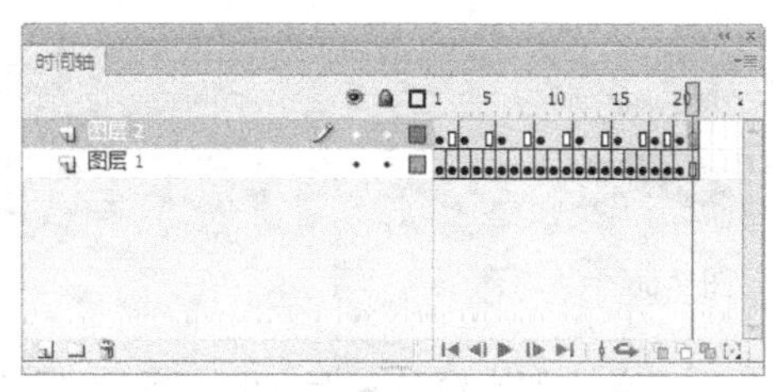

图 7-60

（10）在“时间轴”面板中，将“图层 2”拖曳到“图层 1”的下方，如图 7-61 所示，效果如图 7-62 所示。

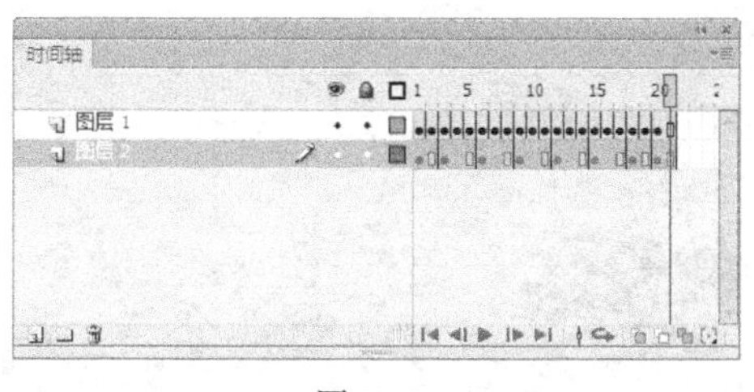

图 7-61

图 7-62

2．制作小松鼠动画

（1）按 Ctrl+F8 组合键，弹出“创建新元件”对话框，在“名称”选项的文本框中输入“小松鼠动”。在“类型”选项的下拉列表中选择“影片剪辑”选项，单击“确定”按钮，新建一个影片剪辑元件“小松鼠动”，舞台窗口也随之转换为影片剪辑元件的舞台窗口。将“库”面板中的影片剪辑元件“小松鼠”拖曳到舞台窗口中，如图 7-63 所示。

（2）选择“选择”工具，在舞台窗口中选中“小松鼠”实例，按 Ctrl+T 组合键，弹出“变形”面板，将“缩放宽度”选项和“缩放高度”选项均设置为 32.8%，如图 7-64 所示，效果如图 7-65 所示。

图 7-63

图 7-64

图 7-65

（3）在影片剪辑“属性”面板中，将“X”选项和“Y”选项均设置为 0，效果如图 7-66 所示。

（4）选中“图层 1”图层的第 100 帧，按 F6 键，插入关键帧。在舞台窗口中选中“小松鼠”实例，在影片剪辑“属性”面板中，将“X”选项设置为 720，“Y”选项均设置为 0，效果如图 7-67 所示。用鼠标右键单击“图层 1”的第 1 帧，在弹出的菜单中选择“创建传统补间”命令，生成传统补间动画。

图 7-66

图 7-67

（5）单击舞台窗口左上方的“场景 1”图标场景 1，进入“场景 1”的舞台窗口。在“时间轴”面板中创建新图层并将其命名为“小松鼠”。将“库”面板中的影片剪辑元件“小松鼠动”拖曳到舞台窗口的左外侧，如图 7-68 所示。小松鼠动画制作完成，按 Ctrl+Enter 组合键即可查看效果，如图 7-69 所示。

图 7-68

图 7-69

7.2.2 帧动画

选择“文件 > 打开”命令，将“基础素材 > Ch07 > 02.fla”文件打开，如图 7-70 所示。选中“气球”图层的第 5 帧，按 F6 键，插入关键帧。选择“选择”工具，在舞台窗口中将“气球”图形向左上方拖曳到适当的位置，效果如图 7-71 所示。选中“气球”图层的第 10 帧，按 F6 键，插入关键帧，如图 7-72 所示。

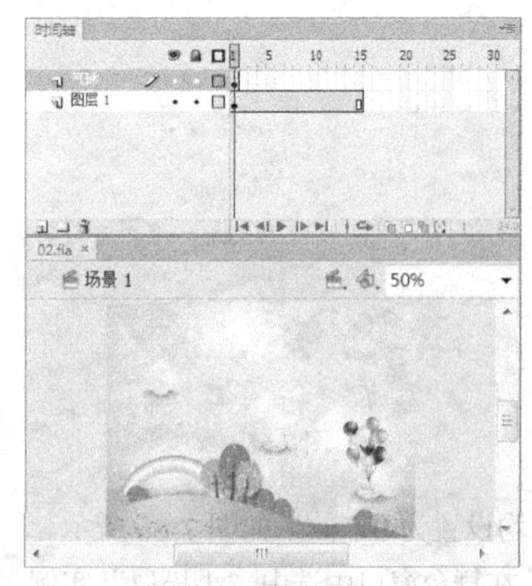

图 7-70

图 7-71

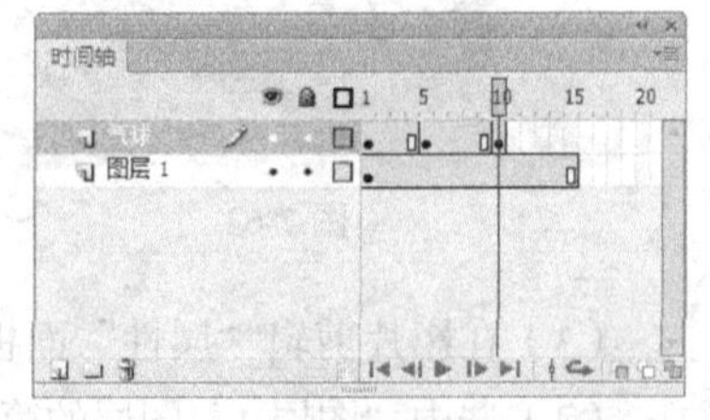

图 7-72

在舞台窗口中将“气球”图形向左上方拖曳到适当的位置，效果如图 7-73 所示。选中“气球”图层的第 15 帧，按 F6 键，插入关键帧，如图 7-74 所示，将“气球”图形向右拖曳到适当的位置，效果如图 7-75 所示。

图 7-73

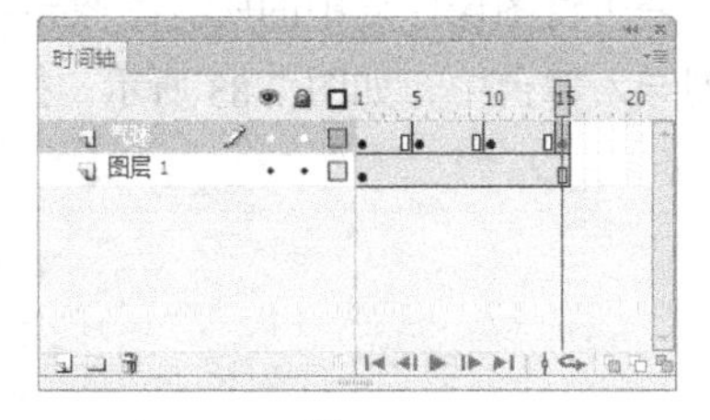

图 7-74

图 7-75

按 Enter 键，让播放头进行播放，即可观看制作效果。在不同的关键帧上动画显示的效果如图 7-76 所示。

（a）第 1 帧

（b）第 5 帧

（c）第 10 帧

（d）第 15 帧

图 7-76

7.2.3　逐帧动画

新建空白文档，选择“文本”工具 T，在第 1 帧的舞台中输入“梦”字，如图 7-77 所示。

按 F6 键，在第 2 帧上插入关键帧，如图 7-78 所示。在第 2 帧的舞台中输入“想”字，如图 7-79 所示。

图 7-77

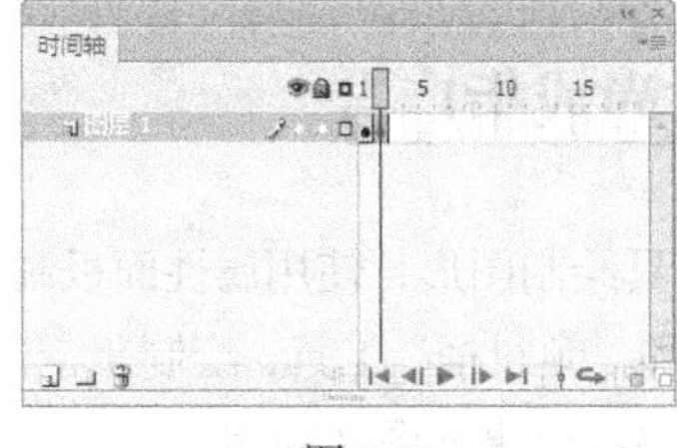

图 7-78

图 7-79

用相同的方法在第 3 帧上插入关键帧，在舞台中输入“成”字，如图 7-80 所示。在第 4 帧上插入关键帧，在舞台中输入“真”字，如图 7-81 所示。

图 7-80

图 7-81

按 Enter 键，让播放头进行播放，即可观看制作效果。

还可以通过从外部导入图片组来实现逐帧动画的效果。

选择“文件 > 导入 > 导入到舞台”命令，弹出“导入”对话框，在对话框中选择图片，单击“打开”按钮，弹出提示对话框，询问是否将图像序列中的所有图像导入，如图 7-82 所示。

单击“是”按钮，将图像序列导入舞台中，如图 7-83 所示。按 Enter 键进行播放，即可观看制作效果。

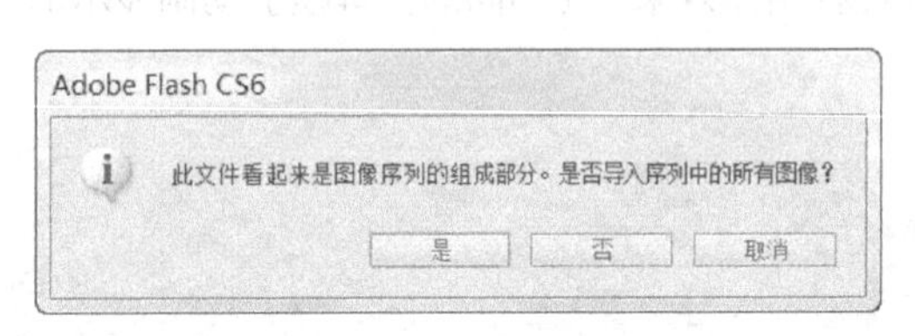

图 7-82

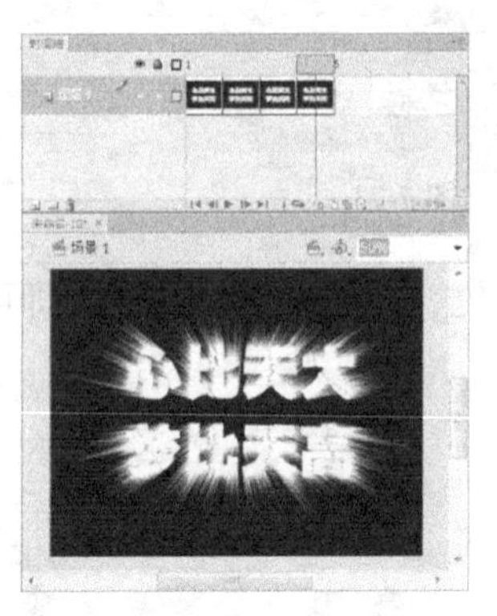

图 7-83

7.3 形状补间动画

形状补间动画是使图形形状发生变化的动画，形状补间动画所处理的对象必须是舞台上的图形。

命令介绍

形状补间动画：可以实现一种形状变换成另一种形状。

变形提示：如果对系统生成的变形效果不是很满意，也可应用 Flash CS6 中的变形提示点，自行设定变形效果。

7.3.1 课堂案例——制作时尚戒指广告

【案例学习目标】使用不同的绘制工具绘制图形，使用属性面板制作动画。

【案例知识要点】使用“钢笔”工具和“颜料桶”工具，绘制飘带图形和戒指高光效果，使用“创建补间形状”命令，制作飘带动效果，最终效果如图 7-84 所示。

【效果所在位置】Ch07/效果/制作时尚戒指广告.fla。

图 7-84

1．打开制作飘带动画

（1）选择“文件 > 打开”命令，在弹出的“打开”对话框中选择“Ch07 > 素材 > 制作时尚戒

指广告 >01”文件，单击“打开”按钮打开文件，如图 7-85 所示。

图 7-85

（2）在“库”面板下方单击“新建元件”按钮，弹出“创建新元件”对话框，在“名称”选项的文本框中输入“飘带动”，在“类型”选项的下拉列表中选择“影片剪辑”，如图 7-86 所示，单击“确定”按钮，新建影片剪辑元件“飘带动”，舞台窗口也随之转换为影片剪辑元件的舞台窗口。

（3）选择“钢笔”工具，在工具箱中将“笔触颜色”设置为白色。在背景的左侧单击鼠标，创建第 1 个锚点，如图 7-87 所示，在背景的上方再次单击鼠标，创建第 2 个锚点，将鼠标按住不放并向右拖曳到适当的位置，将直线转换为曲线，效果如图 7-88 所示。

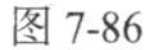
图 7-86

图 7-87

图 7-88

（4）用相同的方法，应用“钢笔”工具，绘制出飘带的外边线，取消选取状态，效果如图 7-89 所示。选择“窗口 > 颜色”命令，弹出“颜色”面板，选中“填充颜色”选项，将“填充颜色”设置为白色，将“Alpha”选项设置为 30%，如图 7-90 所示。

（5）选择“颜料桶”工具，在飘带外边线的内部单击鼠标，填充颜色，效果如图 7-91 所示。选择“选择”工具，在飘带的外边线上双击鼠标，选中所有的边线，按 Delete 键删除边线。

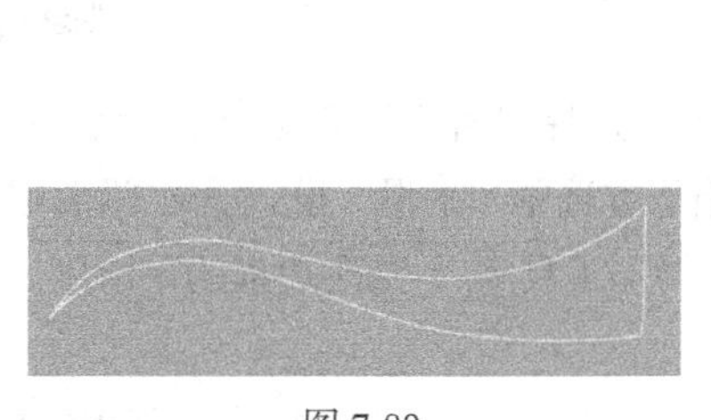

图 7-89

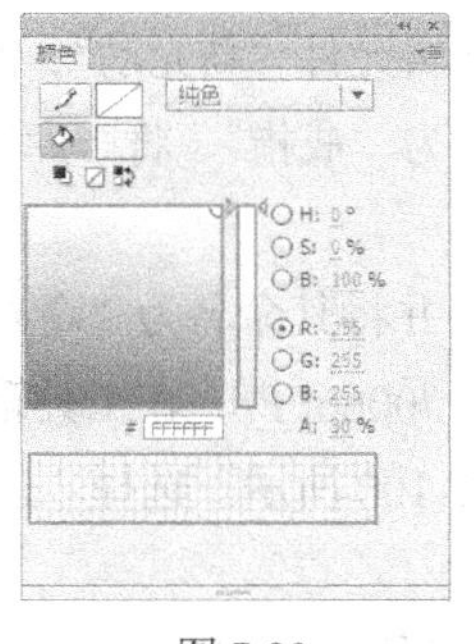

图 7-90

图 7-91

（6）单击“时间轴”面板下方的“新建图层”按钮，新建“图层 2”。用步骤 3 ~步骤 5 中的方法在“图层 2”图层上再绘制一条飘带，效果如图 7-92 所示。

（7）分别选中“图层 1”“图层 2”的第 50 帧，按 F6 键，插入关键帧。选中“图层 1”的第 20 帧，按 F6 键，插入关键帧，选择“任意变形”工具，在工具箱下方选中“封套”按钮。此时，飘带图形的周围出现控制点，效果如图 7-93 所示。

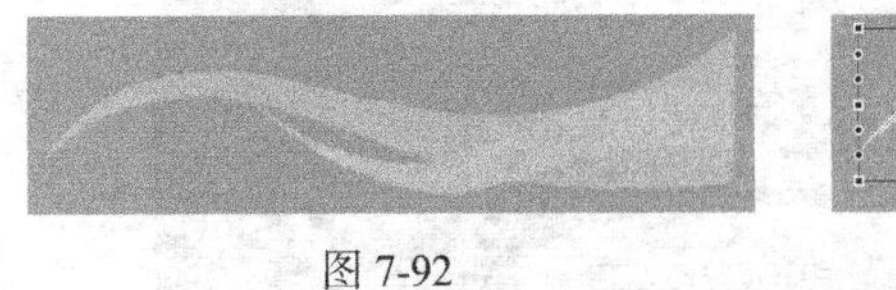
图 7-92

图 7-93

（8）拖曳控制点来改变飘带的弧度，效果如图 7-94 所示。选择“选择”工具，在飘带图形的外部单击鼠标，取消对飘带图形的选取，效果如图 7-95 所示。

（9）选中“图层 2”的第 30 帧，按 F6 键，插入关键帧，用步骤 7 ~ 步骤 8 中的方法来改变“图层 2”图层的第 30 帧飘带的弧度，效果如图 7-96 所示。

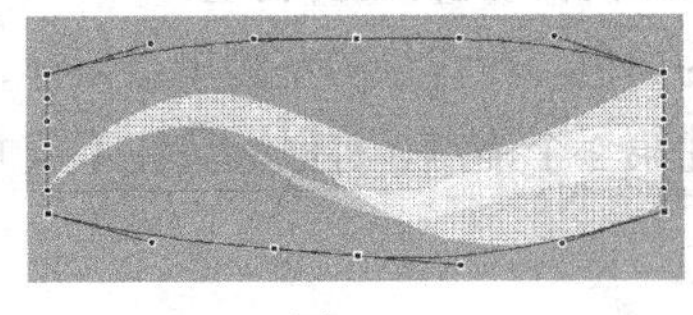
图 7-94

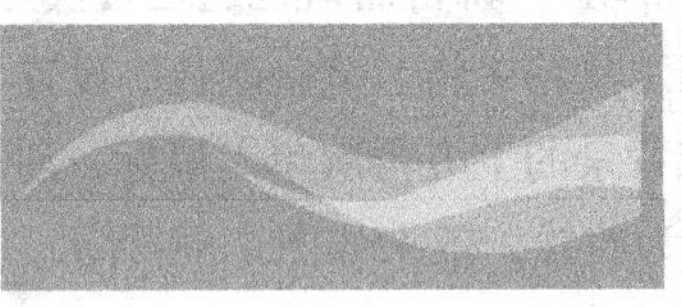
图 7-95

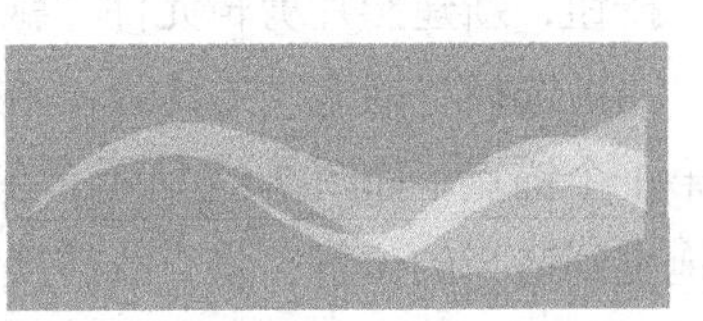
图 7-96

（10）分别用鼠标右键单击“图层 1”图层的第 1 帧、第 20 帧，在弹出的菜单中选择“创建补间形状”命令，生成形状补间动画，如图 7-97 所示。用相同的方法对“图层 2”图层的第 1 帧、第 30 帧创建形状补间动画，效果如图 7-98 所示。

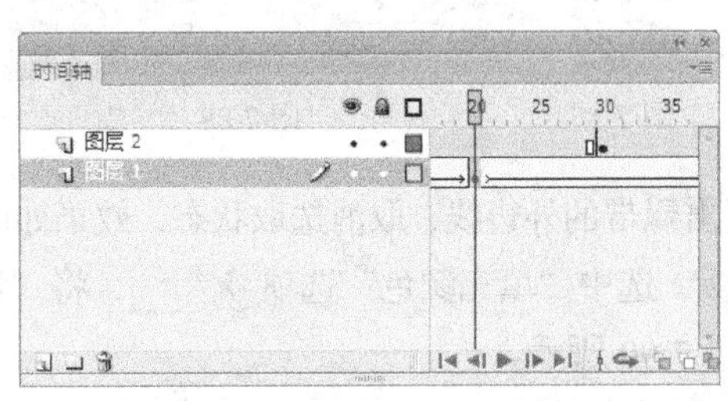

图 7-97

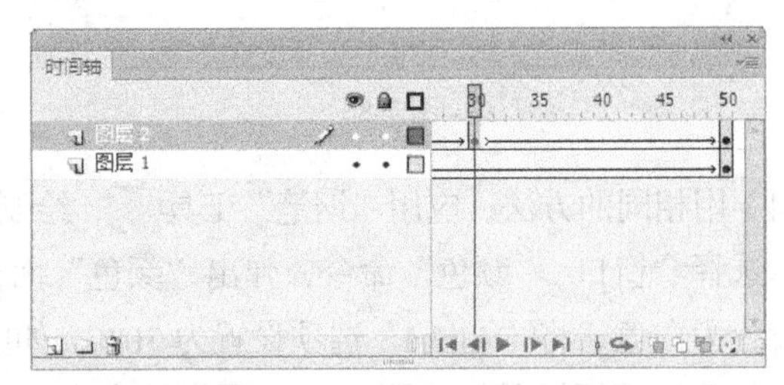

图 7-98

2. 制作高光动画

（1）在“库”面板中新建一个影片剪辑元件“高光动”，窗口也随之转换为影片剪辑元件的舞台窗口。将“图层 1”重新命名为“戒指”。将“库”面板中的位图“03”拖曳到舞台窗口中，效果如图 7-99 所示。

（2）在“时间轴”面板中创建新图层并将其命名为“高光”。选择“铅笔”工具，在工具箱中将“笔触颜色”设置为蓝色（#0066FF），在工具箱下方选中“平滑”模式。沿着戒指的表面绘制一个闭合的月牙状边框，如图 7-100 所示。选择“选择”工具，修改边框的平滑度。删除“戒指”图层，效果如图 7-101 所示。

（3）选择“颜料桶”工具，在工具箱中将“填充颜色”设置为白色，在边框的内部单击鼠标，将边框内部填充为白色。选择“选择”工具，用鼠标双击蓝色的边框，将边框全选，按 Delete 键删除边框，效果如图 7-102 所示。

图 7-99

图 7-100

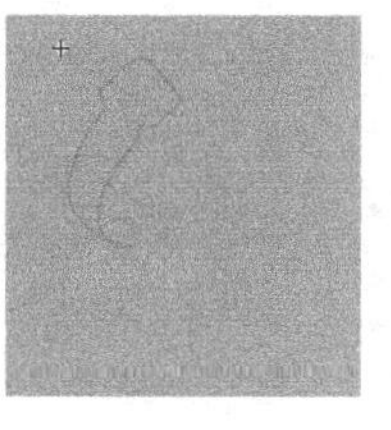
图 7-101

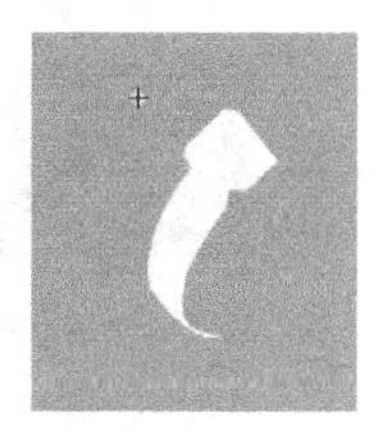
图 7-102

（4）选择“颜色”面板，选择“填充颜色”选项，在“颜色类型”选项的下拉列表中选择“线性渐变”，在色带上单击鼠标，创建一个新的控制点。将两侧的控制点设置为白色，其“Alpha”选项设置为0%；将中间的控制点设置为白色，如图7-103所示。设置出从透明到白，再到透明的渐变色。选择“颜料桶”工具，在月牙图形中从右上方向左下方拖曳渐变色，编辑状态如图7-104所示，松开鼠标，渐变色显示在月牙图形的上半部，效果如图7-105所示。

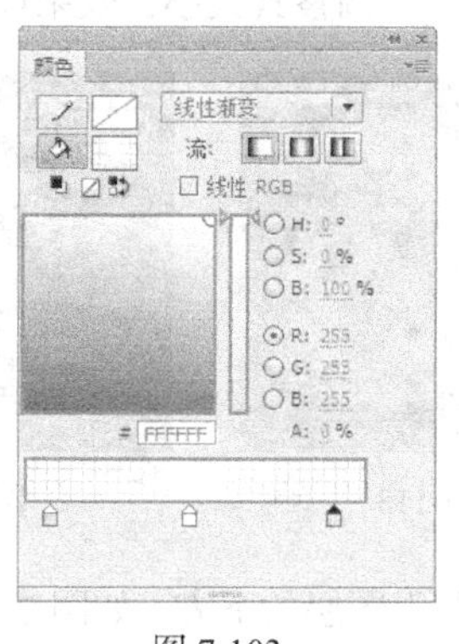

图 7-103

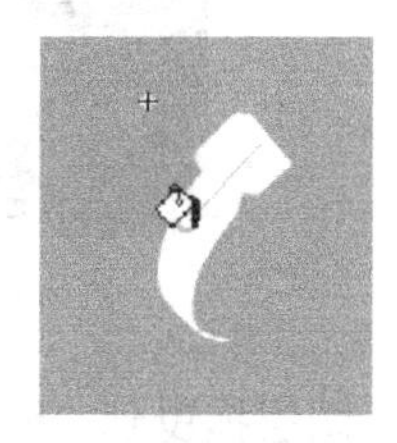
图 7-104

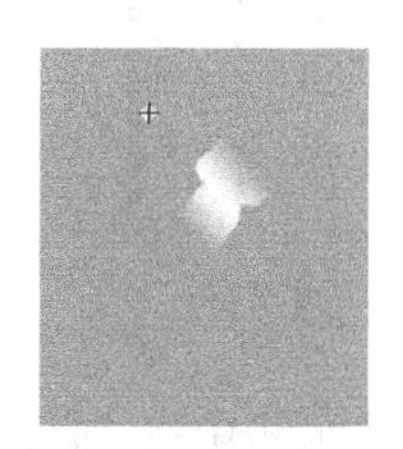
图 7-105

（5）选中“高光”图层的第50帧，按F6键，插入关键帧。选中第60帧，按F5键，插入普通帧，如图7-106所示。用鼠标右键单击“高光”图层的第50帧，在弹出的菜单中选择“转换为空白关键帧”命令，从第51帧开始转换为空白关键帧，如图7-107所示。选中第50帧，选择“渐变变形”工具，在舞台窗口中单击渐变色，出现控制点和控制线，如图7-108所示。

图 7-106

图 7-107

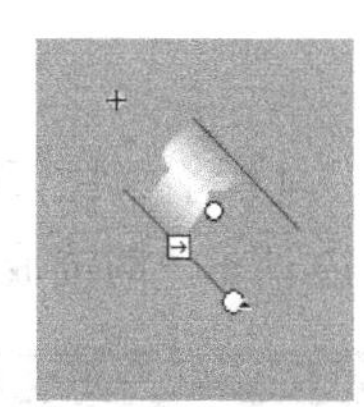
图 7-108

（6）将光标放在外侧圆形的控制点上，光标变为环绕形箭头，向右上方拖曳控制点，改变渐变色的位置及倾斜度，如图7-109所示。将光标放在中心控制点的上方，光标变为十字形箭头，拖曳中心控制点，将渐变色向下拖曳，直到渐变色显示在图形的下半部，效果如图7-110所示。

（7）用鼠标右键单击“高光”图层的第1帧，在弹出的菜单中选择“创建形状补间”命令，创建形状补间动画，如图7-111所示。

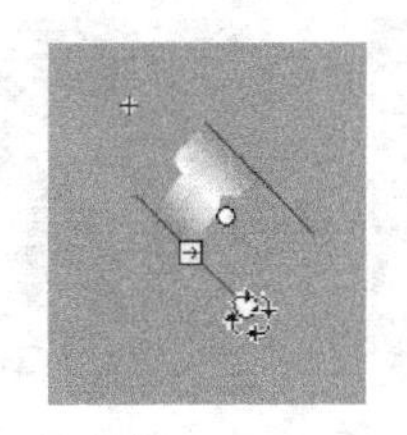

图 7-109

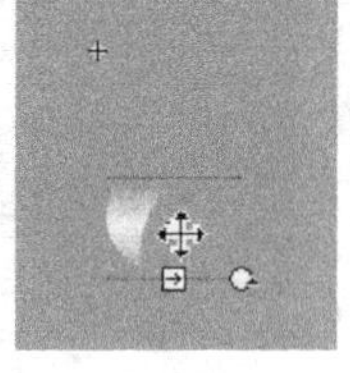

图 7-110

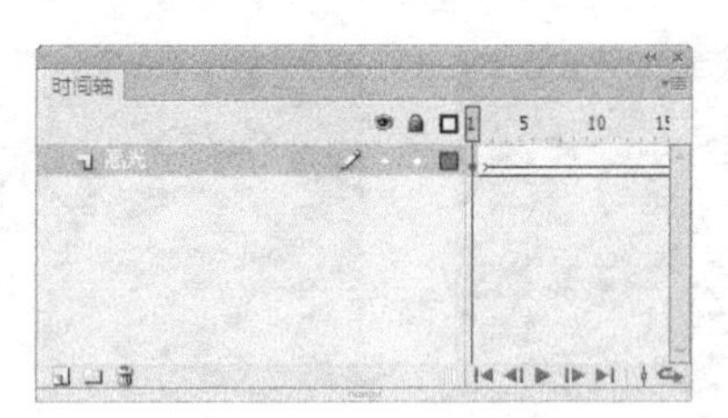

图 7-111

3. 在场景中确定元件的位置

（1）单击舞台窗口左上方的“场景 1”图标 场景 1，进入“场景 1”的舞台窗口。在“时间轴”面板中创建新图层并将其命名为“高光”，如图 7-112 所示。将“库”面板中的影片剪辑元件“高光动”拖曳到舞台窗口中，并放置在适当的位置，效果如图 7-113 所示。

（2）再次将“库”面板中的影片剪辑元件“高光动”拖曳到舞台窗口中，选择“修改 > 变形 > 水平翻转”命令，将其水平翻转，选择“任意变形”工具，调整其大小，效果如图 7-114 所示。

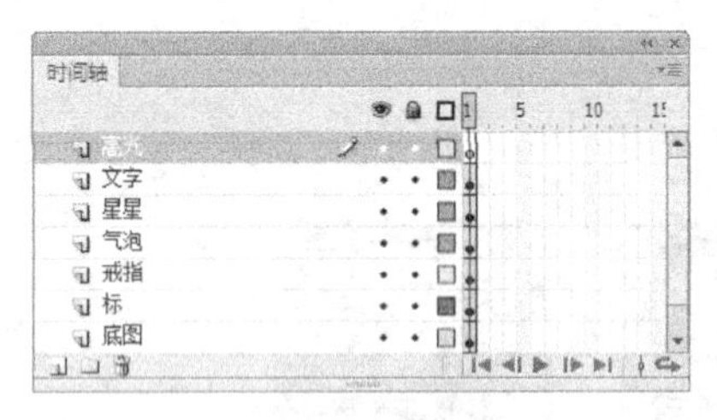

图 7-112

图 7-113

图 7-114

（3）在“时间轴”面板中将“高光”图层拖曳到“星星”图层的下方，如图 7-115 所示。选中“标”图层，在“时间轴”面板中创建新图层并将其命名为“飘带”，如图 7-116 所示。

图 7-115

图 7-116

（4）将“库”面板中的影片剪辑元件“飘带动”拖曳到舞台窗口中，并放置在适当的位置，如图 7-117 所示。时尚戒指广告制作完成，按 Ctrl+Enter 组合键即可查看效果，如图 7-118 所示。

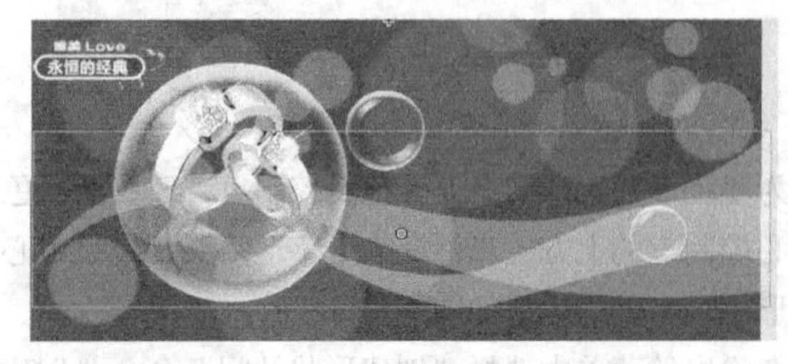

图 7-117

图 7-118

7.3.2 简单形状补间动画

如果舞台上的对象是组件实例、多个图形的组合、文字、导入的素材对象，必须先分离或取消组合，将其打散成图形，才能制作形状补间动画。利用这种动画，也可以实现上述对象的大小、位置、旋转、颜色及透明度等变化。

选择“文件 > 导入 > 导入到舞台”命令，将“03”文件导入舞台的第 1 帧中。多次按 Ctrl+B 组合键，直到将其打散，如图 7-119 所示。

用鼠标右键单击时间轴面板中的第 10 帧，在弹出的菜单中选择“插入空白关键帧”命令，如图 7-120 所示，在第 10 帧上插入一个空白关键帧，如图 7-121 所示。

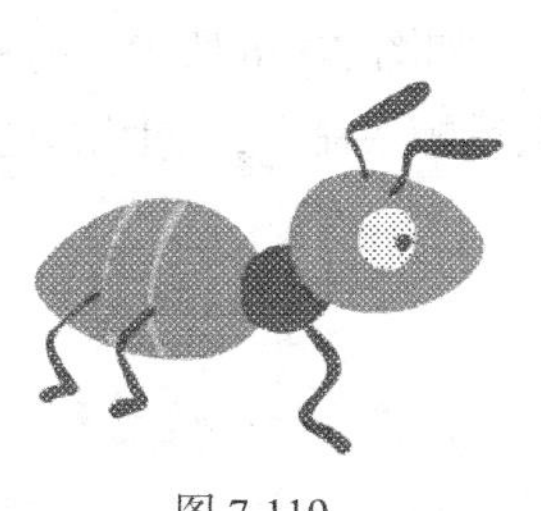

图 7-119

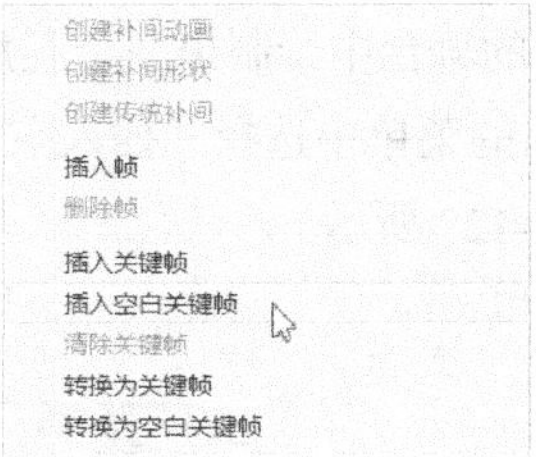

创建补间动画
创建补间形状
创建传统补间
插入帧
删除帧
插入关键帧
插入空白关键帧
清除关键帧
转换为关键帧
转换为空白关键帧

图 7-120

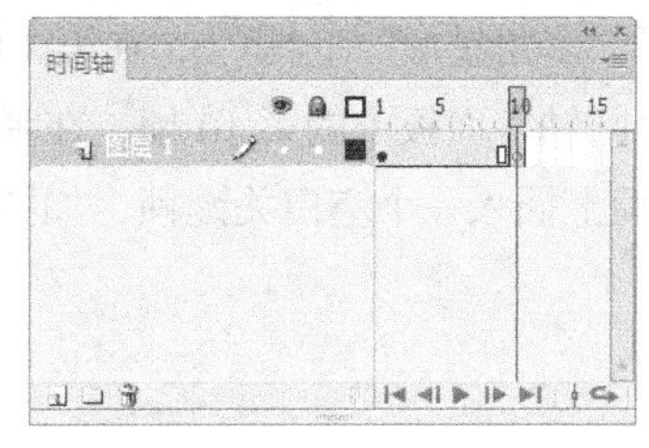

图 7-121

选中第 10 帧，选择“文件 > 导入 > 导入到库”命令，将“04”文件导入库中。将“库”面板中的图形元件“04”拖曳到舞台窗口中，多次按 Ctrl+B 组合键，直到将其打散，如图 7-122 所示。

在“时间轴”面板中，用鼠标右键单击第 1 帧，在弹出的菜单中选择“创建补间形状”命令，如图 7-123 所示。

在“属性”面板中出现如下 2 个新的选项。

“缓动”选项：用于设定变形动画从开始到结束时的变形速度。其取值范围为 0 ~ 100。当选择正数时，变形速度呈减速度，即开始时速度快，然后逐渐速度减慢；当选择负数时，变形速度呈加速度，即开始时速度慢，然后逐渐速度加快。

“混合”选项：提供了“分布式”和“角形”2 个选项。选择“分布式”选项可以使变形的中间形状趋于平滑。“角形”选项则创建包含角度和直线的中间形状。

设置完成后，在“时间轴”面板中，第 1 帧~第 10 帧出现绿色的背景和黑色的箭头，表示生成形状补间动画，如图 7-124 所示。按 Enter 键，让播放头进行播放，即可观看卡通图形之间的演变效果。

图 7-122

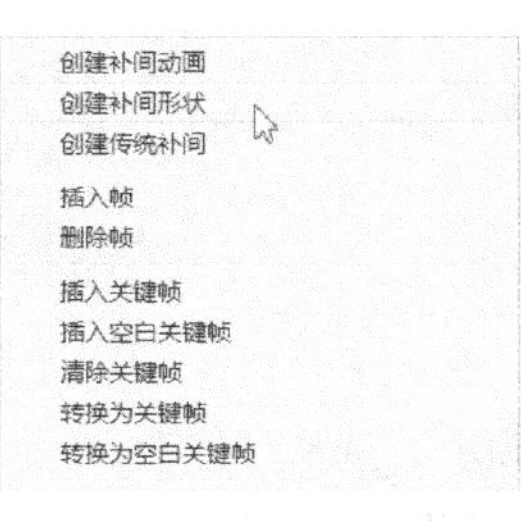

图 7-123

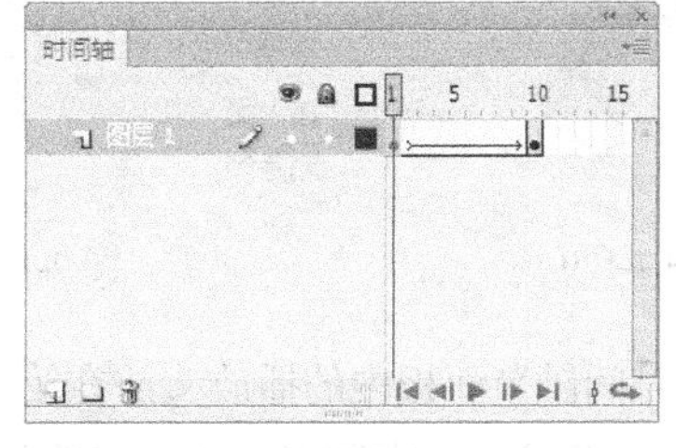

图 7-124

在变形过程中每一帧上的图形都发生不同的变化，如图 7-125 所示。

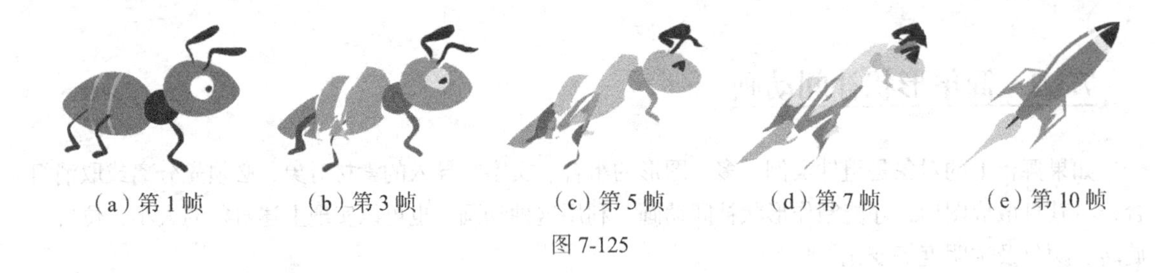
（a）第 1 帧　（b）第 3 帧　（c）第 5 帧　（d）第 7 帧　（e）第 10 帧

图 7-125

7.3.3 应用变形提示

使用变形提示，可以让原图形上的某一点变换到目标图形的某一点上。应用变形提示可以制作出各种复杂的变形效果。

选择“多角星形”工具，在第 1 帧的舞台中绘制出一个五角星，如图 7-126 所示。用鼠标右键单击“时间轴”面板中的第 10 帧，在弹出的菜单中选择“插入空白关键帧”命令，如图 7-127 所示，在第 10 帧上插入一个空白关键帧，如图 7-128 所示。

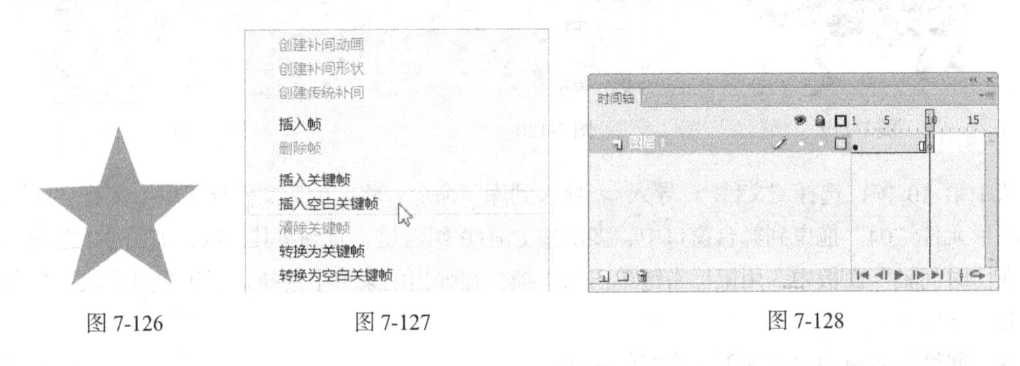

图 7-126　图 7-127　图 7-128

选择“文本”工具，在文本工具“属性”面板中进行设置，在舞台窗口中适当的位置输入大小为 200、字体为“汉仪超粗黑简”的青色（# #0099FF）文字，如图 7-129 所示。用鼠标单击，在时间轴面板中选中第 1 帧，在弹出的菜单中选择“创建补间形状”命令，如图 7-130 所示，在“时间轴”面板中，第 1 帧~第 10 帧之间出现绿色的背景和黑色的箭头，表示生成形状补间动画，如图 7-131 所示。

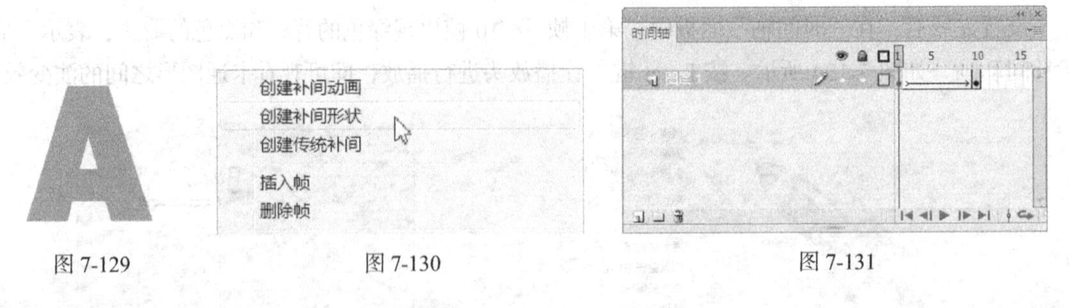

图 7-129　图 7-130　图 7-131

将“时间轴”面板中的播放头放在第 1 帧上，选择“修改 > 形状 > 添加形状提示”命令，或按 Ctrl+Shift+H 组合键，在圆形的中间出现红色的提示点“a”，如图 7-132 所示。将提示点移动到星形左上方的角点上，如图 7-133 所示。将“时间轴”面板中的播放头放在第 10 帧上，第 10 帧的字母上也出现红色的提示点“a”，如图 7-134 所示。

图 7-132　　图 7-133　　图 7-134

将字母上的提示点移动到右下方的边线上，提示点从红色变为绿色，如图 7-135 所示。这时，再将播放头放置在第 1 帧上，可以观察到刚才红色的提示点变为黄色，如图 7-136 所示，这表示第 1 帧中的提示点和第 10 帧的提示点已经相互对应。

用相同的方法在第 1 帧的圆形中再添加 2 个提示点，分别为“b”和“c”，并将其放置在星形的角点上，如图 7-137 所示。在第 10 帧中，将提示点按顺时针的方向分别设置在树叶图形的边线上，如图 7-138 所示。完成提示点的设置，按 Enter 键，让播放头进行播放，即可观看制作效果。

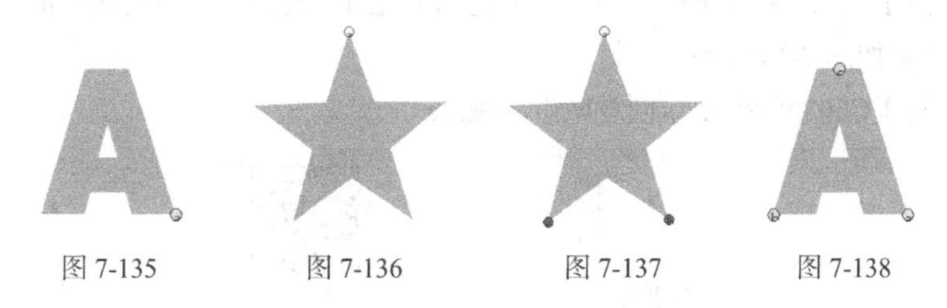

图 7-135　　图 7-136　　图 7-137　　图 7-138

提示　形状提示点一定要按顺时针的方向添加，顺序不能错，否则无法实现变形效果。

在未使用变形提示前，Flash CS6 系统自动生成的图形变化过程，如图 7-139 所示。

（a）第 1 帧　（b）第 3 帧　（c）第 5 帧　（d）第 7 帧　（e）第 10 帧

图 7-139

在使用变形提示后，在提示点的作用下生成的图形变化过程，如图 7-140 所示。

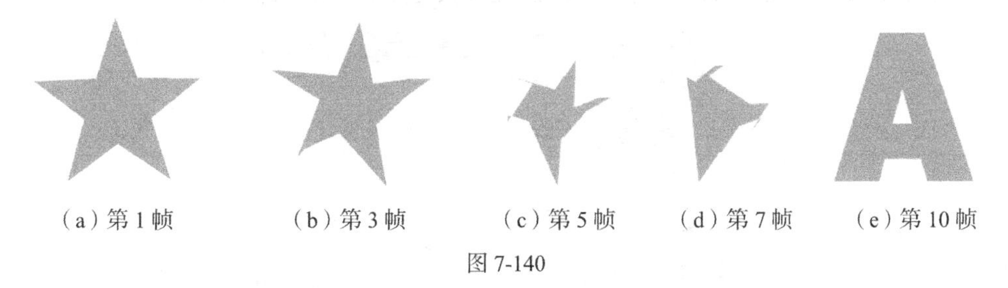

（a）第 1 帧　（b）第 3 帧　（c）第 5 帧　（d）第 7 帧　（e）第 10 帧

图 7-140

7.4 动作补间动画

动作补间动画所处理的对象必须是舞台上的组件实例、多个图形的组合、文字、导入的素材对象。利用这种动画，可以实现上述对象的大小、位置、旋转、颜色及透明度等变化效果。

命令介绍

动作补间动画：是指对象在位置上产生的变化。

7.4.1 课堂案例——制作创意城市动画

【案例学习目标】使用新建元件命令创建图形元件，使用创建补间动画命令制作动画。

【案例知识要点】使用“新建元件”命令，创建图形元件；使用“创建传统补间”命令，制作汽车动画效果，最终效果如图 7-141 所示。

【效果所在位置】Ch07/效果/制作创意城市动画.fla。

图 7-141

1．导入素材制作图形元件

（1）选择“文件 > 新建”命令，弹出“新建文档”对话框，在“常规”选项卡中选择“ActionScript 3.0”选项，将“宽”选项设置为 600，“高”选项设置为 600，单击“确定”按钮，完成文档的创建。

（2）选择“文件 > 导入 > 导入到库”命令，在弹出的“导入到库”对话框中选择“Ch07 > 素材 > 制作创意城市动画 > 01 ~ 04”文件，单击“打开”按钮，图片被导入到“库”面板中，如图 7-142 所示。

（3）在“库”面板下方单击“新建元件”按钮，弹出“创建新元件”对话框，在“名称”选项的文本框中输入“汽车 1”，在“类型”选项的下拉列表中选择“图形”选项，单击“确定”按钮，新建图形元件“汽车 1”，如图 7-143 所示，舞台窗口也随之转换为图形元件的舞台窗口。

图 7-142

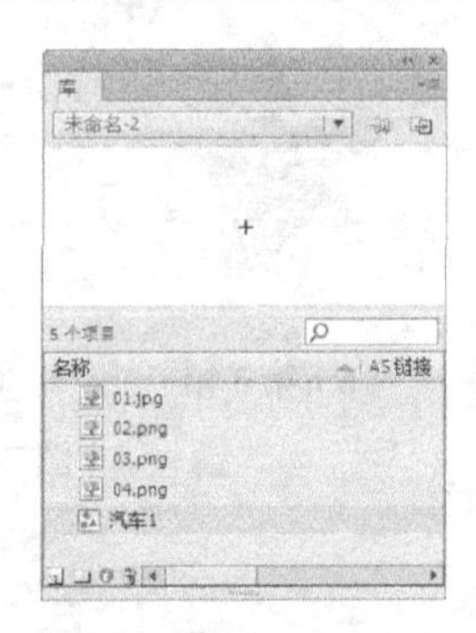

图 7-143

（4）将“库”面板中的位图“02”拖曳到舞台窗口中，如图 7-144 所示。用相同的方法，分别将位图“03”和“04”制作成图形元件“汽车 2”和“汽车 3”，如图 7-145 所示。

图 7-144

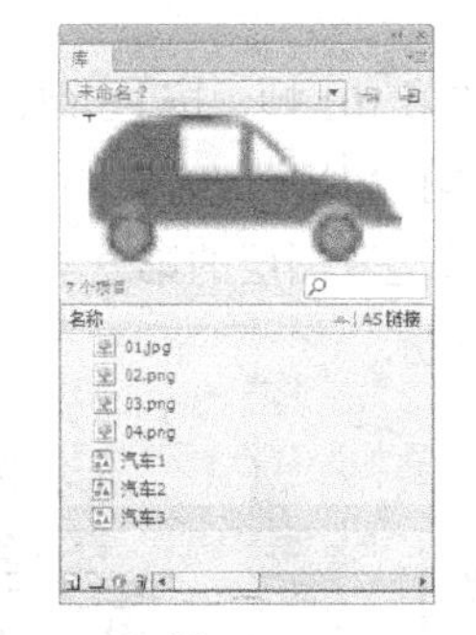

图 7-145

2. 制作汽车动画

（1）单击舞台窗口左上方的“场景 1”图标 场景 1，进入“场景 1”的舞台窗口。将“图层 1”重命名为“底图”。将“库”面板中的位图“01”拖曳到舞台窗口中，如图 7-146 所示。选中“底图”图层的第 120 帧，按 F5 键，插入普通帧。

（2）在“时间轴”面板中创建新图层并将其命名为“汽车 1”，如图 7-147 所示。选中“汽车 1”图层的第 2 帧，按 F7 键，插入空白关键帧。将“库”面板中的图形元件“汽车 1”拖曳到舞台窗口中，并放置在适当的位置，如图 7-148 所示。

图 7-146

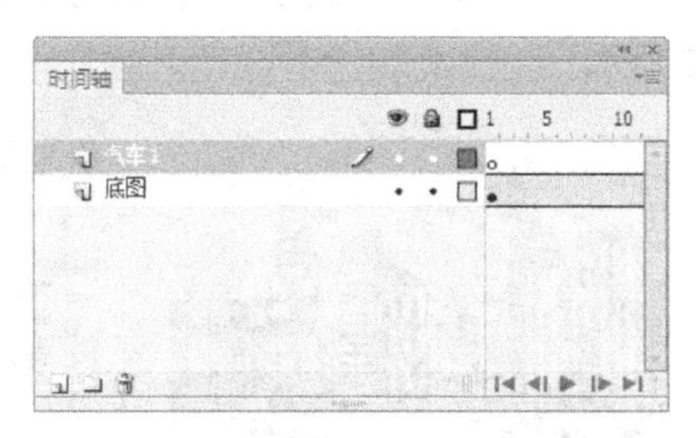

图 7-147

图 7-148

（3）选中“汽车 1”图层的第 60 帧，按 F6 键，插入关键帧。在舞台窗口中将“汽车 1”实例水平向左拖曳到适当的位置，如图 7-149 所示。选中“汽车 1”图层的第 61 帧，按 F7 键，插入空白关键帧，如图 7-150 所示。

（4）用鼠标右键单击“汽车 1”图层的第 2 帧，在弹出的菜单中选择“创建传统补间”命令，生成传统补间动画，如图 7-151 所示。

图 7-149

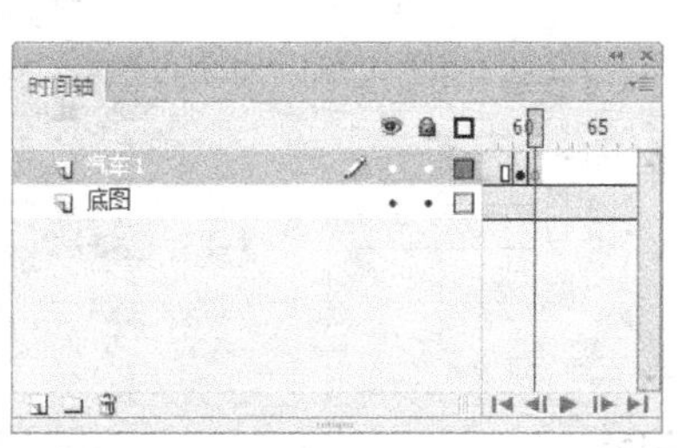

图 7-150

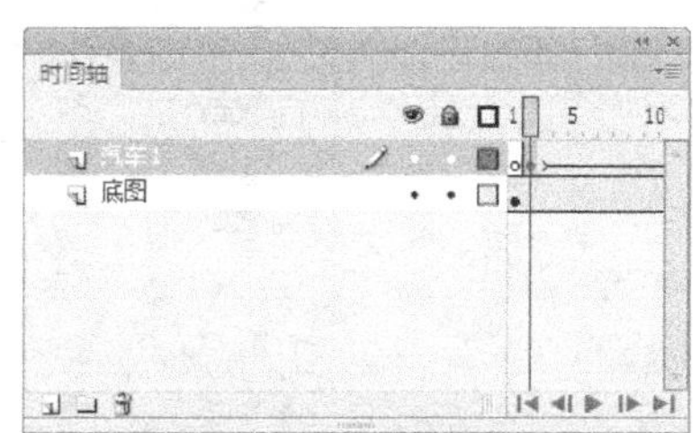

图 7-151

（5）在“时间轴”面板中创建新图层并将其命名为“汽车 2”。选中“汽车 2”图层的第 2 帧，按 F7 键，插入空白关键帧。将“库”面板中的图形元件“汽车 2”拖曳到舞台窗口中，并放置在适当的位置，如图 7-152 所示。

（6）选中“汽车 2”图层的第 101 帧，按 F6 键，插入关键帧。在舞台窗口中将“汽车 2”实例水平向右拖曳到适当的位置，如图 7-153 所示。选中“汽车 2”图层的第 102 帧，按 F7 键，插入空白关键帧。

（7）用鼠标右键单击“汽车 2”图层的第 2 帧，在弹出的菜单中选择“创建传统补间”命令，生成传统补间动画，如图 7-154 所示。

图 7-152

图 7-153

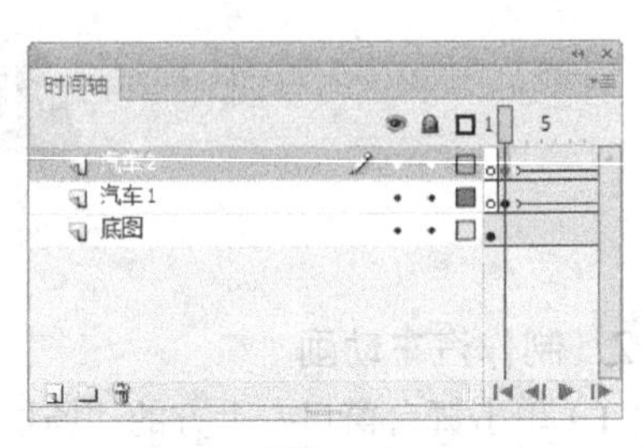

图 7-154

（8）在“时间轴”面板中创建新图层并将其命名为“汽车 3”。选中“汽车 3”图层的第 20 帧，按 F7 键，插入空白关键帧。将“库”面板中的图形元件“汽车 3”拖曳到舞台窗口中，并放置在适当的位置，如图 7-155 所示。

（9）选中“汽车 3”图层的第 80 帧，按 F6 键，插入关键帧。在舞台窗口中将“汽车 3”实例水平向右拖曳到适当的位置，如图 7-156 所示。选中“汽车 3”图层的第 81 帧，按 F7 键，插入空白关键帧。

（10）用鼠标右键单击“汽车 3”图层的第 20 帧，在弹出的菜单中选择“创建传统补间”命令，生成传统补间动画，如图 7-157 所示。

图 7-155

图 7-156

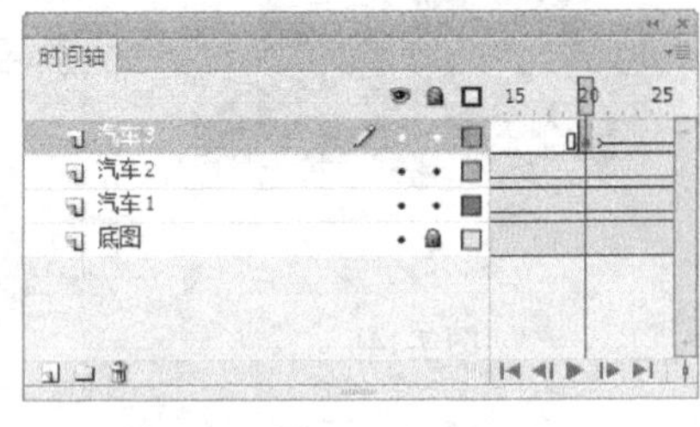

图 7-157

（11）在“时间轴”面板中将“汽车 3”图层拖曳到“汽车 2”图层的下方，如图 7-158 所示。创意城市动画制作完成，按 Ctrl+Enter 组合键即可查看效果，如图 7-159 所示。

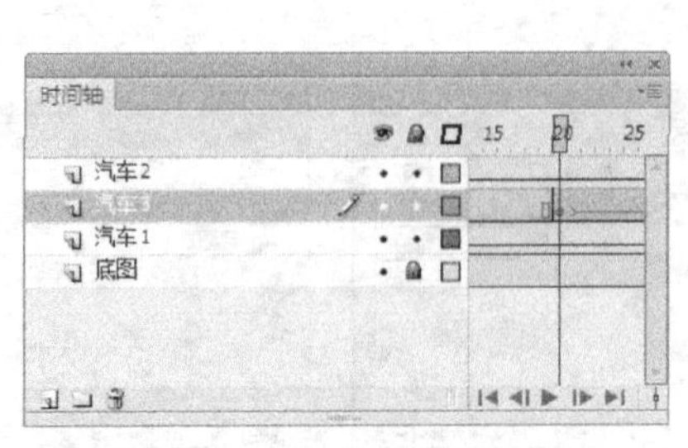

图 7-158

图 7-159

7.4.2　动作补间动画

新建空白文档，选择“文件 > 导入 > 导入到库”命令，将“05”文件导入“库”面板中，如图 7-160 所示，将图形元件“05”拖曳到舞台的左侧，如图 7-161 所示。

图 7-160

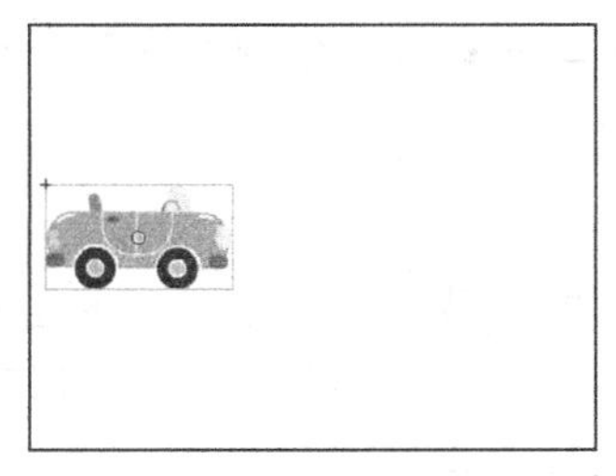

图 7-161

用鼠标右键单击“时间轴”面板中的第 10 帧，在弹出的菜单中选择“插入关键帧”命令，如图 7-162 所示，在第 10 帧上插入一个关键帧，如图 7-163 所示。将“05”实例拖曳到舞台的右侧，如图 7-164 所示。

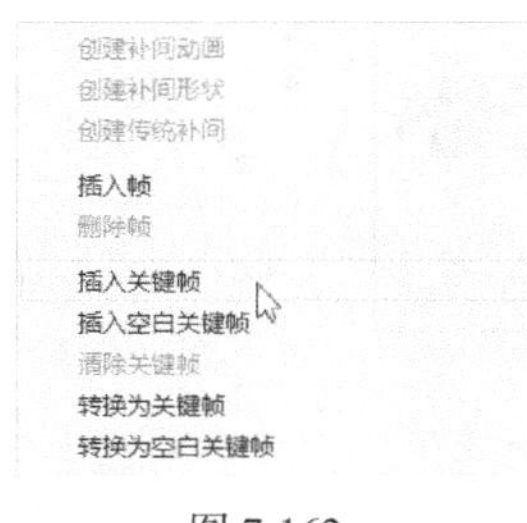

图 7-162

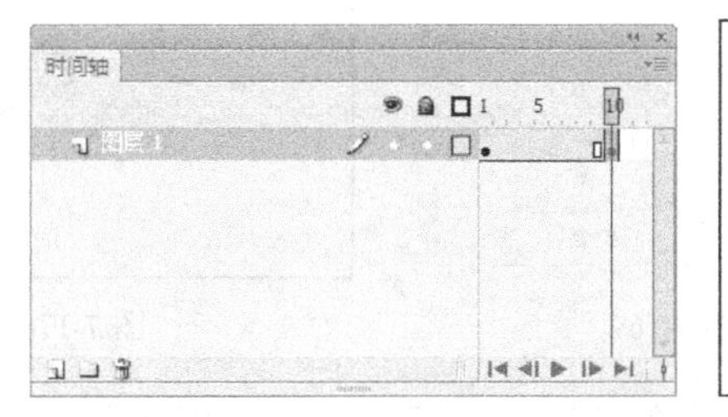

图 7-163

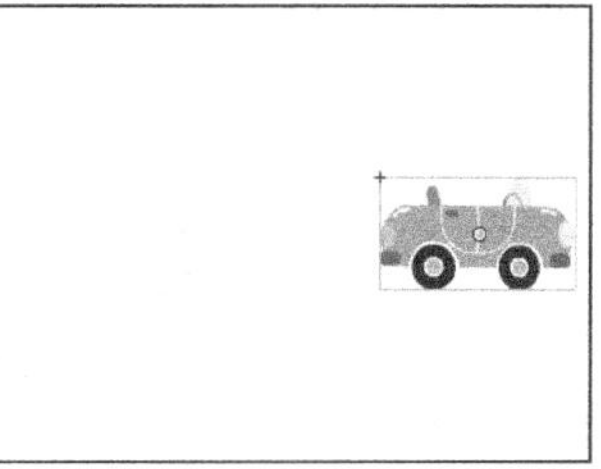

图 7-164

在“时间轴”面板中选中第 1 帧，单击鼠标右键，在弹出的菜单中选择“创建传统补间”命令。

设置为“动画”后，“属性”面板中出现多个新的选项，如图 7-165 所示。

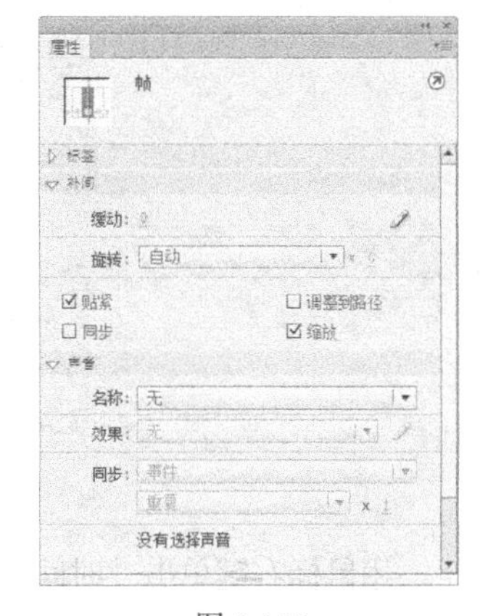

图 7-165

“缓动”选项：用于设定动作补间动画从开始到结束时的运动速度。其取值范围为 0 ~ 100。当选择正数时，运动速度呈减速度，即开始时速度快，然后逐渐速度减慢；当选择负数时，运动速度呈加速度，即开始时速度慢，然后逐渐速度加快。

“旋转”选项：用于设置对象在运动过程中的旋转样式和次数。

“贴紧”选项：勾选此选项，如果使用运动引导动画，则根据对象的中心点将其吸附到运动路径上。

“调整到路径”选项：勾选此选项，对象在运动引导动画过程中，可以根据引导路径的曲线改变变化的方向。

“同步”选项：勾选此选项，如果对象是一个包含动画效果的图形组件实例，其动画和主时间轴同步。

“缩放”选项：勾选此选项，对象在动画过程中可以改变比例。

在“时间轴”面板中，第 1 帧~第 10 帧出现蓝色的背景和黑色的箭头，表示生成动作补间动画，如图 7-166 所示。完成动作补间动画的制作，按 Enter 键，让播放头进行播放，即可观看制作效果。

如果想观察制作的动作补间动画中每帧产生的不同效果，可以单击“时间轴”面板下方的“绘图纸外观”按钮，并将标记点的起始点设置为第 1 帧，终止点设置为第 10 帧，如图 7-167 所示。舞台中显示出在不同的帧中，图形位置的变化效果如图 7-168 所示。

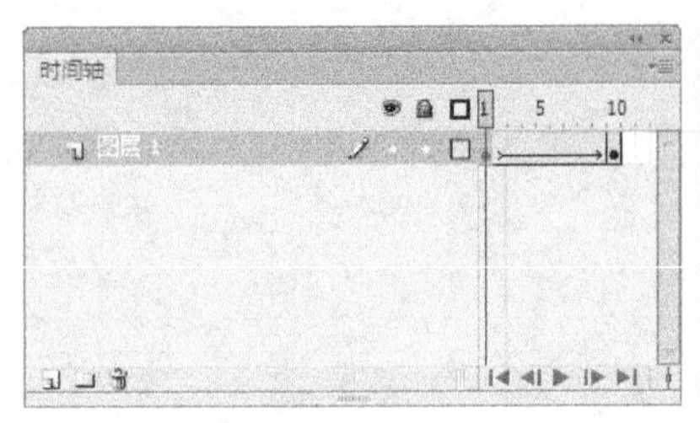

图 7-166

图 7-167

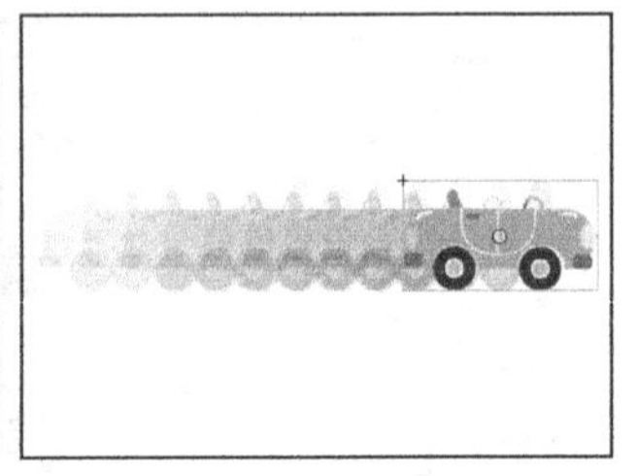

图 7-168

如果在帧“属性”面板中，将“旋转”选项设置为“顺时针”，如图 7-169 所示，在不同的帧中图形位置的变化效果如图 7-170 所示。

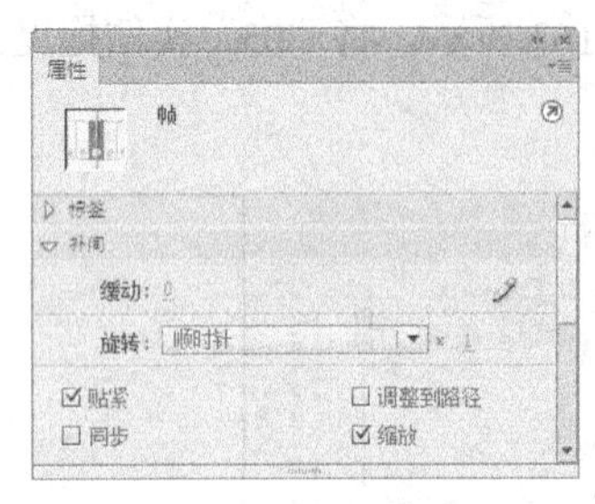

图 7-169

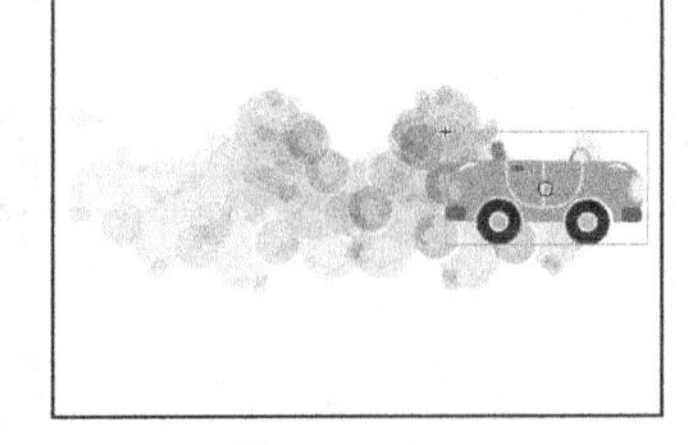

图 7-170

还可以在对象的运动过程中改变其大小、透明度等，下面将进行介绍。

新建空白文档，选择“文件 > 导入 > 导入到库”命令，将“06”文件导入“库”面板中，如图 7-171 所示，将图形元件“06”拖曳到舞台的中心，如图 7-172 所示。

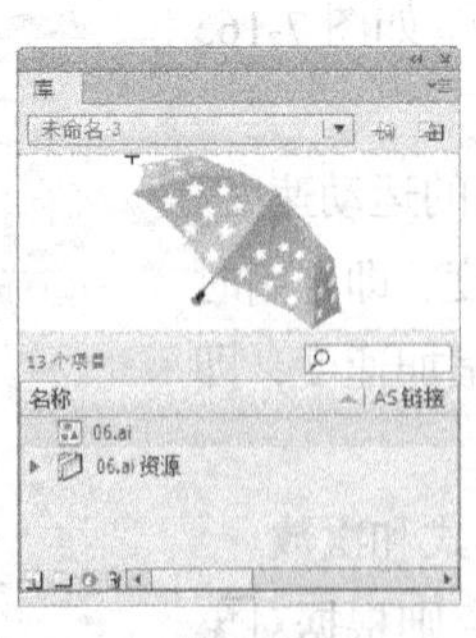

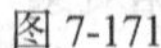

图 7-171

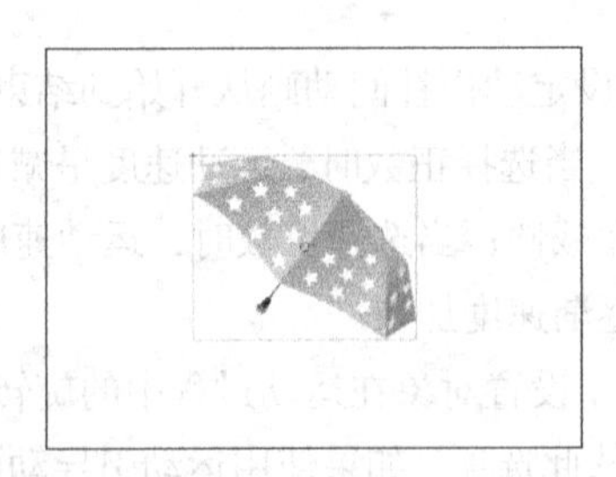

图 7-172

用鼠标右键单击“时间轴”面板中的第 10 帧，在弹出的菜单中选择“插入关键帧”命令，在第 10 帧上插入一个关键帧，如图 7-173 所示。选择“任意变形”工具，在舞台中单击雨伞图形，出现变形控制点，如图 7-174 所示。

将光标放在左侧的控制点上，光标变为双箭头↔，按住鼠标不放，选中控制点向右拖曳，将图形水平翻转，如图 7-175 所示。松开鼠标后效果如图 7-176 所示。

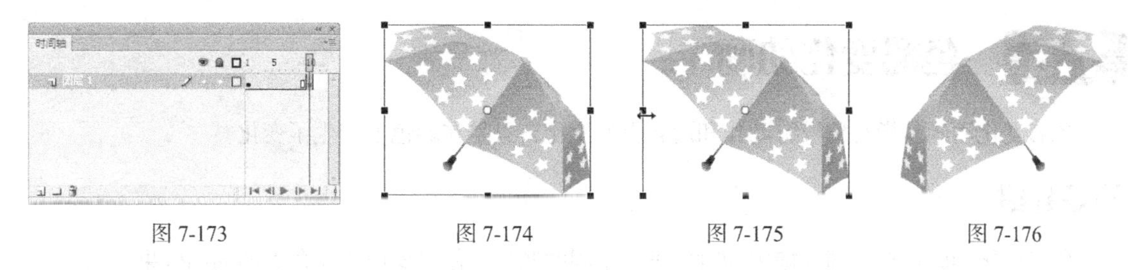

图 7-173　　图 7-174　　图 7-175　　图 7-176

按 Ctrl+T 组合键，弹出“变形”面板，将“缩放宽度”和“缩放高度”选项均设置为 70，其他选项为默认值，如图 7-177 所示。按 Enter 键，确定操作，如图 7-178 所示。

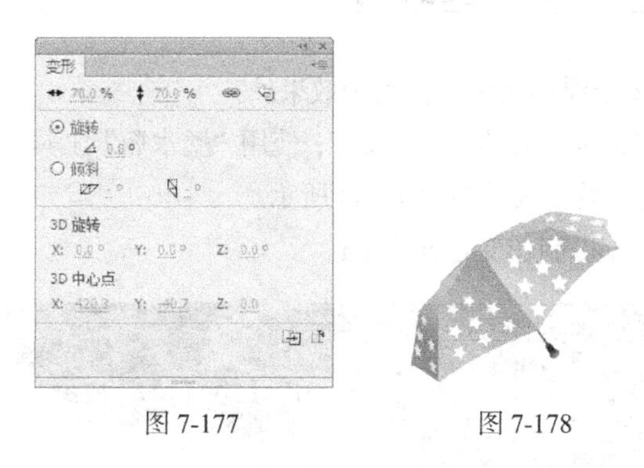

图 7-177　　图 7-178

选择“选择”工具，选中图形，选择“窗口 > 属性”命令，弹出图形“属性”面板，在“色彩效果”选项组中的“样式”选项的下拉列表中选择“Alpha”，将下方的“Alpha 数量”选项设置为 20，如图 7-179 所示。

舞台中图形的不透明度被改变，如图 7-180 所示。在“时间轴”面板中，用鼠标右键单击第 1 帧，在弹出的菜单中选择“创建传统补间”命令，第 1 帧～第 10 帧之间生成动作补间动画，如图 7-181 所示。按 Enter 键，让播放头进行播放，即可观看制作效果。

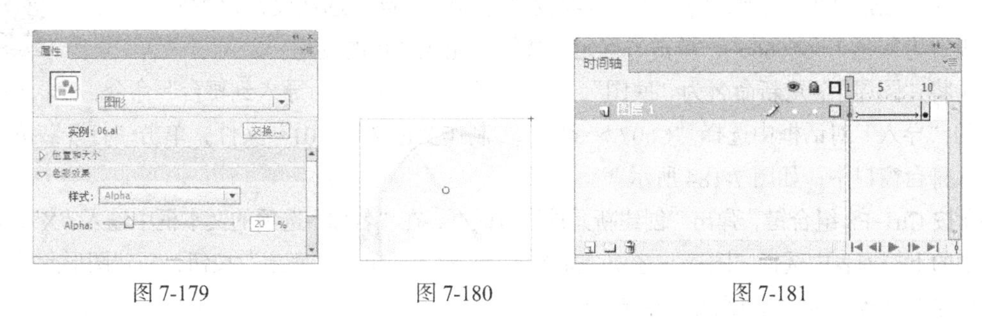

图 7-179　　图 7-180　　图 7-181

在不同的关键帧中，图形的动作变化效果如图 7-182 所示。

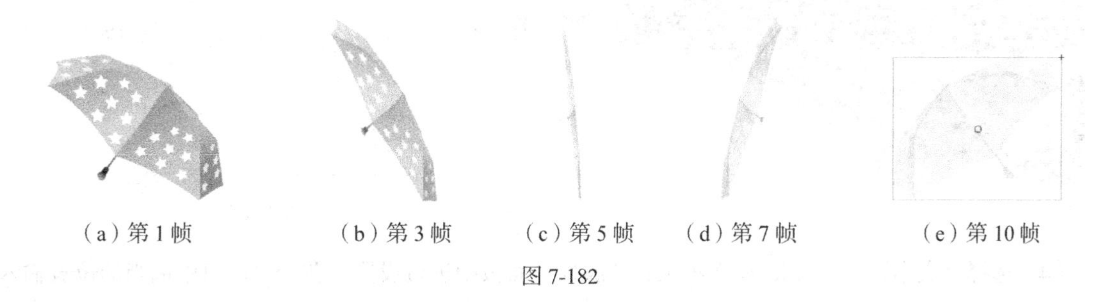
（a）第 1 帧　　（b）第 3 帧　　（c）第 5 帧　　（d）第 7 帧　　（e）第 10 帧

图 7-182

7.5 色彩变化动画

色彩变化动画是指对象没有动作和形状上的变化，只是在颜色上产生了变化。

命令介绍

色彩变化动画：在不同的帧中为对象设置不同的颜色，使对象产生颜色上的动画效果。

7.5.1 课堂案例——制作变色文字

【案例学习目标】使用多个浮动面板制作动画效果。

【案例知识要点】使用“文本”工具，输入文字；使用“墨水瓶”工具，为文字添加轮廓；使用“属性”面板，改变文字的颜色，最终效果如图 7-183 所示。

【效果所在位置】Ch07/效果/制作变色文字.fla。

图 7-183

1．导入素材并制作图形元件

（1）选择“文件 > 新建”命令，弹出“新建文档”对话框，在“常规”选项卡中选择“ActionScript 3.0”选项，将“宽”选项设置为 600，“高”选项设置为 248，“背景颜色”设置为灰色（#666666），单击“确定”按钮，完成文档的创建。

（2）将“图层 1”重新命名为“底图”。选择“文件 > 导入 > 导入到舞台”命令，在弹出的“导入”对话框中选择“Ch07 > 素材 > 制作变色文字> 01”文件，单击“打开”按钮，文件被导入舞台窗口中，如图 7-184 所示。

（3）按 Ctrl+F8 组合键，弹出“创建新元件”对话框，在“名称”选项的文本框中输入“X”，在“类型”选项的下拉列表中选择“图形”选项，如图 7-185 所示，单击“确定”按钮，新建图形元件“X”。舞台窗口也随之转换为图形元件的舞台窗口。

图 7-184

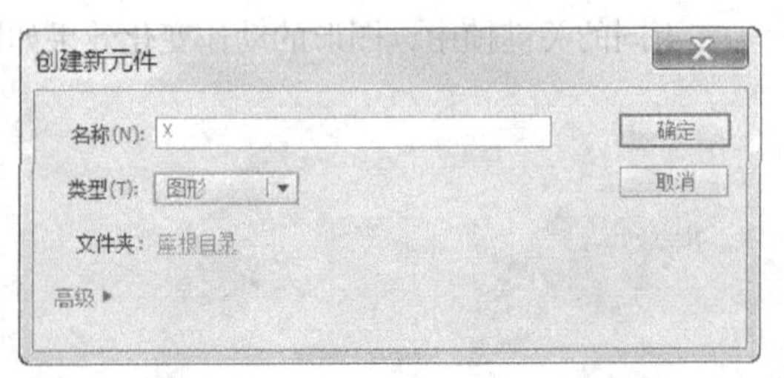

图 7-185

（4）选择“文本”工具T，在文本工具“属性”面板中进行设置，在舞台窗口中适当的位置输入大小为 79、字体为“Eras Bold ITC”的黑色英文，文字效果如图 7-186 所示。

（5）选择“选择”工具，选中英文，按 Ctrl+B 组合键，将其打散，如图 7-187 所示。选择“墨水瓶”工具，在墨水瓶工具“属性”面板中，将“笔触颜色”设置为白色，“笔触”选项设置为 2，在字母的边缘单击，如图 7-188 所示，为文字勾画轮廓。用相同的方法分别制作图像元件“M”“A”“S”，如图 7-189 所示。

图 7-186

图 7-187

图 7-188

图 7-189

（6）在“库”面板中新建一个图形元件“文字”，如图 7-190 所示，窗口也随之转换为图像元件的舞台窗口。选择“文本”工具，在文本工具“属性”面板中进行设置，在舞台窗口中适当的位置输入大小为 79，字母间距为-5.9、字体为“Eras Bold ITC”的淡蓝色（#EAF6FD）英文，文字效果如图 7-191 所示。

（7）选择“选择”工具，选中英文。按 Ctrl+T 组合键，在弹出的“变形”面板中，将“旋转”选项设置为-3.8° 如图 7-192 所示，按 Enter 键，确认操作，效果如图 7-193 所示。

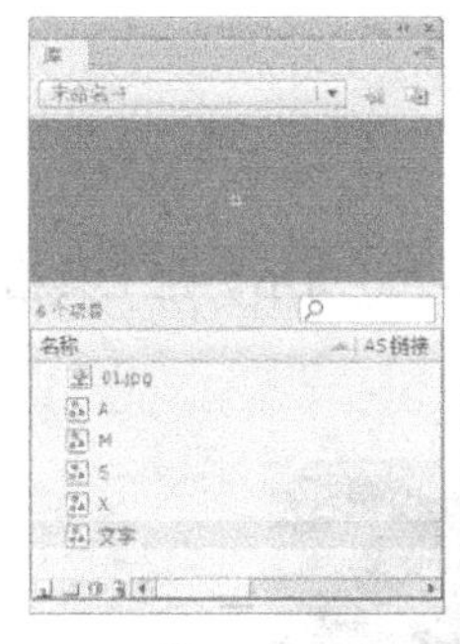

图 7-190

图 7-191

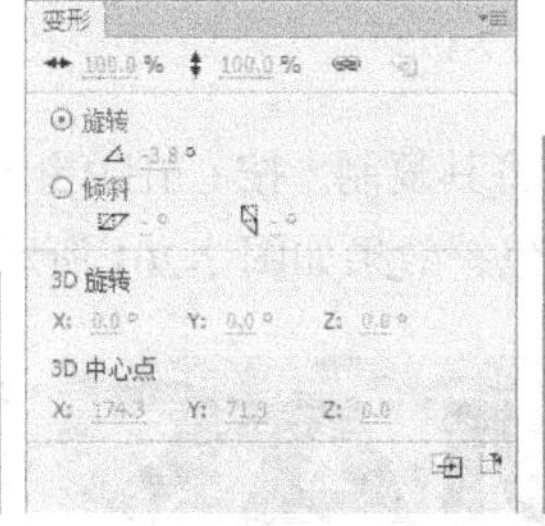

图 7-192

图 7-193

（8）按 Ctrl+C 组合键，将文字复制到剪贴板。在工具箱中将“填充颜色”设置为黑色，效果如图 7-194 所示。单击“时间轴”面板下方的“新建图层”按钮，新建“图层 2”。按 Ctrl+Shift+V 组合键，将复制的文字原位粘贴到“图层 2”中，按向上的方向键和向左的方向键多次，移动文字的位置，效果如图 7-195 所示。

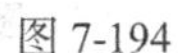
图 7-194

图 7-195

2．制作变色文字动画

（1）在“库”面板中新建一个影片剪辑元件“变色文字”，如图 7-196 所示。窗口也随之转换为影片剪辑元件的舞台窗口。将“图层 1”重命名为“阴影”。分别将“库”面板中的图形元件“X”“M”“A”“S”拖曳到舞台窗口中，并放置在适当的位置，如图 7-197 所示。选中“阴影”图层的第 20 帧，按 F5 键，插入普通帧。

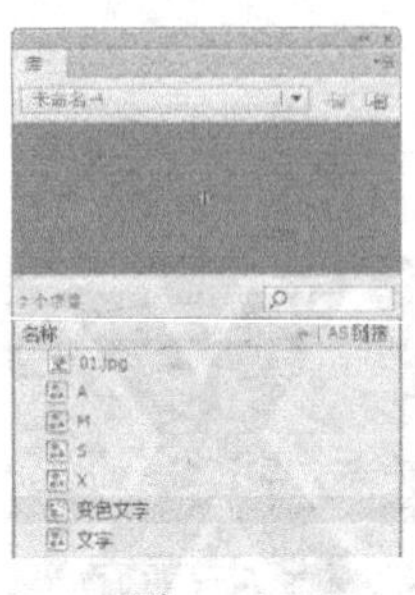

图 7-196

图 7-197

（2）按 Ctrl+A 组合键，将其全部选中。在“变形”面板中，将“旋转”选项设置为-3.1°，如图 7-198 所示，按 Enter 键，确认操作，效果如图 7-199 所示。

图 7-198

图 7-199

（3）按 Ctrl+C 组合键，将其复制。按 Ctrl+B 组合键，将其打散，效果如图 7-200 所示。在工具箱中将“笔触颜色”设置为黑色，效果如图 7-201 所示。

图 7-200

图 7-201

（4）在“时间轴”面板中创建新图层并将其命名为“描边”。按 Ctrl+Shift+V 组合键，将复制的图形原位粘贴到“描边”图层中，如图 7-202 所示。按向上的方向键和向左的方向键多次，移动图像的位置，效果如图 7-203 所示。

图 7-202

图 7-203

（5）按 Ctrl+C 组合键，将其复制。在“时间轴”面板中创建新图层并将其命名为“填充色彩”。按 Ctrl+Shift+V 组合键，将复制的图形原位粘贴到“填充色彩”图层中。

（6）选择“选择”工具，在舞台窗口中选中“X”实例，在图形“属性”面板中选择“色彩效果”选项组，在“样式”选项的下拉列表中选择“色调”，在右侧的颜色框中将颜色设置为洋红色（#E84693），其他选项的设置如图 7-204 所示，效果如图 7-205 所示。

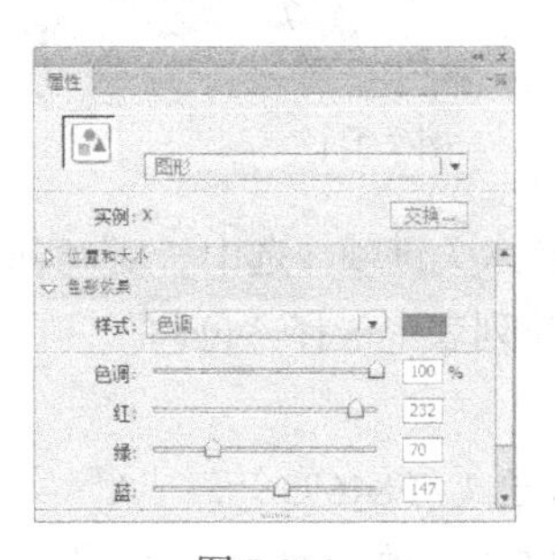

图 7-204　　图 7-205

（7）在舞台窗口中选中“M”实例，在图形“属性”面板中选择“色彩效果”选项组，在“样式”选项的下拉列表中选择“色调”，在右侧的颜色框中将颜色设置为黄色（#FFEF00），其他选项的设置如图 7-206 所示，效果如图 7-207 所示。

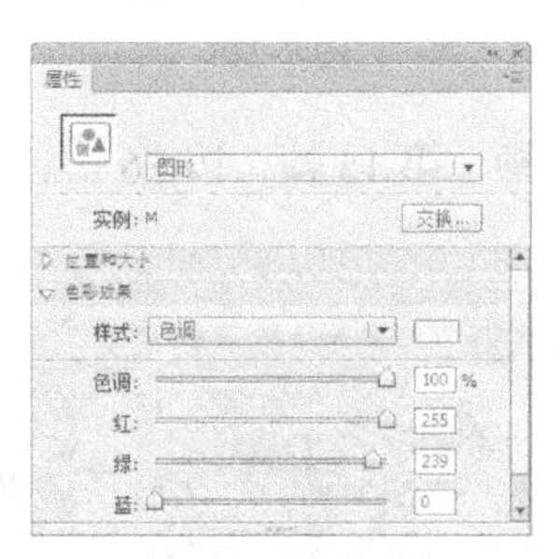

图 7-206　　图 7-207

（8）在舞台窗口中选中“A”实例，在图形“属性”面板中选择“色彩效果”选项组，在“样式”选项的下拉列表中选择“色调”，在右侧的颜色框中将颜色设置为蓝色（#00A1E9），其他选项的设置如图 7-208 所示，效果如图 7-209 所示。

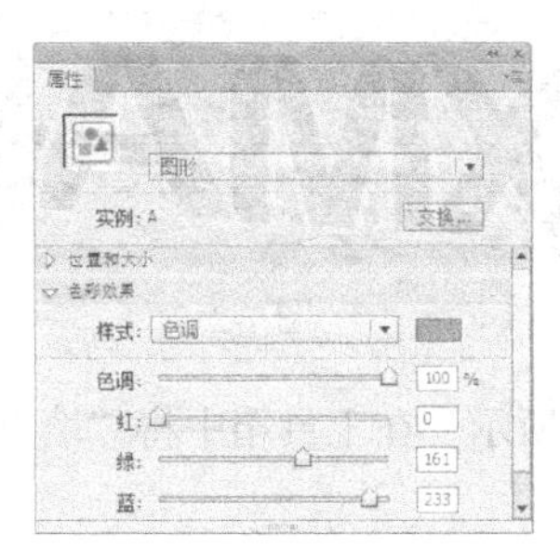

图 7-208　　图 7-209

（9）在舞台窗口中选中“S”实例，在图形“属性”面板中选择“色彩效果”选项组，在“样式”选项的下拉列表中选择“色调”，在右侧的颜色框中将颜色设置为绿色（#9AC718），其他选项的设置如图 7-210 所示，效果如图 7-211 所示。

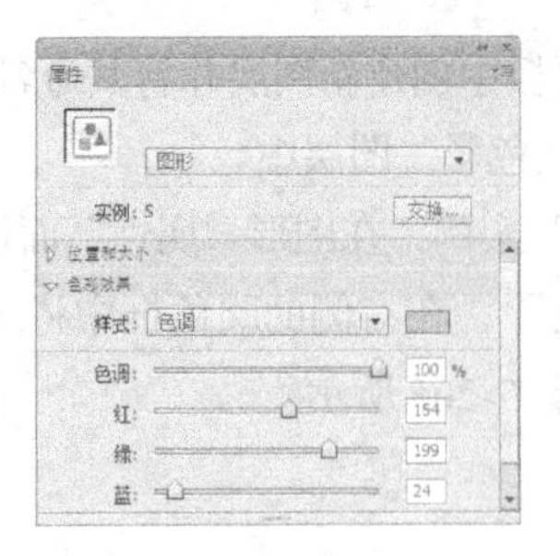

图 7-210

图 7-211

（10）选中“填充色彩”图层的第 5 帧，按 F6 键，插入关键帧。选中“X”实例，在图形“属性”面板中选择“色彩效果”选项组，在“样式”选项的下拉列表中选择“色调”，在右侧的颜色框中将颜色设置为绿色（#9AC718），效果如图 7-212 所示。

（11）用相同的方法将“M”实例的色彩修改为洋红色（#E84693），“A”实例的色彩修改为黄色（#FFEF00），“S”实例的色彩修改为蓝色（#00A1E9），效果如图 7-213 所示。

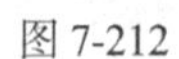

图 7-212

图 7-213

（12）用上述的方法分别在“填充色彩”图层的第 10 帧、第 15 帧，按 F6 键，插入关键帧。并分别修改实例的颜色，效果如图 7-214 和图 7-215 所示。

图 7-214

图 7-215

（13）在“时间轴”面板中将“描边”图层拖曳到“填充色彩”图层的上方，如图 7-216 所示，效果如图 7-217 所示。

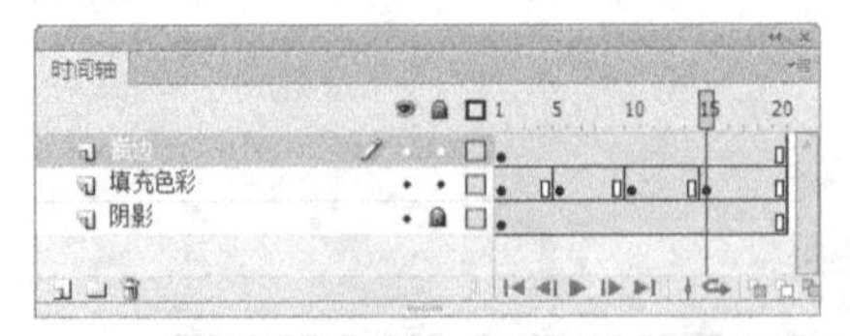

图 7-216

图 7-217

（14）按 Ctrl+B 组合键，将其打散，效果如图 7-218 所示。在工具箱中将“填充颜色”设置为无，效果如图 7-219 所示。

图 7-218

图 7-219

（15）单击舞台窗口左上方的“场景 1”图标 场景 1，进入“场景 1”的舞台窗口。在“时间轴”面板中创建新图层并将其命名为“变色文字”。将“库”面板中的影片剪辑元件“变色文字”拖曳到舞台窗口中，选择“任意变形”工具，调整大小并放置在适当的位置，如图 7-220 所示。

（16）在“时间轴”面板中创建新图层并将其命名为“文字”。将“库”面板中的图形元件“文字”拖曳到舞台窗口中并放置在适当的位置，如图 7-221 所示。变色文字制作完成，按 Ctrl+Enter 组合键即可查看效果。

图 7-220

图 7-221

7.5.2　色彩变化动画

新建空白文档，选择“文件 > 导入 > 导入到舞台”命令，将“07”文件导入舞台中，如图 7-222 所示。选中玫瑰花，按 Ctrl+B 组合键，将其打散，如图 7-223 所示。

在“时间轴”面板中选中第 10 帧，按 F6 键，在第 10 帧上插入关键帧，如图 7-224 所示。第 10 帧中也显示出第 1 帧中的玫瑰花。

图 7-222

图 7-223

图 7-224

按 Ctrl+A 组合键，将绿色玫瑰花全部选中，单击工具箱下方的“填充颜色”按钮，在弹出的色彩框中选择粉色（#FF6699），这时，绿色玫瑰的颜色发生变化，被修改为粉色，如图 7-225 所示。在“时间轴”面板中选中第 1 帧，单击鼠标右键，在弹出的菜单中选择“创建补间形状”命令，如图 7-226 所示。在“时间轴”面板中，第 1 帧 ~ 第 10 帧之间生成色彩变化动画，如图 7-227 所示。

图 7-225

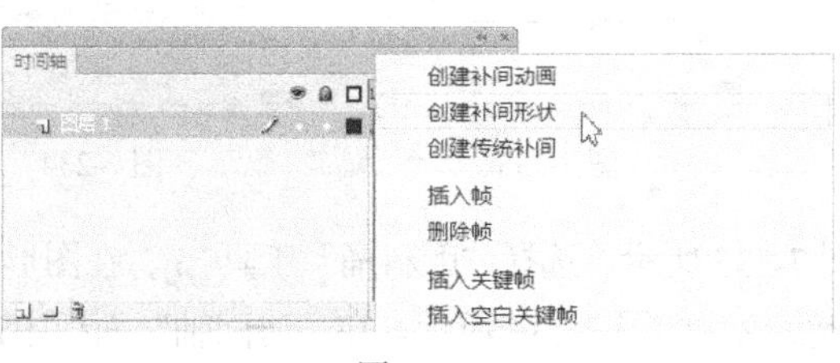

图 7-226

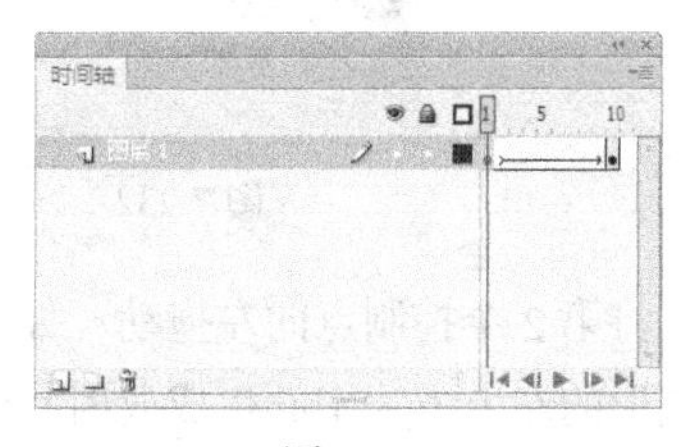

图 7-227

在不同的关键帧中，玫瑰花的颜色变化效果如图 7-228 所示。

（a）第 1 帧

（b）第 3 帧

（c）第 5 帧

（d）第 7 帧

（e）第 9 帧

（f）第 10 帧

图 7-228

还可以应用渐变色彩来制作色彩变化动画，下面将进行介绍。

新建空白文档，选择“文件 > 导入 > 导入到舞台”命令，将“08”文件导入舞台中，如图 7-229 所示。选中图形，多次按 Ctrl+B 组合键，将图形打散，如图 7-230 所示。

选择“窗口 > 颜色”命令，弹出“颜色”面板，在“颜色类型”选项的下拉列表中选择“径向渐变”，如图 7-231 所示。

图 7-229

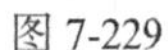

图 7-230

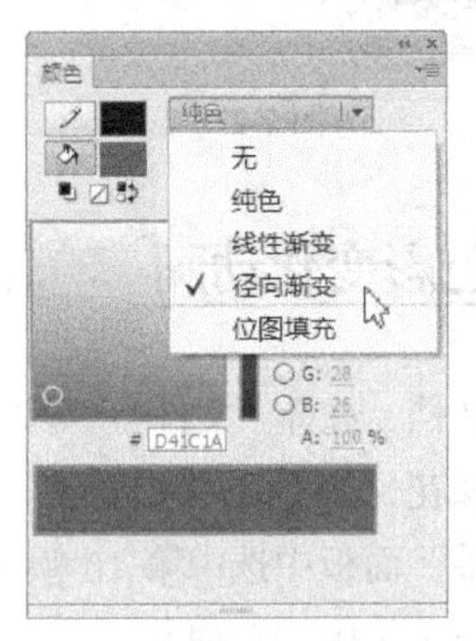

图 7-231

在“颜色”面板中，在滑动色带上选中左侧的颜色控制点，如图 7-232 所示。在面板的颜色框中设置控制点的颜色，在面板右下方的颜色明暗度调节框中，通过拖动鼠标来设置颜色的明暗度，如图 7-233 所示，将第 1 个控制点设置为淡蓝色（#6BE0F5）。再选中右侧的颜色控制点，在颜色选择框和明暗度调节框中设置颜色，如图 7-234 所示，将第 2 个控制点设置为深蓝色（#151E9A）。

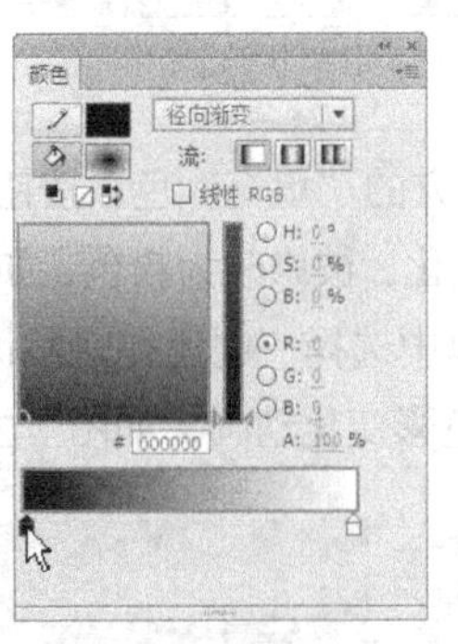

图 7-232

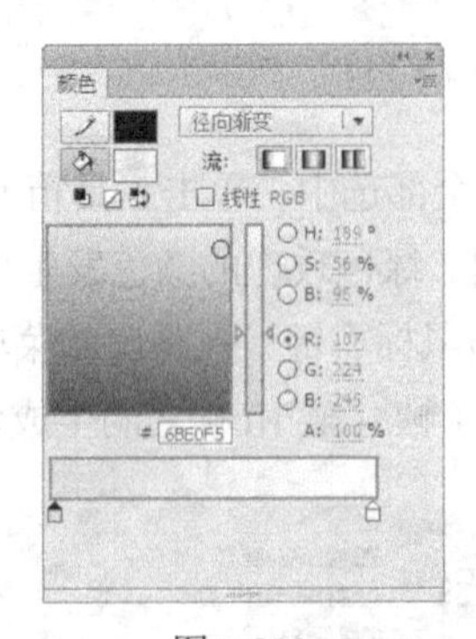

图 7-233

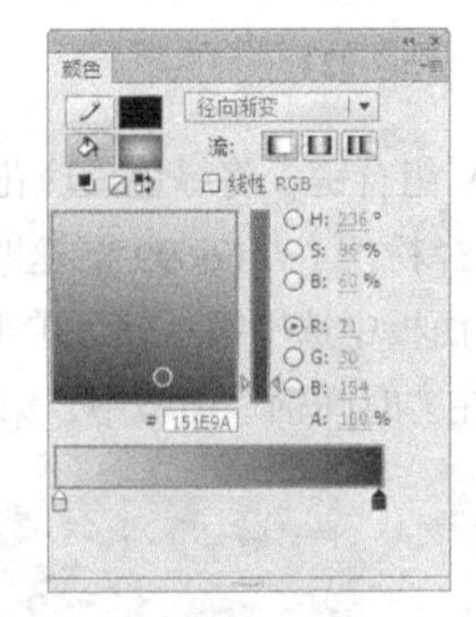

图 7-234

将第 2 个控制点向左拖动，如图 7-235 所示。选择“颜料桶”工具，在图形的左上方单击鼠标，以图形的左上方为中心生成放射状渐变色，如图 7-236 所示。在“时间轴”面板中选中第 10 帧，按 F6 键，在第 10 帧上插入关键帧，如图 7-237 所示。第 10 帧中也显示出第 1 帧中的图形。

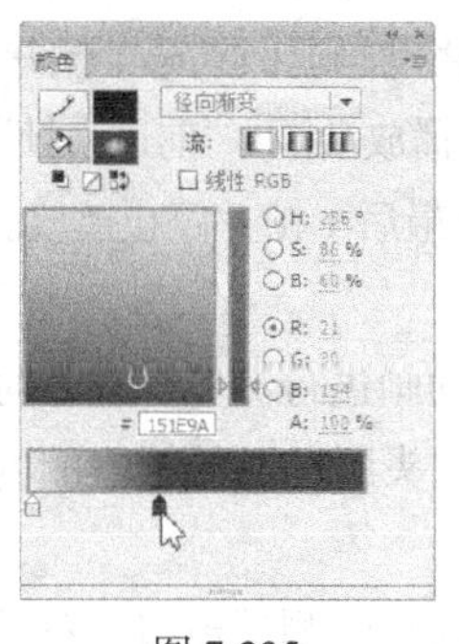

图 7-235

图 7-236

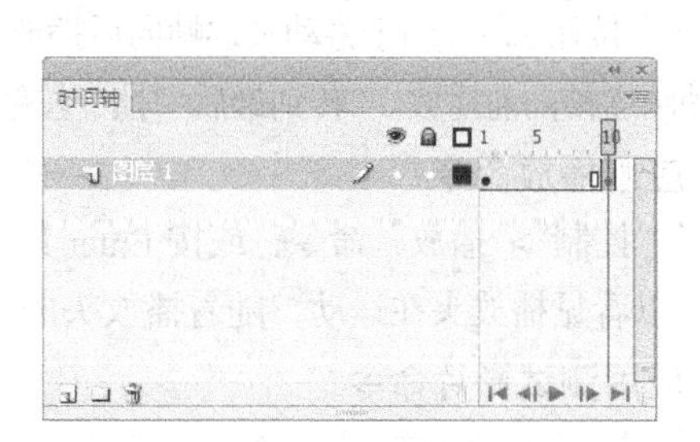

图 7-237

选择“颜料桶”工具，在图形的右下方单击鼠标，以图形的右下方为中心生成放射状渐变色，如图 7-238 所示。在“时间轴”面板中选中第 1 帧，单击鼠标右键，在弹出的菜单中选择“创建补间形状”命令，如图 7-239 所示。

在“时间轴”面板中，第 1 帧～第 10 帧之间生成色彩变化动画，如图 7-240 所示。

图 7-238

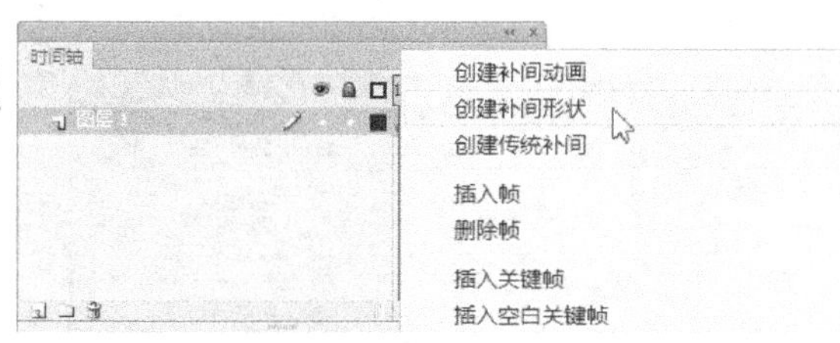

图 7-239

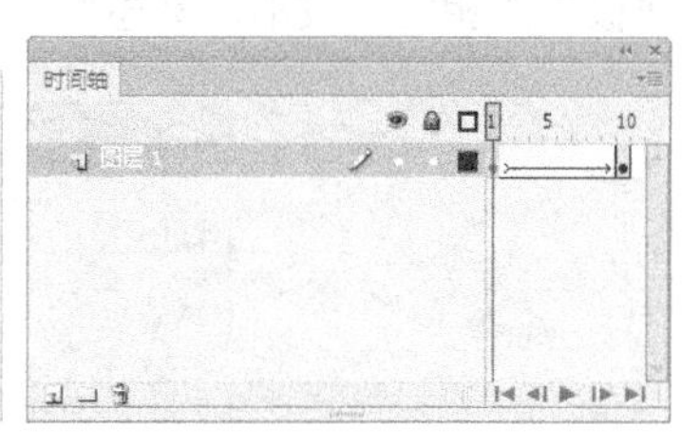

图 7-240

在不同的关键帧中，图形颜色变化效果如图 7-241 所示。

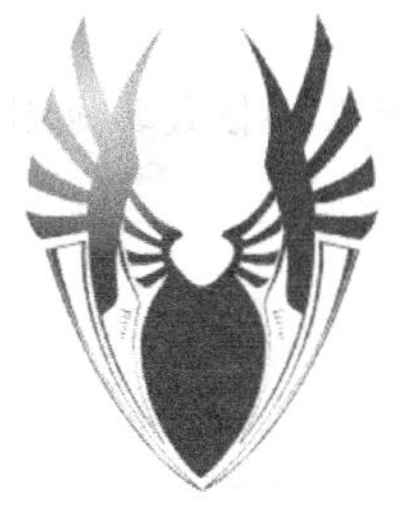

（a）第 1 帧

（b）第 3 帧

（c）第 5 帧

（d）第 7 帧

（e）第 10 帧

图 7-241

7.5.3 测试动画

在制作完成动画后，要对其进行测试。可以通过多种方法来测试动画。

1. 应用控制器面板

选择“窗口 > 工具栏 > 控制器”命令，弹出“控制器”面板，如图 7-242 所示。

图 7-242

“停止”按钮：用于停止播放动画。“转到第一帧”按钮：用于将动画返回到第 1 帧并停止播放。“后退一帧”按钮：用于将动画逐帧向后播放。“播放”按钮：用于播放动画。“前进一帧”按钮：用于将动画逐帧向前播放。“转到最后一帧”按钮：用于将动画跳转到最后 1 帧并停止播放。

2．应用播放命令

选择“控制 > 播放”命令，或按 Enter 键，可以对当前舞台中的动画进行浏览。在“时间轴”面板中，可以看见播放头在运动，随着播放头的运动，舞台中显示出播放头所经过的帧上的内容。

3．应用测试影片命令

选择“控制 > 测试影片”命令，或按 Ctrl+Enter 组合键，可以进入动画测试窗口，对动画作品的多个场景进行连续的测试。

4．应用测试场景命令

选择“控制 > 测试场景”命令，或按 Ctrl+Alt+Enter 组合键，可以进入动画测试窗口，测试当前舞台窗口中显示的场景或元件中的动画。

5．应用时间轴面板

选择“窗口 > 时间轴”命令，弹出“时间轴”面板，如图 7-243 所示。按钮的功能与“控制器”面板中的相同，故不再赘述。

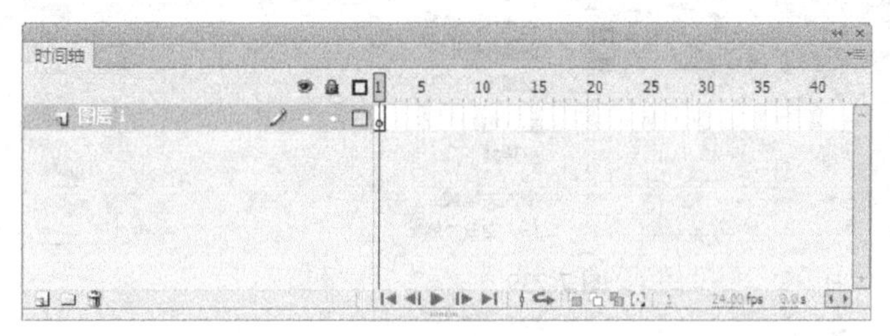

图 7-243

提示 如果需要循环播放动画，选择“控制 > 循环播放”命令，再应用“播放”按钮或其他测试命令即可。

7.5.4 “影片浏览器”面板的功能

“影片浏览器”面板，可以将 Flash CS6 文件组成树形关系图。方便用户进行动画分析、管理或修改。在其中可以查看每一个元件，熟悉帧与帧之间的关系，查看动作脚本等，也可快速查找需要的对象。

选择“窗口 > 影片浏览器”命令，弹出“影片浏览器”面板，如图 7-244 所示。

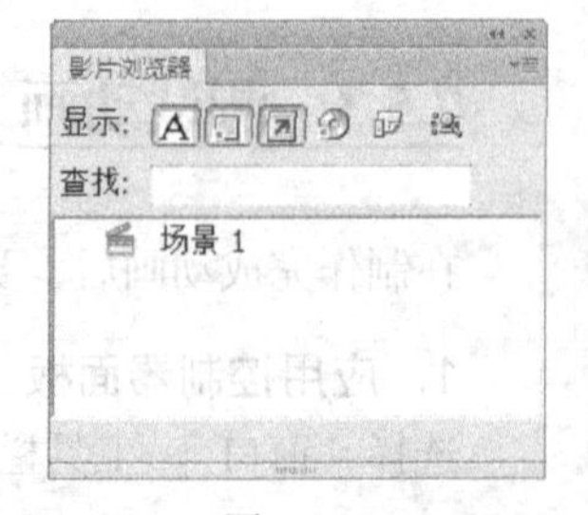

图 7-244

“显示文本”按钮A：用于显示动画中的文字内容。

“显示按钮、影片剪辑和图形”按钮：用于显示动画中的按钮、影片剪辑和图形。

“显示动作脚本”按钮：用于显示动画中的脚本。

“显示视频、声音和位图”按钮：用于显示动画中的视频、声音和位图。

“显示帧和图层”按钮：用于显示动画中的关键帧和图层。

“自定义要显示的项目”按钮：单击此按钮，弹出“影片管理器设置”对话框，在对话框中可以自定义在“影片浏览器”面板中显示的内容。

“查找”选项：可以在此选项的文本框中输入要查找的内容，这样可以快速地找到需要的对象。

课堂练习——制作飞机动画

【练习知识要点】使用“钢笔”工具，绘制飞机和云彩；使用“属性”面板，设置图形的不透明度；使用“创建传统补间”命令，制作云和飞机动画效果，最终效果如图 7-245 所示。

【素材所在位置】Ch07/素材/制作飞机动画/01。

【效果所在位置】Ch07/效果/制作飞机动画.fla。

图 7-245

课后习题——制作加载条效果

【习题知识要点】使用“钢笔”工具和“颜色”面板，制作加载条；使用“逐帧”动画，制作数据变化效果。使用“文本”工具，添加文本，最终效果如图 7-246 所示。

【素材所在位置】Ch07/素材/制作加载条效果/01。

【效果所在位置】Ch07/效果/制作加载条效果.fla。

扫码观看
本案例视频

图 7-246

第8章 层与高级动画

本章介绍

层在 Flash CS6 中有着举足轻重的作用。只有掌握层的概念和熟练应用不同性质的层，才有可能成为真正的 Flash 高手。本章详细介绍层的应用技巧和使用不同性质的层来制作高级动画。通过对本章的学习，读者可以了解并掌握层的强大功能，并能充分利用层来为自己的动画设计作品增光添彩。

学习目标

- 掌握层的基本操作。
- 掌握引导层和运动引导层动画的制作方法。
- 掌握遮罩层的使用方法和应用技巧。
- 熟悉运用分散到图层功能和编辑对象。
- 了解场景动画的创建和编辑方法。

技能目标

- 掌握“飞舞的蒲公英”的制作方法。
- 掌握“招贴广告”的制作方法。
- 掌握“促销广告”的制作方法。

8.1 层、引导层与运动引导层的动画

图层类似于叠在一起的透明纸，下面图层中的内容可以通过上面图层中不包含内容的区域透过来。除了普通图层，还有一种特殊类型的图层——引导层。在引导层中，可以像其他层一样绘制各种图形和引入元件等，但最终发布时引导层中的对象不会显示出来。

命令介绍

运动引导层：如果希望创建按照任意轨迹运动的动画，就需要添加运动引导层。

8.1.1 课堂案例——制作飞舞的蒲公英

【案例学习目标】使用绘图工具制作引导层，使用创建补间动画命令制作动画。

【案例知识要点】使用“钢笔”工具，绘制线条并添加运动引导层；使用“创建传统补间”命令，制作出飞舞的蒲公英效果，最终效果如图 8-1 所示。

【效果所在位置】Ch08/效果/制作飞舞的蒲公英.fla。

图 8-1

1. 导入图片

（1）选择“文件 > 新建”命令，弹出“新建文档”对话框，在“常规”选项卡中选择“ActionScript 3.0”选项，将“宽度”选项设置为 505，“高度”选项设置为 464，“背景颜色”设置为黑色，单击“确定”按钮，完成文档的创建。

（2）在“库”面板中新建图形元件“蒲公英”，如图 8-2 所示，舞台窗口也随之转换为图形元件的舞台窗口。选择“文件 > 导入 > 导入舞台”命令，在弹出的“导入”对话框中选择“Ch08 > 素材 > 制作飞舞的蒲公英 > 02”文件，单击“打开”按钮，文件被导入舞台窗口中，如图 8-3 所示。

（3）在“库”面板中新建影片剪辑元件“动 1”，如图 8-4 所示，舞台窗口也随之转换为影片剪辑元件的舞台窗口。

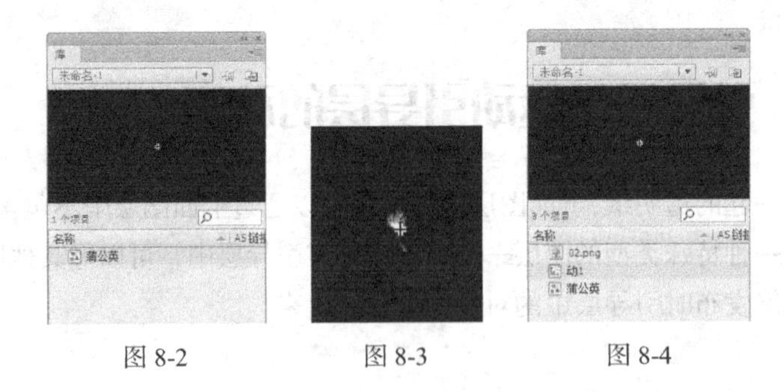

图 8-2　　图 8-3　　图 8-4

（4）在“图层 1”上单击鼠标右键，在弹出的菜单中选择“添加传统运动引导层”命令，效果如图 8-5 所示。选择“钢笔”工具，在工具箱中将“笔触颜色”设置为绿色（#00FF00），在舞台窗口中绘制一条曲线，效果如图 8-6 所示。

（5）选中“图层 1”图层的第 1 帧，将“库”面板中的图形元件“蒲公英”拖曳到舞台窗口中曲线的下方端点，效果如图 8-7 所示。选中引导层的第 85 帧，按 F5 键，插入普通帧。

（6）选中“图层 1”的第 85 帧，按 F6 键，插入关键帧，在舞台窗口中选中“蒲公英”实例，将其拖曳到曲线的上方端点，如图 8-8 所示。用鼠标右键单击“图层 1”的第 1 帧，在弹出的菜单中选择“创建传统补间”命令，生成传统补间动画。

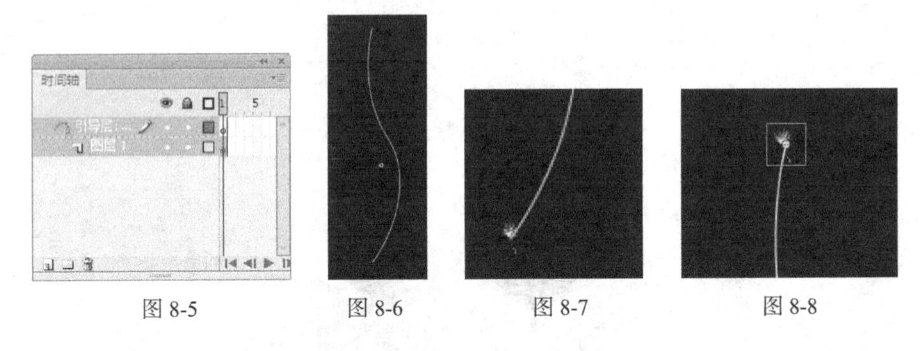

图 8-5　　图 8-6　　图 8-7　　图 8-8

（7）在“库”面板中新建影片剪辑元件“动 2”。在“图层 1”上单击鼠标右键，在弹出的菜单中选择“添加传统运动引导层”命令。选中传统引导层的第 1 帧，选择“钢笔”工具，在舞台窗口中绘制一条曲线，效果如图 8-9 所示。

（8）选中“图层 1”的第 1 帧，将“库”面板中的图形元件“蒲公英”拖曳到舞台窗口中曲线的下方端点，如图 8-10 所示。选中引导层的第 83 帧，按 F5 键，插入普通帧。选中“图层 1”的第 83 帧，按 F6 键，插入关键帧，在舞台窗口中选中“蒲公英”实例，将其拖曳到曲线的上方端点，如图 8-11 所示。

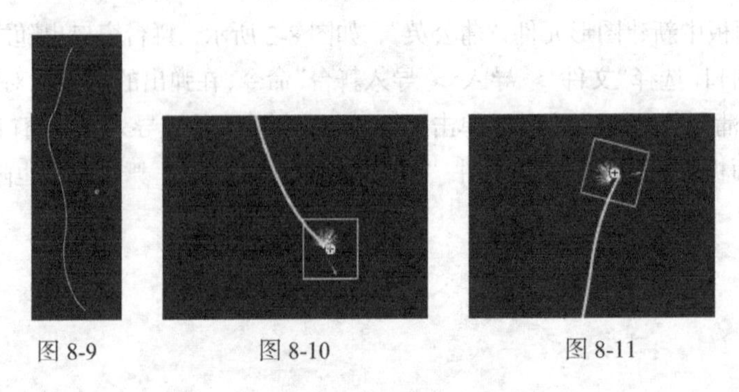

图 8-9　　图 8-10　　图 8-11

（9）用鼠标右键单击“图层 1”的第 1 帧，在弹出的菜单中选择“创建传统补间”命令，生成传统补间动画。

（10）在“库”面板中新建影片剪辑元件“动 3”。在“图层 1”上单击鼠标右键，在弹出的菜单中选择“添加传统运动引导层”命令，效果如图 8-12 所示。选中传统引导层的第 1 帧，选择“钢笔”工具，在舞台窗口中绘制一条曲线，效果如图 8-13 所示。

（11）选中“图层 1”的第 1 帧，将“库”面板中的图形元件“蒲公英”拖曳到舞台窗口中曲线的下方端点。选中引导层的第 85 帧，按 F5 键，插入普通帧。选中“图层 1”的第 85 帧，按 F6 键，插入关键帧，如图 8-14 所示。在舞台窗口中选中“蒲公英”实例，将其拖曳到曲线的上方端点。

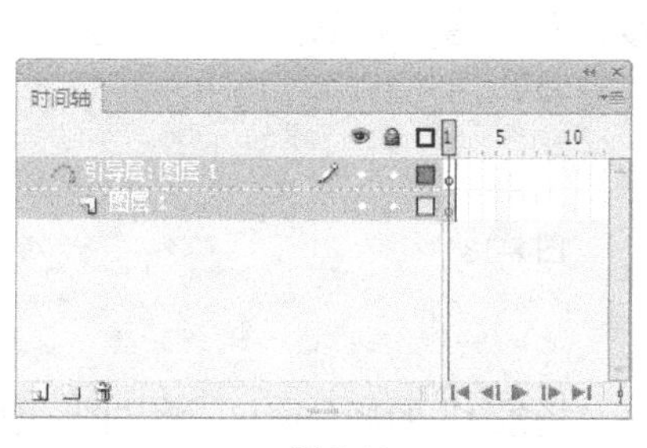

图 8-12

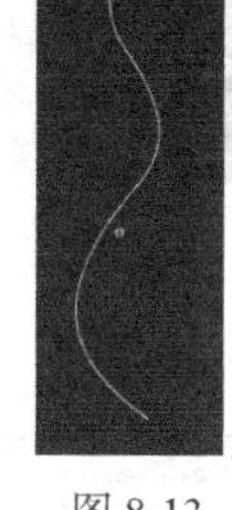

图 8-13

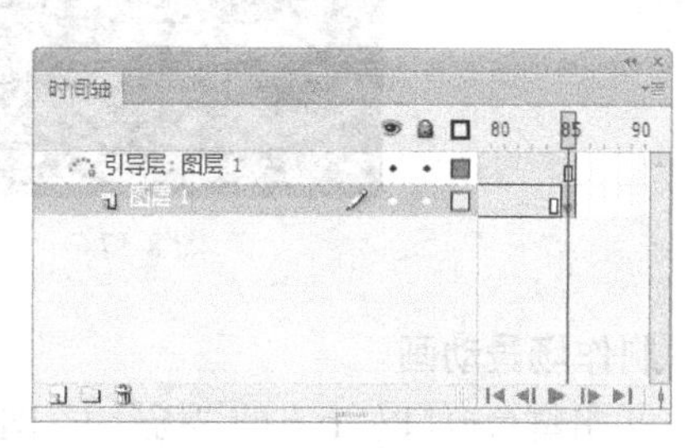

图 8-14

（12）用鼠标右键单击“图层 1”的第 1 帧，在弹出的菜单中选择“创建传统补间”命令，生成传统补间动画。

（13）在“库”面板中新建影片剪辑元件“一起动”。将“图层 1”重新命名为“1”。分别将“库”面板中的影片剪辑元件“动 1”“动 2”“动 3”向舞台窗口中拖曳 2～3 次，并调整到合适的大小，效果如图 8-15 所示。选中“1”图层的第 80 帧，按 F5 键，插入普通帧。

（14）在“时间轴”面板中创建新图层并将其命名为“2”。选中“2”图层的第 10 帧，按 F6 键，插入关键帧。分别将“库”面板中的影片剪辑元件“动 1”“动 2”“动 3”向舞台窗口中拖曳 2～3 次，并调整到合适的大小，效果如图 8-16 所示。

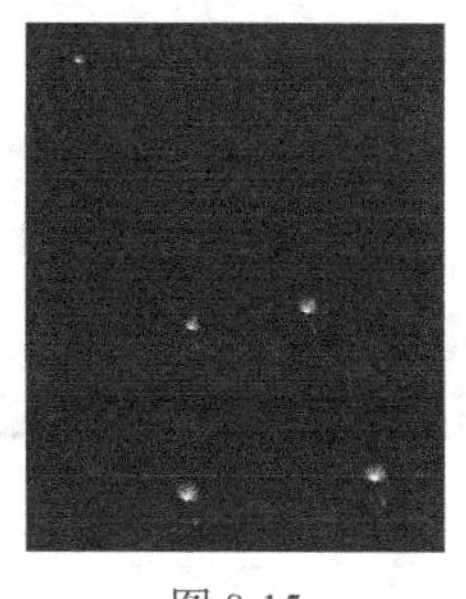

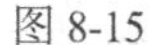

图 8-15

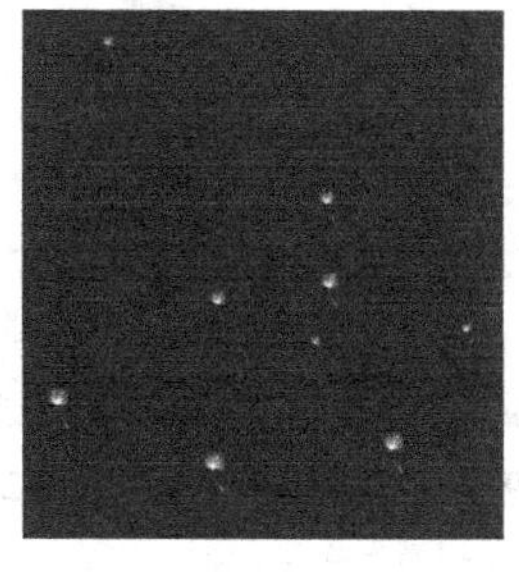

图 8-16

（15）继续在“时间轴”面板中创建 4 个新图层并分别命名为“3”“4”“5”“6”。分别选中“3”图层的第 20 帧、“4”图层的第 30 帧、“5”图层的第 40 帧、“6”图层的第 50 帧，按 F6 键，插入关键帧。分别将“库”面板中的影片剪辑元件“动 1”“动 2”“动 3”向被选中的帧所对应的舞台窗口中拖曳 2～3 次，并调整到合适的大小，效果如图 8-17 所示。

（16）在“时间轴”面板中创建新图层并将其命名为“动作脚本”。选中“动作脚本”图层的第 80 帧，按 F6 键，插入关键帧。选择“窗口 > 动作”命令，弹出“动作”面板，在面板的左上方将脚本语言版本设置为“Action Script 1.0 & 2.0”，在面板中单击“将新项目添加到脚本中”按钮，在弹出的菜单中依次选择“全局函数 > 时间轴控制 > stop”命令，在“脚本窗口”中显示出选择的脚本语言，如图 8-18 所示。设置好动作脚本后，关闭“动作”面板。在“动作脚本”图层的第 80 帧上显示出一个标记“a”。

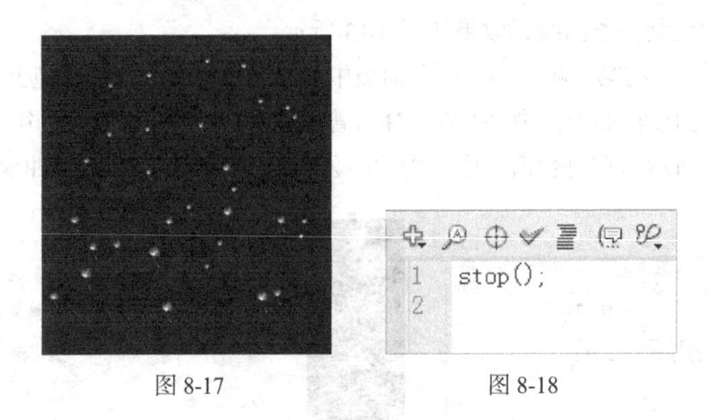

图 8-17　　图 8-18

2．制作场景动画

（1）单击舞台窗口左上方的“场景 1”图标，进入“场景 1”的舞台窗口。将“图层 1”重新命名为“底图”。选择“文件 > 导入 > 导入舞台”命令，在弹出的“导入”对话框中选择“Ch08 > 素材 > 飞舞的蒲公英 > 01”文件，单击“打开”按钮，文件被导入舞台窗口中，效果如图 8-19 所示。

（2）在“时间轴”面板中创建新图层并将其命名为“蒲公英”。将“库”面板中的影片剪辑元件“一起动”拖曳到舞台窗口中，选择“任意变形”工具，调整大小并放置到适当的位置，效果如图 8-20 所示。选择“文件 > 导入 > 导入舞台”命令，在弹出的“导入”对话框中选择“Ch08 > 素材 > 飞舞的蒲公英 > 03”文件，单击“打开”按钮，文件被导入舞台窗口中，效果如图 8-21 所示。

图 8-19　　图 8-20　　图 8-21

（3）选择“任意变形”工具，选中蒲公英，按住 Alt 键的同时，将其拖曳到适当的位置复制图形，并调整其大小，效果如图 8-22 所示。用相同的方法复制多个蒲公英，效果如图 8-23 所示。

（4）在“时间轴”面板中创建新图层并将其命名为“矩形”。选择“矩形”工具，在工具箱中将“笔触颜色”设置为无，“填充颜色”设置为绿色（#497305），在舞台窗口中绘制一个矩形，效果如图 8-24 所示。

图 8-22

图 8-23

图 8-24

（5）在“时间轴”面板中创建新图层并将其命名为“文字”。选择“文本”工具T，在文本工具“属性”面板中进行设置，在舞台窗口中适当的位置输入大小为 65、字体为“方正卡通简体”的绿色（#006600）文字，文字效果如图 8-25 所示。

（6）选中文字“公”，如图 8-26 所示。在文本工具“属性”面板中，将“系列”选项设置为“方正黄草简体”，“大小”选项设置为 110，效果如图 8-27 所示。

（7）选中“文字”图层，选择“选择”工具，选中文字，按 Ctrl+C 组合键，复制文字。在“颜色”面板中将“Alpha”选项设置为 30%，效果如图 8-28 所示。按 Ctrl+Shift+V 组合键，将复制的文字原位粘贴到当前位置。在舞台窗口中将复制的文字拖曳到适当的位置，使文字产生阴影效果，效果如图 8-29 所示。

图 8-25　图 8-26　图 8-27　图 8-28　图 8-29

（8）选择“文本”工具T，在文本工具“属性”面板中进行设置，在舞台窗口中适当的位置输入大小为 14、字体为“方正大黑简体”的绿色（#006600）文字，文字效果如图 8-30 所示。再次在舞台窗口中输入大小为 45、字体为“方正兰亭特黑简体”的绿色（#006600）文字，文字效果如图 8-31 所示。

（9）选择“窗口 > 颜色”命令，弹出“颜色”面板，选中“填充颜色”按钮，将“填充颜色”设置为绿色（#006633），“Alpha”选项设置为 50%，如图 8-32 所示。选择“文本”工具T，在文本工具“属性”面板中进行设置，在舞台窗口中适当的位置输入大小为 10、字体为“方正兰亭粗黑简体”的文字，文字效果如图 8-33 所示。飞舞的蒲公英效果制作完成，按 Ctrl+Enter 组合键即可查看效果。

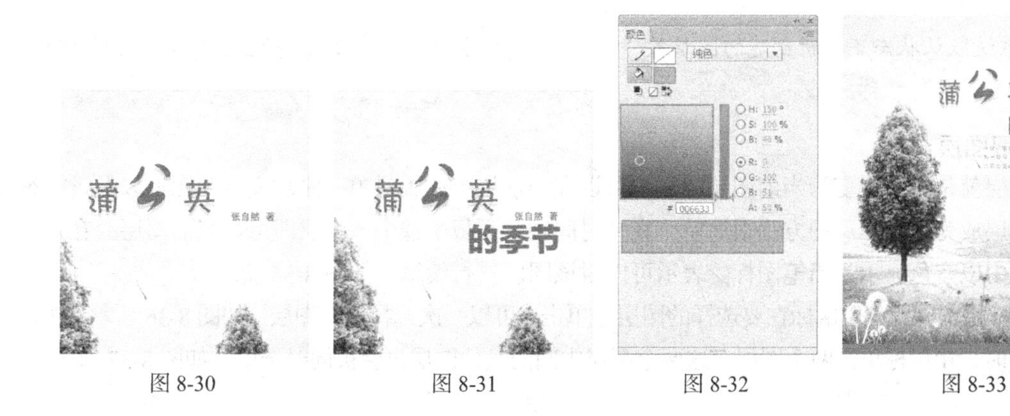

图 8-30　图 8-31　图 8-32　图 8-33

8.1.2 层的设置

1. 层的弹出式菜单

鼠标右键单击“时间轴”面板中的图层名称，弹出菜单，如图 8-34 所示。

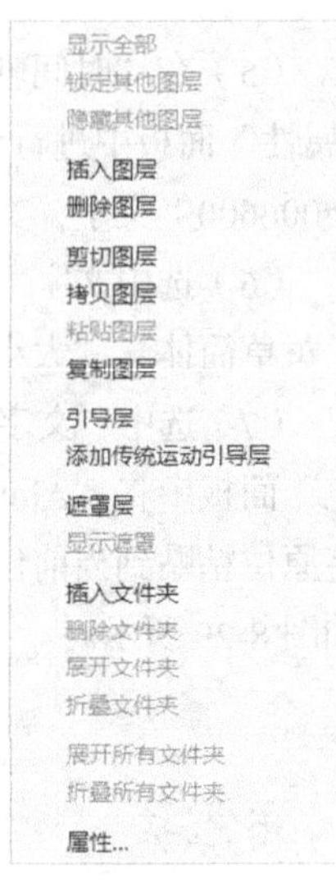

图 8-34

“显示全部”命令：用于显示所有的隐藏图层和图层文件夹。

“锁定其他图层”命令：用于锁定除当前图层以外的所有图层。

“隐藏其他图层”命令：用于隐藏除当前图层以外的所有图层。

“插入图层”命令：用于在当前图层上创建一个新的图层。

“删除图层”命令：用于删除当前图层。

“剪切图层”命令：用于将当前图层剪切到剪切板中。

“拷贝图层”命令：用于拷贝当前图层。

“粘贴图层”命令：用于粘贴所拷贝的图层。

“复制图层”命令：用于复制当前图层并生成一个复制图层。

“引导层”命令：用于将当前图层转换为普通引导层。

“添加传统运动引导层”命令：用于将当前图层转换为运动引导层。

“遮罩层”命令：用于将当前图层转换为遮罩层。

“显示遮罩”命令：用于在舞台窗口中显示遮罩效果。

“插入文件夹”命令：用于在当前图层上创建一个新的层文件夹。

“删除文件夹”命令：用于删除当前的层文件夹。

“展开文件夹”命令：用于展开当前的层文件夹，显示出其包含的图层。

“折叠文件夹”命令：用于折叠当前的层文件夹。

“展开所有文件夹”命令：用于展开“时间轴”面板中所有的层文件夹，显示出所包含的图层。

“折叠所有文件夹”命令：用于折叠“时间轴”面板中所有的层文件夹。

“属性”命令：用于设置图层的属性。

2. 创建图层

为了分门别类地组织动画内容，需要创建普通图层。选择“插入 > 时间轴 > 图层”命令，创建一个新的图层，或在“时间轴”面板下方单击“新建图层”按钮，创建一个新的图层。

提示 系统默认状态下，新创建的图层按“图层 1”“图层 2”……的顺序进行命名，也可以根据需要自行设定图层的名称。

3. 选取图层

选取图层就是将图层变为当前图层，用户可以在当前层上放置对象、添加文本和图形以及进行编辑。要使图层成为当前图层的方法很简单，在“时间轴”面板中选中该图层即可。当前图层会在“时间轴”面板中以蓝色显示，铅笔图标表示可以对该图层进行编辑，如图 8-35 所示。

按住 Ctrl 键的同时，用鼠标在要选择的图层上单击，可以一次选择多个图层，如图 8-36 所示。按住 Shift 键的同时，用鼠标单击两个图层，这两个图层中间的其他图层也会被同时选中，如图 8-37 所示。

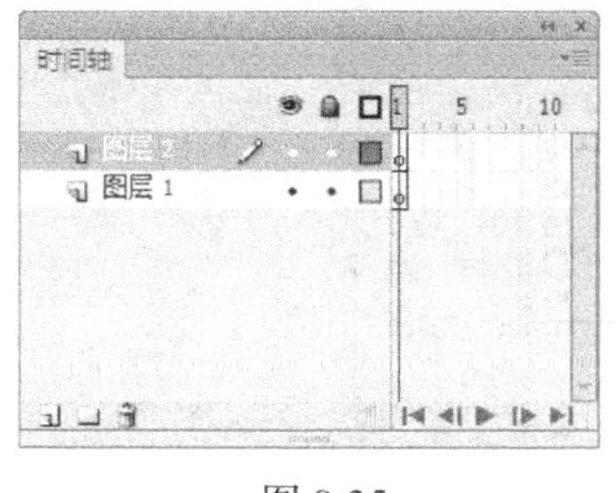

图 8-35

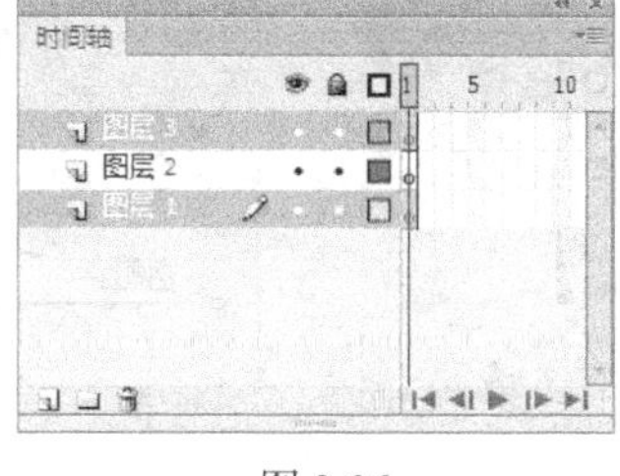

图 8-36

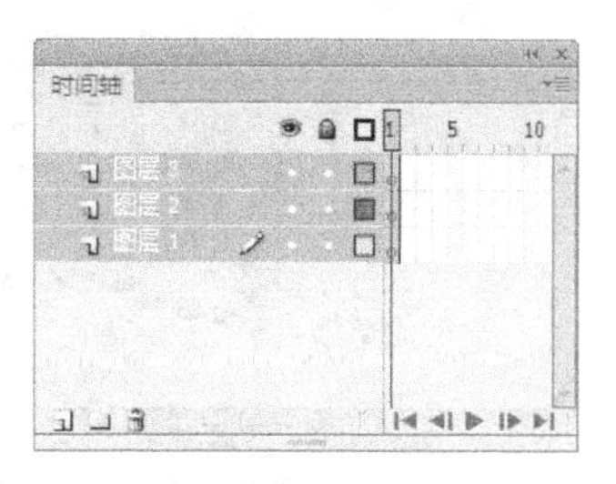

图 8-37

4. 排列图层

可以根据需要，在“时间轴”面板中为图层重新排列顺序。

在“时间轴”面板中选中“图层 3”，如图 8-38 所示，按住鼠标不放，将“图层 3”向下拖曳，这时会出现一条虚线，如图 8-39 所示，将虚线拖曳到“图层 1”的下方，松开鼠标，则“图层 3”移动到“图层 1”的下方，如图 8-40 所示。

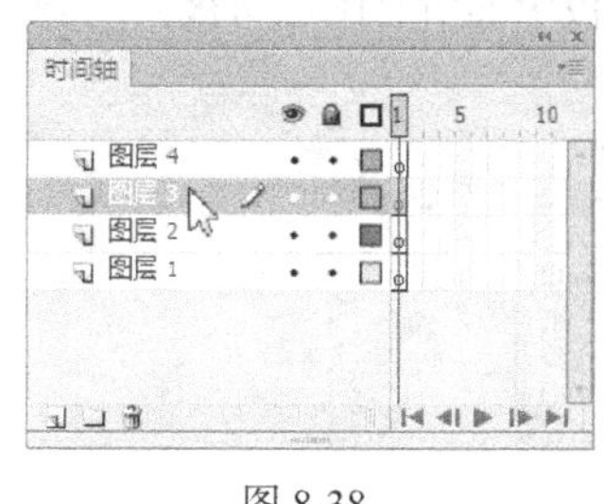

图 8-38

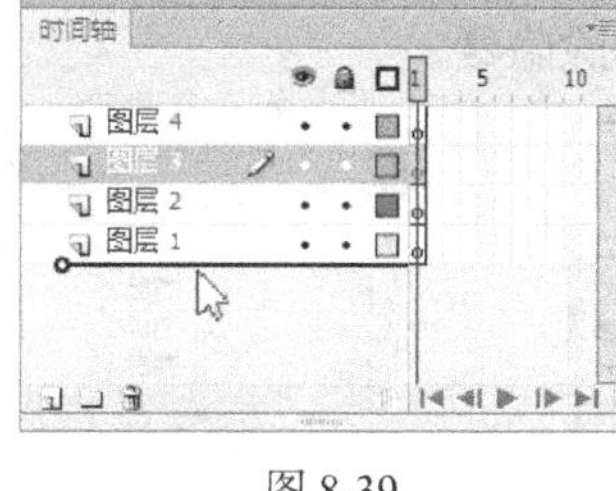

图 8-39

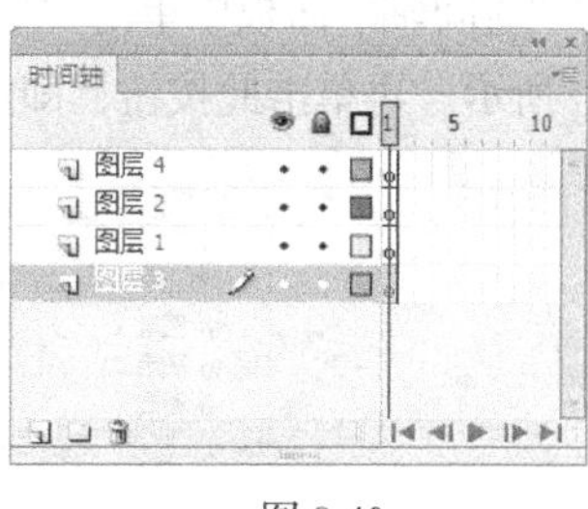

图 8-40

5. 复制、粘贴图层

可以根据需要，将图层中的所有对象复制并粘贴到其他图层或场景中。

在“时间轴”面板中单击要复制的图层，如图 8-41 所示，选择“编辑 > 时间轴 > 复制帧”命令，进行复制。在“时间轴”面板下方单击“新建图层”按钮，创建一个新的图层，选中新的图层，如图 8-42 所示，选择“编辑 > 时间轴 > 粘贴帧”命令，在新建的图层中粘贴复制过的内容，如图 8-43 所示。

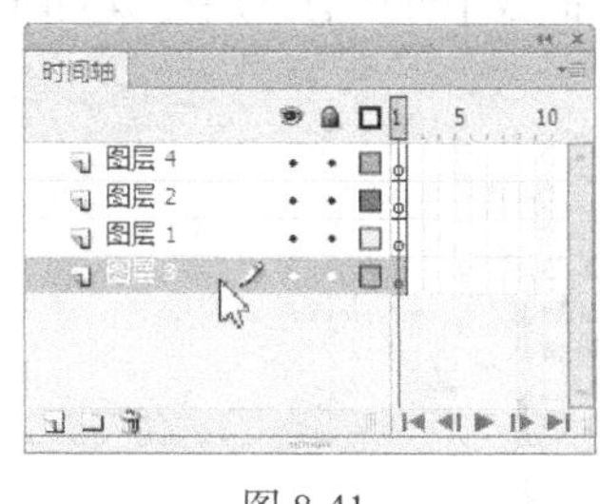

图 8-41

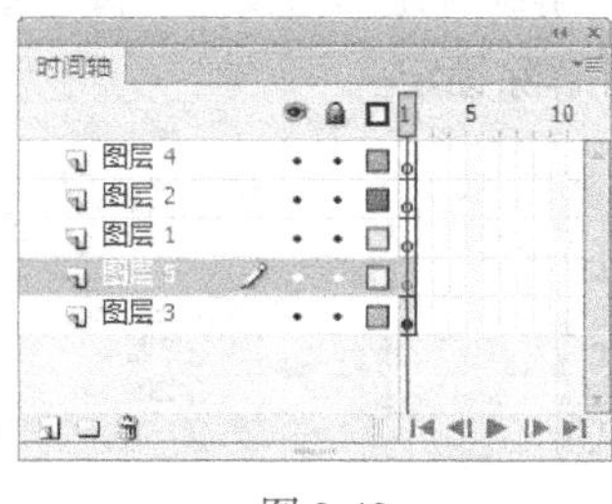

图 8-42

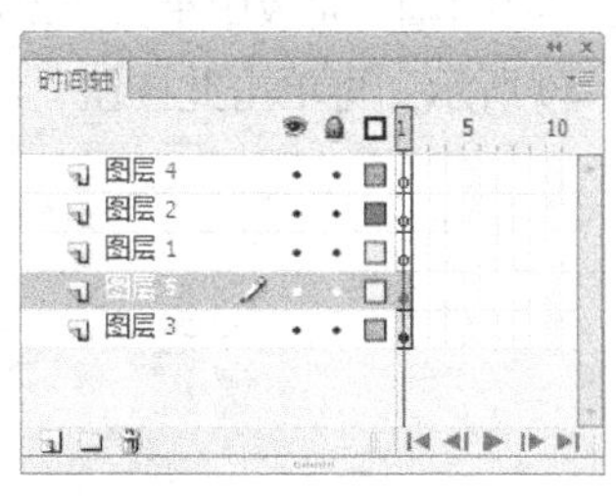

图 8-43

6. 删除图层

如果某个图层不再需要，可以将其进行删除。删除图层有以下两种方法：在“时间轴”面板中选中要删除的图层，在面板下方单击“删除”按钮，即可删除选中图层，如图 8-44 所示；还可在“时间轴”面板中选中要删除的图层，按住鼠标不放，将其向下拖曳，这时会出现一条前方带圆环的粗线，将其拖曳到“删除”按钮上进行删除，如图 8-45 所示。

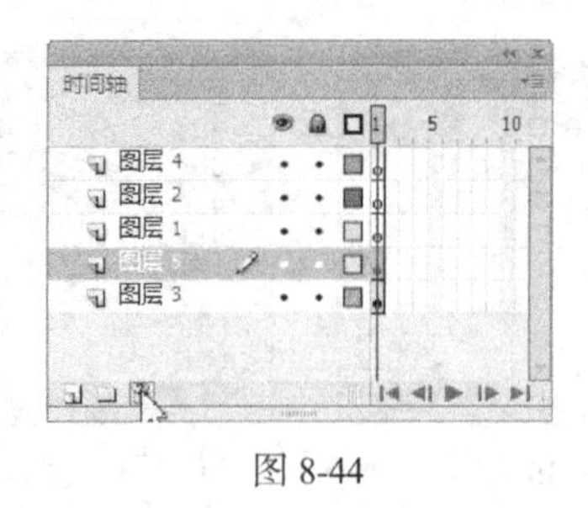

图 8-44

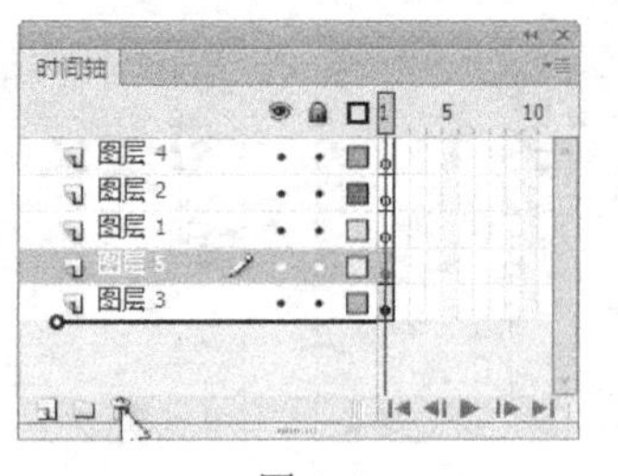

图 8-45

7. 隐藏、锁定图层和图层的线框显示模式

（1）隐藏图层：动画经常是多个图层叠加在一起的效果，为了便于观察某个图层中对象的效果，可以把其他的图层先隐藏起来。

在“时间轴”面板中单击“显示或隐藏所有图层”按钮下方的小黑圆点，这时小黑圆点所在的图层就被隐藏，在该图层上显示出一个叉号图标，如图 8-46 所示，此时图层将不能被编辑。

在“时间轴”面板中单击“显示或隐藏所有图层”按钮，面板中的所有图层将被同时隐藏，如图 8-47 所示。再单击此按钮，即可解除隐藏。

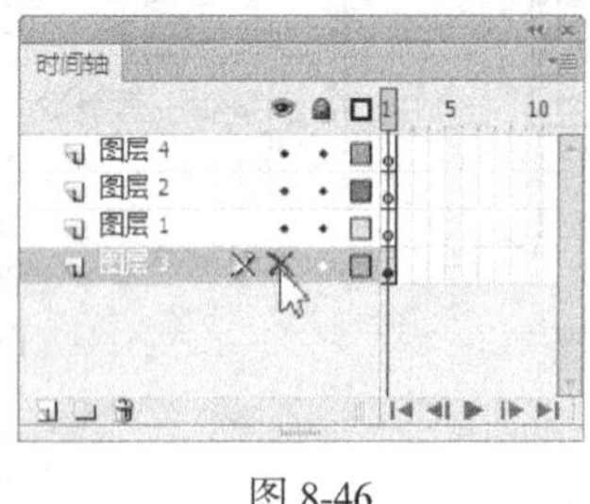

图 8-46

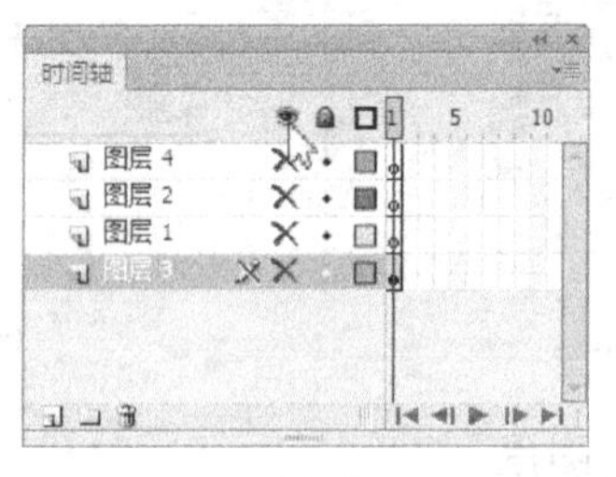

图 8-47

（2）锁定图层：如果某个图层上的内容已符合要求，则可以锁定该图层，以避免内容被意外地更改。

在“时间轴”面板中单击“锁定或解除锁定所有图层”按钮下方的小黑圆点，这时小黑圆点所在的图层就被锁定，在该图层上显示出一个锁状图标，如图 8-48 所示，此时图层将不能被编辑。

在“时间轴”面板中单击“锁定或解除锁定所有图层”按钮，面板中的所有图层将被同时锁定，如图 8-49 所示。再单击此按钮，即可解除锁定。

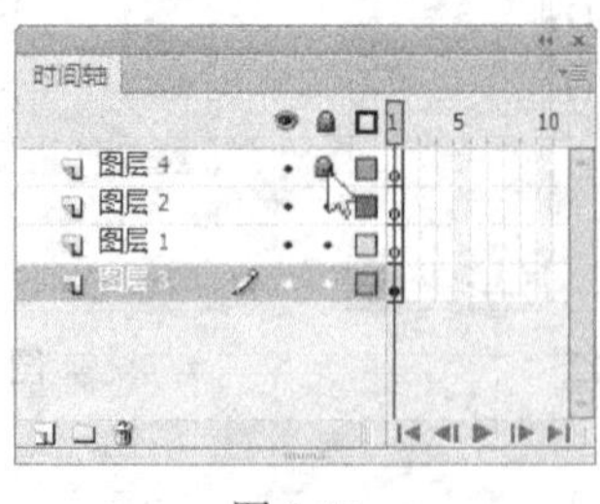

图 8-48

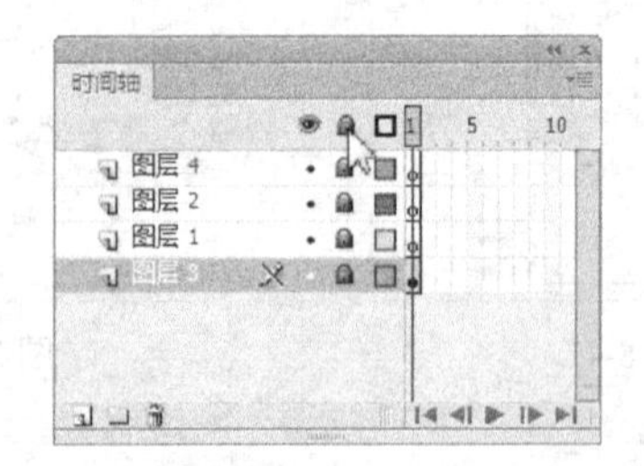

图 8-49

（3）图层的线框显示模式：为了便于观察图层中的对象，可以将对象以线框的模式进行显示。

在“时间轴”面板中单击“将所有图层显示为轮廓”按钮下方的实色正方形，这时实色正方形所在图层中的对象就呈线框模式显示，在该图层上实色正方形变为线框图标，如图 8-50 所示，此时并不影响编辑图层。

在“时间轴”面板中单击“将所有图层显示为轮廓”按钮，面板中的所有图层将被同时以线框模式显示，如图 8-51 所示。再单击此按钮，即可返回到普通模式。

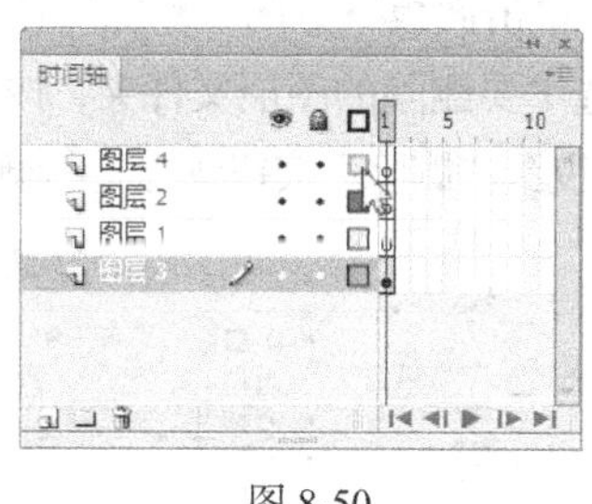

图 8-50

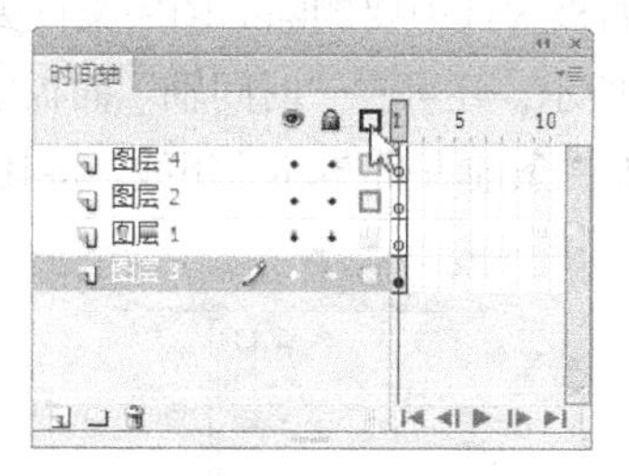

图 8-51

8．重命名图层

可以根据需要更改图层的名称，更改图层名称有以下两种方法。

（1）双击“时间轴”面板中的图层名称，名称变为可编辑状态，如图 8-52 所示，输入要更改的图层名称，如图 8-53 所示，在图层旁边单击鼠标，完成图层名称的修改，如图 8-54 所示。

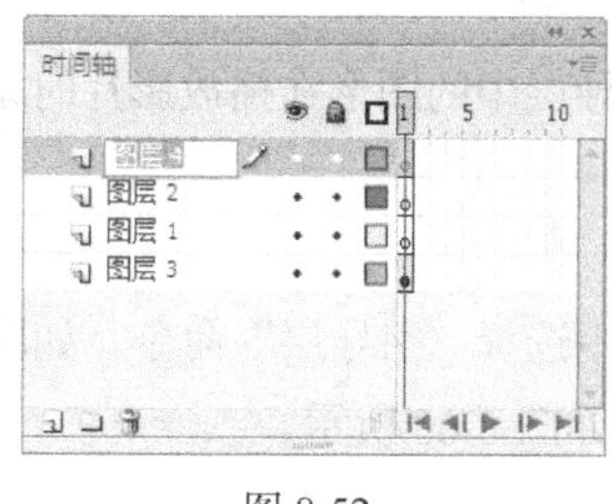

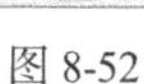
图 8-52

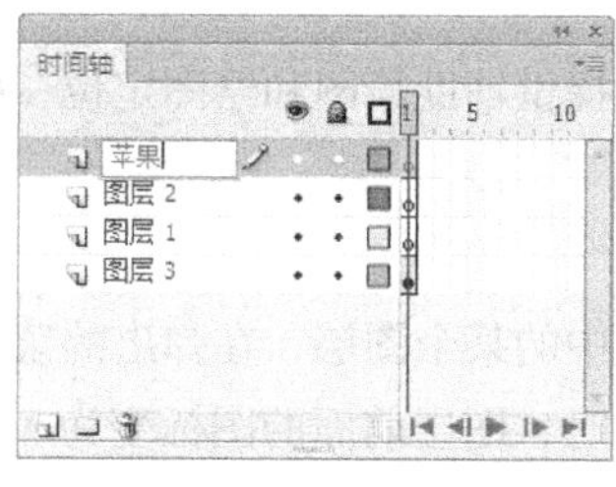

图 8-53

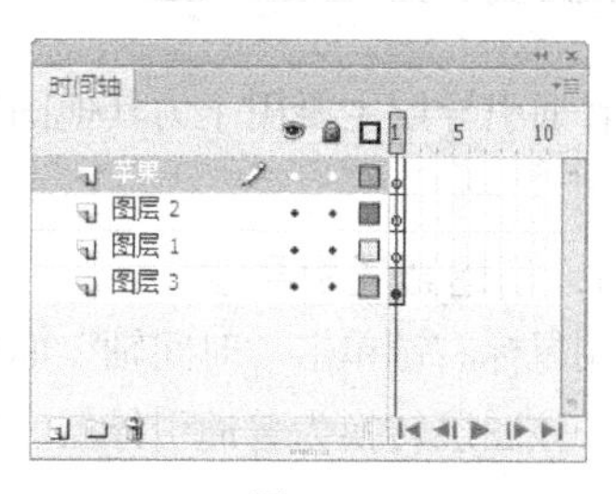

图 8-54

（2）还可选中要修改名称的图层，选择“修改 > 时间轴 > 图层属性”命令，在弹出的“图层属性”对话框中修改图层的名称。

8.1.3 图层文件夹

在“时间轴”面板中可以创建图层文件夹来组织和管理图层，这样“时间轴”面板中图层的层次结构将非常清晰。

1．创建图层文件夹

选择“插入 > 时间轴 > 图层文件夹”命令，在“时间轴”面板中创建图层文件夹，如图 8-55 所示。还可单击“时间轴”面板下方的“新建文件夹”按钮，在“时间轴”面板中创建图层文件夹，如图 8-56 所示。

图 8-55

图 8-56

2. 删除图层文件夹

在“时间轴”面板中选中要删除的图层文件夹，单击面板下方的“删除”按钮，即可删除图层文件夹，如图 8-57 所示。还可在“时间轴”面板中选中要删除的图层文件夹，按住鼠标不放，将其向下拖曳，这时会出现一条前方带圆环的粗线，将其拖曳到“删除”按钮上进行删除，如图 8-58 所示。

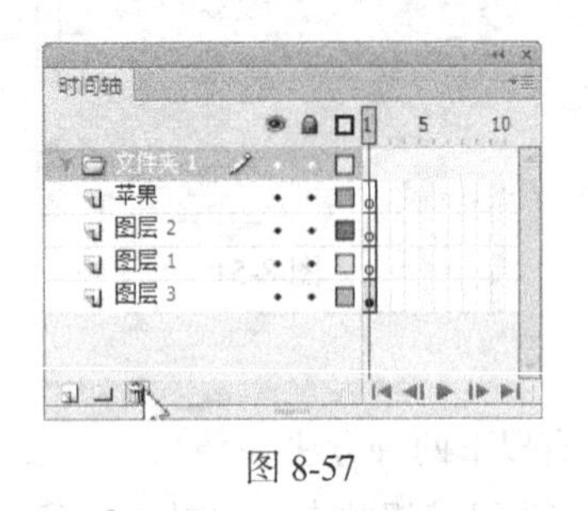

图 8-57

图 8-58

8.1.4 普通引导层

普通引导层主要用于为其他图层提供辅助绘图和绘图定位，引导层中的图形在播放影片时是不会显示的。

1. 创建普通引导层

用鼠标右键单击“时间轴”面板中的某个图层，在弹出的菜单中选择“引导层”命令，如图 8-59 所示，该图层转换为普通引导层，此时，图层前面的图标变为，如图 8-60 所示。

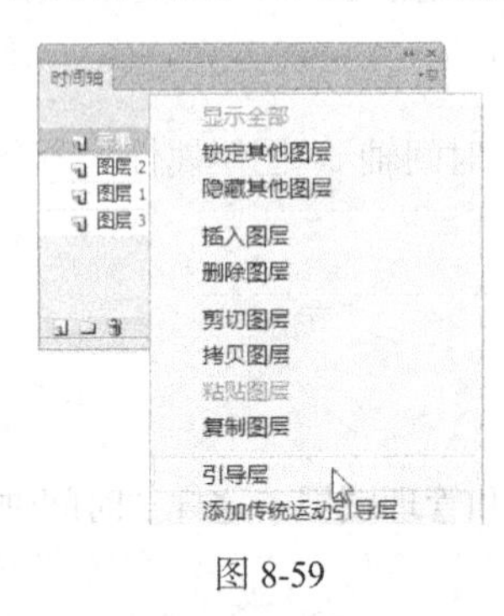

图 8-59

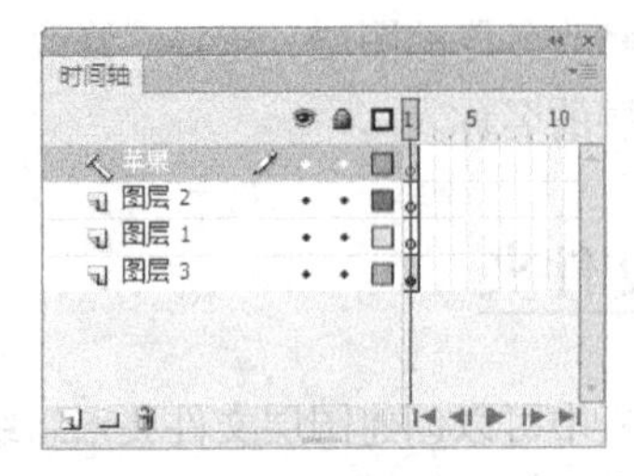

图 8-60

还可在“时间轴”面板中选中要转换的图层，选择“修改 > 时间轴 > 图层属性”命令，弹出“图层属性”对话框，在“类型”选项组中选择“引导层”单选项，如图 8-61 所示，单击“确定”按钮，选中的图层转换为普通引导层，此时，图层前面的图标变为，如图 8-62 所示。

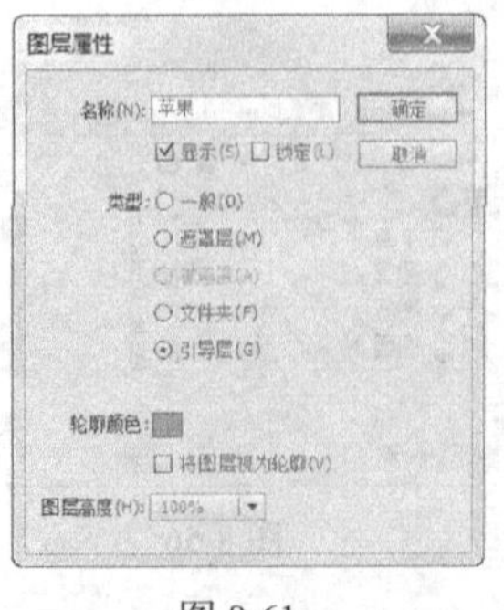

图 8-61

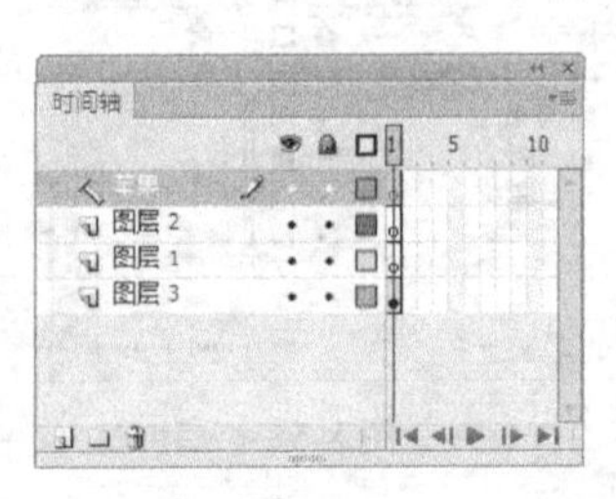

图 8-62

2. 将普通引导层转换为普通图层

如果要在播放影片时显示引导层上的对象，还可将引导层转换为普通图层。

用鼠标右键单击“时间轴”面板中的引导层，在弹出的菜单中选择“引导层”命令，如图 8-63 所示，引导层转换为普通图层，此时，图层前面的图标变为，如图 8-64 所示。

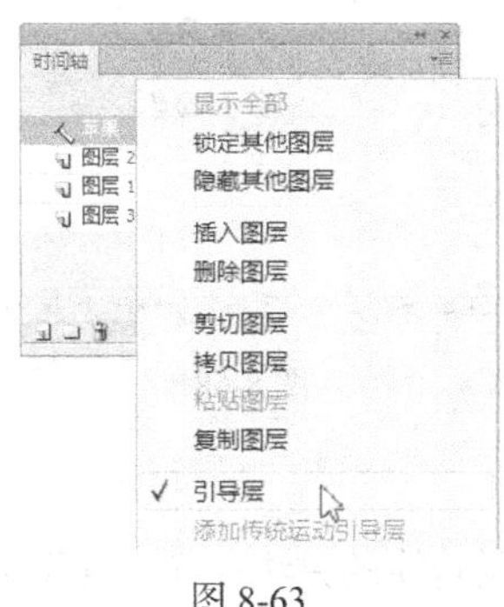

图 8-63

图 8-64

还可在“时间轴”面板中选中引导层，选择“修改 > 时间轴 > 图层属性”命令，弹出“图层属性”对话框，在“类型”选项组中选择“一般”单选项，如图 8-65 所示，单击“确定”按钮，选中的引导层转换为普通图层，此时，图层前面的图标变为，如图 8-66 所示。

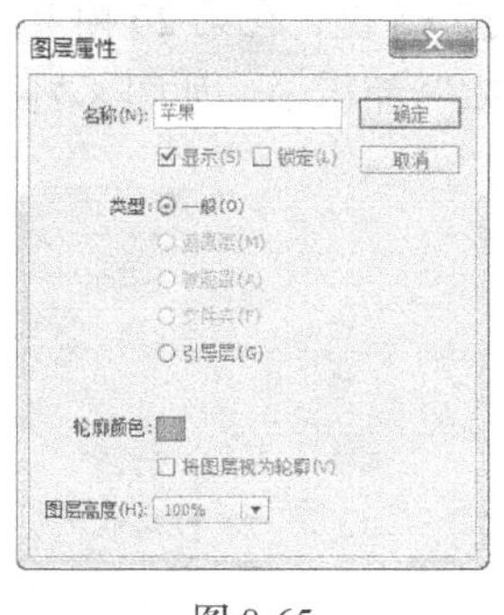

图 8-65

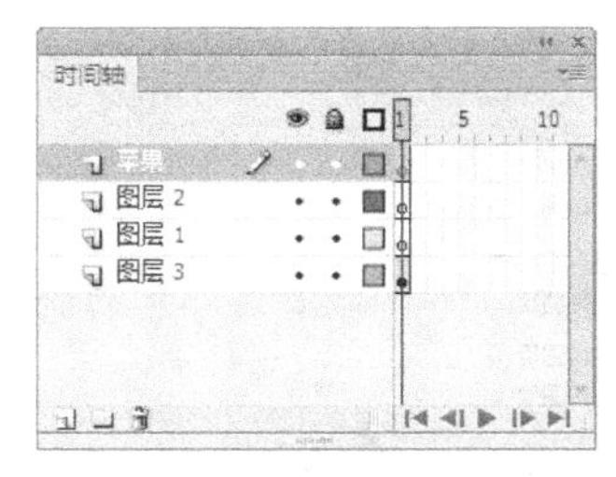

图 8-66

8.1.5　运动引导层

运动引导层的作用是设置对象运动路径的导向，使与之相链接的被引导层中的对象沿着路径运动，运动引导层上的路径在播放动画时不显示。在引导层上还可创建多个运动轨迹，以引导被引导层上的多个对象沿不同的路径运动。要创建按照任意轨迹运动的动画就需要添加运动引导层，但创建运动引导层动画时要求是动作补间动画，形状补间动画不可用。

1. 创建运动引导层

用鼠标右键单击“时间轴”面板中要添加引导层的图层，在弹出的菜单中选择“添加传统运动引导层”命令，如图 8-67 所示，为图层添加运动引导层，此时引导层前面出现图标，如图 8-68 所示。

提示　一个引导层可以引导多个图层上的对象按运动路径运动。如果要将多个图层变成某一个运动引导层的被引导层，只需在“时间轴”面板上将要变成被引导层的图层拖曳至引导层下方即可。

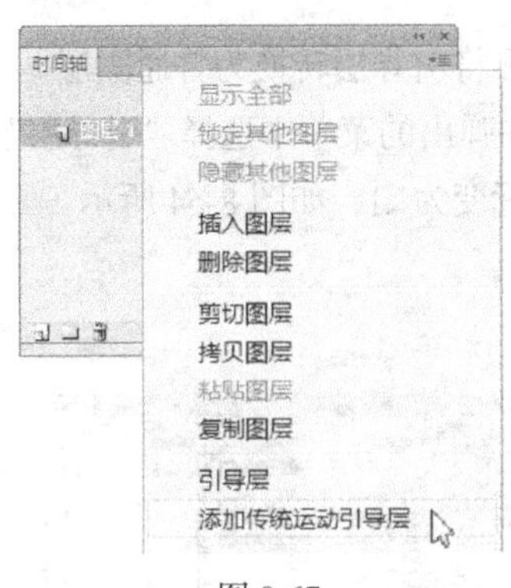

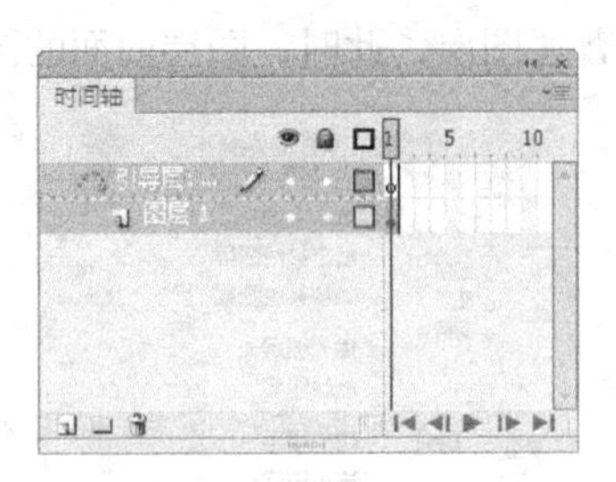

图 8-67　　图 8-68

2．将运动引导层转换为普通图层

将运动引导层转换为普通图层的方法与普通引导层转换的方法一样，这里不再赘述。

3．应用运动引导层制作动画

新建空白文档，用鼠标右键单击“时间轴”面板中的“图层 1”，在弹出的菜单中选择“添加传统运动引导层”命令，为“图层 1”添加运动引导层，如图 8-69 所示。选择“钢笔”工具，在引导层的舞台窗口中绘制一条曲线，如图 8-70 所示。

选择“时间轴”面板，单击引导层中的第 20 帧，按 F5 键，在第 20 帧上插入普通帧。选择“文件 > 导入 > 导入到库”命令，将“01”文件导入“库”面板中，如图 8-71 所示。

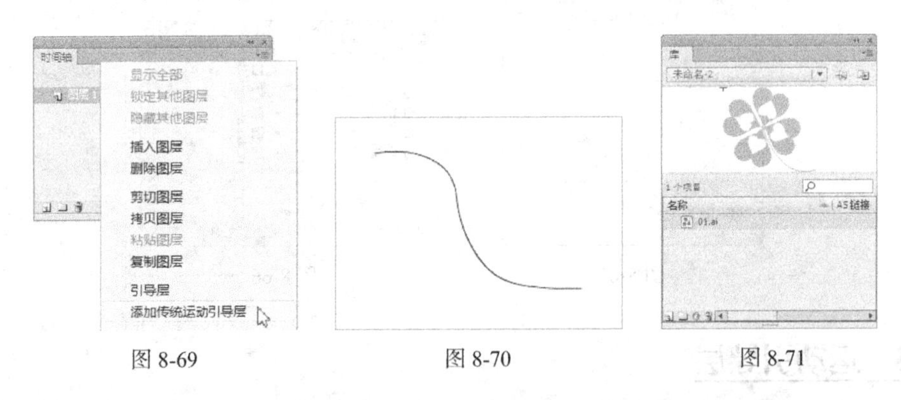

图 8-69　　图 8-70　　图 8-71

在“时间轴”面板中选中“图层 1”的第 1 帧，将“库”面板中的图形元件“01”拖曳到舞台窗口中，放置在曲线的下方端点上，如图 8-72 所示。

选择“时间轴”面板，单击“图层 1”中的第 20 帧，按 F6 键，在第 20 帧上插入关键帧，如图 8-73 所示。将舞台窗口中的图形拖曳到曲线的上方端点上，如图 8-74 所示。

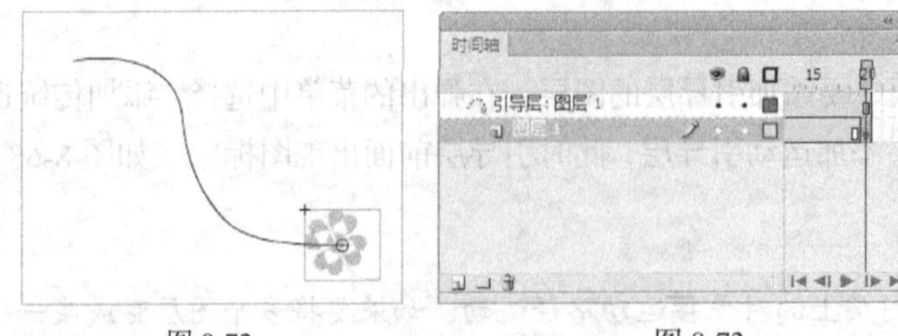

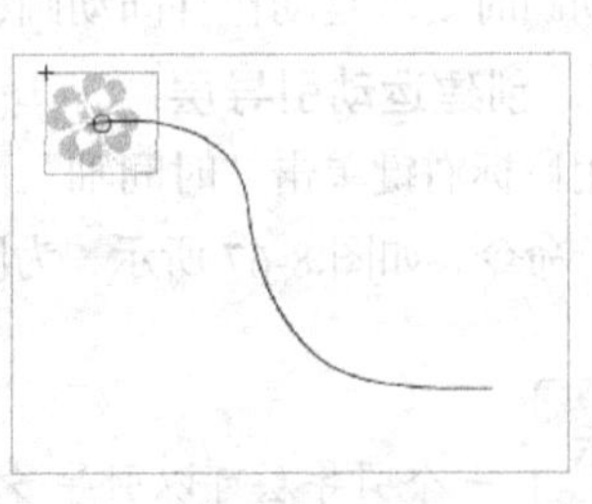

图 8-72　　图 8-73　　图 8-74

选中“图层 1”中的第 1 帧，单击鼠标右键，在弹出的菜单中选择“创建传统补间”命令，如图 8-75 所示。在“图层 1”中，第 1 帧～第 20 帧生成动作补间动画，如图 8-76 所示。运动引导层动画制作完成。

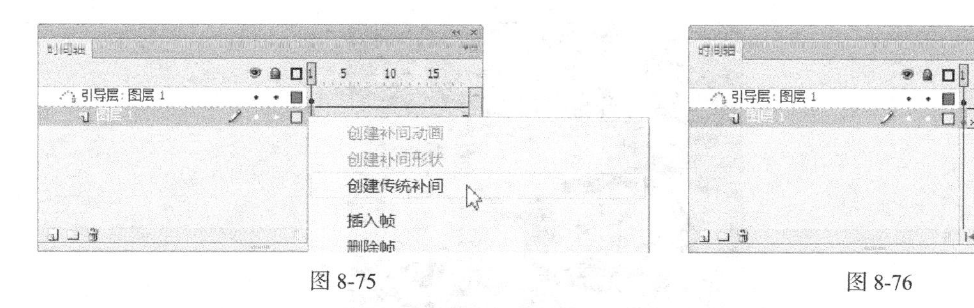

图 8-75　　　　图 8-76

在不同的帧中，动画显示的效果如图 8-77 所示。按 Ctrl+Enter 组合键，测试动画效果，在动画中弧线将不被显示。

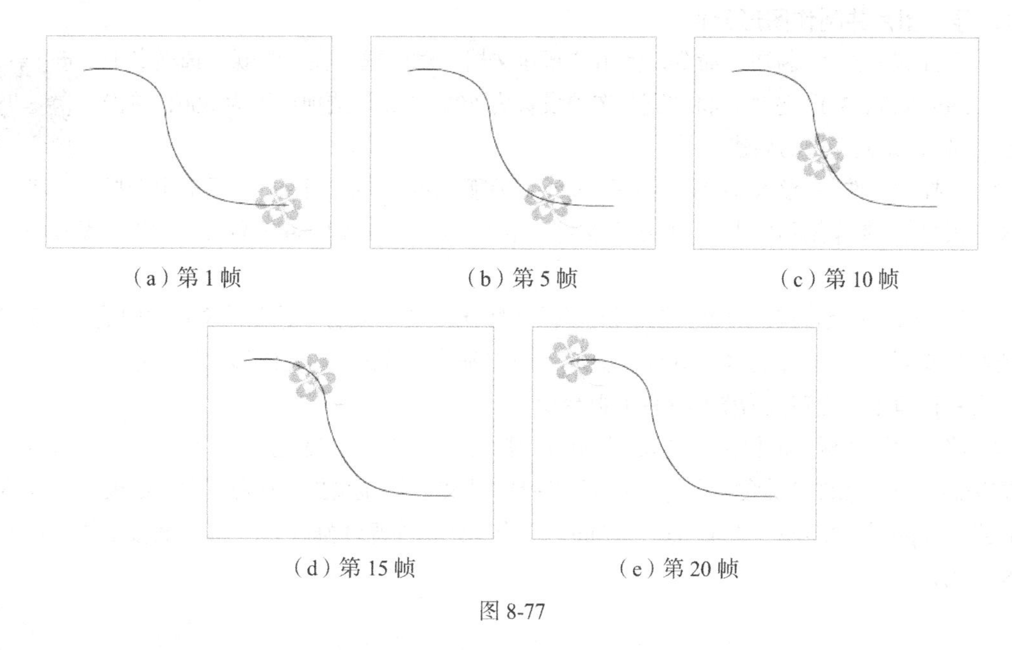

（a）第 1 帧　（b）第 5 帧　（c）第 10 帧

（d）第 15 帧　（e）第 20 帧

图 8-77

8.2 遮罩层与遮罩的动画制作

遮罩层就像一块不透明的板，如果要看到它下面的图像，只能在板上挖“洞”，而遮罩层中有对象的地方就可看成是“洞”，通过这个“洞”，将被遮罩层中的对象显示出来。

命令介绍

遮罩层：遮罩层可以创建类似探照灯的特殊动画效果。

8.2.1 课堂案例——制作招贴广告

【案例学习目标】使用遮罩层命令制作遮罩图层，使用创建补间动画命令制作动画效果。

【案例知识要点】使用“椭圆”工具，绘制椭圆；使用“创建补间形状”命令和“创建传统补间”命令，制作动画效果；使用“遮罩层”命令，制作遮罩动画效果，最终效果如图 8-78 所示。

【效果所在位置】Ch08/效果/制作招贴广告.fla。

图 8-78

1．导入图片并制作图形元件

（1）选择“文件 > 新建”命令，弹出“新建文档”对话框，在“常规”选项卡中选择“ActionScript 3.0”选项，将“宽”选项设置为 800，“高”选项设置为 600，单击“确定”按钮，完成文档的创建。

扫码观看本案例视频

（2）选择“文件 > 导入 > 导入到库”命令，在弹出的“导入到库”对话框中选择“Ch08 > 素材 > 制作招贴广告 > 01~07”文件，单击“打开”按钮，将文件导入“库”面板中，如图 8-79 所示。

（3）按 Ctrl+F8 组合键，弹出“创建新元件”对话框，在“名称”选项的文本框中输入“美食 1”，在“类型”选项下拉列表中选择“图形”选项，单击“确定”按钮，新建图形元件“美食 1”，如图 8-80 所示。舞台窗口也随之转换为图形元件的舞台窗口。

（4）将“库”面板中的位图“02.png”拖曳到舞台窗口中适当的位置，效果如图 8-81 所示。用相同的方法制作图形元件“美食 2”“美食 3”“冷饮”“文字”“标题”，并将“库”面板中对应的位图“03.png”“05.png”“06.png”“04.png”“07.png”，拖曳到元件舞台窗口中，“库”面板中的显示效果如图 8-82 所示。

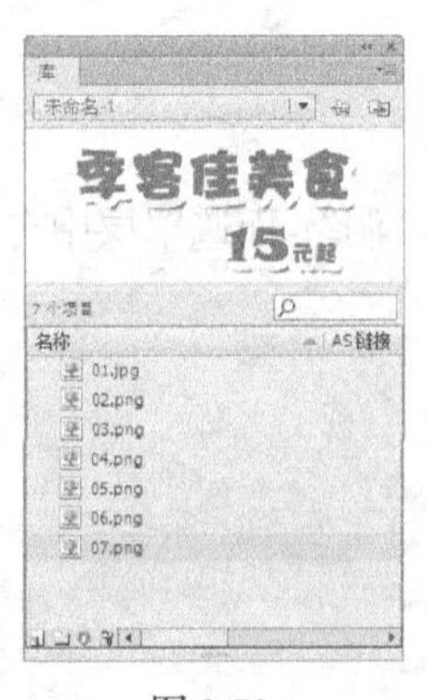

图 8-79

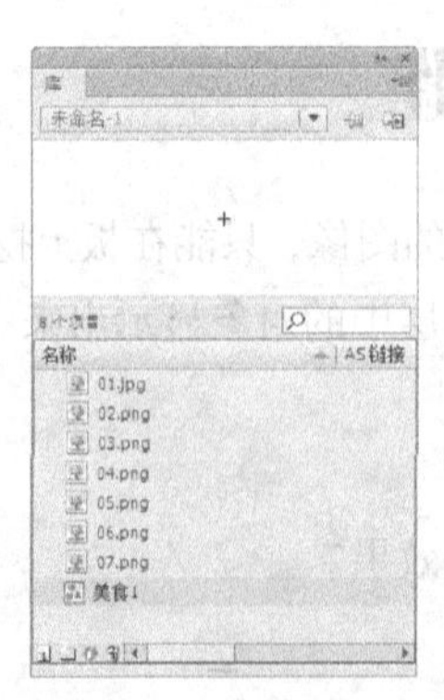

图 8-80

图 8-81

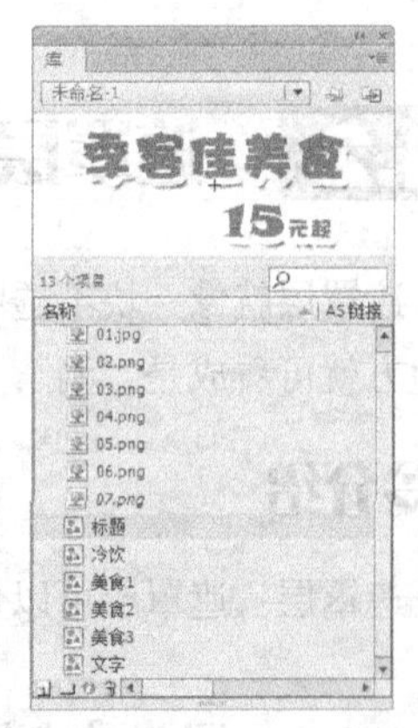

图 8-82

2．制作遮罩动画 1

（1）单击舞台窗口左上方的“场景 1”图标 场景 1，进入“场景 1”的舞台窗口。将“图层 1”图层重命名为“底图”。将“库”面板中的位图“01”拖曳到舞台窗口中，如图 8-83 所示。选中“底图”图层的第 135 帧，按 F5 键，插入普通帧。

（2）在“时间轴”面板中创建新图层并将其命名为“美食 1”。将“库”面板中的图形元件“美食 2”拖曳到图像窗口中，并放置在适当的位置，如图 8-84 所示。

（3）在“时间轴”面板中创建新图层并将其命名为“圆形”。选择“椭圆”工具，在工具箱中将“笔触颜色”设置为无，“填充颜色”设置为白色，按住 Shift 键的同时在舞台窗口中绘制一个圆形，效果如图 8-85 所示。

图 8-83

图 8-84

图 8-85

（4）选中“圆形”图层的第 25 帧，按 F6 键，插入关键帧。选中“圆形”图层的第 1 帧，选中舞台窗口中的白色圆形，按 Ctrl+T 组合键，弹出“变形”面板，将“缩放宽度”选项和“缩放高度”选项均设置为 1%，如图 8-86 所示，按 Enter 键，确认图形的缩小。

（5）用鼠标右键单击“圆形”图层的第 1 帧，在弹出的菜单中选择“创建补间形状”命令，生成形状补间动画。在“圆形”图层上单击鼠标右键，在弹出的菜单中选择“遮罩层”命令，将图层“圆形”设置为遮罩的层，图层“美食 1”为被遮罩的层，如图 8-87 所示。

（6）在“时间轴”面板中创建新图层并将其命名为“美食 2”。选中“美食 2”图层的第 25 帧，按 F6 键，插入关键帧。将“库”面板中的图形元件“美食 1”拖曳到舞台窗口中，并放置在适当的位置，如图 8-88 所示。

图 8-86

图 8-87

图 8-88

（7）选中“美食 2”图层的第 50 帧，按 F6 键，插入关键帧。选中“美食 2”图层的第 25 帧，在舞台窗口中将“美食 1”实例水平向左拖曳到适当的位置，如图 8-89 所示。在图形“属性”面板中选择“色彩效果”选项组，在“样式”选项的下拉列表中选择“Alpha”，将其值设置为 0%，效果如图 8-90 所示。

（8）用鼠标右键单击“美食 2”图层的第 25 帧，在弹出的菜单中选择“创建传统补间”命令，生成传统补间动画。

（9）在“时间轴”面板中创建新图层并将其命名为“美食 3”。选中“美食 3”图层的第 35 帧，按

F6 键，插入关键帧。将“库”面板中的图形元件“美食 3”拖曳到舞台窗口中，并放置在适当的位置，如图 8-91 所示。

（10）选中“美食 3”图层的第 55 帧，按 F6 键，插入关键帧。选中“美食 3”图层的第 35 帧，在舞台窗口中将“美食 3”实例垂直向下拖曳到适当的位置，如图 8-92 所示。用鼠标右键单击“美食 3”图层的第 35 帧，在弹出的菜单中选择“创建传统补间”命令，生成传统补间动画。

图 8-89　　图 8-90　　图 8-91　　图 8-92

3．制作场景动画 2

（1）在“时间轴”面板中创建新图层并将其命名为“冷饮”。选中“冷饮”图层的第 45 帧，按 F6 键，插入关键帧。将“库”面板中的图形元件“冷饮”拖曳到舞台窗口中，并放置在适当的位置，如图 8-93 所示。

（2）选中“冷饮”图层的第 65 帧，按 F6 键，插入关键帧。选中“冷饮”图层的第 45 帧，在舞台窗口中将“冷饮”实例水平向右拖曳到适当的位置，如图 8-94 所示。用鼠标右键单击“冷饮”图层的第 45 帧，在弹出的菜单中选择“创建传统补间”命令，生成传统补间动画。

（3）在“时间轴”面板中创建新图层并将其命名为“文字”。选中“文字”图层的第 55 帧，按 F6 键，插入关键帧。将“库”面板中的图形元件“文字”拖曳到舞台窗口中，并放置在适当的位置，如图 8-95 所示。

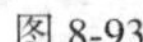
图 8-93

图 8-94

图 8-95

（4）选中“文字”图层的第 70 帧，按 F6 键，插入关键帧。选中“文字”图层的第 55 帧，在舞台窗口中选中“文字”实例，在图形“属性”面板中选择“色彩效果”选项组，在“样式”选项的下拉列表中选择“Alpha”，将其值设置为 0%，效果如图 8-96 所示。

（5）用鼠标右键单击“文字”图层的第 55 帧，在弹出的菜单中选择“创建传统补间”命令，生成传统补间动画。

（6）在“时间轴”面板中创建新图层并将其命名为“标题”。选中“标题”图层的第 65 帧，按 F6 键，插入关键帧。将“库”面板中的图形元件“标题”拖曳到舞台窗口中，并放置在适当的位置，如图 8-97 所示。

（7）在“时间轴”面板中创建新图层并将其命名为“矩形”。选中“矩形”图层的第 65 帧，按 F6

键，插入关键帧。选择“矩形”工具▭，在工具箱中将“笔触颜色”设置为无，“填充颜色”设置为白色，在舞台窗口中适当的位置绘制一个矩形，如图 8-98 所示。

图 8-96

图 8-97

图 8-98

（8）选中“矩形”图层的第 80 帧，按 F6 键，插入关键帧。选中“矩形”图层的第 65 帧，选择“任意变形”工具▣，矩形周围出现控制点，选中矩形下边中间的控制点向上拖曳到适当的位置，改变矩形的高度，效果如图 8-99 所示。

（9）用鼠标右键单击“矩形”图层的第 65 帧，在弹出的菜单中选择“创建补间形状”命令，生成形状补间动画。在“矩形”图层上单击鼠标右键，在弹出的菜单中选择“遮罩层”命令，将图层“矩形”设置为遮罩的层，图层“标题”为被遮罩的层，如图 8-100 所示。招贴广告制作完成，按 Ctrl+Enter 组合键即可查看效果。

图 8-99

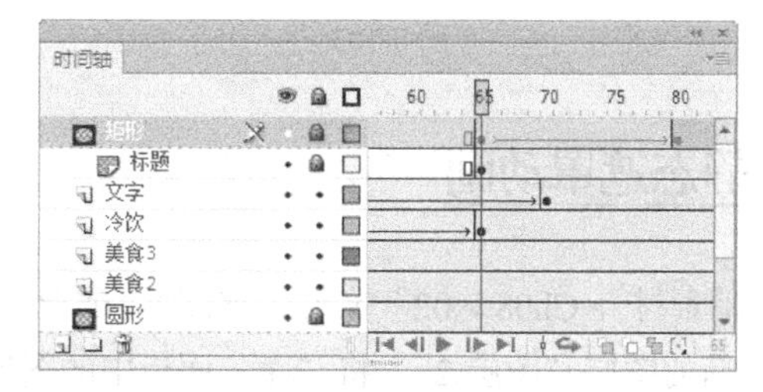

图 8-100

8.2.2 遮罩层

1. 创建遮罩层

要创建遮罩动画首先要创建遮罩层。在“时间轴”面板中，用鼠标右键单击要转换遮罩层的图层，在弹出的菜单中选择“遮罩层”命令，如图 8-101 所示。选中的图层转换为遮罩层，其下方的图层自动转换为被遮罩层，并且它们都自动被锁定，如图 8-102 所示。

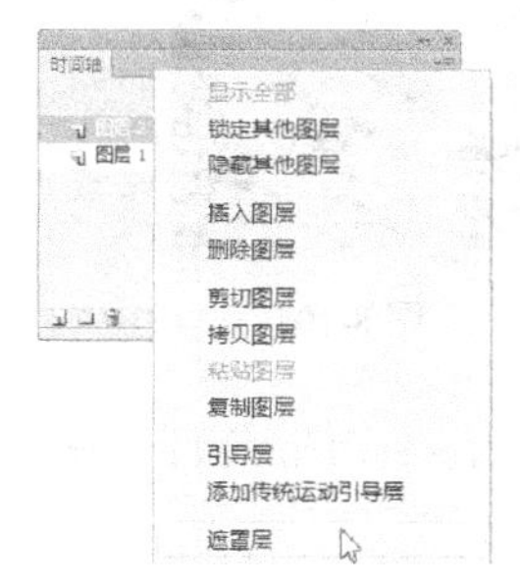

图 8-101

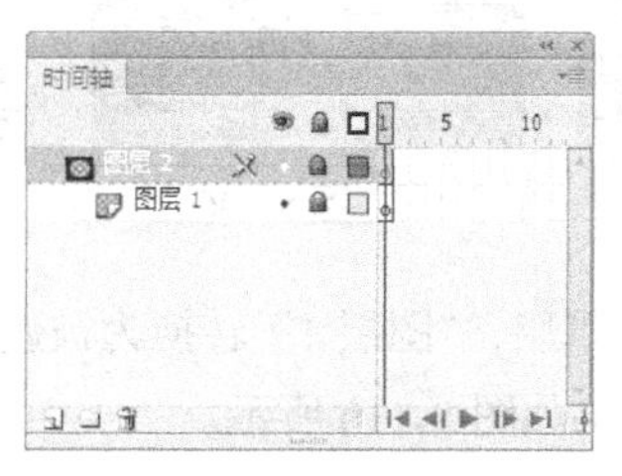

图 8-102

提示 如果想解除遮罩，只需单击“时间轴”面板上遮罩层或被遮罩层上的图标🔒将其解锁即可。遮罩层中的对象可以是图形、文字、元件的实例等，但不显示位图、渐变色、透明色和线条。一个遮罩层可以作为多个图层的遮罩层，如果要将一个普通图层变为某个遮罩层的被遮罩层，只需将此图层拖曳至遮罩层下方即可。

2．将遮罩层转换为普通图层

在“时间轴”面板中，用鼠标右键单击要转换的遮罩层，在弹出的菜单中选择“遮罩层”命令，如图 8-103 所示，遮罩层转换为普通图层，如图 8-104 所示。

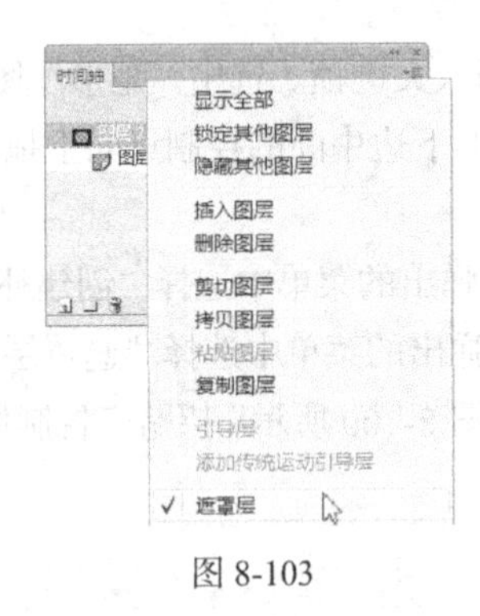

图 8-103

图 8-104

8.2.3 静态遮罩动画

打开“基础素材 > Ch08 > 02”文件，如图 8-105 所示。在“时间轴”面板下方单击“新建图层”按钮，创建新的图层“图层 2”。将“库”面板中的图形元件“01”拖曳到舞台窗口中的适当位置，如图 8-106 所示。

反复按 Ctrl+B 组合键，将图形打散，效果如图 8-107 所示。在“时间轴”面板中，用鼠标右键单击“图层 2”，在弹出的菜单中选择“遮罩层”命令，如图 8-108 所示。

图 8-105

图 8-106

图 8-107

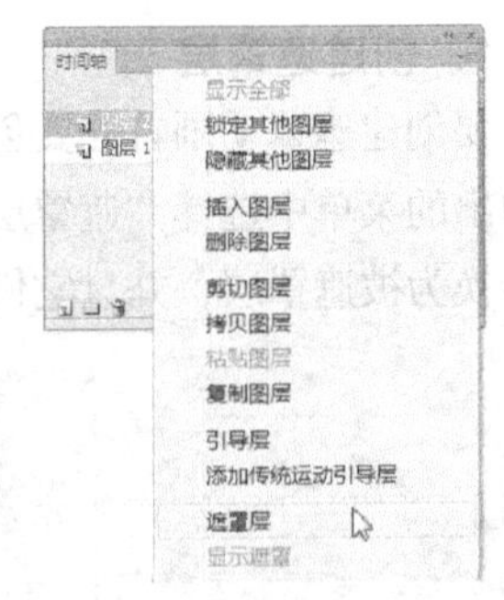

图 8-108

“图层 2”转换为遮罩层，“图层 1”转换为被遮罩层，两个图层被自动锁定，如图 8-109 所示。舞台窗口中图形的遮罩效果如图 8-110 所示。

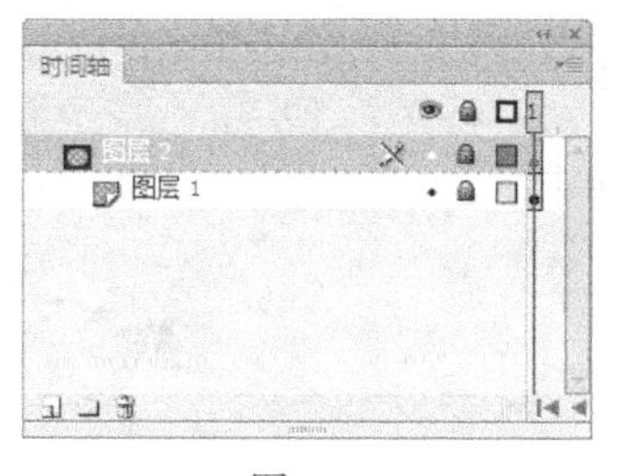

图 8-109

图 8-110

8.2.4　动态遮罩动画

（1）打开“基础素材 > Ch08 > 03”文件，如图 8-111 所示。选中“底图”图层的第 10 帧，按 F5 键，插入普通帧。选中“花朵”图层的第 10 帧，按 F6 键，插入关键帧。

（2）选择“选择”工具，在舞台窗口中将“花朵”实例向右下方拖曳到适当的位置，如图 8-112 所示。用鼠标右键单击“花朵”图层的第 1 帧，在弹出的菜单中选择“创建传统补间”命令，生成传统补间动画，如图 8-113 所示。

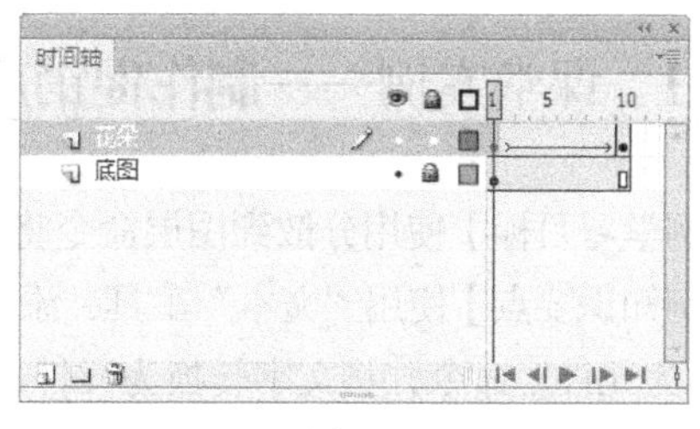

图 8-111　　图 8-112　　图 8-113

（3）用鼠标右键单击“花朵”的名称，在弹出的菜单中选择“遮罩层”命令，如图 8-114 所示，“花朵”转换为遮罩层，“底图”图层转换为被遮罩层，如图 8-115 所示。动态遮罩动画制作完成，按 Ctrl+Enter 组合键，测试动画效果。

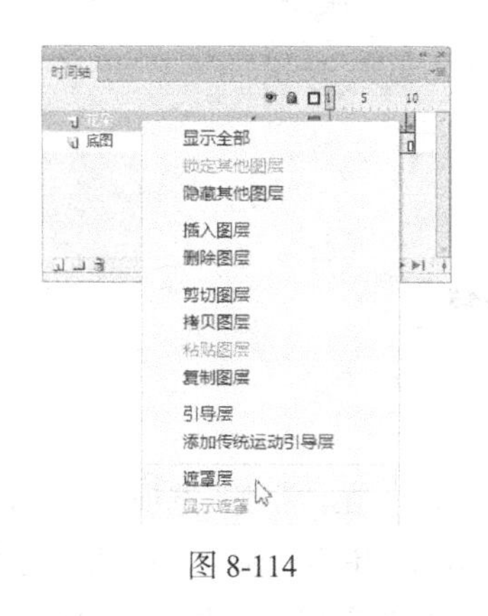

图 8-114

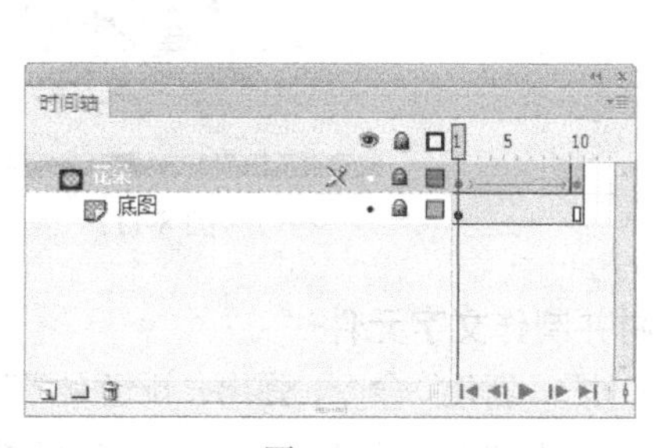

图 8-115

在不同的帧中，动画显示的效果如图 8-116 所示。

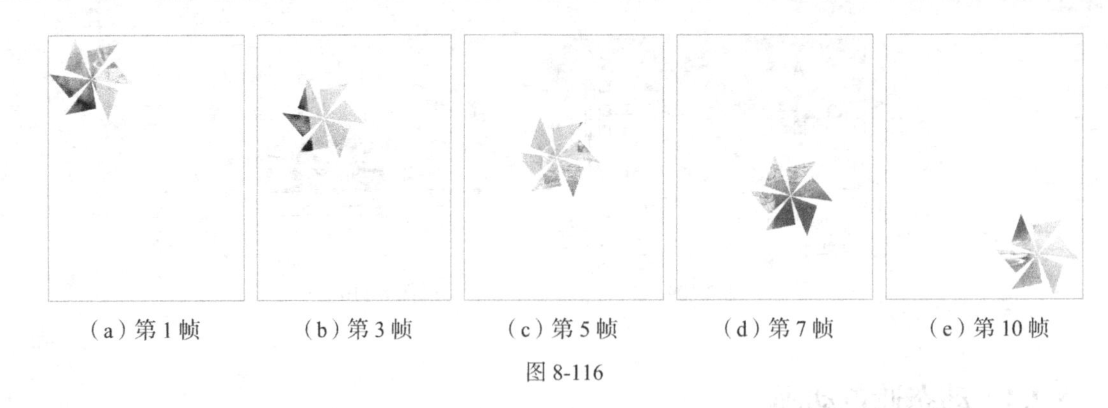

（a）第 1 帧　（b）第 3 帧　（c）第 5 帧　（d）第 7 帧　（e）第 10 帧

图 8-116

8.3 分散到图层

分散到图层命令是将同一层上的多个对象分散到多个图层当中。

命令介绍

分散到图层：应用分散到图层命令可以将同一图层上的多个对象分配到不同的图层中并为图层命名。如果对象是元件或位图，那么新图层的名字将按其原有的名字命名。

8.3.1 课堂案例——制作促销广告

【案例学习目标】使用分散到图层命令将对象进行分散。

【案例知识要点】使用“文本”工具，添加文字；使用“垂直翻转”命令，制作文字倒影效果；使用“转换为元件”命令，将文字转换为元件；使用“分散到图层”命令，将图形分散到图层，最终效果如图 8-117 所示。

【效果所在位置】Ch08/效果/制作促销广告.fla。

图 8-117

1. 导入素材并制作文字元件

（1）选择“文件 > 新建”命令，弹出“新建文档”对话框，在“常规”选项卡中选择“ActionScript 3.0”选项，将“宽”选项设置为 600，“高”选项设置为 600，单击“确定”按钮，完成文档的创建。

（2）将“图层 1”重名为“底图”，如图 8-118 所示。选择“文件 > 导入 > 导入到舞台”命令，在弹出的“导入”对话框中选择“Ch08 > 素材 > 制作促销广告 > 01”文件，单击“打开”按钮，文件被导入舞台窗口中，如图 8-119 所示。

（3）按 Ctrl+F8 组合键，弹出“创建新元件”对话框，在“名称”选项的文本框中输入“文字动”，在“类型”选项下拉列表中选择“影片剪辑”选项，单击“确定”按钮，新建影片剪辑元件“文字动”，如图 8-120 所示。舞台窗口也随之转换为影片剪辑元件的舞台窗口。

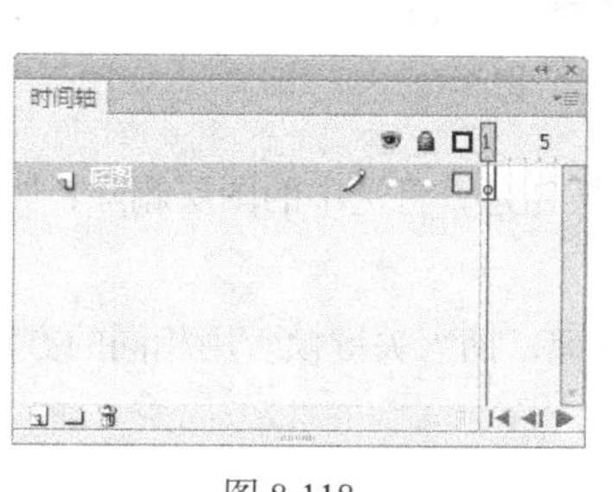

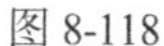

图 8-118

图 8-119

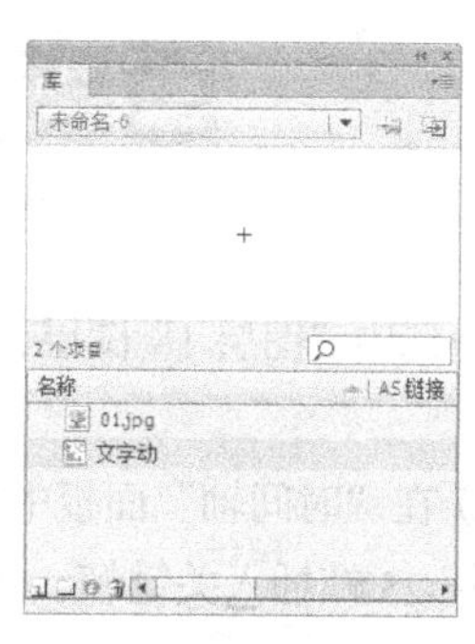

图 8-120

（4）选择“文本”工具T，在文本工具“属性”面板中进行设置，在舞台窗口中适当的位置输入大小为 50、字体为“汉真广标”的深蓝色（#012353）文字，文字效果如图 8-121 所示。选择“选择”工具，在舞台窗口中选中文字，按 Ctrl+B 组合键将其打散，如图 8-122 所示。

百变宝箱 靓彩一夏

图 8-121

百变宝箱 靓彩一夏

图 8-122

（5）在舞台窗口中选中文字“百”，如图 8-123 所示。按 F8 键，弹出“转换为元件”对话框，在“名称”选项的文本框中输入“百”，在“类型”选项下拉列表中选择“图形”，单击“确定”按钮，文字变为图形元件，“库”面板如图 8-124 所示。

（6）用相同的方法分别将文字“变”“宝”“箱”“靓”“彩”“一”“夏”转换为图形元件，如图 8-125 所示。

百变宝箱

图 8-123

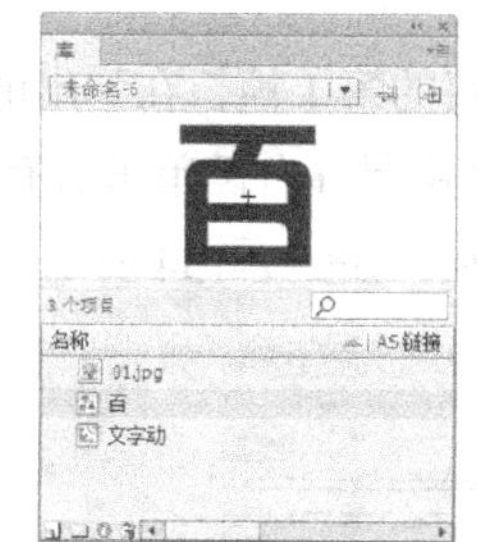

图 8-124

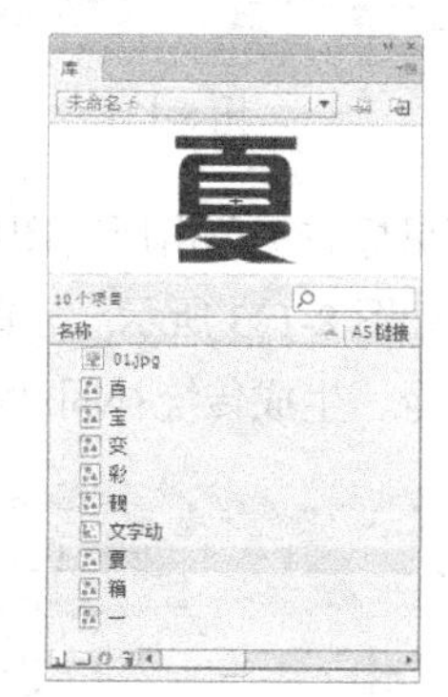

图 8-125

2. 制作文字动画

（1）选择“选择”工具，在舞台窗口中将图形元件全部选中，如图 8-126 所示。选择“修改 > 时间轴 > 分散到图层”命令，将选中的实例分散到独立层，“时间轴”面板如图 8-127 所示。

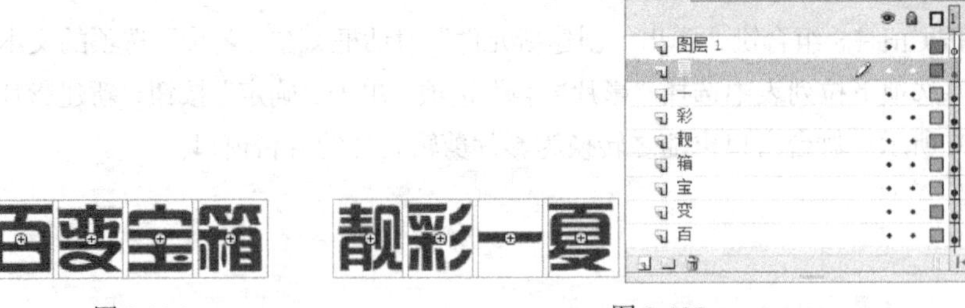

图 8-126　　　　图 8-127

（2）选中“图层 1”图层，如图 8-128 所示，单击“删除”按钮，将选中的图层删除，如图 8-129 所示。

（3）在“时间轴”面板中选中所有图层的第 15 帧，按 F6 键，插入关键帧。用相同的方法在所有图层的第 25 帧插入关键帧，如图 8-130 所示。

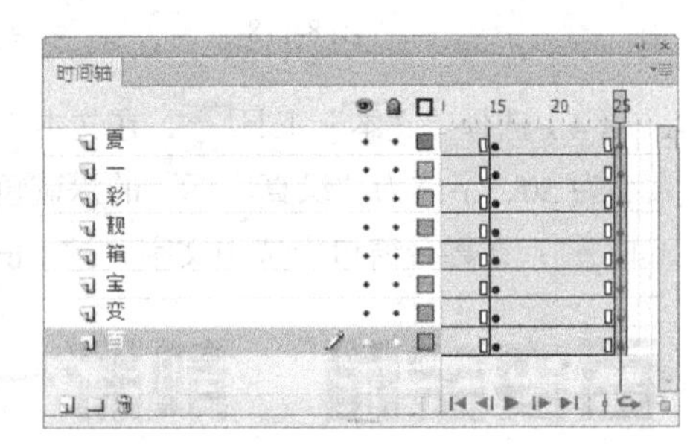

图 8-128　　　　图 8-129　　　　图 8-130

（4）选中“夏”图层的第 15 帧，选择“选择”工具，在舞台窗口中选中所有实例，如图 8-131 所示，垂直向上拖曳到适当的位置，如图 8-132 所示。

图 8-131　　　　图 8-132

（5）分别用鼠标右键单击所有图层的第 1 帧，在弹出的菜单中选择“创建传统补间”命令，生成传统补间动画，如图 8-133 所示。分别用鼠标右键单击所有图层的第 15 帧，在弹出的菜单中选择“创建传统补间”命令，生成传统补间动画，如图 8-134 所示。

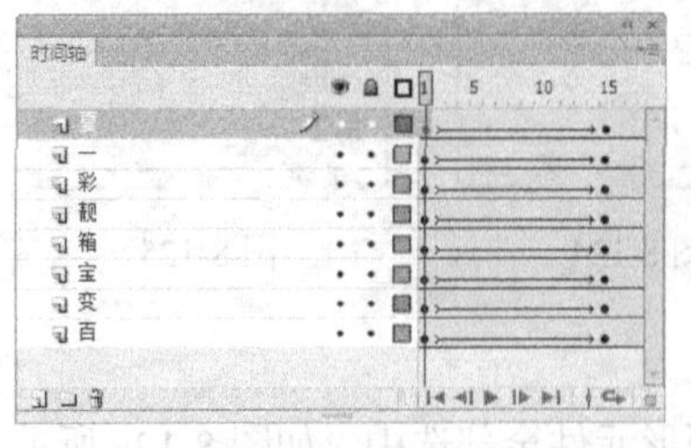

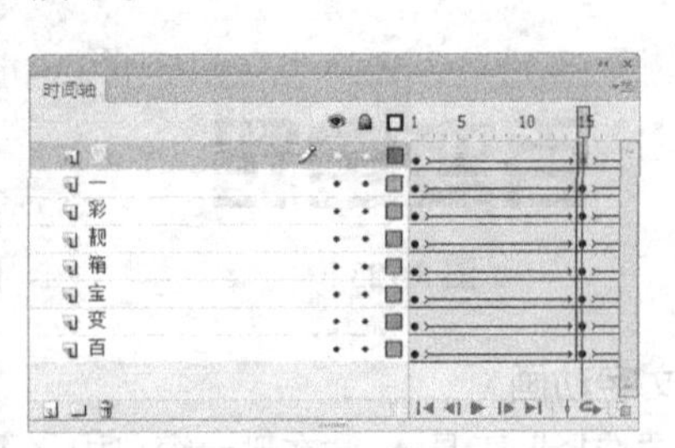

图 8-133　　　　图 8-134

（6）单击“变”图层的图层名称，选中该层中的所有帧，将所有帧向后拖曳至与“百”图层隔 5 帧的位置，如图 8-135 所示。用相同的方法依次对其他图层进行操作，如图 8-136 所示。分别选中所有图层的第 90 帧，按 F5 键，在选中的帧上插入普通帧，如图 8-137 所示。

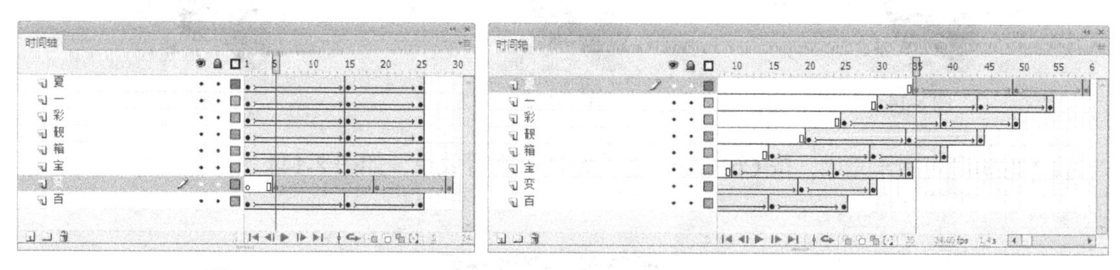

图 8-135　　图 8-136

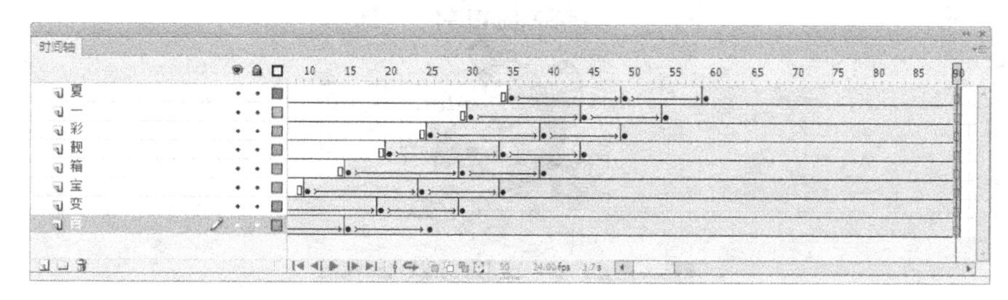

图 8-137

3．制作场景动画效果

（1）单击舞台窗口左上方的“场景 1”图标 场景 1，进入“场景 1”的舞台窗口。在“时间轴”面板中创建新图层并将其命名为“文字 1”。将“库”面板中的影片剪辑元件“文字动”拖曳到舞台窗口中，并放置在舞台窗口的上方，如图 8-138 所示。

（2）选择“选择”工具，在舞台窗口中选中“文字动”实例，按住 Alt+Shift 组合键的同时，垂直向下拖曳“文字动”实例到适当的位置，复制实例，效果如图 8-139 所示。

（3）选择“修改 > 变形 > 垂直翻转”命令，将复制出的实例进行翻转，在影片剪辑“属性”面板中选择“色彩效果”选项组下方的“样式”选项，在弹出的下拉列表中，将“Alpha”的值设置为 30%，舞台窗口中的效果如图 8-140 所示。

图 8-138　　图 8-139　　图 8-140

（4）选择“任意变形”工具，复制出来的实例周围出现控制框，如图 8-141 所示。按住 Alt 键的同时向上拖曳下方中心的控制点到适当的位置，缩放实例高度，效果如图 8-142 所示。

（5）在“时间轴”面板中创建新图层并将其命名为“文字 2”。选择“文本”工具，在文本工具“属性”面板中进行设置，在舞台窗口中适当的位置输入大小为 38、字体为“汉真广标”的深蓝色（#012353）文字，文字效果如图 8-143 所示。

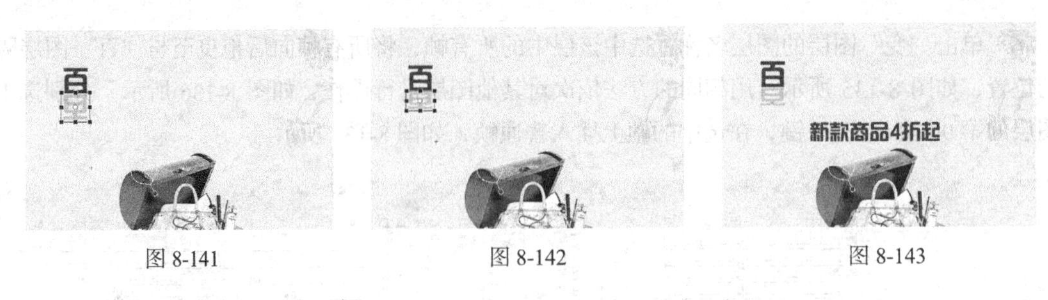

图 8-141　　图 8-142　　图 8-143

（6）促销广告制作完成，按 Ctrl+Enter 组合键即可查看效果，如图 8-144 所示。

图 8-144

8.3.2　分散到图层

新建空白文档，选择“文本”工具T，在“图层 1”的舞台窗口中输入文字“Good”，如图 8-145 所示。选中文字，按 Ctrl+B 组合键，将文字打散，如图 8-146 所示。选择“修改 > 时间轴 > 分散到图层”命令，或按 Ctrl+Shift+D 组合键，将“图层 1”中的文字分散到不同的图层中并按文字设定图层名，如图 8-147 所示。

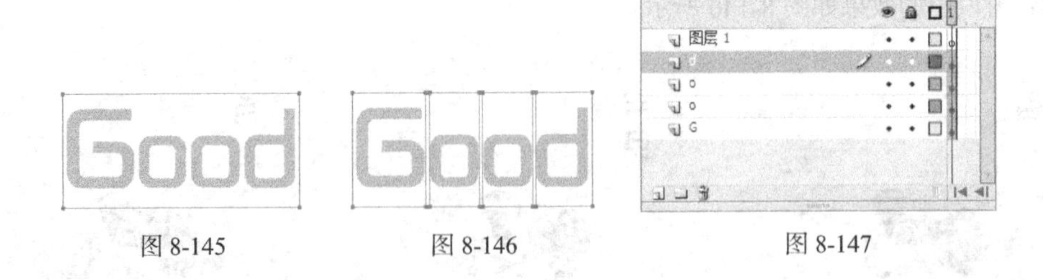

图 8-145　　图 8-146　　图 8-147

文字分散到不同的图层中后，“图层 1”中没有任何对象。

8.4　场景动画

制作多场景动画，首先要创建场景，然后在场景中制作动画。在播放影片时，按照场景排列次序依次播放各场景中的动画。所以，在播放影片前还要调整场景的排列次序或删除无用的场景。

8.4.1　创建场景

选择“窗口 > 其他面板 > 场景”命令，弹出“场景”面板。单击“添加场景”按钮，创建新的场景，如图 8-148 所示。如果需要复制场景，选中要复制的场景，单击“重制场景”按钮，即可进行复制，如图 8-149 所示。

还可选择“插入 > 场景”命令，创建新的场景。

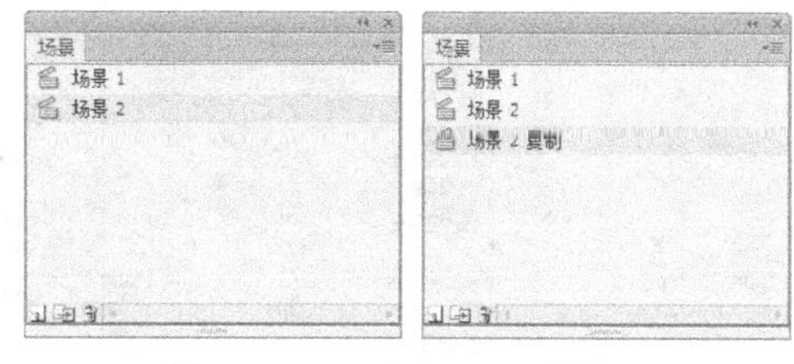

图 8-148　　图 8-149

8.4.2　选择当前场景

在制作多场景动画时常需要修改某场景中的动画，此时应该将该场景设置为当前场景。

单击舞台窗口上方的“编辑场景”按钮，在弹出的下拉列表中选择要编辑的场景，如图 8-150 所示。

图 8-150

8.4.3　调整场景动画的播放次序

在制作多场景动画时常需要设置各个场景动画播放的先后顺序。

选择“窗口 > 其他面板 > 场景”命令，弹出“场景”面板。在面板中选中要改变顺序的“场景 3”，如图 8-151 所示，将其拖曳到“场景 2”的上方，这时出现一个场景图标，并在“场景 2”上方出现一条带圆环头的绿线，其所在位置表示“场景 3”移动后的位置，如图 8-152 所示。释放鼠标，“场景 3”移动到“场景 2”的上方，这就表示在播放场景动画时，“场景 3”中的动画要先于“场景 2”中的动画播放，如图 8-153 所示。

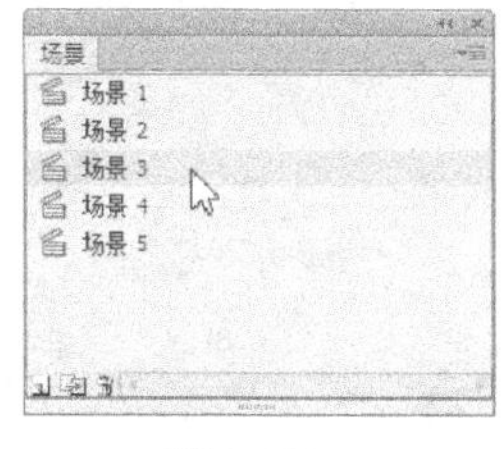

图 8-151

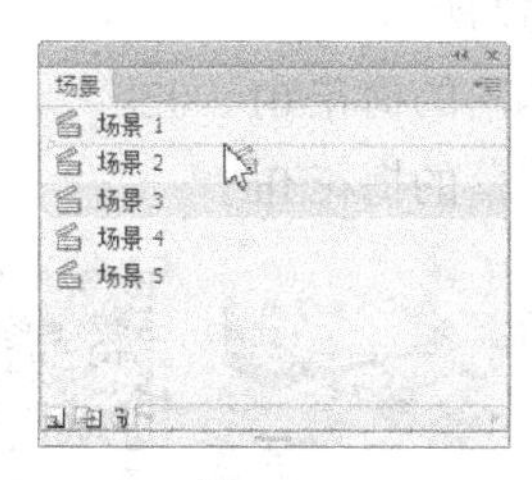

图 8-152

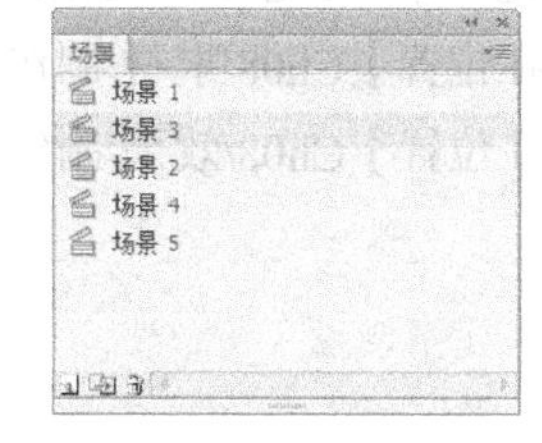

图 8-153

8.4.4　删除场景

在制作动画过程中，可以将没有用的场景删除。

选择“窗口 > 其他面板 > 场景”命令，弹出“场景”面板。选中要删除的场景，单击“删除场景”按钮，如图 8-154 所示，弹出提示对话框，单击“确定”按钮，场景被删除，如图 8-155 所示。

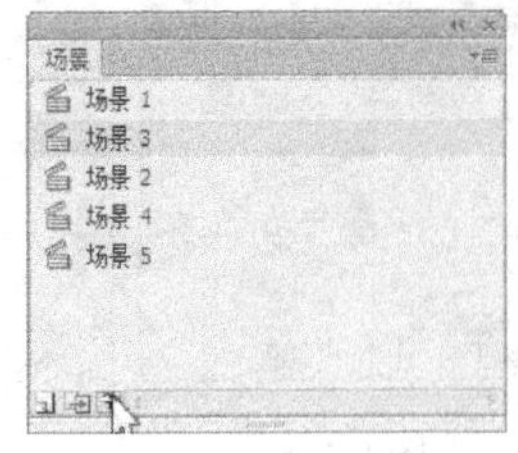

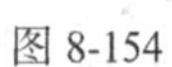
图 8-154

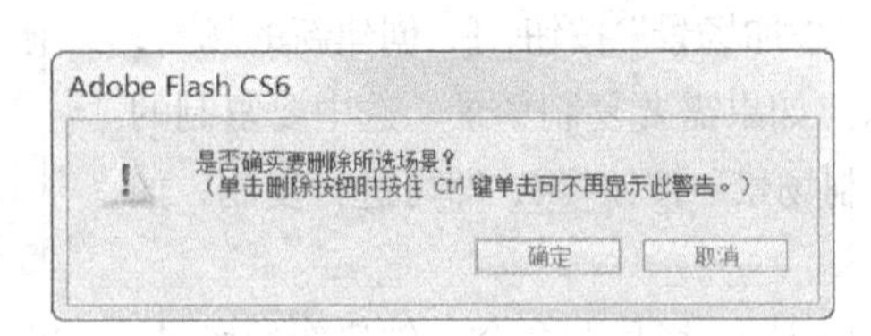

图 8-155

课堂练习——制作发光效果

【练习知识要点】使用“矩形”工具，绘制矩形条效果；使用“变形”面板，制作角度旋转效果；使用“遮罩层”命令和“创建传统补间”命令，制作发光线条效果，最终效果如图 8-156 所示。

【素材所在位置】Ch08/素材/制作发光效果/01、02。

【效果所在位置】Ch08/效果/制作发光效果.fla。

扫码观看
本案例视频

图 8-156

课后习题——制作飘落的梅花

【习题知识要点】使用“导入”命令，导入素材制作图形元件；使用“添加传统运动引导层”命令，制作梅花飘落效果，最终效果如图 8-157 所示。

【素材所在位置】Ch08/素材/制作飘落的梅花/01、02。

【效果所在位置】Ch08/效果/制作飘落的梅花.fla。

扫码观看
本案例视频

图 8-157

第9章 声音素材的导入和编辑

本章介绍

在 Flash CS6 中可以导入外部的声音素材作为动画的背景音乐或音效。本章主要讲解声音素材的多种格式，以及导入声音和编辑声音的方法。通过对这些内容的学习，读者可以了解并掌握如何导入声音、编辑声音，从而使制作的动画音效更加生动。

学习目标

- 掌握导入和编辑声音素材的方法和技巧。
- 掌握音频的基本知识。
- 了解声音素材的几种常用格式。

技能目标

- 掌握“儿童英语”的制作方法。

9.1 音频的基本知识及声音素材的格式

声音以波的形式在空气中传播，声音的频率单位是赫兹（Hz），一般人听到的声音频率在20Hz~20kHz，低于这个频率范围的声音为次声波，高于这个频率范围的声音为超声波。下面介绍一下关于音频的基本知识。

9.1.1 音频的基本知识

⊙ 取样率

取样率是指在进行数字录音时，单位时间内对模拟的音频信号进行提取样本的次数。取样率越高，声音越好。Flash 经常使用 44kHz、22kHz 或 11kHz 的取样率对声音进行取样。例如，使用 22kHz 取样率取样的声音，每秒钟要对声音进行 22000 次分析，并记录每两次分析之间的差值。

⊙ 位分辨率

位分辨率是指描述每个音频取样点的比特位数。例如，8 位的声音取样表示 2^8 或 256 级。可以将较高位分辨率的声音转换为较低位分辨率的声音。

⊙ 压缩率

压缩率是指文件压缩前后大小的比率，用于描述数字声音的压缩效率。

9.1.2 声音素材的格式

Flash CS6 提供了许多使用声音的方式。它可以使声音独立于时间轴连续播放，或使动画和一个音轨同步播放；可以向按钮添加声音，使按钮具有更强的互动性；还可以通过声音淡入、淡出产生更优美的声音效果。下面介绍可导入 Flash 中的常见的声音文件格式。

⊙ WAV 格式

WAV 格式可以直接保存对声音波形的取样数据，数据没有经过压缩，所以音质较好，但 WAV 格式的声音文件通常文件量比较大，会占用较多的磁盘空间。

⊙ MP3 格式

MP3 格式是一种压缩的声音文件格式。同 WAV 格式相比，MP3 格式的文件量只占 WAV 格式的 1/10。优点为文件量小、传输方便、声音质量较好，已经被广泛应用到计算机音乐中。

⊙ AIFF 格式

AIFF 格式支持 MAC 平台，支持 16bit 44kHz 立体声。只有系统上安装了 QuickTime 4 或更高版本，才可使用此声音文件格式。

⊙ AU 格式

AU 格式是一种压缩声音文件格式，只支持 8bit 的声音，是互联网上常用的声音文件格式。只有系统上安装了 QuickTime 4 或更高版本，才可使用此声音文件格式。

声音要占用大量的磁盘空间和内存。所以，一般为提高作品在网上的下载速度，常使用 MP3 声音文件格式，因为它的声音资料经过了压缩，比 WAV 或 AIFF 格式的文件量小。在 Flash 中只能导入采样比率为 11 kHz、22 kHz 或 44 kHz，8 位或 16 位的声音。通常，为了作品在网上有较满意的下载速度而使用 WAV 或 AIFF 文件时，最好使用 16 位 22 kHz 单声。

9.2 导入并编辑声音素材

导入声音素材后，可以将其直接应用到动画作品中，也可以通过声音编辑器对声音素材进行编辑，然后进行应用。

命令介绍

添加按钮音效：要向动画中添加声音，必须先将声音文件导入当前的文档中。

9.2.1　课堂案例——制作儿童英语

【案例学习目标】使用声音文件为按钮添加音效。

【案例知识要点】使用“文本”工具，输入英文字母；使用“对齐”面板，将按钮图形对齐，最终效果如图 9-1 所示。

【效果所在位置】Ch09/效果/制作儿童英语.fla。

图 9-1

1．绘制按钮图形

（1）选择“文件 > 新建”命令，弹出“新建文档”对话框，在“常规”选项卡中选择“ActionScript 3.0”选项，将“宽度”选项设置为 800，“高度”选项设置为 800，单击“确定”按钮，完成页面的创建。

（2）按 Ctrl+F8 组合键，弹出“创建新元件”对话框，在“名称”选项的文本框中输入“A”，在“类型”选项下拉列表中选择“按钮”选项，如图 9-2 所示，单击“确定”按钮，新建按钮元件“A”。舞台窗口也随之转换为按钮元件的舞台窗口。

（3）选择“文件 > 导入 > 导入到舞台”命令，在弹出的“导入”对话框中选择“Ch09 > 素材 > 制作儿童英语 > 02”文件，单击“打开”按钮，文件被导入舞台窗口中，如图 9-3 所示。

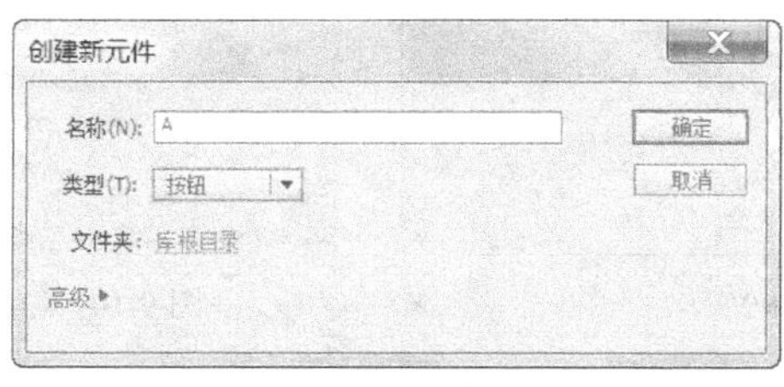

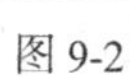
图 9-2

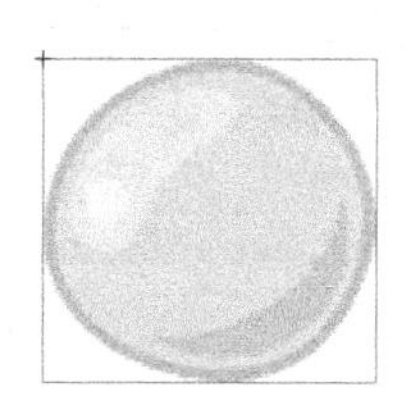
图 9-3

（4）选择“文本”工具T，在文本工具“属性”面板中进行设置，在舞台窗口中适当的位置输入大小为 50、字体为“方正卡通简体”的黑色英文，文字效果如图 9-4 所示。

（5）选中“图层 1”的“指针经过”帧，按 F6 键，插入关键帧。在“指针经过”帧所对应的舞台窗口中选中所有图形，按 Ctrl+T 组合键，弹出“变形”面板，将“缩放宽度”选项和“缩放高度”选项均设置为 90，按 Enter 键，图形被缩小，效果如图 9-5 所示。选中字母，在文本“属性”面板中将文本颜色设置为橘红色（#FF3300），效果如图 9-6 所示。

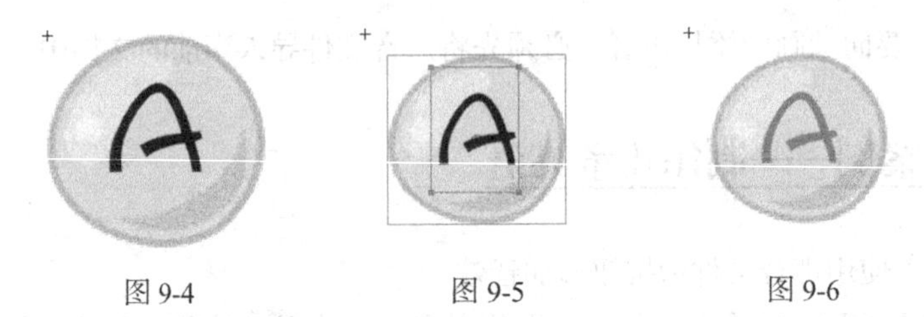

图 9-4　　图 9-5　　图 9-6

（6）选择“图层 1”的“点击”帧，按 F5 键，插入普通帧。在“时间轴”面板中创建新图层“图层 2”。选中“图层 2”的“指针经过”帧，按 F6 键，插入关键帧，如图 9-7 所示。

（7）选择“文件 > 导入 > 导入到库”命令，在弹出的“导入到库”对话框中选择“Ch09 >素材 > 制作儿童英语 > A .wav”文件，单击“打开”按钮，将声音文件导入“库”面板中。选中“图层 2”中的“指针经过”帧，将“库”面板中的声音文件“A .wav”拖曳到舞台窗口中，“时间轴”面板中的效果如图 9-8 所示。按钮“A”制作完成。

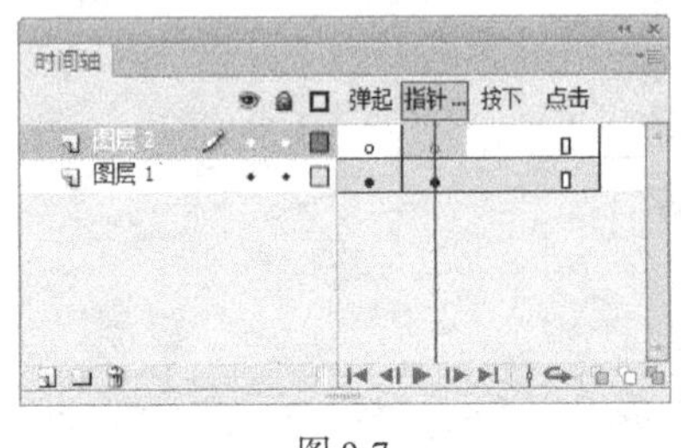

图 9-7

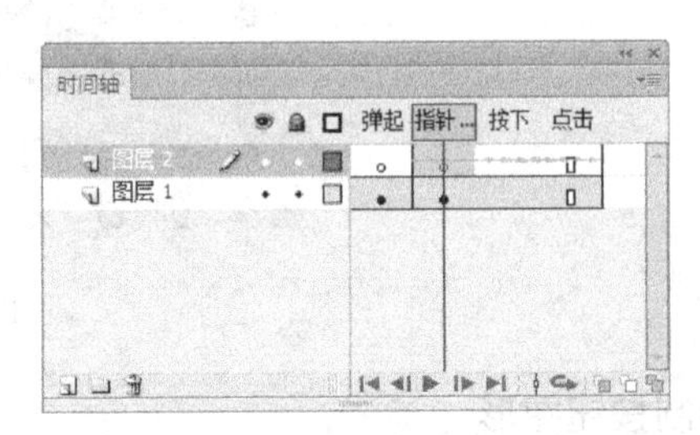

图 9-8

（8）用鼠标右键单击“库”面板中的按钮元件“A”，在弹出的菜单中选择“直接复制元件”命令，弹出“直接复制元件”对话框，在对话框中进行设置，如图 9-9 所示，单击“确定”按钮，生成按钮元件“B”，如图 9-10 所示。

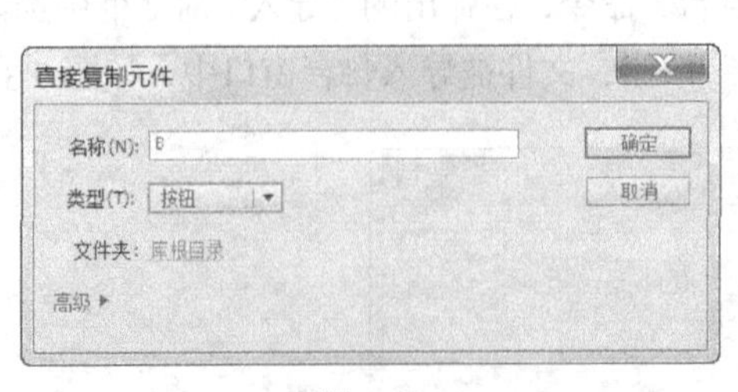

图 9-9

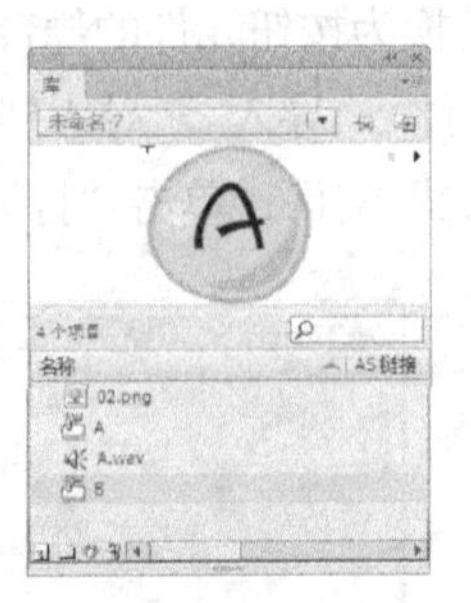

图 9-10

（9）在“库”面板中双击按钮元件“B”，进入按钮元件的舞台窗口中。选中“图层 1”的“弹起”帧，选择“文本”工具T，选中字母“A”，并将其更改为“B”，效果如图 9-11 所示。选中“图层 1”

的“指针经过”帧，将字母“A”更改为“B”，效果如图 9-12 所示。

（10）选择“文件 > 导入 > 导入到库”命令，在弹出的“导入到库”对话框中选择“Ch09 >素材 > 制作儿童英语 > B .wav”文件，单击“打开”按钮，将声音文件导入“库”面板中。选择“图层 2”的“指针经过”帧，在帧“属性”面板中选择“声音”选项组，在“名称”选项的下拉列表中选择“B”，如图 9-13 所示。

（11）用上述的方法制作其他按钮元件，并设置对应的声音文件，如图 9-14 所示。

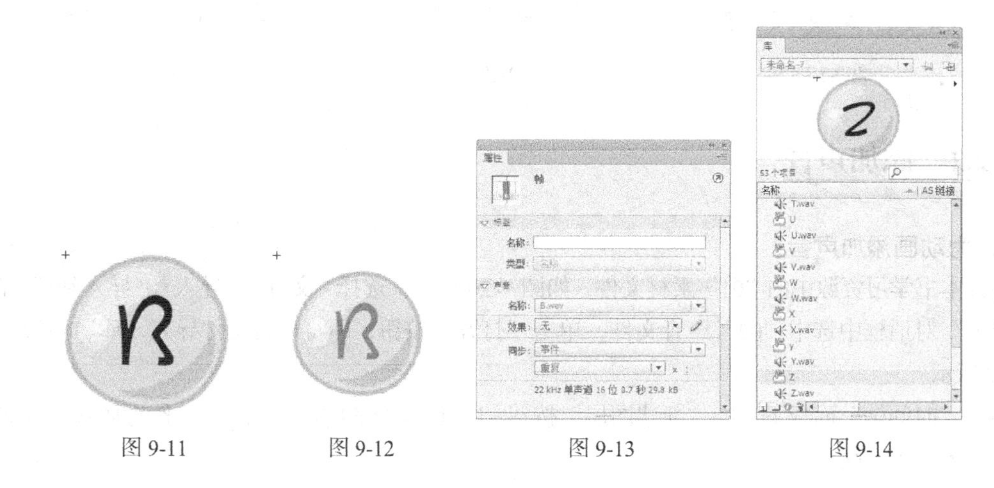

图 9-11　　图 9-12　　图 9-13　　图 9-14

2. 排列按钮元件

（1）单击舞台窗口左上方的“场景 1”图标 场景 1，进入“场景 1”的舞台窗口。将“图层 1”重命名为“底图”。选择“文件 > 导入 > 导入到舞台”命令，在弹出的“导入”对话框中选择“Ch09 > 素材 > 制作儿童英语> 01”文件，单击“打开”按钮，文件被导入舞台窗口中，如图 9-15 所示。

（2）在“时间轴”面板中创建新图层并将其命名为“按钮”。将“库”面板中的所有按钮元件拖曳到舞台窗口中，并排列其位置，如图 9-16 所示。

图 9-15　　图 9-16

（3）选择“选择”工具，按住 Shift 键的同时选中第 1 排中的 6 个按钮实例，如图 9-17 所示，按 Ctrl+K 组合键，弹出“对齐”面板，单击“顶对齐”按钮，将按钮以上边线为基准进行对齐。单击“水平居中分布”按钮，将按钮进行等间距对齐，效果如图 9-18 所示。

（4）用上述的方法对其他按钮实例进行对齐操作，效果如图 9-19 所示。儿童英语制作完成，按 Ctrl+Enter 组合键即可查看效果。

图 9-17　　图 9-18　　图 9-19

9.2.2　添加声音

1. 为动画添加声音

打开本书学习资源中的“01”素材文件，如图 9-20 所示。选择“文件 > 导入 > 导入到库”命令，在“导入”对话框中选中“02”声音文件，单击“打开”按钮，即将声音文件导入“库”面板中，如图 9-21 所示。

单击“时间轴”面板下方的“新建图层”按钮，创建新的图层“图层 1”作为放置声音文件的图层，如图 9-22 所示。

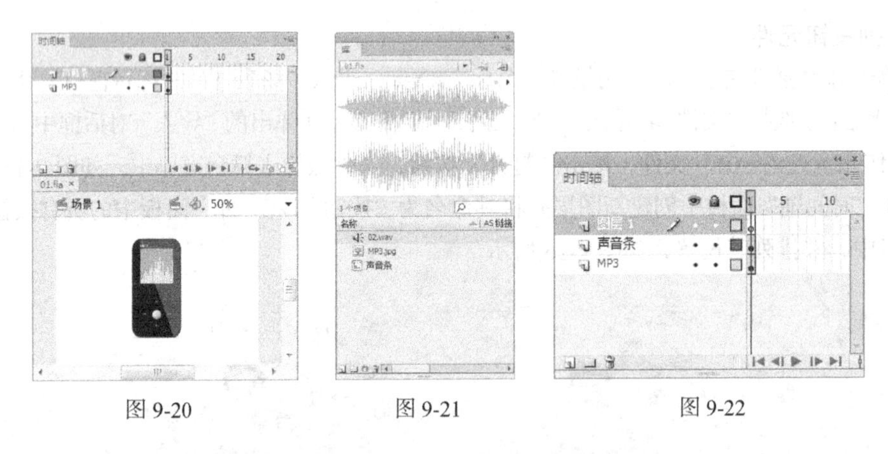

图 9-20　　图 9-21　　图 9-22

在“库”面板中选中声音文件，单击并按住鼠标不放将其拖曳到舞台窗口中，如图 9-23 所示。松开鼠标，在“图层 1”中出现声音文件的波形，如图 9-24 所示。至此，声音添加完成，按 Ctrl+Enter 组合键可以测试添加效果。

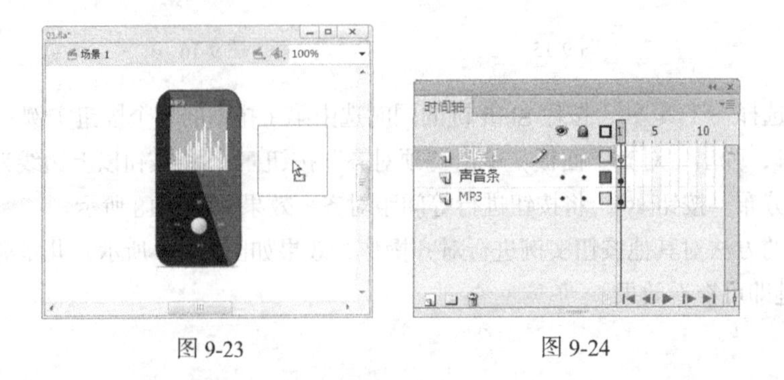

图 9-23　　图 9-24

提示　一般情况下，将每个声音放在一个独立的层上，使每个层都作为一个独立的声音通道。这样在播放动画文件时，所有层上的声音就混合在一起了。

2．为按钮添加音效

选择“文件 > 打开”命令，弹出“打开”对话框，选择动画文件，单击“打开”按钮，将文件打开，在“库”面板中双击“按钮”，进入“按钮”的舞台编辑窗口，如图 9-25 所示。选择“文件 > 导入 > 导入到库”命令，在“导入”对话框中选择声音文件，单击“打开”按钮，将声音文件导入“库”面板中，如图 9-26 所示。

单击“时间轴”面板下方的“新建图层”按钮，创建新图层并将其命名为“声音”，作为放置声音文件的图层，选中“声音”图层的“指针经过”帧，按 F6 键，在“指针经过”帧上插入关键帧，如图 9-27 所示。

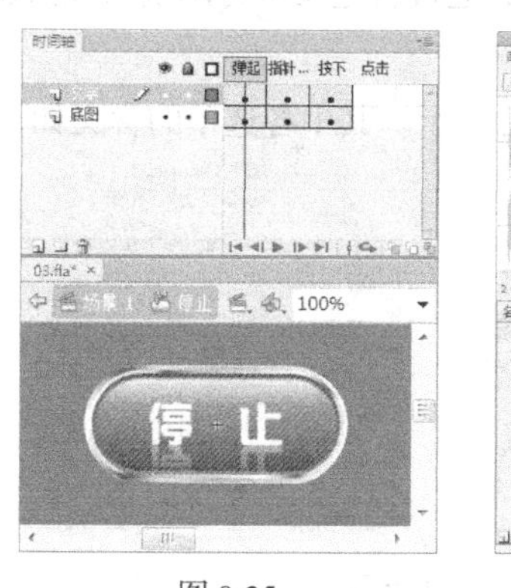

图 9-25

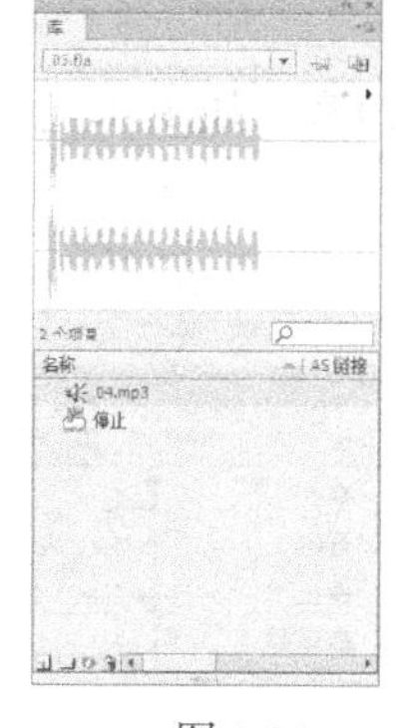

图 9-26

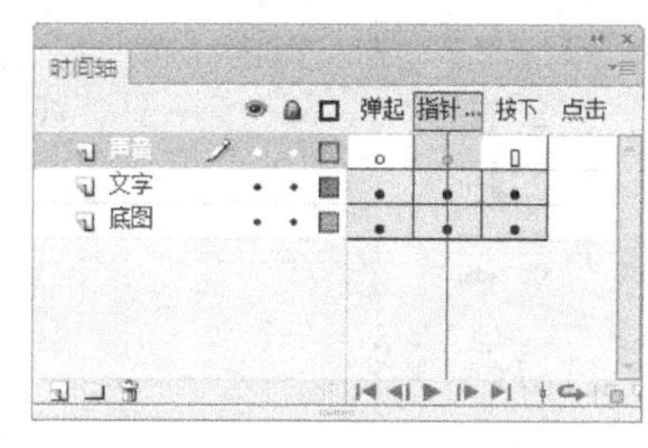

图 9-27

选中“指针”帧，将“库”面板中的声音文件拖曳到按钮元件的舞台编辑窗口中，如图 9-28 所示。

松开鼠标，在“指针”帧中出现声音文件的波形，这表示动画开始播放后，当鼠标指针经过按钮时，按钮将响应音效，如图 9-29 所示。按钮音效添加完成，按 Ctrl+Enter 组合键，可以测试添加效果。

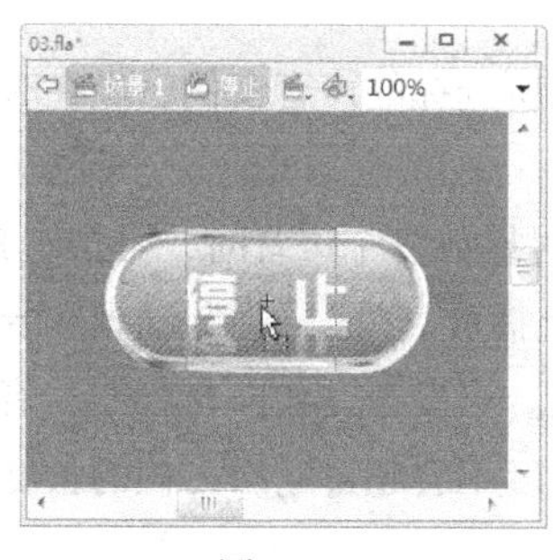

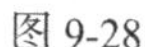

图 9-28

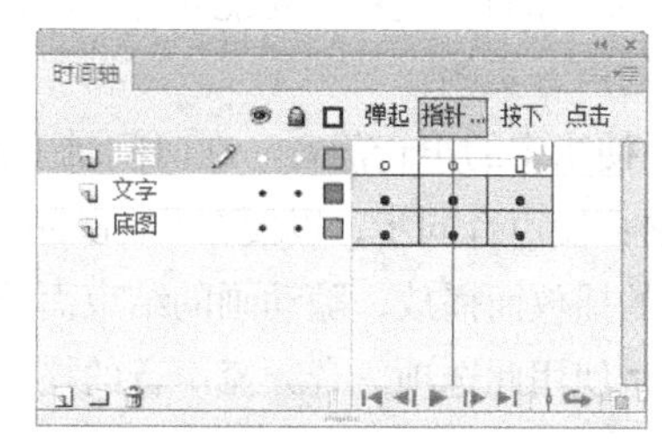

图 9-29

9.2.3　属性面板

在“时间轴”面板中选中声音文件所在图层的第 1 帧，按 Ctrl+F3 组合键，弹出帧“属性”面板，如图 9-30 所示。

“名称”选项：可以在此选项的下拉列表中选择“库”面板中的声音文件。

“效果”选项：可以在此选项的下拉列表中选择声音播放的效果，如图 9-31 所示。其中各选项的含义如下。

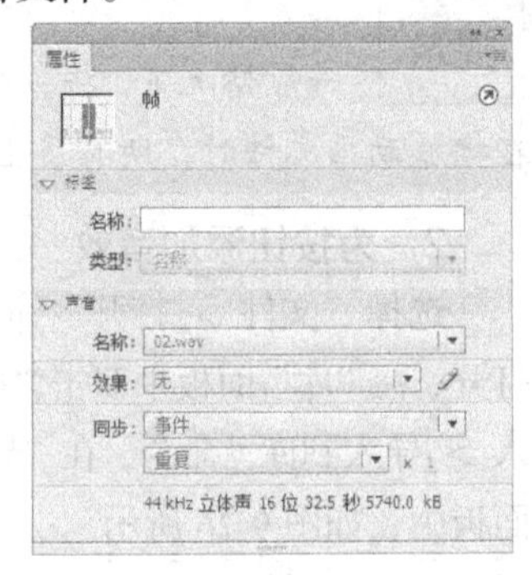

图 9-30

“无”选项：选择此选项，将不对声音文件应用效果。选择此选项后可以删除以前应用于声音的特效。

“左声道”选项：选择此选项，只在左声道播放声音。

“右声道”选项：选择此选项，只在右声道播放声音。

“向右淡出”选项：选择此选项，声音从左声道渐变到右声道。

“向左淡出”选项：选择此选项，声音从右声道渐变到左声道。

“淡入”选项：选择此选项，在声音的持续时间内逐渐增加其音量。

“淡出”选项：选择此选项，在声音的持续时间内逐渐减小其音量。

“自定义”选项：选择此选项，弹出“编辑封套”对话框，通过自定义声音的淡入和淡出点，创建自己的声音效果。

“同步”选项：此选项用于选择何时播放声音，如图 9-32 所示。其中各选项的含义如下。

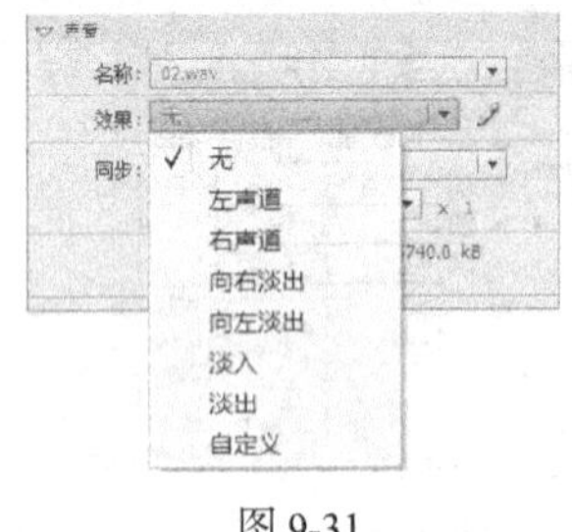

图 9-31

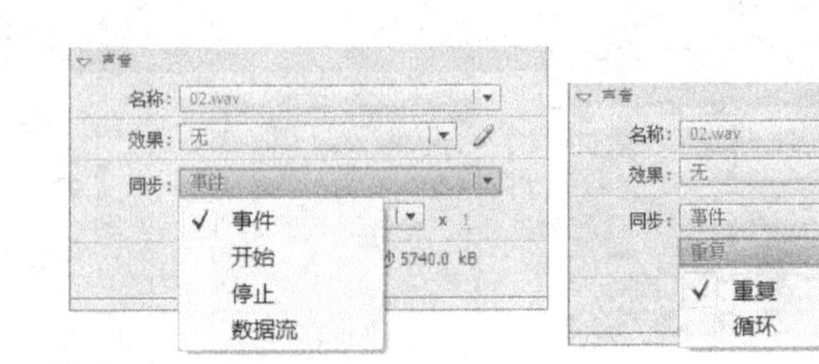

图 9-32

“事件”选项：将声音和发生的事件同步播放。事件声音在它的起始关键帧开始显示时播放，并独立于时间轴播放完整个声音，即使影片文件停止也继续播放。当播放发布的 SWF 影片文件时，事件声音混合在一起。一般情况下，当用户单击一个按钮播放声音时选择事件声音。如果事件声音正在播放，而声音再次被实例化（如用户再次单击按钮），则第一个声音实例继续播放，另一个声音实例同时开始播放。

“开始”选项：与“事件”选项的功能相近，但如果所选择的声音实例已经在时间轴的其他地方播放，则不会播放新的声音实例。

“停止”选项：使指定的声音静音。在时间轴上同时播放多个声音时，可指定其中一个为静音。

“数据流”选项：使声音同步，以便在 Web 站点上播放。Flash 强制动画和音频流同步。换句话说，音频流随动画的播放而播放，随动画的结束而结束。当发布 SWF 文件时，音频流混合在一起。一般给帧添加声音时使用此选项。音频流声音的播放长度不会超过它所占帧的长度。

注意

在 Flash 中有两种类型的声音：事件声音和音频流。事件声音必须完全下载后才能开始播放，并且除非明确停止，否则它将一直连续播放。音频流则可以在前几帧下载了足够的资料后就开始播放，音频流可以和时间轴同步，以便在 Web 站点上播放。

“重复”选项：用于指定声音循环的次数。可以在选项后的数值框中设置循环次数。

“循环”选项：用于循环播放声音。一般情况下，不循环播放音频流。如果将音频流设置为循环播放，帧就会添加到文件中，文件的大小就会根据声音循环播放的次数而倍增。

“编辑声音封套”按钮：选择此选项，弹出“编辑封套”对话框，通过自定义声音的淡入和淡出点，创建自己的声音效果。

课堂练习——制作茶品宣传单

【练习知识要点】使用“导入”命令，导入素材制作图形元件；使用“创建传统补间”命令，制作传统补间动画，最终效果如图 9-33 所示。

【素材所在位置】Ch09/素材/制作茶品宣传单/01~06。

【效果所在位置】Ch09/效果/制作茶品宣传单.fla。

图 9-33

课后习题——制作美食宣传单

【习题知识要点】使用“变形”面板，缩放实例；使用“创建传统补间”命令，制作蛋糕的先后入场；使用“动作”面板，添加脚本语言，最终效果如图 9-34 所示。

【素材所在位置】Ch09/素材/制作美食宣传单/01~03。

【效果所在位置】Ch09/效果/制作美食宣传单.fla。

图 9-34

第10章 动作脚本应用基础

本章介绍

在 Flash CS6 中，要实现一些复杂多变的动画效果就要使用动作脚本，可以通过输入不同的动作脚本来实现高难度的动画制作。本章主要讲解动作脚本的基本术语和使用方法。通过对这些内容的学习，读者可以了解并掌握如何应用不同的动作脚本来实现千变万化的动画效果。

学习目标

- 了解数据类型。
- 掌握语法规则。
- 掌握变量和函数。
- 掌握表达式和运算符。

技能目标

- 掌握“系统时钟”的制作方法。

10.1　动作脚本的使用

和其他脚本语言相同，动作脚本依照自己的语法规则，保留关键字、提供运算符，并且允许使用变量存储和获取信息。动作脚本包含内置的对象和函数，并且允许用户创建自己的对象和函数。动作脚本程序一般由语句、函数和变量组成，主要涉及数据类型、语法规则、变量、函数、表达式和运算符等。

10.1.1　课堂案例——制作系统时钟

【案例学习目标】使用变形工具调整图片的中心点，使用动作面板为图形添加脚本语言。

【案例知识要点】使用“导入”命令，导入素材制作元件；使用“动作”面板，设置脚本语言，最终效果如图 10-1 所示。

【效果所在位置】Ch10/效果/制作系统时钟.fla。

图 10-1

1．导入素材创建元件

（1）选择“文件 > 新建”命令，弹出“新建文档”对话框，在“常规”选项卡中选择“ActionScript 2.0”选项，将“宽”选项设置为 800，“高”选项设置为 800，单击“确定”按钮，完成文档的创建。

（2）选择“文件 > 导入 > 导入到库”命令，在弹出的“导入到库”对话框中选择“Ch10 > 素材 > 制作系统时钟 > 01 ~ 06”文件，单击“打开”按钮，文件被导入“库”面板中。

（3）在“库”面板中新建一个图形元件“时钟”，舞台窗口也随之转换为图形元件的舞台窗口。将“库”面板中的位图“04”拖曳到舞台窗口中，如图 10-2 所示。用相同的方法分别用“库”面板中的位图“05”和“06”文件，制作图形元件“分针”和“秒针”，如图 10-3 所示。

（4）在“库”面板中新建一个影片剪辑元件“hours”，舞台窗口也随之转换为影片剪辑元件的舞台窗口。将“库”面板中的图形元件“时针”拖曳到舞台窗口中，如图 10-4 所示。用相同的方法分别用“库”面板中的图形元件“分针”和“秒针”文件，制作影片剪辑元件“minutes”和“seconds”，如图 10-5 所示。

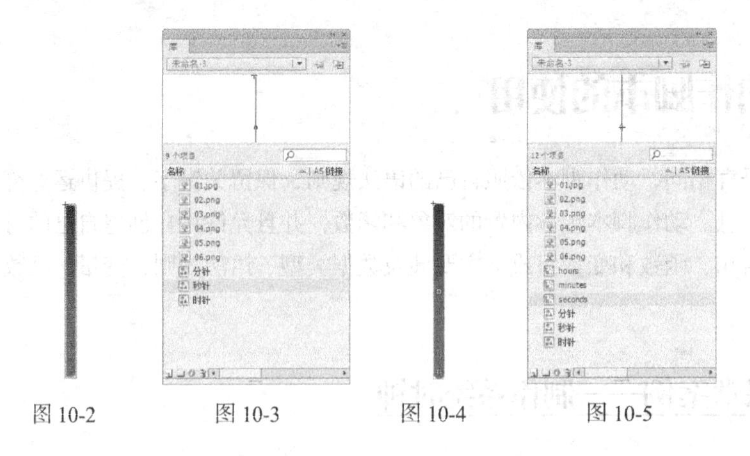

图 10-2　　图 10-3　　图 10-4　　图 10-5

2．为实例添加脚本语言

（1）单击舞台窗口左上方的“场景 1”图标 场景 1，进入“场景 1”的舞台窗口。将“图层 1”重新命名为“底图”。将“库”面板中的位图“01”拖曳到舞台窗口中，如图 10-6 所示。选中“底图”图层的第 2 帧，按 F5 键，插入普通帧。

（2）在“时间轴”面板中创建新图层并将其命名为“钟表图”。将“库”面板中的位图“02”拖曳到舞台窗口中，并放置在适当的位置，如图 10-7 所示。

（3）在“时间轴”面板中创建新图层并将其命名为“文字”。将“库”面板中的位图“03”拖曳到舞台窗口中，并放置在适当的位置，如图 10-8 所示。

图 10-6　　图 10-7　　图 10-8

（4）在“时间轴”面板中创建新图层并将其命名为“时针”。将“库”面板中的影片剪辑元件“hours”拖曳到舞台窗口中，并将实例下方的十字图标与表盘的中心点重合，如图 10-9 所示。在舞台窗口中选中“hours”实例，选择“窗口 > 动作”命令，弹出“动作”面板。在“脚本窗口”中输入脚本语言，“动作”面板中的效果如图 10-10 所示。

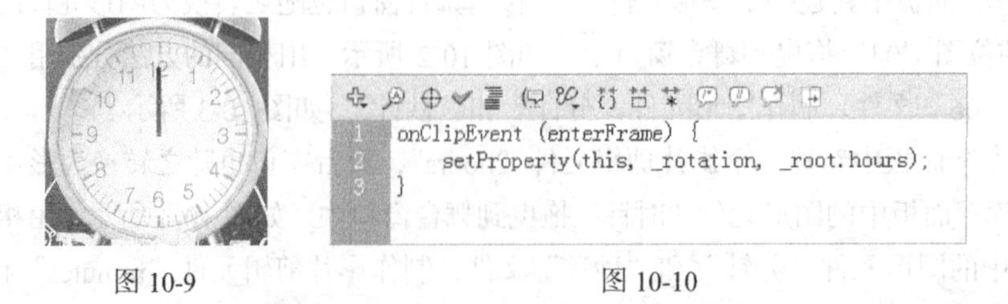

图 10-9　　图 10-10

（5）在“时间轴”面板中创建新图层并将其命名为“分针”。将“库”面板中的影片剪辑元件“minutes”拖曳到舞台窗口中，并将实例下方的十字图标与表盘的中心点重合，如图 10-11 所示。在舞台窗口中选中“minutes”实例，选择“窗口 > 动作”命令，弹出“动作”面板。在“脚本窗口”中输入脚本语言，“动作”面板中的效果如图 10-12 所示。

图 10-11

```
onClipEvent (enterFrame) {
    setProperty(this, _rotation, _root.minutes);
}
```

图 10-12

（6）在“时间轴”面板中创建新图层并将其命名为“秒针”。将“库”面板中的影片剪辑元件“seconds”拖曳到舞台窗口中，并将实例下方的十字图标与表盘的中心点重合，如图 10-13 所示。在舞台窗口中选中“seconds”实例，选择“窗口 > 动作”命令，弹出“动作”面板。在“脚本窗口”中输入脚本语言，“动作”面板中的效果如图 10-14 所示。

图 10-13

```
onClipEvent (enterFrame) {
    setProperty(this, _rotation, _root.seconds);
}
```

图 10-14

（7）在“时间轴”面板中创建新图层并将其命名为“动作脚本”。选中“动作脚本”图层的第 2 帧，按 F6 键，插入关键帧。选中“动作脚本”图层的第 1 帧，选择“窗口 > 动作”命令，弹出“动作”面板。在“脚本窗口”中输入脚本语言，“动作”面板中的效果如图 10-15 所示。

（8）选中“动作脚本”图层的第 2 帧，选择“窗口 > 动作”命令，弹出“动作”面板。在“脚本窗口”中输入脚本语言，“动作”面板中的效果如图 10-16 所示。系统时钟制作完成，按 Ctrl+Enter 组合键即可查看效果。

```
time = new Date( );
hours = time.getHours( );
minutes = time.getMinutes( );
seconds = time.getSeconds( );
if (hours>12) {
    hours = hours-12;
}
if (hours<1) {
    hours = 12;
}
hours = hours*30+int(minutes/2);
minutes = minutes*6+int(seconds/10);
seconds = seconds*6;
```

图 10-15

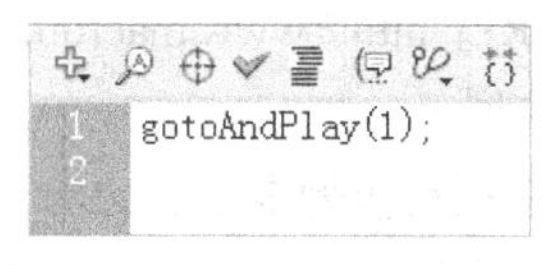

图 10-16

10.1.2　数据类型

数据类型描述了动作脚本的变量或元素可以包含的信息种类。动作脚本有 2 种数据类型：原始数据类型和引用数据类型。原始数据类型是指 String（字符串）、Number（数字）和 Boolean（布尔值），它们拥有固定类型的值，因此可以包含它们所代表元素的实际值。引用数据类型是指影片剪辑和对象，它们值的类型是不固定的，因此它们包含对该元素实际值的引用。

下面将介绍各种数据类型。

⊙ String（字符串）

字符串是字母、数字和标点符号等字符的序列。字符串必须用一对双引号标记。字符串被当作字符而不是变量进行处理。

例如，在下面的语句中，"L7" 是一个字符串：

```
favoriteBand = "L7";
```

⊙ Number（数字型）

数字型是指数字的算术值，要进行正确的数学运算必须使用数字数据类型。可以使用算术运算符加（+）、减（-）、乘（*）、除（/）、求模（%）、递增（++）和递减（--）来处理数字，也可以使用内置的 Math 对象的方法处理数字。

例如，使用 sqrt()（平方根）方法返回数字 100 的平方根：

```
Math.sqrt(100);
```

⊙ Boolean（布尔型）

值为 true 或 false 的变量被称为布尔型变量。动作脚本也会在需要时将值 true 和 false 转换为 1 和 0。在确定"是/否"的情况下，布尔型变量是非常有用的。在进行比较以控制脚本流的动作脚本语句中，布尔型变量经常与逻辑运算符一起使用。

例如，在下面的脚本中，如果变量 userName 和 password 为 true，则会播放该 SWF 文件：

```
onClipEvent (enterFrame) {
if (userName == true && password == true){
play( );
}
}
```

⊙ Movie Clip（影片剪辑型）

影片剪辑是 Flash 影片中可以播放动画的元件，它们是唯一引用图形元素的数据类型。Flash 中的每个影片剪辑都是一个 Movie Clip 对象，它们拥有 Movie Clip 对象中定义的方法和属性。通过点（.）运算符可以调用影片剪辑内部的属性和方法。

例如以下调用：

```
my_mc.startDrag(true);
parent_mc.getURL("http://www.macromedia.com/support/" + product);
```

⊙ Object（对象型）

对象型指所有使用动作脚本创建的基于对象的代码。对象是属性的集合，每个属性都拥有自己的名称和值，属性的值可以是任何 Flash 数据类型，甚至可以是对象数据类型。通过（.）运算符可以引用对象中的属性。

例如，在下面的代码中，hoursWorked 是 weeklyStats 的属性，而后者是 employee 的属性：

```
employee.weeklyStats.hoursWorked
```

⊙ Null（空值）

空值数据类型只有一个值，即 null。这意味着没有值，即缺少数据。null 可以用在各种情况中，如作为函数的返回值、表明函数没有可以返回的值、表明变量还没有接收到值、表明变量不再包含值等。

⊙ Undefined（未定义）

未定义的数据类型只有一个值，即 undefined，用于尚未分配值的变量。如果一个函数引用了未在其他地方定义的变量，那么 Flash 将返回未定义数据类型。

10.1.3 语法规则

动作脚本拥有自己的一套语法规则和标点符号，下面将进行介绍。

⊙ 点运算符

在动作脚本中，点（.）用于表示与对象或影片剪辑相关联的属性或方法，也可以用于标识影片剪辑或变量的目标路径。点（.）运算符表达式以影片或对象的名称开始，中间为点（.）运算符，最后是要指定的元素。

例如，_x 影片剪辑属性指示影片剪辑在舞台上的 *x* 轴位置，而表达式 ballMC._x 则引用了影片剪辑实例 ballMC 的 _x 属性。

又例如，submit 是 form 影片剪辑中设置的变量，此影片剪辑嵌在影片剪辑 shoppingCart 之中，表达式 shoppingCart.form.submit = true 将实例 form 的 submit 变量设置为 true。

无论是表达对象的方法还是表达影片剪辑的方法，均遵循同样的模式。例如，ball_mc 影片剪辑实例的 play( ) 方法在 ball_mc 的时间轴中移动播放头，如下面的语句所示：

```
ball_mc.play( );
```

点语法还使用两个特殊别名——_root 和 _parent。别名 _root 是指主时间轴，可以使用 _root 别名创建一个绝对目标路径。例如，下面的语句调用主时间轴上影片剪辑 functions 中的函数 buildGameBoard( )：

```
_root.functions.buildGameBoard( );
```

可以使用别名 _parent 引用当前对象嵌入到的影片剪辑，也可以使用 _parent 创建相对目标路径。例如，如果影片剪辑 dog_mc 嵌入影片剪辑 animal_mc 的内部，则实例 dog_mc 的如下语句会指示 animal_mc 停止：

```
_parent.stop( );
```

⊙ 界定符

大括号：动作脚本中的语句被大括号包括起来组成语句块。例如：

```
// 事件处理函数
on (release) {
  myDate = new Date( );
  currentMonth = myDate.getMonth( );
}
on(release)
{
  myDate = new Date( );
  currentMonth = myDate.getMonth( );
```

```
}
```

分号：动作脚本中的语句可以由一个分号结尾。如果在结尾处省略分号，Flash 仍然可以成功编译脚本。例如：

```
var column = passedDate.getDay( );
var row = 0;
```

圆括号：在定义函数时，任何参数定义都必须放在一对圆括号内。例如：

```
function myFunction (name, age, reader){
}
```

调用函数时，需要被传递的参数也必须放在一对圆括号内。例如：

```
myFunction ("Steve", 10, true);
```

可以使用圆括号改变动作脚本的优先顺序或增强程序的易读性。

⊙ 区分大小写

在区分大小写的编程语言中，仅大小写不同的变量名（book 和 Book）被视为互不相同。Action Script 2.0 中标识符区分大小写，例如，下面 2 条动作语句是不同的：

```
cat.hilite = true;
CAT.hilite = true;
```

对于关键字、类名、变量、方法名等，要严格区分大小写。如果关键字大小写出现错误，在编写程序时就会有错误信息提示。如果采用了彩色语法模式，那么正确的关键字将以深蓝色显示。

⊙ 注释

在“动作”面板中，使用注释语句可以在一个帧或者按钮的脚本中添加说明，有利于增加程序的易读性。注释语句以双斜线 // 开始，斜线显示为灰色，注释内容可以不考虑长度和语法，注释语句不会影响 Flash 动画输出时的文件量。例如：

```
on (release) {
  // 创建新的 Date 对象
  myDate = new Date( );
  currentMonth = myDate.getMonth( );
  // 将月份数转换为月份名称
  monthName = calcMonth(currentMonth);
  year = myDate.getFullYear( );
  currentDate = myDate.getDate( );
}
```

⊙ 关键字

动作脚本保留一些单词用于该语言总的特定用途，因此不能将它们用作变量、函数或标签的名称。如果在编写程序的过程中使用了关键字，动作编辑框中的关键字会以蓝色显示。为了避免冲突，在命名时可以展开动作工具箱中的 Index 域，检查是否使用了已定义的关键字。

⊙ 常量

常量中的值永远不会改变。所有的常量可以在“动作”面板的工具箱和动作脚本字典中找到。

例如，常数 BACKSPACE、ENTER、QUOTE、RETURN、SPACE 和 TAB 是 Key 对象的属性，指代键盘的按键。若要测试是否按下了 Enter 键，可以使用下面的语句：

```
if(Key.getCode( ) == Key.ENTER) {
  alert = "Are you ready to play?";
  controlMC.gotoAndStop(5);
}
```

10.1.4 变量

变量是包含信息的容器。容器本身不会改变，但其内容可以更改。第一次定义变量时，最好为变量定义一个已知值，这就是初始化变量，通常在 SWF 文件的第 1 帧中完成。每一个影片剪辑对象都有自己的变量，而且不同的影片剪辑对象中的变量相互独立且互不影响。

变量中可以存储的常见信息类型包括 URL、用户名、数字运算的结果、事件发生的次数等。

为变量命名必须遵循以下规则：

⊙ 变量名在其作用范围内必须是唯一的

⊙ 变量名不能是关键字或布尔值（true 或 false）

⊙ 变量名必须以字母或下划线开始，由字母、数字、下划线组成，其间不能包含空格（变量名没有大小写的区别）

变量的范围是指变量在其中已知并且可以引用的区域，它包含 3 种类型：

⊙ 本地变量

在声明它们的函数体（由大括号决定）内可用。本地变量的使用范围只限于它的代码块，会在该代码块结束时到期，其余的本地变量会在脚本结束时到期。若要声明本地变量，可以在函数体内部使用 var 语句。

⊙ 时间轴变量

可用于时间轴上的任意脚本。要声明时间轴变量，应在时间轴的所有帧上都初始化这些变量。应先初始化变量，然后尝试在脚本中访问它。

⊙ 全局变量

对于文档中的每个时间轴和范围均可见。如果要创建全局变量，可以在变量名称前使用_global 标识符，不使用 var 语法。

10.1.5 函数

函数是用来对常量、变量等进行某种运算的方法，如产生随机数、进行数值运算、获取对象属性等。函数是一个动作脚本代码块，它可以在影片中的任何位置上重新使用。如果将值作为参数传递给函数，则函数将对这些值进行操作。函数也可以返回值。

调用函数可以用一行代码来代替一个可执行的代码块。函数可以执行多个动作，并为它们传递可选项。函数必须要有唯一的名称，以便在代码行中可以知道访问的是哪一个函数。

Flash 具有内置的函数，可以访问特定的信息或执行特定的任务。例如，获得 Flash 播放器的版本号等。属于对象的函数叫方法，不属于对象的函数叫顶级函数，可以在“动作”面板的“函数”类别中找到。

每个函数都具备自己的特性，而且某些函数需要传递特定的值。如果传递的参数多于函数的需要，多余的值将被忽略。如果传递的参数少于函数的需要，空的参数会被指定为 undefined 数据类型，这在导出脚本时，可能会导致出现错误。如果要调用函数，该函数必须存在于播放头到达的帧中。

动作脚本提供了自定义函数的方法，可以自行定义参数，并返回结果。在主时间轴上或影片剪辑时间轴的关键帧中添加函数时，即是在定义函数。所有的函数都有目标路径。所有的函数都需要在名称后跟一对括号( )，但括号中是否有参数是可选的。一旦定义了函数，就可以从任何一个时间轴中调用它，包括加载的 SWF 文件的时间轴。

10.1.6 表达式和运算符

表达式是由常量、变量、函数和运算符按照运算法则组成的计算式。运算符是可以提供对数值、字符串、逻辑值进行运算的关系符号。运算符有很多种类：数值运算符、字符串运算符、比较运算符、逻辑运算符、位运算符和赋值运算符等。

⊙ 算术运算符及表达式

算术表达式是数值进行运算的表达式。它由数值、以数值为结果的函数和算术运算符组成，运算结果是数值或逻辑值。

在 Flash 中可以使用如下算术运算符。

+、-、*、/ —— 执行加、减、乘、除运算。

=、<> —— 比较两个数值是否相等、不相等。

<、<=、>、>= —— 比较运算符前面的数值是否小于、小于等于、大于、大于等于后面的数值。

⊙ 字符串表达式

字符串表达式是对字符串进行运算的表达式。它由字符串、以字符串为结果的函数和字符串运算符组成，运算结果是字符串或逻辑值。

在 Flash 中可以使用如下字符串表达式的运算符。

& —— 连接运算符两边的字符串。

Eq 、Ne —— 判断运算符两边的字符串是否相等、不相等。

Lt 、Le 、Qt 、Qe —— 判断运算符左边字符串的 ASCII 码是否小于、小于等于、大于、大于等于右边字符串的 ASCII 码。

⊙ 逻辑表达式

逻辑表达式是对正确、错误结果进行判断的表达式。它由逻辑值、以逻辑值为结果的函数、以逻辑值为结果的算术或字符串表达式和逻辑运算符组成，运算结果是逻辑值。

⊙ 位运算符

位运算符用于处理浮点数。运算时先将操作数转化为 32 位的二进制数，然后对每个操作数分别按位进行运算，运算后再将二进制的结果按照 Flash 的数值类型返回。

动作脚本的位运算符包括&（位与）、/（位或）、^（位异或）、~（位非）、<<（左移位）、>>（右移位）、>>>（填 0 右移位）等。

⊙ 赋值运算符

赋值运算符的作用是为变量、数组元素或对象的属性赋值。

课堂练习——制作鼠标跟随效果

【练习知识要点】使用“矩形”工具和“线条”工具，绘制按钮图标；使用“创建传统补间”命令，制作按钮动画效果；使用“动作”面板，添加动作脚本语言，最终效果如图 10-17 所示。

【素材所在位置】Ch10/素材/制作鼠标跟随效果/01。

【效果所在位置】Ch10/效果/制作鼠标跟随效果.fla。

图 10-17

课后习题——制作漫天飞雪

【习题知识要点】使用“椭圆”工具和“颜色”面板，绘制雪花图形；使用“动作脚本”面板，添加脚本语言，最终效果如图 10-18 所示。

【素材所在位置】Ch10/素材/制作漫天飞雪/01。

【效果所在位置】Ch10/效果/制作漫天飞雪.fla。

图 10-18

第11章 制作交互式动画

本章介绍

Flash 动画存在着交互性，可以通过对按钮的更改来控制动画的播放形式。本章主要讲解控制动画播放、声音改变、按钮状态变化的方法。通过对这些内容的学习，读者可以了解并掌握如何制作动画的交互功能，从而实现人机交互的操作方式。

学习目标

- 掌握播放和停止动画的方法。
- 了解添加控制命令的方法。
- 掌握按钮事件的应用。

技能目标

- 掌握“开关控制音量效果”的制作方法。

11.1 交互式动画

Flash 动画交互性就是用户通过菜单、按钮、键盘和文字输入等方式，来控制动画的播放。交互是为了让用户与计算机之间产生互动性，使计算机对互相的指示作出相应的反应。交互式动画就是动画在播放时支持事件响应和交互功能的一种动画，动画在播放时不是从头播到尾，而是可以接受用户控制。

命令介绍

播放和停止：在交互操作过程中，使用频率最多的就是控制动画的播放和停止。

11.1.1　课堂案例——制作开关控制音量效果

【案例学习目标】使用浮动面板添加动作脚本语言。

【案例知识要点】使用“矩形”工具和“多角星形”工具，绘制控制开关图形；使用“椭圆”工具，绘制滑动开关，最终效果如图 11-1 所示。

【效果所在位置】Ch11/效果/制作开关控制音量效果. fla。

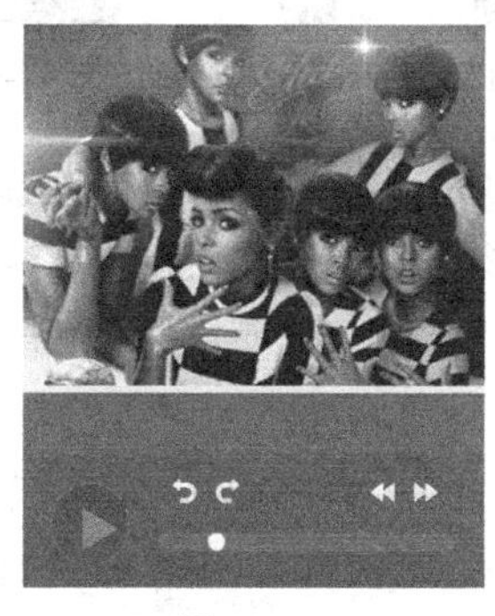

图 11-1

1．导入素材创建元件

（1）选择“文件 > 新建”命令，弹出“新建文档”对话框，在“常规”选项卡中选择“ActionScript 2.0”选项，将“宽度”选项设置为 800，“高度”选项设置为 800，“背景颜色”设置为黑色，单击“确定”按钮，完成文档的创建。

（2）选择“文件 > 导入 > 导入到库”命令，在弹出的“导入到库”对话框中选择“Ch11 > 素材 > 制作开关控制音量效果 > 01、02”文件，单击“打开”按钮，文件被导入“库”面板中。

（3）在“库”面板中新建影片剪辑元件“开始”，舞台窗口也随之转换为影片剪辑元件的舞台窗口。选择“多角星形”工具，在工具箱中将“笔触颜色”设置为无，“填充颜色”设置为红色（#CC0000），选中“对象绘制”按钮，在“属性”面板中单击“工具设置”选项下的“选项”按钮，弹出“工具设置”对话框，将“边数”选项设置为 3，如图 11-2 所示，单击“确定”按钮，按住 Shift 键的同时在舞台窗口中绘制一个正三角形，效果如图 11-3 所示。

（4）选择“选择”工具，按住 Alt 键的同时将三角形向右下角拖曳到适当的位置，复制图形，如图 11-4 所示。在工具箱中将“填充颜色”设置为橘黄色（#FF3300），效果如图 11-5 所示。

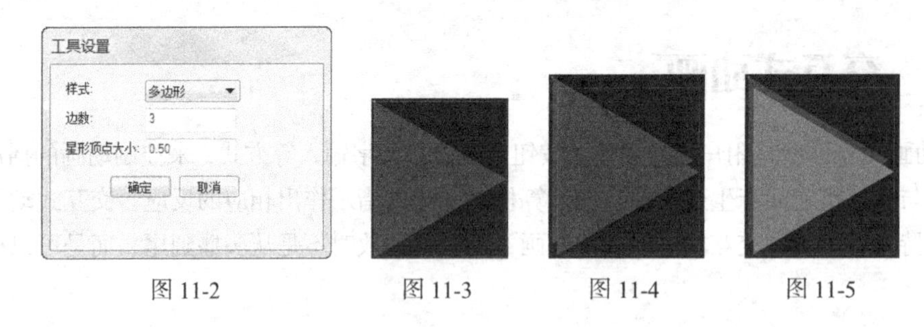

图 11-2　　图 11-3　　图 11-4　　图 11-5

（5）在“库”面板中新建影片剪辑元件“暂停”，舞台窗口也随之转换为影片剪辑元件的舞台窗口。选择“矩形”工具，在矩形工具“属性”面板中，将“笔触颜色”设置为无，“填充颜色”设置为红色（#CC0000），在舞台窗口中绘制一个矩形，效果如图 11-6 所示。

（6）选择“选择”工具，按住 Alt 键的同时将矩形向右下角拖曳到适当的位置，复制图形，如图 11-7 所示。在工具箱中将“填充颜色”设置为橘黄色（#FF3300），效果如图 11-8 所示。框选中所有矩形，按住 Alt+Shift 组合键的同时向右拖曳到适当的位置，复制图形，效果如图 11-9 所示。

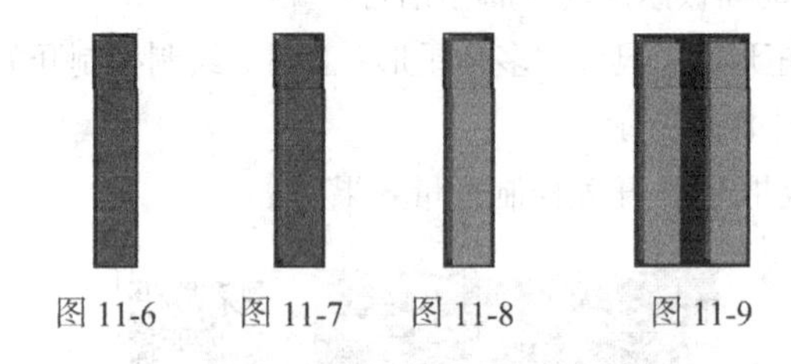

图 11-6　　图 11-7　　图 11-8　　图 11-9

（7）在“库”面板中新建影片剪辑元件“矩形条”，舞台窗口也随之转换为影片剪辑元件的舞台窗口。选择“基本矩形”工具，在基本矩形工具“属性”面板中，将“笔触颜色”设置为无，“填充颜色”设置为橘黄色（#FF9933），其他设置如图 11-10 所示，在舞台窗口中绘制一个圆角矩形，效果如图 11-11 所示。

（8）在“库”面板中新建影片剪辑元件“开关”，舞台窗口也随之转换为影片剪辑元件的舞台窗口。将“库”面板中的影片剪辑元件“开始”拖曳到舞台窗口中，如图 11-12 所示。

（9）选中“图层 1”的第 2 帧，按 F6 键，插入关键帧。将“库”面板中的影片剪辑元件“暂停”拖曳到舞台窗口中，如图 11-13 所示。

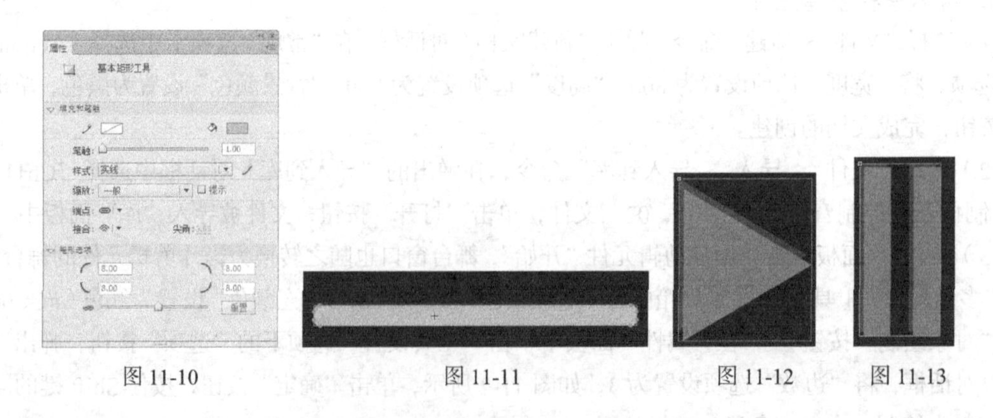

图 11-10　　图 11-11　　图 11-12　　图 11-13

（10）在“时间轴”面板中创建新图层并将其命名为“动作脚本”。选中“动作脚本”图层的第 2 帧，按 F6 键，插入关键帧。选中“动作脚本”图层的第 1 帧，选择“窗口 > 动作”命令，弹出“动作”面板，在“动作”面板中设置脚本语言（脚本语言的具体设置可以参考附带资源中的实例原文件），“脚本窗口”中显示的效果如图 11-14 所示。在“动作脚本”图层的第 1 帧上显示出一个标记“a”。

（11）选中“动作脚本”图层的第 2 帧，在“动作”面板中设置脚本语言，“脚本窗口”中显示的效果如图 11-15 所示。设置好动作脚本后，关闭“动作”面板。在“动作脚本”图层的第 2 帧上显示出一个标记“a”。

```
1 stop_con.onPress = function() {
2     _root.mysound.stop("one");
3     gotoAndStop(2);
4 };
5 stop();
```

图 11-14

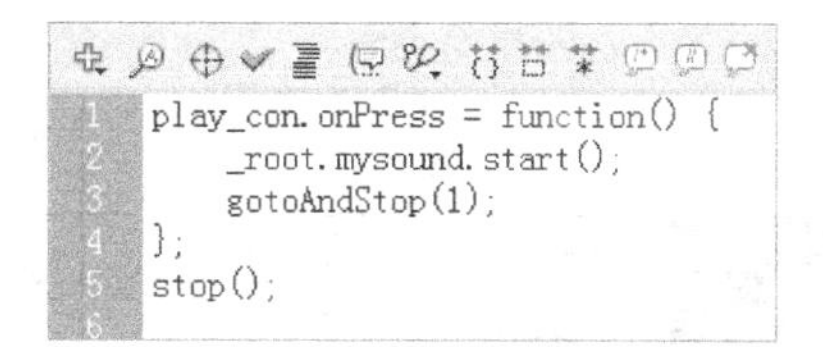

图 11-15

2. 制作场景动画

（1）单击舞台窗口左上方的“场景 1”图标 场景 1，进入“场景 1”的舞台窗口。将“图层 1”重新命名为“底图”。将“库”面板中的位图“01”拖曳到舞台窗口中，效果如图 11-16 所示。

（2）在“时间轴”面板中创建新图层并将其命名为“开关”。将“库”面板中的影片剪辑元件“开关”拖曳到舞台窗口中，并放置在适当的位置，效果如图 11-17 所示。

图 11-16

图 11-17

（3）在“时间轴”面板中创建新图层并将其命名为“矩形条”。将“库”面板中的影片剪辑元件“矩形条”拖曳到舞台窗口中，并放置在适当的位置，如图 11-18 所示。保持实例的选取状态，在“属性”面板“实例名称”选项的文本框中输入“bar_sound”，选择“色彩效果”选项组，在“样式”选项的下拉列表中选择“Alpha”，将其值设置为 0%，如图 11-19 所示，效果如图 11-20 所示。

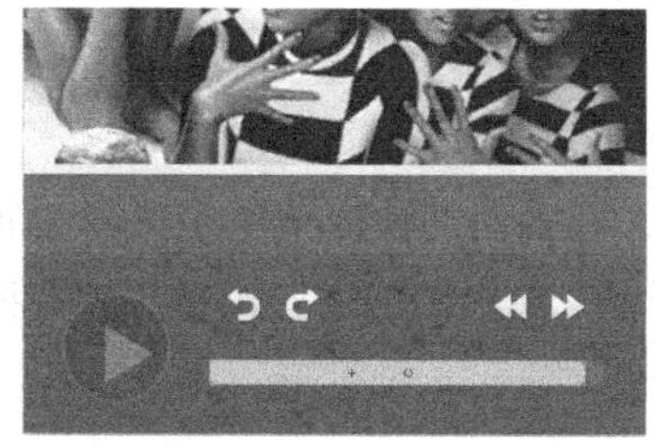

图 11-18

图 11-19

图 11-20

（4）在“时间轴”面板中创建新图层并将其命名为“按钮”。选择“基本椭圆”工具，在工具箱中将“笔触颜色”设置为无，“填充颜色”设置为白色，按住 Shift 键的同时绘制一个圆形，如图 11-21

所示。

（5）按 F8 键，弹出“转换为元件”对话框，在“名称”选项的文本框中输入“按钮”，“类型”选项的下拉列表中选择“影片剪辑”选项，其他选项的设置如图 11-22 所示，单击“确定”按钮，形状转换为影片剪辑元件。在“属性”面板“实例名称”选项的文本框中输入“bar_con2”，如图 11-23 所示。

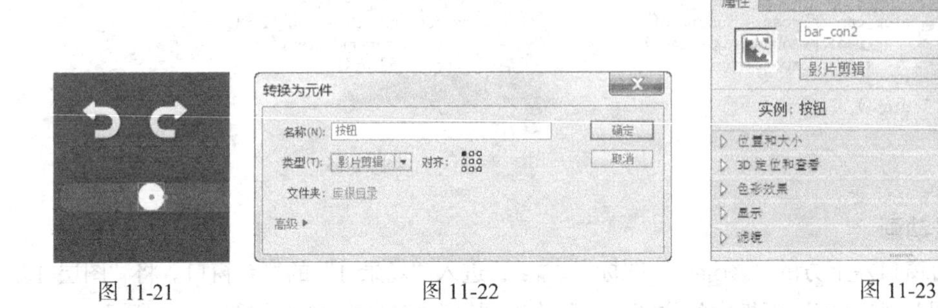

图 11-21　　图 11-22　　图 11-23

（6）在“时间轴”面板中创建新图层并将其命名为“动作脚本”，如图 11-24 所示。调出“动作”面板，在“动作”面板中设置脚本语言，“脚本窗口”中显示的效果如图 11-25 所示。设置好动作脚本后，关闭“动作”面板。在“动作脚本”图层的第 1 帧上显示出一个标记“a”。

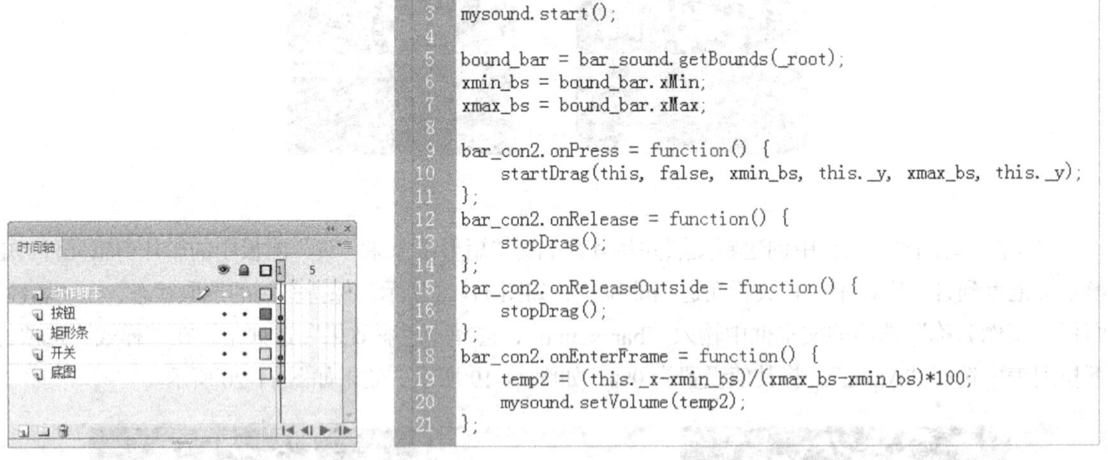

图 11-24　　图 11-25

（7）用鼠标右键单击“库”面板中的声音文件“02.mp3”，在弹出的快捷菜单中选择“属性”命令，在弹出的“声音属性”对话框中进行设置，如图 11-26 所示，单击“确定”按钮。开关控制音量制作完成，按 Ctrl+Enter 组合键即可查看效果，如图 11-27 所示。

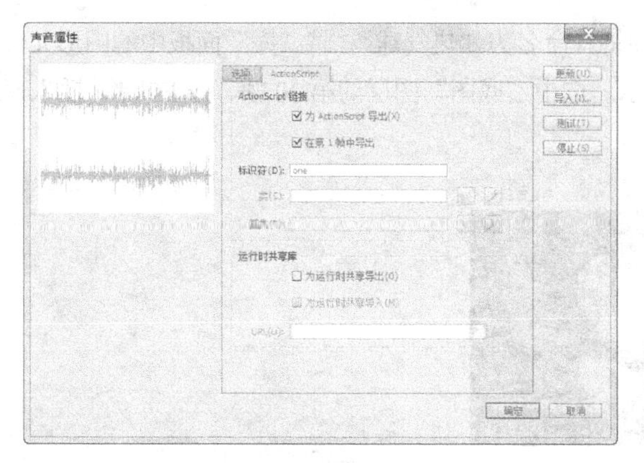

图 11-26

图 11-27

11.1.2　播放和停止动画

控制动画的播放和停止所使用的动作脚本如下。

（1） on：事件处理函数，指定触发动作的鼠标事件或按键事件。

例如

```
on (press) {
}
```

此处的“press”代表发生的事件，可以将“press”替换为任意一种对象事件。

（2） play：用于使动画从当前帧开始播放。

例如

```
on (press) {
play();
}
```

（3） stop：用于停止当前正在播放的动画，并使播放头停留在当前帧。

例如

```
on (press) {
stop();
}
```

（4） addEventListener()：用于添加事件的方法。

例如

```
所要接收事件的对象.addEventListener(事件类型.事件名称,事件响应函数的名称);
{
  //此处是为响应的事件所要执行的动作
}
```

打开“基础素材 > Ch11 > 01”文件。在“库”面板中新建一个图形元件“热气球”，如图 11-28 所示，舞台窗口也随之转换为图形元件的舞台窗口，将“库”面板中的位图“02”拖曳舞台窗口中，效果如图 11-29 所示。

单击舞台窗口左上方的“场景 1”图标 场景 1，进入“场景 1”的舞台窗口。单击“时间轴”面板下方的“新建图层”按钮，创建新图层并将其命名为“热气球”。将“库”面板中的图形元件“热气球”拖曳到舞台窗口中，效果如图 11-30 所示。选中“底图”图层的第 30 帧，按 F5 键，插入普通帧。

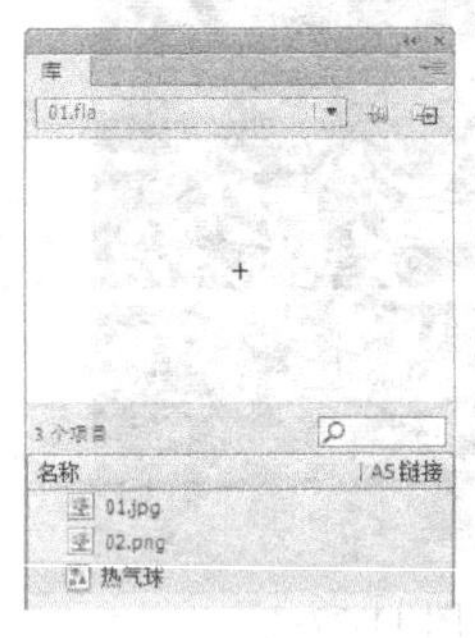

图 11-28

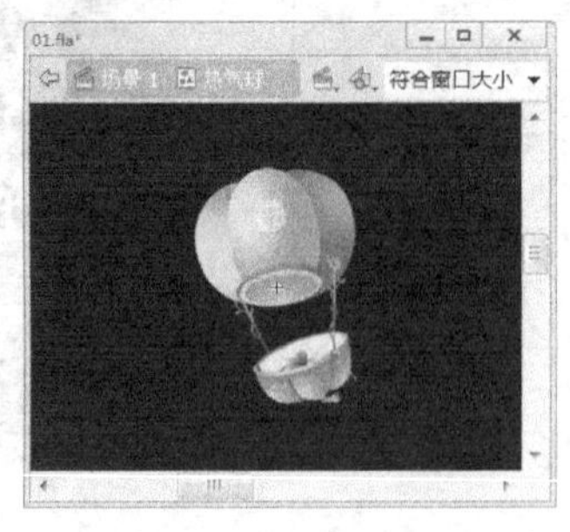

图 11-29

图 11-30

选中“热气球”图层的第 30 帧，按 F6 键，插入关键帧。选择“选择”工具，在舞台窗口中将热气球图形向上拖曳到适当的位置，如图 11-31 所示。

用鼠标右键单击“热气球”图层的第 1 帧，在弹出的快捷菜单中选择“创建传统补间”命令，创建动作补间动画。

在“库”面板中新建一个按钮元件，使用矩形工具和文本工具绘制按钮图形，效果如图 11-32 所示。使用相同的方法再制作一个“停止”按钮元件，效果如图 11-33 所示。

单击舞台窗口左上方的“场景 1”图标场景 1，进入“场景 1”的舞台窗口。单击“时间轴”面板下方的“新建图层”按钮，创建新图层并将其命名为“按钮”。将“库”面板中的按钮元件“播放”和“停止”拖曳到舞台窗口中，效果如图 11-34 所示。

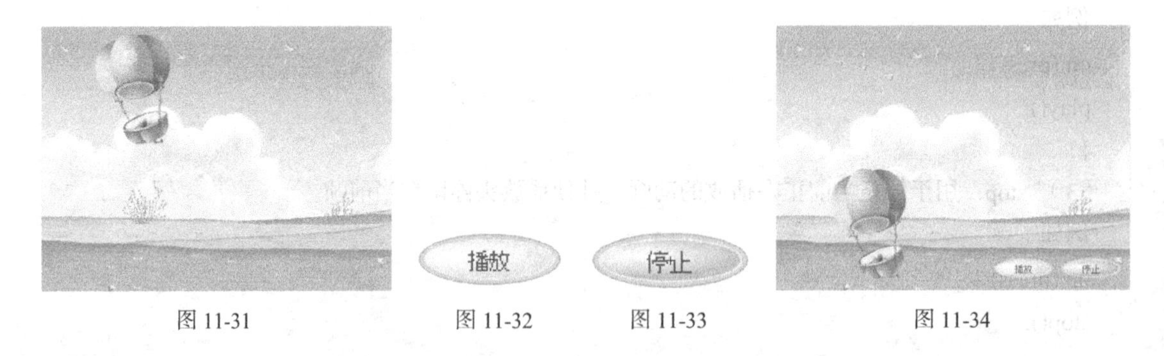

图 11-31　　图 11-32　　图 11-33　　图 11-34

选择“选择”工具，在舞台窗口中选中“播放”按钮实例，在“属性”面板中，将“实例名称”设置为 start_Btn，如图 11-35 所示。用相同的方法将“停止”按钮实例的“实例名称”设置为 stop_Btn，如图 11-36 所示。

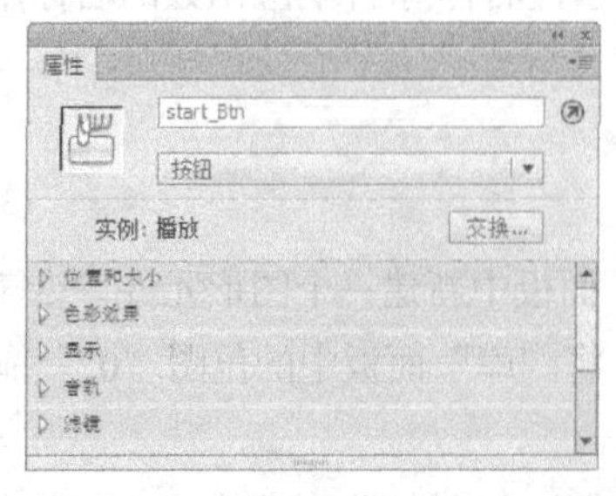

图 11-35

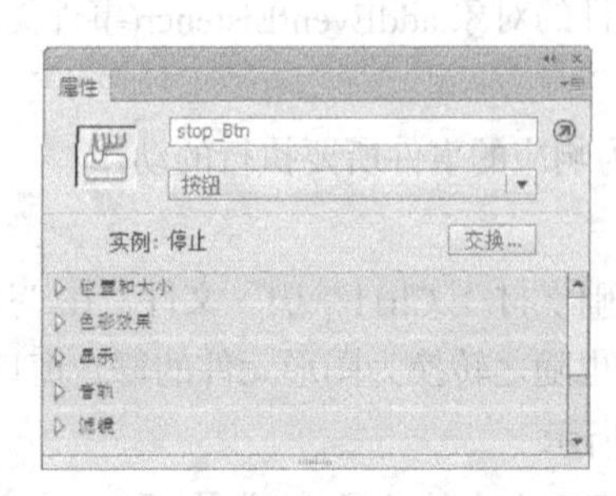

图 11-36

单击“时间轴”面板下方的“新建图层”按钮，创建新图层并将其命名为“动作脚本”。选择“窗口 > 动作”命令，弹出“动作”面板，在“动作”面板中设置脚本语言，“脚本窗口”中显示的效果如图 11-37 所示。设置完成动作脚本后，关闭“动作”面板。在“动作脚本”图层中的第 1 帧上显示出一个标记“a”，如图 11-38 所示。

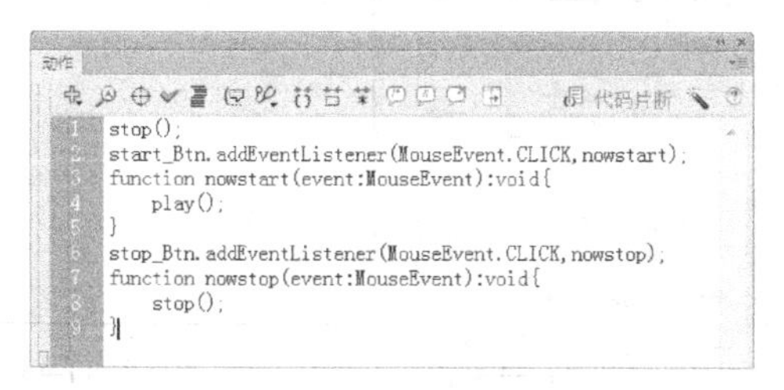

图 11-37

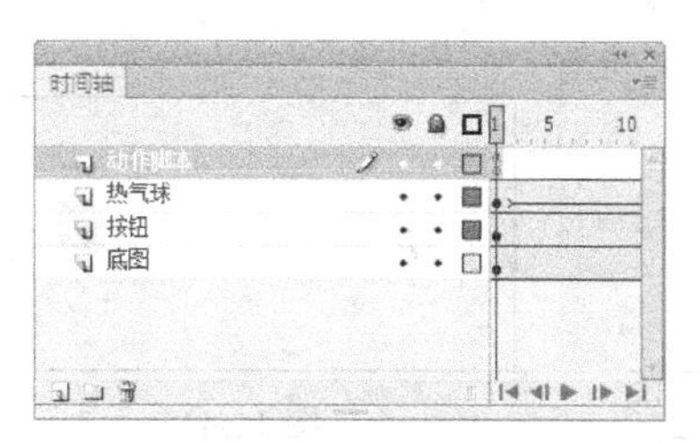

图 11-38

按 Ctrl+Enter 组合键，查看动画效果。当单击停止按钮时，动画停止在正在播放的帧上，效果如图 11-39 所示。单击播放按钮后，动画将继续播放。

图 11-39

11.1.3　控制声音

新建空白文档。选择“文件 > 导入 > 导入到库”命令，在弹出的“导入到库”对话框中选择“03”声音文件，单击“打开”按钮，文件被导入“库”面板中，如图 11-40 所示。

使用鼠标右键单击“库”面板中的声音文件，在弹出的菜单中选择“属性”命令，弹出“声音属性”对话框，单击“ActionScript”选项卡，勾选“为 ActionScript 导出”复选框和“在第 1 帧中导出”复选框，在“标识符”文本框中输入“music”（此命令在将文件设置为 ActionScript 1.0&2.0 版本时才为可用），如图 11-41 所示，单击“确定”按钮。

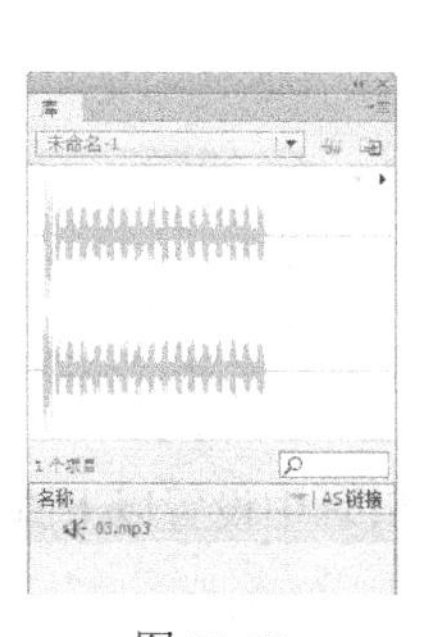

图 11-40

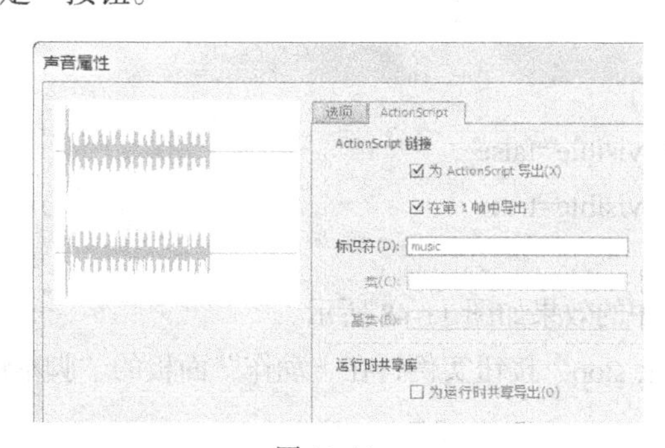

图 11-41

选择“窗口 > 公用库 > 按钮”命令，弹出公用库中的按钮“库”面板（此面板是系统所提供的），选中按钮“库”面板中的“playback flat”文件夹中的按钮元件“flat blue play” 和“flat blue stop”，如图 11-42 所示。

将其拖曳到舞台窗口中，效果如图 11-43 所示。选择按钮“库”面板中的“classic buttons > Knobs & Faders”文件夹中的按钮元件“fader-gain”，如图 11-44 所示。将其拖曳到舞台窗口中，效果如图 11-45 所示。

图 11-42

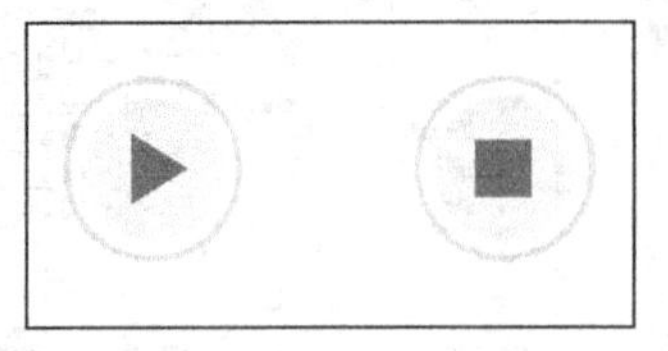

图 11-43

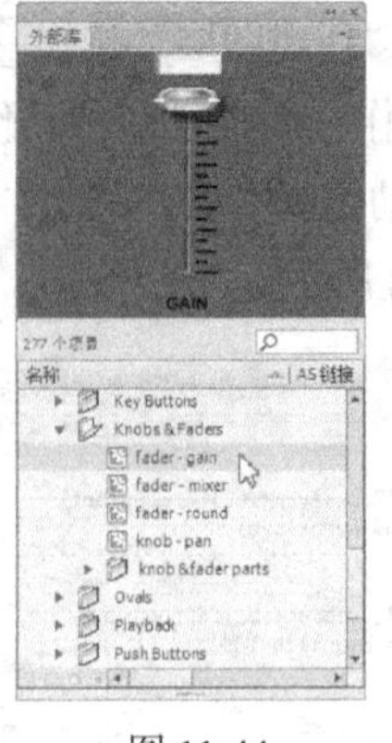

图 11-44

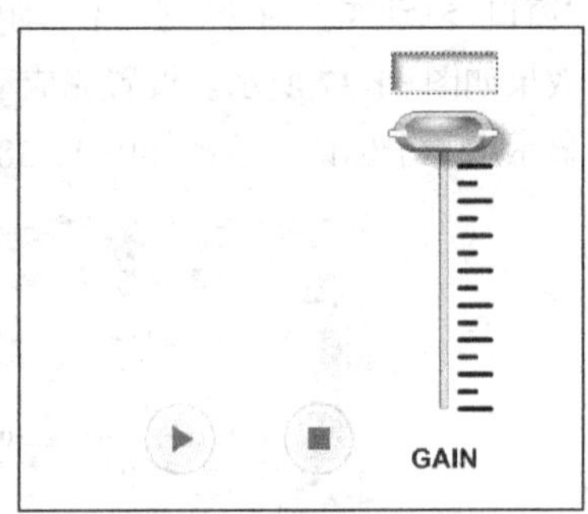

图 11-45

在舞台窗口中选中“flat blue play”按钮实例，在按钮“属性”面板中将“实例名称”设置为 bofang，如图 11-46 所示。在舞台窗口中选中“flat blue stop”按钮实例，在按钮“属性”面板中将“实例名称”设置为 tingzhi，如图 11-47 所示。

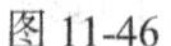
图 11-46

图 11-47

选中“flat blue play”按钮实例，选择“窗口 > 动作”命令，弹出“动作”面板，在面板的左上方将脚本语言设置为 ActionScript 1.0&2.0 版本，在“脚本窗口”中设置以下脚本语言：

```
on (press) {
mymusic.start();
_root.bofang._visible=false
_root.tingzhi._visible=true
}
```

“动作”面板中的效果如图 11-48 所示。

选中“flat blue stop”按钮实例，在“动作”面板的“脚本窗口”中设置以下脚本语言：

```
on (press) {
mymusic.stop();
_root.tingzhi._visible=false
_root.bofang._visible=true
}
```

“动作”面板中的效果如图 11-49 所示。

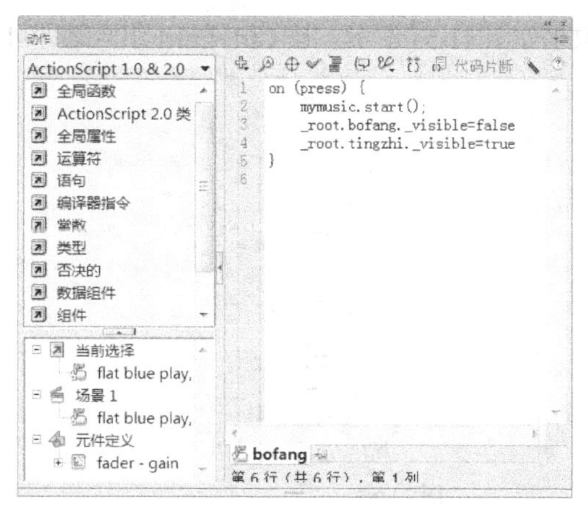

图 11-48

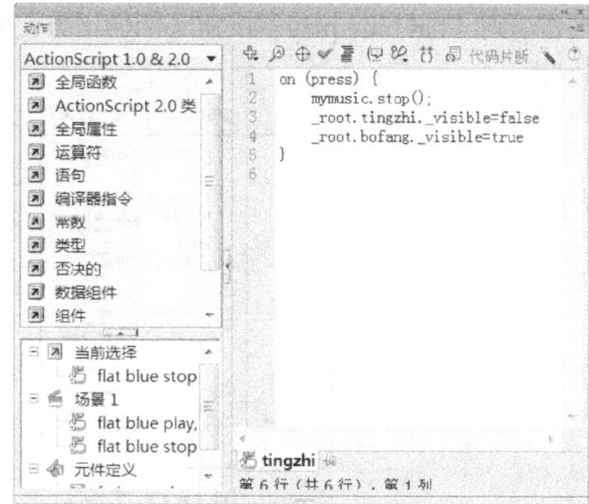

图 11-49

在“时间轴”面板中选中“图层 1”的第 1 帧，在“动作”面板的“脚本窗口”中设置以下脚本语言：

```
mymusic = new Sound();
mymusic.attachSound("music");
mymusic.start();
_root.bofang._visible=false
```

“动作”面板中的效果如图 11-50 所示。

在“库”面板中双击影片剪辑元件“fader-gain”，舞台窗口随之转换为影片剪辑元件“fader-gain”的舞台窗口。在“时间轴”面板中选中图层“Layer 4”的第 1 帧，在“动作”面板中显示出脚本语言。将脚本语言的最后一句“sound.setVolume(level)”改为“_root.mymusic.setVolume(level)”，如图 11-51 所示。

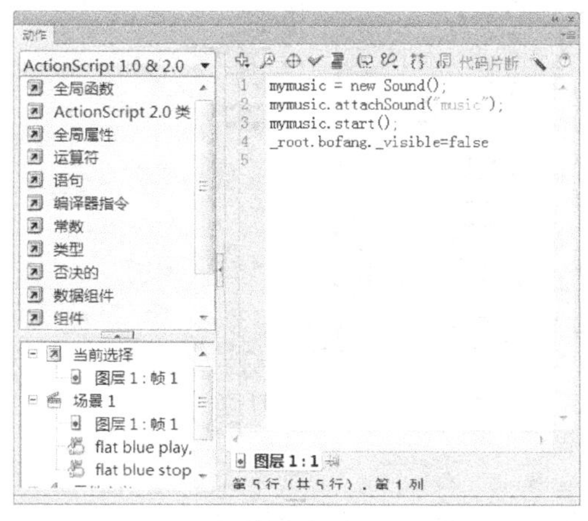

图 11-50

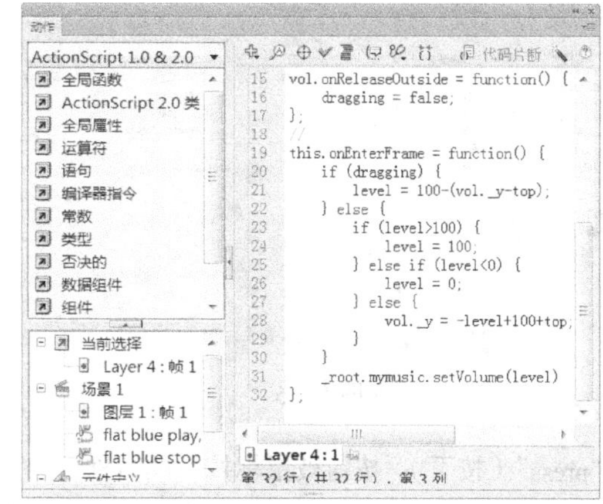

图 11-51

单击舞台窗口左上方的“场景 1”图标 场景 1，进入“场景 1”的舞台窗口。将舞台窗口中的“flat blue play”按钮实例放置在“flat blue stop”按钮实例的上方，将“flat blue play”按钮实例覆盖，效果如图 11-52 所示。

选中“flat blue stop”按钮实例，选择“修改 > 排列 > 下移一层”命令，将“flat blue stop”按

钮实例移动到“flat blue play”按钮实例的下方，效果如图 11-53 所示。按 Ctrl+Enter 组合键即可查看动画效果。

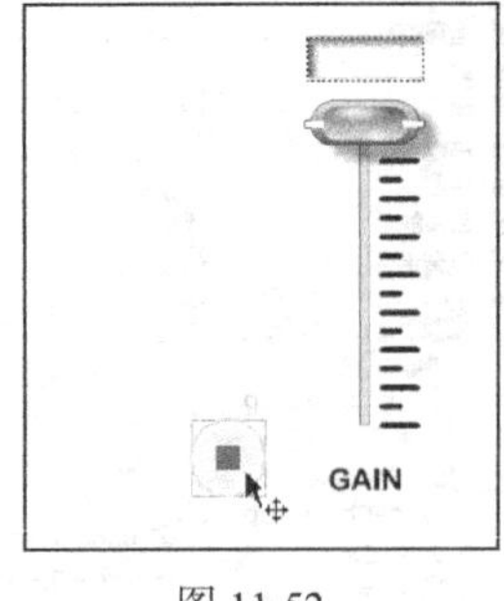

图 11-52

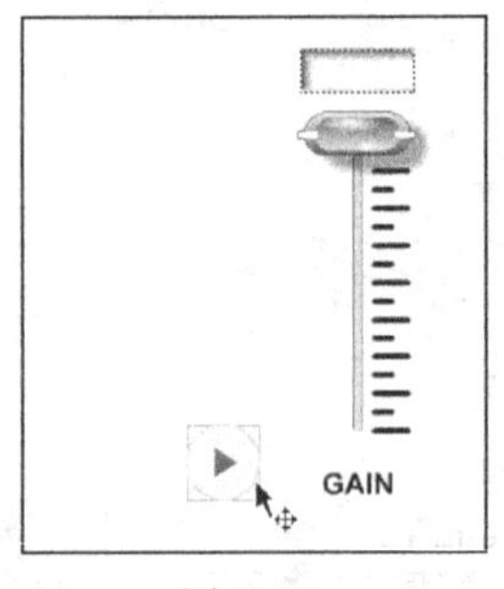

图 11-53

11.2 按钮事件

按钮是交互式动画的常用控制方式，可以利用按钮来控制和影响动画的播放，实现页面的链接、场景的跳转等功能。

打开“基础素材 > Ch11 > 按钮事件.fla”文件。将“库”面板中的按钮元件拖曳到舞台窗口中，如图 11-54 所示。选中按钮元件，选择“窗口 > 动作”命令，弹出“动作”面板，在面板中单击“将新项目添加到脚本中”按钮，在弹出的菜单中选择“全局函数 > 影片剪辑控制 > on”命令，如图 11-55 所示。

图 11-54

在“脚本窗口”中显示出选择的脚本语言，在下拉列表中列出了多种按钮事件，如图 11-56 所示。

图 11-55

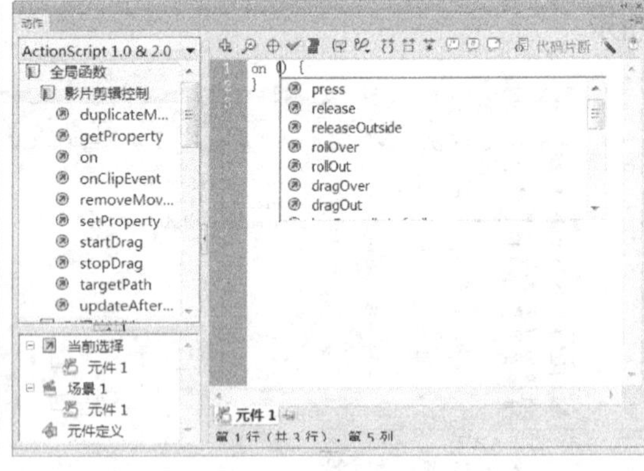

图 11-56

“press”（按下）：按钮被鼠标按下的事件。

“release”（弹起）：按钮被按下后，弹起时的动作，即鼠标按键被松开时的事件。

“releaseOutside”（在按钮外放开）：将按钮按下后，移动鼠标的光标到按钮外面，然后松开鼠标的事件。

“rollOver”（指针经过）：鼠标光标经过目标按钮上的事件。

“rollOut”（指针离开）：鼠标光标进入目标按钮，然后离开的事件。

“dragOver”（拖曳指向）：第 1 步，用鼠标选中按钮，并按住鼠标左键不放；第 2 步，继续按住鼠标左键并拖动鼠标指针到按钮的外面；第 3 步，将鼠标指针再拖回到按钮上。

"dragOut"（拖曳离开）：鼠标单击按钮后，按住鼠标左键不放，然后拖离按钮的事件。

"keyPress"（键盘按下）：当按下键盘时，事件发生。在下拉列表中系统设置了多个键盘按键名称，可以根据需要进行选择。

课堂练习——制作系统登录界面

【练习知识要点】使用"导入"命令，导入素材制作按钮元件；使用"文本"工具，添加输入文本框；使用"动作"面板，为按钮元件添加脚本语言，最终效果如图 11-57 所示。

【素材所在位置】Ch11/素材/制作系统登录界面/01~04。

【效果所在位置】Ch11/效果/制作系统登录界面.fla。

图 11-57

课后习题——制作汽车展示

【习题知识要点】使用"导入到库"命令，导入素材图片；使用"椭圆"工具和"颜色"面板，绘制按钮图形；使用"对齐"面板，调整图片的对齐效果；使用"创建传统补间"命令，制作传统补间动画；使用"动作"面板，添加脚本语言，最终效果如图 11-58 所示。

【素材所在位置】Ch11/素材/制作动态按钮/01~05。

【效果所在位置】Ch11/效果/制作动态按钮.fla。

图 11-58

第12章 组件和行为

本章介绍

在 Flash CS6 中，系统预先设定了组件、行为等功能来协助用户制作动画，以提高制作效率。本章主要讲解组件、行为的分类及使用方法。通过对这些内容的学习，读者可以了解并掌握如何应用系统自带的功能，事半功倍地完成动画制作。

学习目标

- 了解组件及组件的设置。
- 了解行为的应用方式。

技能目标

- 掌握“脑筋急转弯问答题”的制作方法。

12.1 组件

组件是一些复杂的带有可定义参数的影片剪辑符号。一个组件就是一段影片剪辑，其中所带的参数由用户在创作 Flash 影片时进行设置，其中所带的动作脚本 API 供用户在运行时自定义组件。组件旨在让开发人员重用和共享代码，封装复杂功能，让用户在没有“动作脚本”时也能使用和自定义这些功能。

命令介绍

组件：一个组件就是一段影片剪辑。

12.1.1 课堂案例——制作脑筋急转弯问答题

【案例学习目标】使用组件制作问答。

【案例知识要点】使用动作面板、组件面板、文本工具来完成效果的制作，最终效果如图 12-1 所示。

【效果所在位置】Ch12/效果/制作脑筋急转弯问答题.fla。

扫码观看本案例视频

图 12-1

1. 导入素材制作按钮元件

（1）选择“文件 > 新建”命令，弹出“新建文档”对话框，在“常规”选项卡中选择“ActionScript 2.0”选项，将“宽度”选项设置为 500，“高度”选项设置为 300，单击“确定”按钮，完成文档的创建。

（2）将“图层 1”重命名为“底图”。选择“文件 > 导入 > 导入到舞台”命令，在弹出的“导入”对话框中选择“Ch12 > 素材 > 制作脑筋急转弯问答 > 01”文件，单击“打开”按钮，文件被导入到舞台窗口中，效果如图 12-2 所示。选中“底图”图层的第 3 帧，按 F5 键，插入普通帧。

（3）按 Ctrl+F8 组合键，弹出“创建新元件”对话框，在“名称”选项的文本框中输入“下一题”，在“类型”选项下拉列表中选择“按钮”选项，如图 12-3 所示，单击“确定”按钮，新建按钮元件“下一题”。舞台窗口也随之转换为按钮元件的舞台窗口。

图 12-2

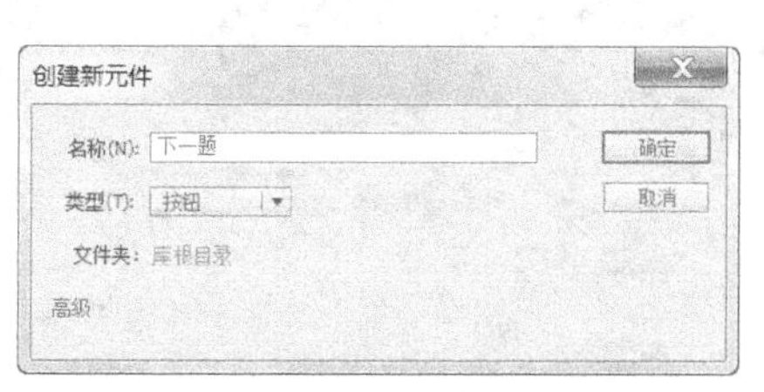

图 12-3

（4）选择“文本”工具T，在文本工具“属性”面板中进行设置，在舞台窗口中适当的位置输入大小为 12、字体为“方正大黑简体”的蓝色（#0033FF）文字，文字效果如图 12-4 所示。选中“点击”帧，按 F6 键，插入关键帧。

（5）选择“矩形”工具，在工具箱中将“笔触颜色”设置为无，“填充颜色”设置为灰色（#999999），在舞台窗口中绘制一个矩形，效果如图 12-5 所示。

图 12-4　　图 12-5

2．输入文字

（1）单击舞台窗口左上方的“场景 1”图标，进入“场景 1”的舞台窗口。在“时间轴”面板中创建新图层并将其命名为“按钮”。将“库”面板中的按钮元件“下一题”拖曳到舞台窗口中，放置在底图的右下角，效果如图 12-6 所示。

（2）选中“按钮”图层的第 2 帧、第 3 帧，按 F6 键，插入关键帧。选中“按钮”图层的第 1 帧，选择“选择”工具，在舞台窗口中选择“下一题”实例，选择“窗口 > 动作”命令，弹出“动作”面板，在“动作”面板的“脚本窗口”中输入脚本语言，“动作”面板中的效果如图 12-7 所示。

（3）选中第 2 帧，选中舞台窗口中的“下一题”实例，在“动作”面板的“脚本窗口”中输入脚本语言，“动作”面板中的效果如图 12-8 所示。选中第 3 帧，选中舞台窗口中的“下一题”实例，在“动作”面板的“脚本窗口”中输入脚本语言，“动作”面板中的效果如图 12-9 所示。

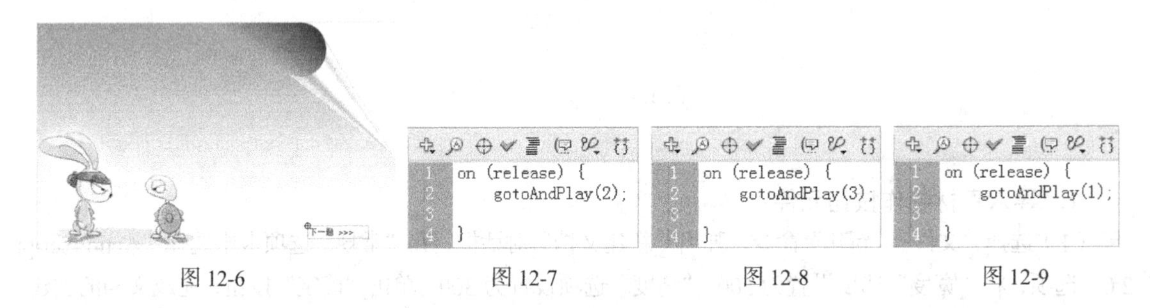

图 12-6　　图 12-7　　图 12-8　　图 12-9

（4）在“时间轴”面板中创建新图层并将其命名为“标题”。选择“文本”工具T，在文本工具“属性”面板中进行设置，在舞台窗口中适当的位置输入大小为 24、字体为“方正大黑简体”的白色文字，文字效果如图 12-10 所示。

（5）在“时间轴”面板中创建新图层并将其命名为“问题”。在文本工具“属性”面板中进行设置，在舞台窗口中适当的位置输入大小为 16、字体为“黑体”的黑色文字，文字效果如图 12-11 所示。

图 12-10　　图 12-11

（6）再次输入大小为 15、字体为“汉仪竹节体简”的黑色文字，文字效果如图 12-12 所示。选择“文本”工具T，调出文本工具“属性”面板，在“文本类型”选项的下拉列表中选择“动态文本”，如图 12-13 所示。

图 12-12

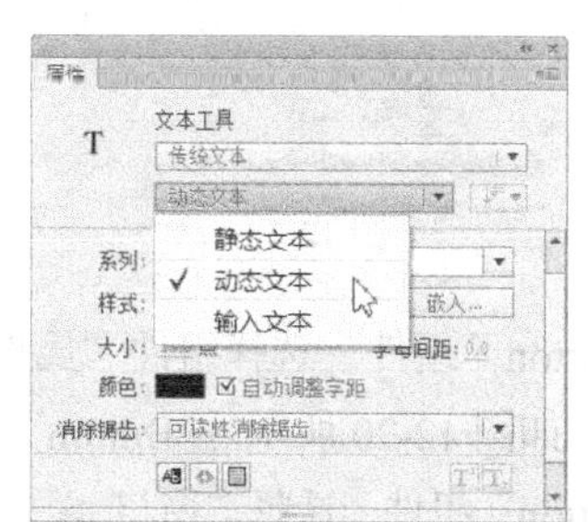

图 12-13

（7）在舞台窗口中文字“答案”的右侧拖曳出一个动态文本框，效果如图 12-14 所示。选中动态文本框，调出动态文本“属性”面板，在“选项”选项组中的“变量”文本框中输入“answer”，如图 12-15 所示。

图 12-14

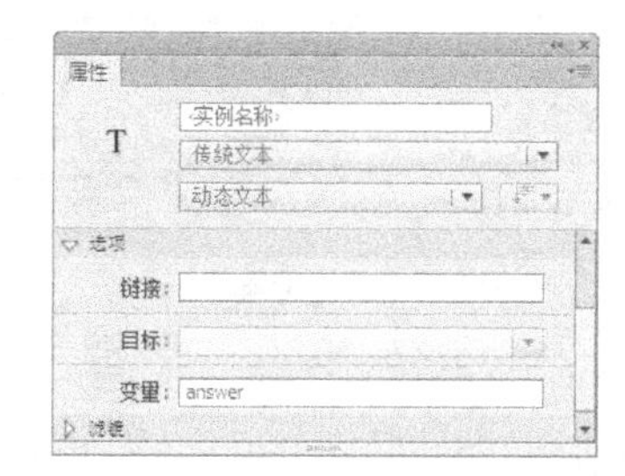

图 12-15

（8）分别选中“问题”图层的第 2 帧和第 3 帧，按 F6 键，插入关键帧。选中第 2 帧，将舞台窗口中的文字“1、什么样的路不能走?”更改为“2、世界上除了火车啥车最长?”，效果如图 12-16 所示。

（9）选中“问题”图层的第 3 帧，将舞台窗口中文字“1、什么样的路不能走?”更改为“3、哪儿的海不产鱼?”，效果如图 12-17 所示。在“时间轴”中创建新图层并将其命名为“答案”。

图 12-16

图 12-17

3. 添加组件

（1）选择“窗口 > 组件”命令，弹出“组件”面板，选中“User Interface”组中的“Button”组件，如图 12-18 所示。将“Button”组件拖曳到舞台窗口中，并放置在适当的位置，效果如图 12-19 所示。

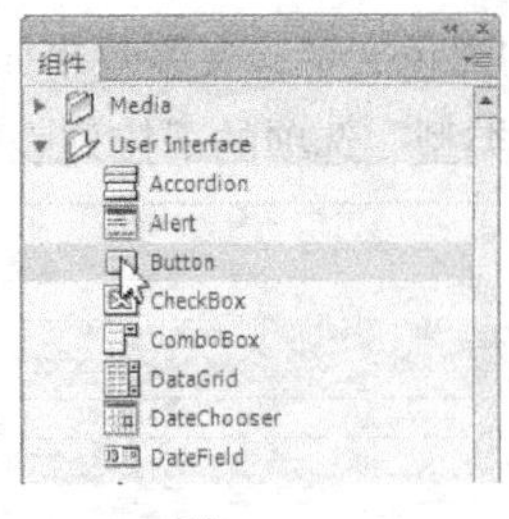

图 12-18

图 12-19

（2）选中“Button”组件，选择组件“属性”面板，在“组件参数”组中的“label”选项的文本框中输入“确定”，如图 12-20 所示。“Button”组件上的文字变为“确定”，效果如图 12-21 所示。

（3）选中“Button”组件，选择“窗口 > 动作”命令，弹出“动作”面板，在“动作”面板的“脚本窗口”中输入脚本语言，“动作”面板中的效果如图 12-22 所示。选中“答案”图层的第 2 帧、第 3 帧，按 F6 键，插入关键帧。

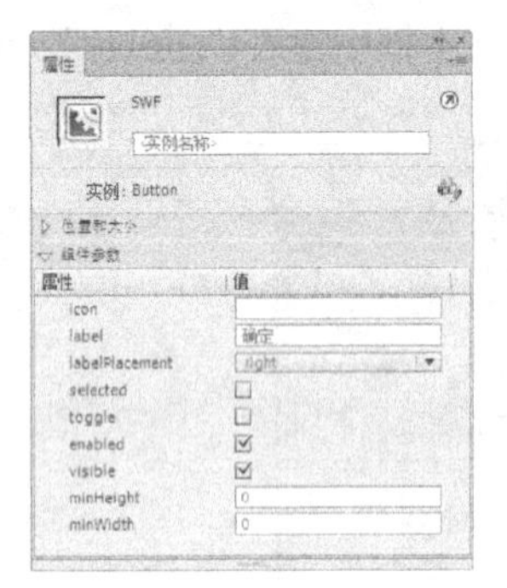

图 12-20

图 12-21

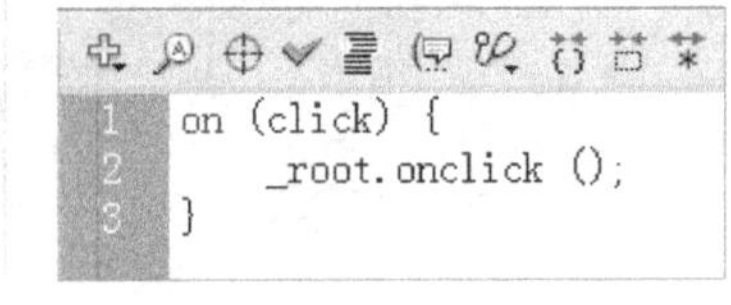

图 12-22

（4）选中“答案”图层的第 1 帧，在“组件”面板中，选中“User Interface”组中的“CheckBox”组件。将“CheckBox”组件拖曳到舞台窗口中，并放置在适当的位置，效果如图 12-23 所示。

（5）选中“CheckBox”组件，选择组件“属性”面板，在“实例名称”选项的文本框中输入“gonglu”，在“组件参数”组中的“label”选项的文本框中输入“公路”，如图 12-24 所示。“CheckBox”组件上的文字变为“公路”，效果如图 12-25 所示。

图 12-23

图 12-24

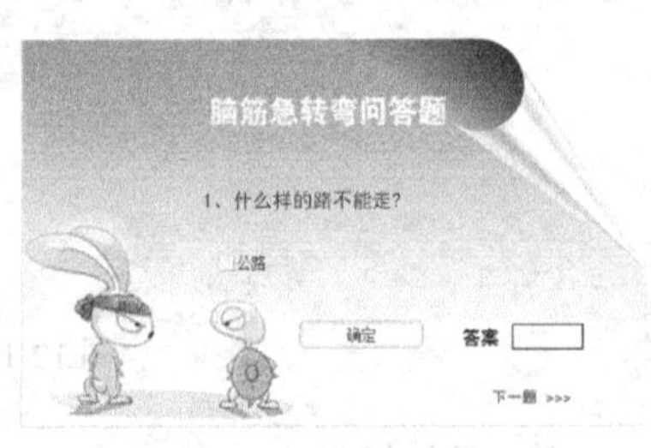

图 12-25

（6）用相同的方法再向舞台窗口拖曳一个“CheckBox”组件，选择组件“属性”面板，在“实例名称”选项的文本框中输入“shuilu”，在“组件参数”组中的“label”选项的文本框中输入“水路”，如图 12-26 所示。

（7）再向舞台窗口拖曳一个“CheckBox”组件，选择组件“属性”面板，在“实例名称”选项的文本框中输入“dianlu”，在“组件参数”组中的“label”选项的文本框中输入“电路”，如图 12-27 所示，舞台窗口中组件的效果如图 12-28 所示。

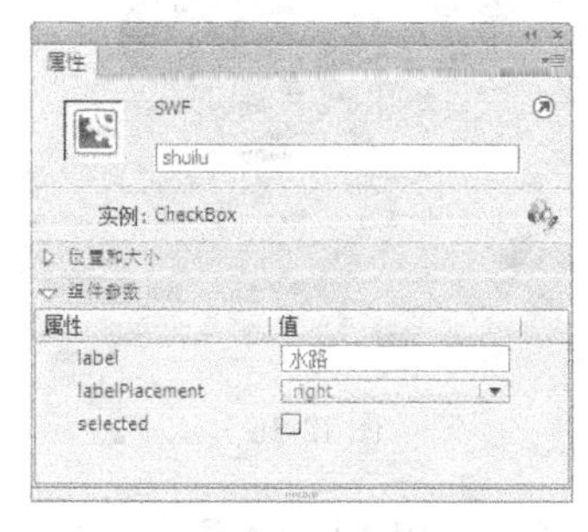

图 12-26

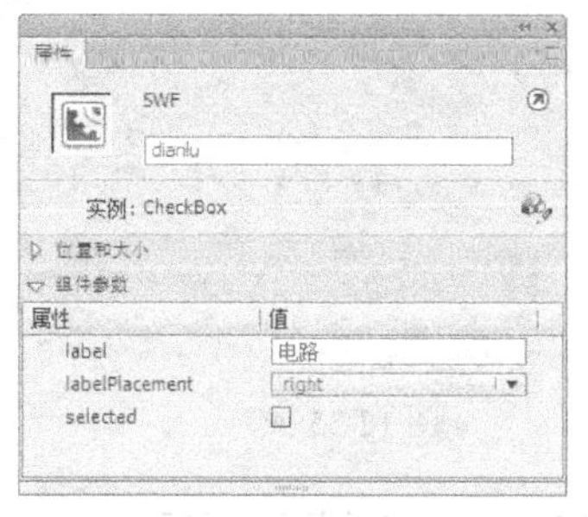

图 12-27

图 12-28

（8）在舞台窗口中选中组件“公路”，在“动作”面板的“脚本窗口”中输入脚本语言，“动作”面板中的效果如图 12-29 所示。在舞台窗口中选中组件“水路”，在“动作”面板的“脚本窗口”中输入脚本语言，“动作”面板中的效果如图 12-30 所示。在舞台窗口中选中“电路”，在“动作”面板的“脚本窗口”中输入脚本语言，“动作”面板中的效果如图 12-31 所示。

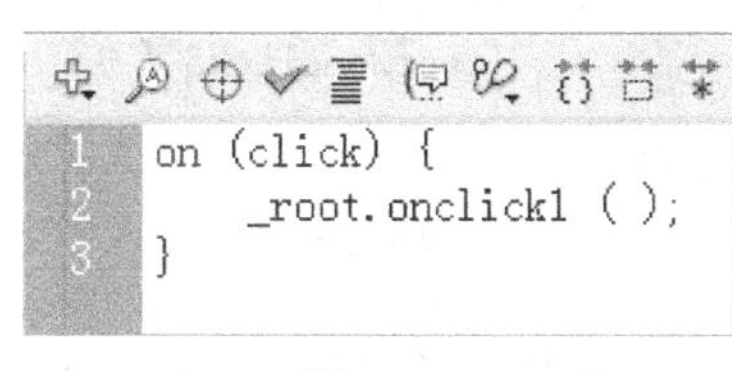

图 12-29

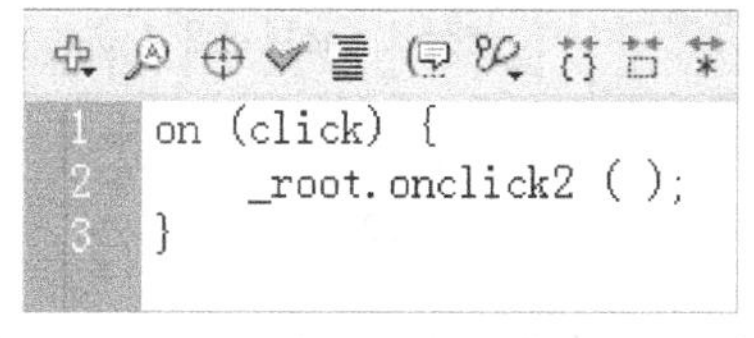

图 12-30

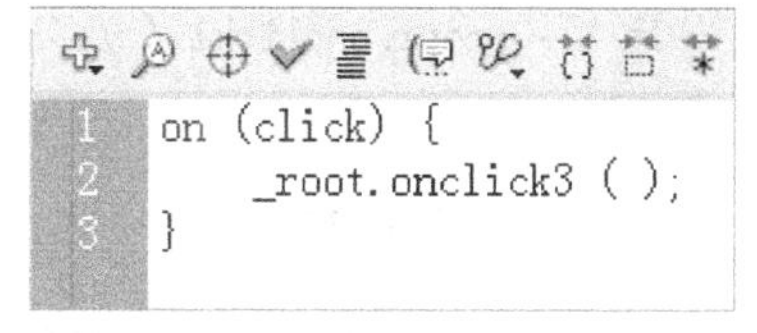

图 12-31

（9）选中“答案”图层的第 2 帧，将“组件”面板中的“CheckBox”组件☒拖曳到舞台窗口中。选择组件“属性”面板，在“实例名称”选项的文本框中输入“qiche”，在“组件参数”组中的“label”选项的文本框中输入“汽车”，如图 12-32 所示，舞台窗口中组件的效果如图 12-33 所示。

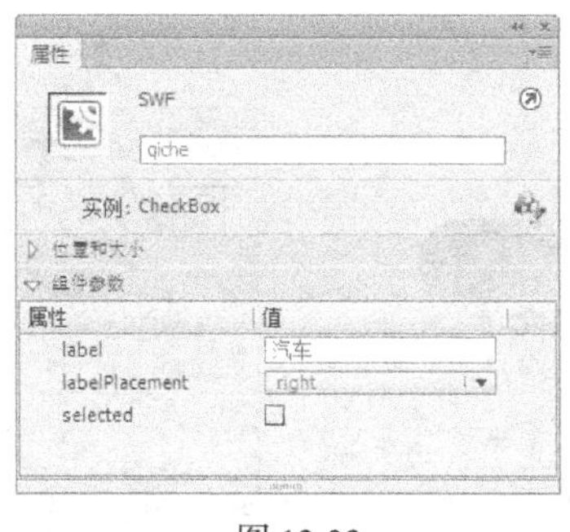

图 12-32

图 12-33

（10）用相同的方法再向舞台窗口拖曳一个“CheckBox”组件，选择组件“属性”面板，在“实例名称”选项的文本框中输入“saiche”，在“组件参数”组中的“label”选项的文本框中输入“塞车”，如图 12-34 所示。

（11）再向舞台窗口拖曳一个“CheckBox”组件，选择组件“属性”面板，在“实例名称”选项的文本框中输入“dianche”，在“组件参数”组中的“label”选项的文本框中输入“电车”，如图 12-35

所示，舞台窗口中组件的效果如图 12-36 所示。

图 12-34

图 12-35

图 12-36

（12）在舞台窗口中选中组件“汽车”，在“动作”面板的“脚本窗口”中输入脚本语言，“动作”面板中的效果如图 12-37 所示。在舞台窗口中选中组件“塞车”，在“动作”面板的“脚本窗口”中输入脚本语言，“动作”面板中的效果如图 12-38 所示。在舞台窗口中选中“电车”，在“动作”面板的“脚本窗口”中输入脚本语言，“动作”面板中的效果如图 12-39 所示。

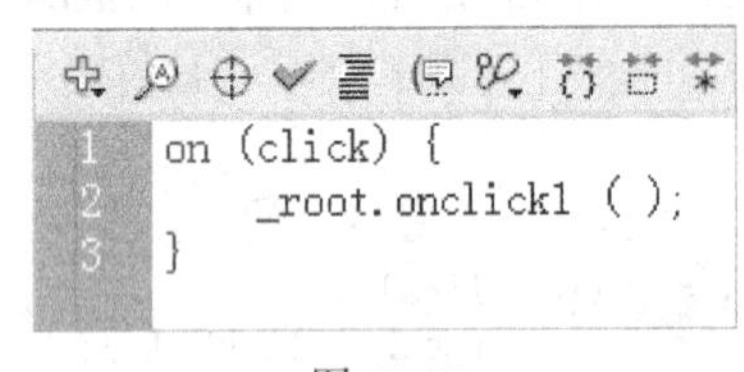

图 12-37

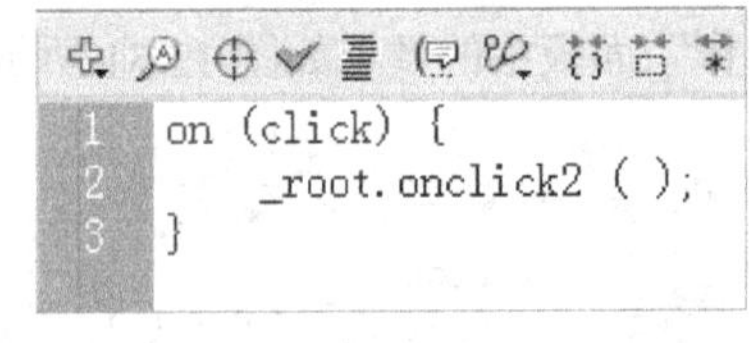

图 12-38

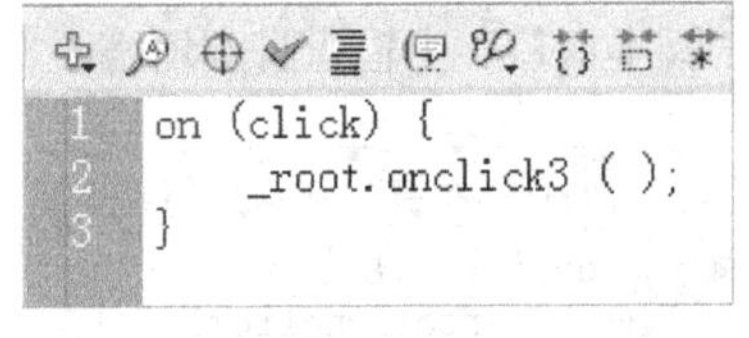

图 12-39

（13）选中“答案”图层的第 3 帧，将“组件”面板中的“CheckBox”组件☒拖曳到舞台窗口中。选择组件“属性”面板，在“实例名称”选项的文本框中输入“donghai”，在“组件参数”组中的“label”选项的文本框中输入“东海”，如图 12-40 所示，舞台窗口中组件的效果如图 12-41 所示。

（14）用相同的方法再向舞台窗口拖曳一个“CheckBox”组件，选择组件“属性”面板，在“实例名称”选项的文本框中输入“beihai”，在“组件参数”组中的“label”选项的文本框中输入“北海”，如图 12-42 所示。

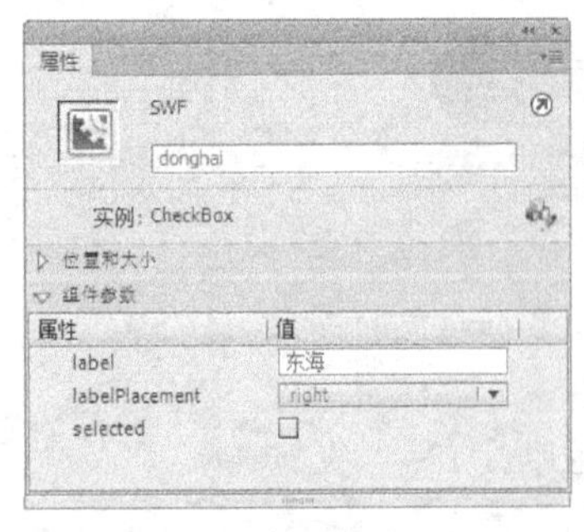

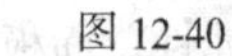
图 12-40

图 12-41

图 12-42

（15）再向舞台窗口拖曳一个“CheckBox”组件，选择组件“属性”面板，在“实例名称”选项的文本框中输入“cihai”，在“组件参数”组中的“label”选项的文本框中输入“辞海”，如图 12-43 所示，舞台窗口中组件的效果如图 12-44 所示。

图 12-43

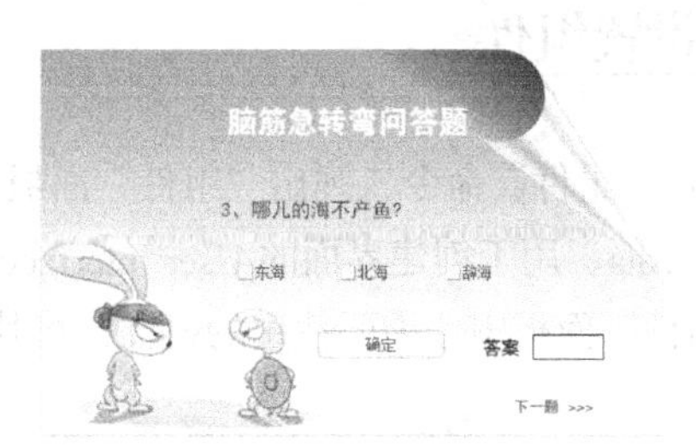

图 12-44

（16）在舞台窗口中选中组件“东海”，在“动作”面板的“脚本窗口”中输入脚本语言，“动作”面板中的效果如图 12-45 所示。在舞台窗口中选中组件“北海”，在“动作”面板的“脚本窗口”中输入脚本语言，“动作”面板中的效果如图 12-46 所示。在舞台窗口中选中“辞海”，在“动作”面板的“脚本窗口”中输入脚本语言，“动作”面板中的效果如图 12-47 所示。

```
on (click) {
    _root.onclick1 ( );
}
```

图 12-45

```
on (click) {
    _root.onclick2 ( );
}
```

图 12-46

```
on (click) {
    _root.onclick3 ( );
}
```

图 12-47

（17）在“时间轴”面板中创建新图层并将其命名为“动作脚本”。选中“动作脚本”图层的第 2 帧、第 3 帧，按 F6 键，插入关键帧。选中“动作脚本”图层的第 1 帧，在“动作”面板的“脚本窗口”中输入脚本语言，“动作”面板中的效果如图 12-48 所示。

（18）选中“动作脚本”图层的第 2 帧，在“动作”面板的“脚本窗口”中输入脚本语言，“动作”面板中的效果如图 12-49 所示。

（19）选中“动作脚本”图层的第 3 帧，在“动作”面板的“脚本窗口”中输入脚本语言，“动作”面板中的效果如图 12-50 所示。脑筋急转弯问答制作完成，按 Ctrl+Enter 组合键即可查看。

```
stop();

function onclick () {
    if (dianlu.selected == true) {
        answer = "正确";
    } else {
        answer = "错误";
    }
}
function onclick1 () {
    shuilu.selected = false;
    dianlu.selected = false;
    answer = "";
}
function onclick2 () {
    gonglu.selected = false;
    dianlu.selected = false;
    answer = "";
}
function onclick3 () {
    gonglu.selected = false;
    shuilu.selected = false;
    answer = "";
}
```

动作脚本：1

第 25 行（共 25 行），第 1 列

图 12-48

```
stop();

function onclick () {
    if (saiche.selected == true) {
        answer = "正确";
    } else {
        answer = "错误";
    }
}
function onclick1 () {
    saiche.selected = false;
    dianche.selected = false;
    answer = "";
}
function onclick2 () {
    qiche.selected = false;
    dianche.selected = false;
    answer = "";
}
function onclick3 () {
    qiche.selected = false;
    saiche.selected = false;
    answer = "";
}
```

动作脚本：2

第 25 行（共 25 行），第 1 列

图 12-49

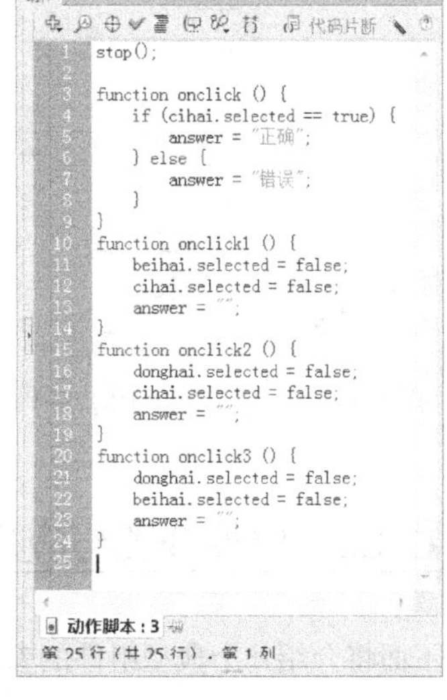

```
stop();

function onclick () {
    if (cihai.selected == true) {
        answer = "正确";
    } else {
        answer = "错误";
    }
}
function onclick1 () {
    beihai.selected = false;
    cihai.selected = false;
    answer = "";
}
function onclick2 () {
    donghai.selected = false;
    cihai.selected = false;
    answer = "";
}
function onclick3 () {
    donghai.selected = false;
    beihai.selected = false;
    answer = "";
}
```

动作脚本：3

第 25 行（共 25 行），第 1 列

图 12-50

12.1.2 设置组件

选择“窗口 > 组件”命令，弹出“组件”面板，如图 12-51 所示。Flash CS6 提供了 3 类组件，包括媒体组件 Media、用于创建界面的 User Interface 类组件和控制视频播放的 Video 组件。

可以在“组件”面板中选中要使用的组件，将其直接拖曳到舞台窗口中，如图 12-52 所示。

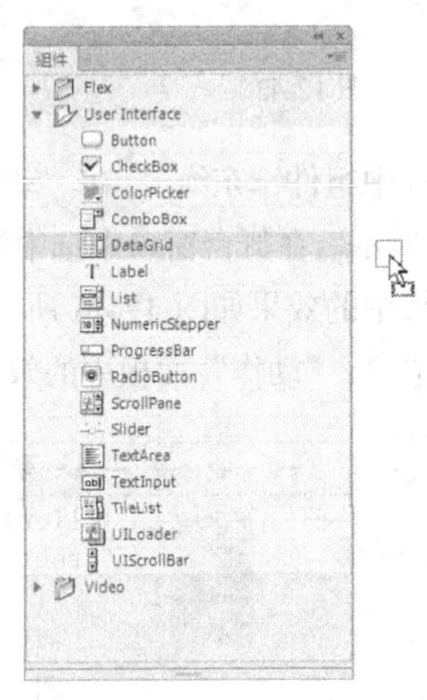

图 12-51 图 12-52

在舞台窗口中选中组件，如图 12-53 所示，按 Ctrl+F3 组合键，弹出“属性”面板，如图 12-54 所示。可以在参数值上单击，在数值框中输入数值，如图 12-55 所示，也可以在其下拉列表中选择相应的选项，如图 12-56 所示。

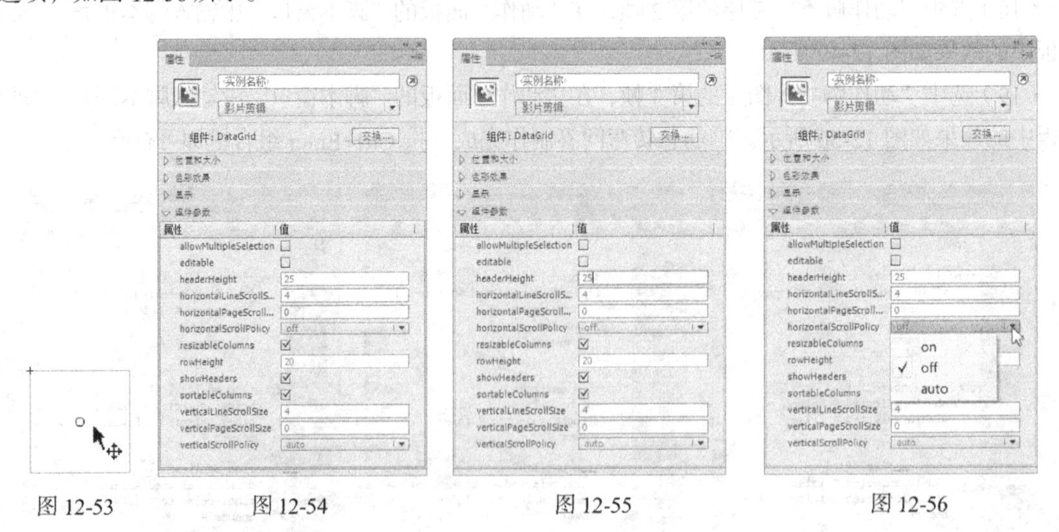

图 12-53 图 12-54 图 12-55 图 12-56

12.1.3 组件分类与应用

下面将介绍几个典型组件的参数设置与应用。

1. Button组件

Button组件 是一个可调整大小的矩形用户界面按钮。可以给按钮添加一个自定义图标。也可以将按钮的行为从按下改为切换。在单击切换按钮后，它将保持按下状态，直到再次单击时才会返回到弹起状态。可以在应用程序中启用或者禁用按钮。在禁用状态下，按钮不接收鼠标或键盘输入。

在“组件”面板中，将Button组件拖曳到舞台窗口中，如图12-57所示。

在“属性”面板中，显示出组件的参数，如图12-58所示。

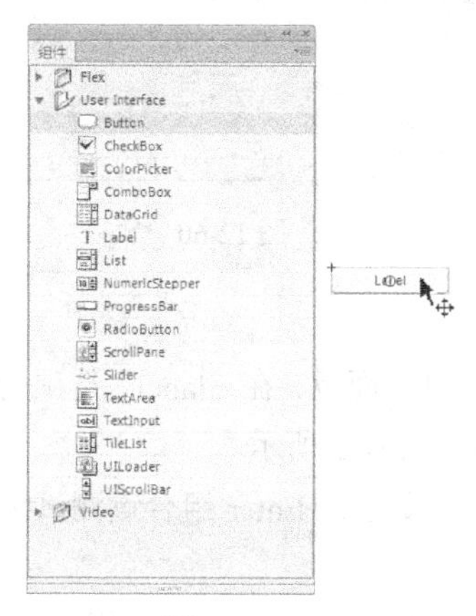

图12-57

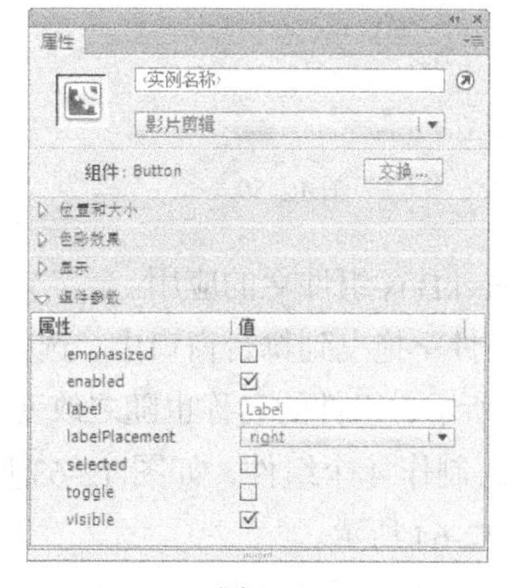

图12-58

“emphasized”选项：为按钮添加边框。

“enabled”选项：设置组件是否为激活状态。

“label”选项：设置组件上显示的文字，默认状态下为“label”。

“labelPlacement”选项：确定组件上的文字相对于图标的方向。

“selected”选项：如果“toggle”参数值为“true”，则该参数指定组件是处于按下状态“true”还是释放状态“false”。

“toggle”选项：将组件转变为切换开关。如果参数值为“true”，那么按钮在按下后保持按下状态，直到再次按下时才返回到弹起状态；如果参数值为“false”，那么按钮的行为与普通按钮相同。

“visible”选项：设置组件的可见性。

2. CheckBox组件

复选框是一个可以选中或取消选中的方框。可以在应用程序中启用或者禁用复选框。如果复选框已启用，用户单击它或者它的名称，复选框会出现对号标记显示为按下状态。如果用户在复选框或其名称上单击鼠标后，将鼠标指针移动到复选框或其名称的边界区域之外，那么复选框没有被按下，也不会出现对号标记。如果复选框被禁用，它会显示其禁用状态，而不响应用户的交互操作。在禁用状态下，按钮不接收鼠标或键盘输入。

在“组件”面板中，将CheckBox组件拖曳到舞台窗口中，如图12-59所示。

在“属性”面板中，显示出组件的参数，如图12-60所示。

“label”选项：设置组件的名称，默认状态下为“CheckBox”。

“labelPlacement”选项：设置名称相对于组件的位置，默认状态下，名称在组件的右侧。

“selected”选项：将组件的初始值设置为选中或取消选中。

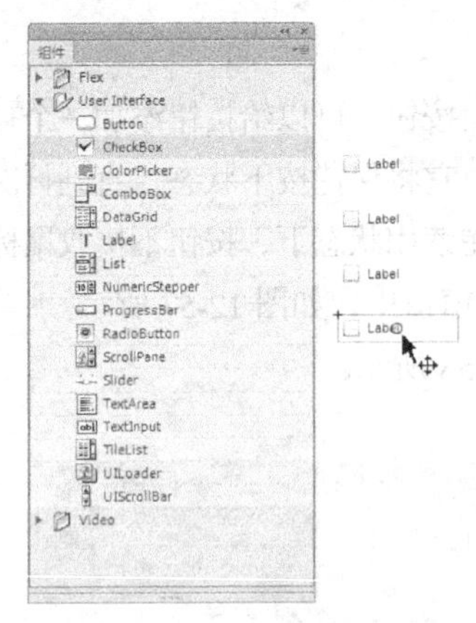

图 12-59　　图 12-60

下面将介绍 CheckBox 组件的应用。

将 CheckBox 组件拖曳到舞台窗口中，选择“属性”面板，在“label”选项的文本框中输入“星期一”，如图 12-61 所示，组件的名称也随之改变，如图 12-62 所示。

用相同的方法再制作 4 个组件，如图 12-63 所示。按 Ctrl+Enter 组合键测试影片，可以随意勾选多个复选框，如图 12-64 所示。

在“labelPlacement”选项中可以选择名称相对于复选框的位置，如果选择“left”，那么名称在复选框的左侧，如图 12-65 所示。

如果勾选“星期一”组件的“selected”选项，那么“星期一”复选框的初始状态为被选中，如图 12-66 所示。

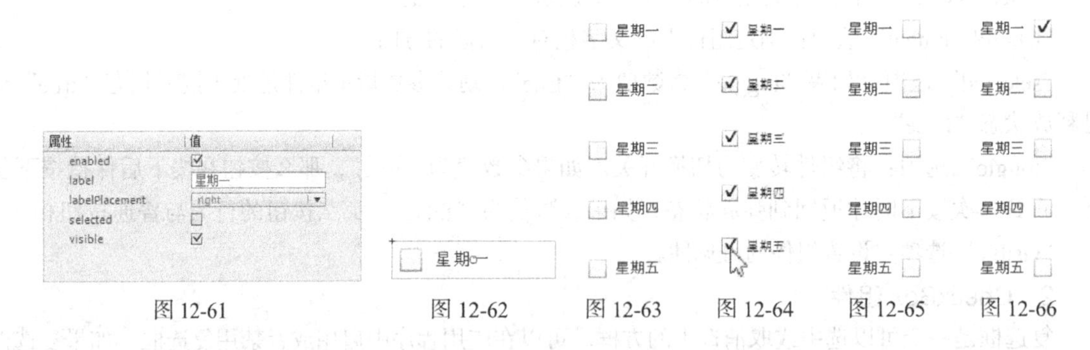

图 12-61　　图 12-62　　图 12-63　　图 12-64　　图 12-65　　图 12-66

3．ComboBox 组件

ComboBox 组件可以向 Flash 影片中添加可滚动的单选下拉列表。组合框可以是静态的，也可以是可编辑的。使用静态组合框，用户可以从下拉列表中作出一项选择。使用可编辑的组合框，用户可以在列表顶部的文本框中直接输入文本，也可以从下拉列表中选择一项。如果下拉列表超出文档底部，该列表将会向上打开，而不是向下。

在“组件”面板中，将 ComboBox 组件拖曳到舞台窗口中，如图 12-67 所示。

在“属性”面板中，显示出组件的参数，如图 12-68 所示。

“dataProvider”选项：设置下拉列表中显示的内容。

“editable”选项：设置组件为可编辑的“true”还是静态的“false”。

“enabled”选项：设置组件是否为激活状态。

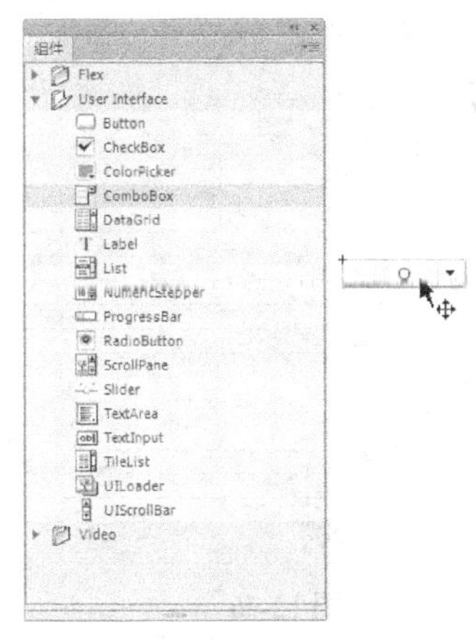

图 12-67

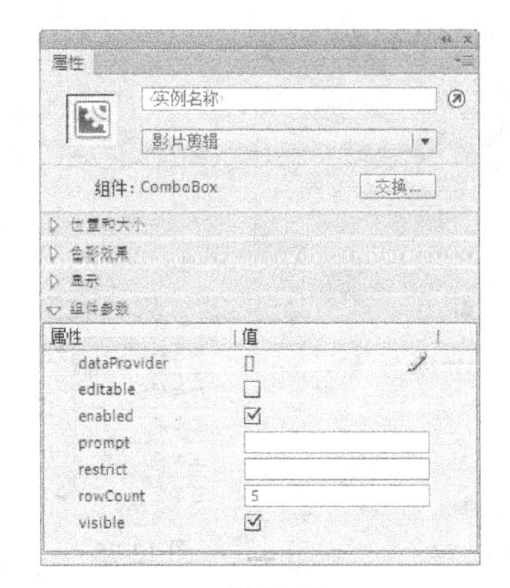

图 12-68

“prompt”选项：设置组件的初始显示内容。

“restrict”选项：设置限定的范围。

“rowCount”选项：设置在组件下拉列表中不使用滚动条的话，一次最多可显示的项目数。

“visible”选项：设置组件的可见性。

下面将介绍 ComboBox 组件的应用。

将 ComboBox 组件拖曳到舞台窗口中，选择“属性”面板，双击“dataProvider”选项右侧的[]，弹出“值”对话框，如图 12-69 所示，在对话框中单击“加号”按钮，单击值，输入第一个要显示的值文字“一年级”，如图 12-70 所示。

用相同的方法添加多个值，如图 12-71 所示。如果想删除一个值，可以先选中这个值，再单击“减号”按钮进行删除。如果想改变值的顺序，可以单击“向下箭头”按钮或“向上箭头”按钮进行调序。例如，要将值“六年级”向上移动，可以先选中它（被选中的值，显示出灰色长条），再单击“向上箭头”按钮5 次，值“六年级”就移动到了值“一年级”的上方，如图 12-72 和图 12-73 所示。

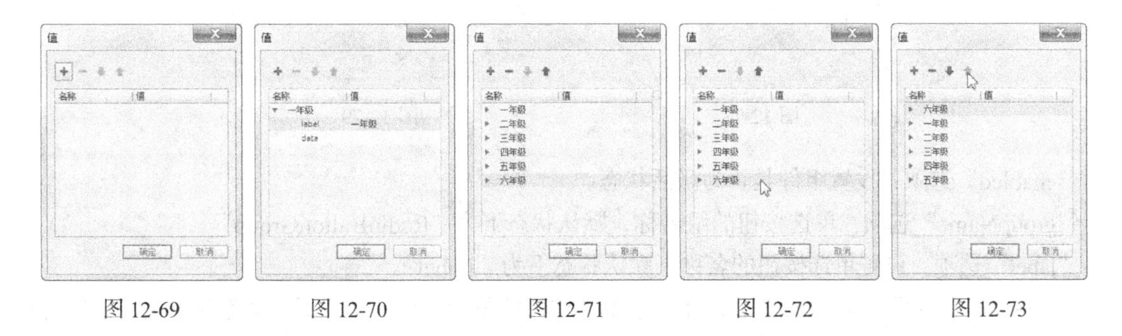

图 12-69　图 12-70　图 12-71　图 12-72　图 12-73

设置好值后，单击“确定”按钮，“属性”面板的显示如图 12-74 所示。

按 Ctrl+Enter 组合键测试影片，显示出下拉列表，如图 12-75 所示。

如果在“属性”面板中将“rowCount”选项的数值设置为“3”，如图 12-76 所示，表示下拉列表一次最多可显示的项目数为 3。按 Ctrl+Enter 组合键测试影片，显示出的下拉列表有滚动条，可以拖曳滚动条来查看选项，如图 12-77 所示。

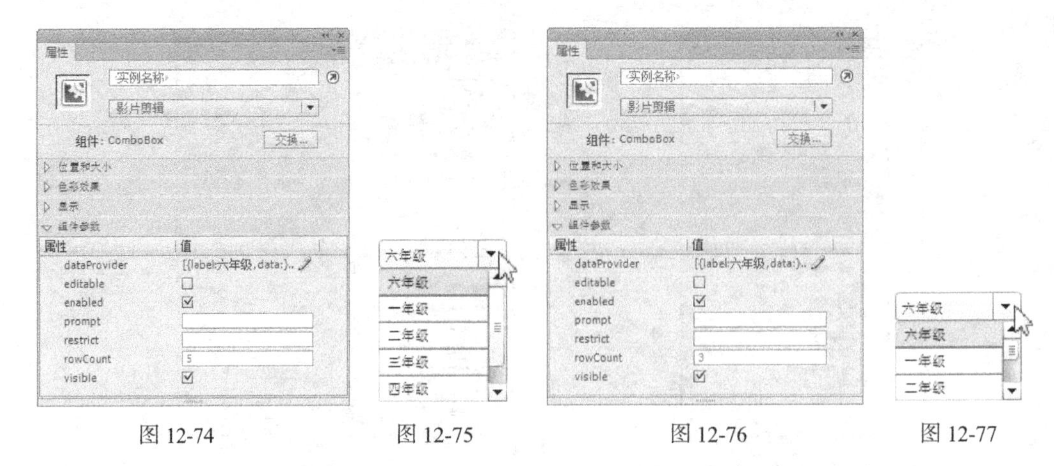

图 12-74　　图 12-75　　图 12-76　　图 12-77

4．RadioButton 组件

RadioButton 组件是单选按钮。使用该组件可以强制用户只能选择一组选项中的一项。RadioButton 组件必须用于至少有两个 RadioButton 实例的组。在任何选定的时刻，都只有一个组成员被选中。选择组中的一个单选按钮，将取消选择组内当前已选定的单选按钮。

在“组件”面板中，将 RadioButton 组件拖曳到舞台窗口中，如图 12-78 所示。

在“属性”面板中，显示出组件的参数，如图 12-79 所示。

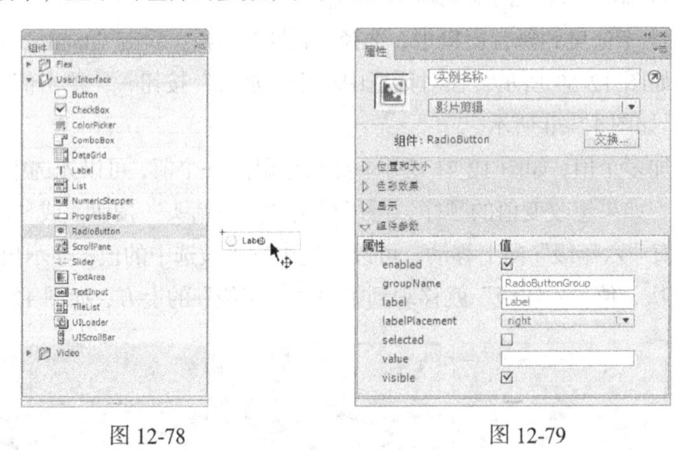

图 12-78　　图 12-79

“enabled”选项：设置组件是否为激活状态。

“groupName”选项：单选按钮的组名称，默认状态下为“RadioButtonGroup”。

“label”选项：设置单选按钮的名称，默认状态下为“Label”。

“labelPlacement”选项：设置名称相对于单选按钮的位置，默认状态下，名称在单选按钮的右侧。

“selected”选项：设置单选按钮初始状态下，是处于选中状态“true”还是未选中状态“false”。

“value”选项：设置在初始状态下，组件中显示的数值。

“visible”选项：设置组件的可见性。

5．ScrollPane 组件

ScrollPane 组件能够在一个可滚动区域中显示影片剪辑、JPEG 文件和 SWF 文件。可以让滚动条在一个有限的区域中显示图像。可以显示从本地位置或网络加载的内容。

ScrollPane 组件既可以显示含有大量内容的区域，又不会占用大量的舞台空间。该组件只能显示影片剪辑，不能应用于文字。

在“组件”面板中，将 ScrollPane 组件拖曳到舞台窗口中，如图 12-80 所示。

在“属性”面板中，显示出组件的参数，如图 12-81 所示。

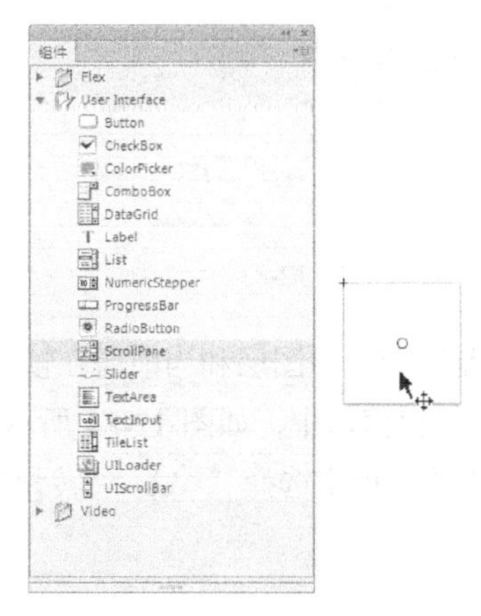

图 12-80

图 12-81

“enabled”选项：设置组件是否为激活状态。

“horizontalLineScrollSize”选项：设置每次按下箭头时水平滚动条移动多少个单位，其默认值为 4。

“horizontalPageScrollSize”选项：设置每次按轨道时水平滚动条移动多少个单位，其默认值为 0。

“horizontalScrollSizePolicy”选项：设置是否显示水平滚动条。

选择“auto”时，可以根据电影剪辑与滚动窗口的相对大小来决定是否显示水平滚动条。在电影剪辑水平尺寸超出滚动窗口的宽度时会自动出现滚动条；选择“on”时，无论电影剪辑与滚动窗口的大小如何都显示水平滚动条；选择“off”时，无论电影剪辑与滚动窗口的大小如何都不显示水平滚动条。

“scrollDrag”选项：设置是否允许用户使用鼠标拖曳滚动窗口中的对象。选择“true”时，用户可以不通过滚动条而使用鼠标直接拖曳窗口中的对象。

“source”选项：一个要转换为对象的字符串，它表示源的实例名。

“verticalLineScrollSize”选项：设置每次按下箭头时垂直滚动条移动多少个单位，其默认值为 4。

“verticalPageScrollSize”选项：设置每次按轨道时垂直滚动条移动多少个单位，其默认值为 0。

“verticalScrollSizePolicy”选项：设置是否显示垂直滚动条。其用法与“horizontalScrollSizePolicy”相同。

“visible”选项：设置组件的可见性。

12.2 行为

除了应用自定义的动作脚本，还可以应用行为控制文档中的影片剪辑和图形实例。行为是程序员预先编写好的动作脚本，用户可以根据自身需要来灵活运用脚本代码。

选择“窗口 > 行为”命令，弹出“行为”面板，如图 12-82 所示。单击面板左上方的“添加行为”按钮，弹出下拉菜单，如图 12-83 所示。可以从菜单中显示的 6 个方面应用行为。

“添加行为”按钮：用于在“行为”面板中添加行为。

“删除行为”按钮：用于将“行为”面板中选定的行为删除。

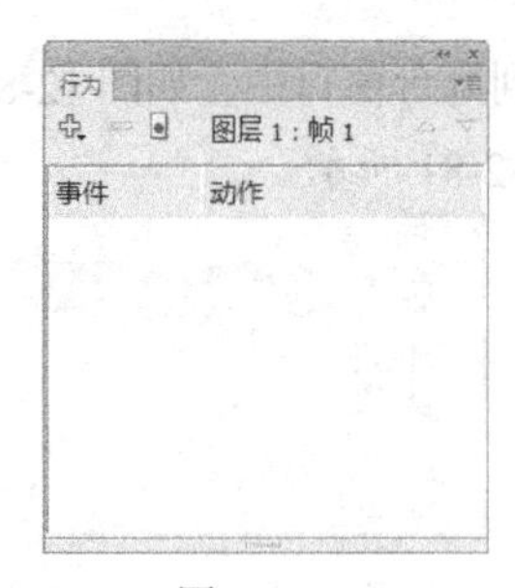

图 12-82　　　　图 12-83

在“行为”面板上方的“图层 1：帧 1”表示的是当前所在图层和当前所在帧。

在“库”面板中创建一个按钮元件，将其拖曳到舞台窗口中，如图 12-84 所示。选中按钮元件，单击“行为”面板中的“添加行为”按钮，在弹出的菜单中选择“Web > 转到 Web 页”命令，如图 12-85 所示。

弹出“转到 URL”对话框，如图 12-86 所示。

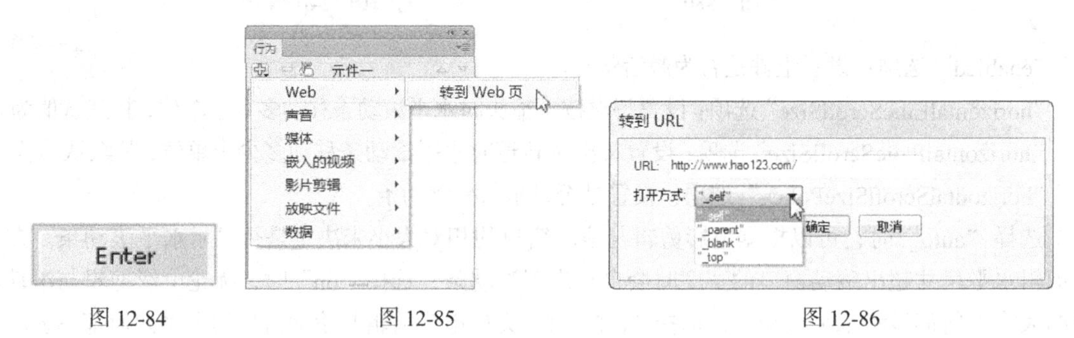

图 12-84　　　　图 12-85　　　　图 12-86

“URL”选项：其文本框中可以设置要链接的 URL 地址。

“打开方式”选项中各选项的含义如下。

“_self”：在同一窗口中打开链接。

“_parent”：在父窗口中打开链接。

“_blank”：在一个新窗口中打开链接。

“_top”：在最上层窗口中打开链接。

设置好后单击“确定”按钮，动作脚本被添加到“行为”面板中，如图 12-87 所示。单击按钮的触发事件“释放时”，右侧出现黑色三角形按钮，单击该三角形按钮，在弹出的菜单中可以设置按钮的其他触发事件，如图 12-88 所示。

当运行按钮动画时，单击按钮则打开网页浏览器，自动链接到刚才输入的 URL 地址上。

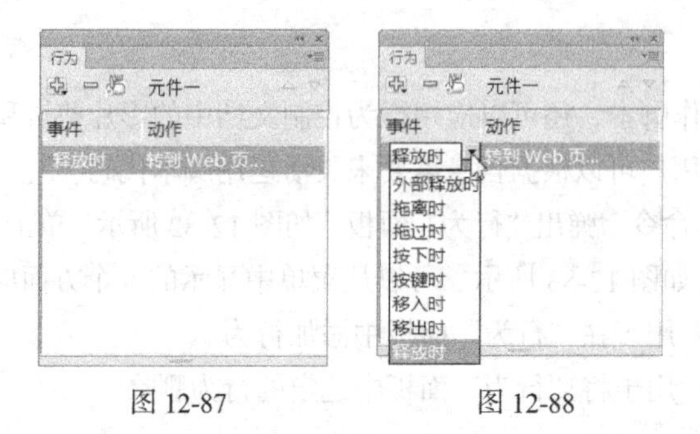

图 12-87　　　　图 12-88

技巧 因 ActionScript3.0 不支持行为功能，故只在将发布设置为 ActionScript1.0 或 ActionScript2.0 时才可使用。

课堂练习——制作美食知识问答

【练习知识要点】使用“文本”工具，添加文字；使用“组件”面板，添加组件；使用“动作”面板，添加动作脚本，最终效果如图 12-89 所示。

【素材所在位置】Ch12/素材/制作美食知识问答/01、02。

【效果所在位置】Ch12/效果/制作美食知识问答. fla。

图 12-89

课后习题——制作生活小常识问答

【习题知识要点】使用“文本”工具，添加文字；使用“组件”面板，添加组件；使用“动作”面板，添加动作脚本，最终效果如图 12-90 所示。

【素材所在位置】Ch12/素材/制作生活小常识问答/01、02。

【效果所在位置】Ch12/效果/制作生活小常识问答. fla。

图 12-90

第13章 商业案例实训

本章介绍

本章结合多个应用领域商业案例的实际应用，进一步详解 Flash 强大的应用功能和制作技巧。读者在学习商业案例并完成大量商业练习和习题后，可以快速地掌握商业动画设计的理念和软件的技术要点，设计制作出专业的动画作品。

学习目标

- 掌握软件基础知识的使用方法。
- 了解 Flash 的常用设计领域。
- 掌握 Flash 在不同设计领域的使用技巧。

技能目标

- 掌握标志设计——通信网络标志的制作方法。
- 掌握贺卡设计——春节贺卡的制作方法。
- 掌握电子相册设计——金秋风景相册的制作方法。
- 掌握广告设计——健身舞蹈广告的制作方法。
- 掌握网页设计——房地产网页的制作方法。

13.1 标志设计——制作通信网络标志

13.1.1 项目背景及要求

1. 客户名称

万升网络。

2. 客户需求

万升网络是一家从事计算机信息科技领域内技术开发、技术咨询、计算机软件开发以及计算机网络工程的科技公司，目前需要制作公司标志，作为公司形象中的关键元素，标志设计要求具有特色，能够体现公司品质。

3. 设计要求

（1）标志要求以蓝色和绿色的渐变色作为主体颜色，能够代表公司严谨的工作态度。

（2）标志以公司名称的汉字进行设计，通过对文字的处理使标志看起来美观、独特。

（3）设计要求表现公司特色，整体设计搭配合理，并且富有变化。

（4）设计规格均为 800 px（宽）× 527 px（高）。

13.1.2 项目创意及制作

1. 素材资源

图片素材所在位置：“Ch13/素材/制作通信网络标志/01”。

2. 设计作品

设计作品效果所在位置：“Ch13/效果/制作通信网络标志.fla”，最终效果如图 13-1 所示。

图 13-1

3. 制作要点

使用“导入”命令，导入素材文件；使用“文本”工具，输入标志名称；使用“钢笔”工具，添加画笔效果；使用“套索”工具和“选择”工具，删除文字笔画；使用“属性”面板，改变元件的颜色使标志产生阴影效果。

13.1.3 案例制作及步骤

1．输入文字并编辑文字

（1）选择“文件 > 新建”命令，弹出“新建文档”对话框，在“常规”选项卡中选择“ActionScript 3.0”选项，将“宽度”选项设置为 800，“高度”选项设置为 527，单击“确定”按钮，完成文档的创建。

（2）在“库”面板中新建图形元件“文字”，如图 13-2 所示。舞台窗口也随之转换为图形元件的舞台窗口。将“图层 1”重命名为“文字”，如图 13-3 所示。选择“文本”工具T，在文本工具“属性”面板中进行设置，在舞台窗口中适当的位置输入大小为 137、字体为“汉真广标”的黑色文字，文字效果如图 13-4 所示。选择“选择”工具，在舞台窗口中选中文字，按两次 Ctrl+B 组合键，将文字打散。

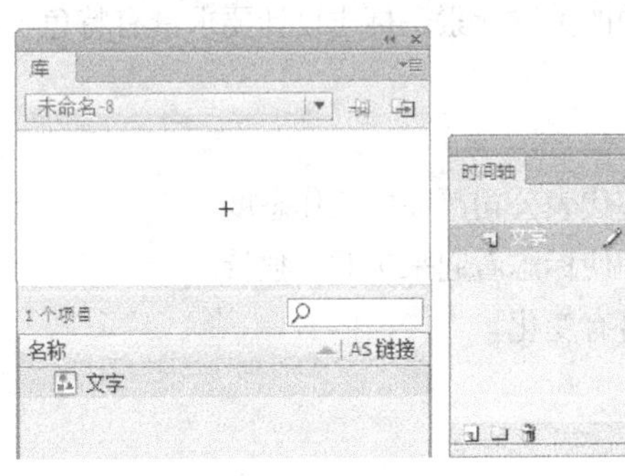

图 13-2

图 13-3

图 13-4

（3）选择“套索”工具，在工具箱下方选中“多边形模式”按钮，全选“万”字右下角的笔画，如图 13-5 所示。按 Delete 键将其删除，效果如图 13-6 所示。

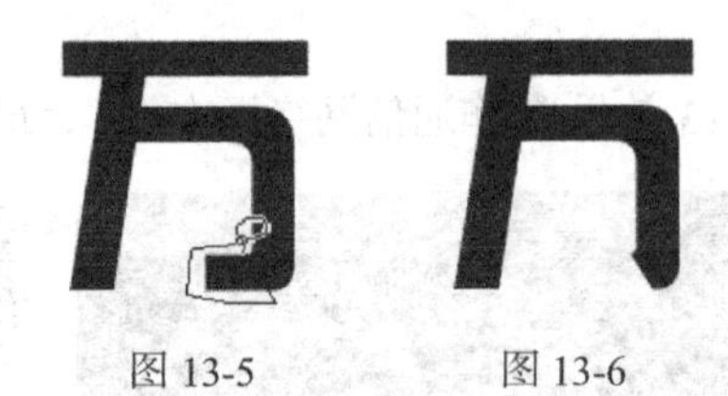

图 13-5　　图 13-6

（4）选择“选择”工具，在“升”在的左上角拖曳一个矩形，如图 13-7 所示。松开鼠标将其选中，按 Delete 键将其删除，效果如图 13-8 所示。用相同的方法制作出如图 13-9 所示的效果。

图 13-7 　　图 13-8 　　图 13-9

（5）在“时间轴”面板中创建新图层并将其命名为“文字装饰”。选择“文本”工具T，在文本工具“属性”面板中进行设置，在舞台窗口中适当的位置输入大小为 116、字体为“Blippo Blk BT”的黑色英文，文字效果如图 13-10 所示。

（6）选择“选择”工具，选中英文“e”，将其拖曳到“络”字的右下方，按 Ctrl+B 组合键将其打散，取消选择，效果如图 13-11 所示。

（7）选择“任意变形”工具，选中字母“e”，在字母周围出现控制点，如图 13-12 所示。选中矩形下侧中间的控制点向上拖曳到适当的位置，改变字母的高度，效果如图 13-13 所示。

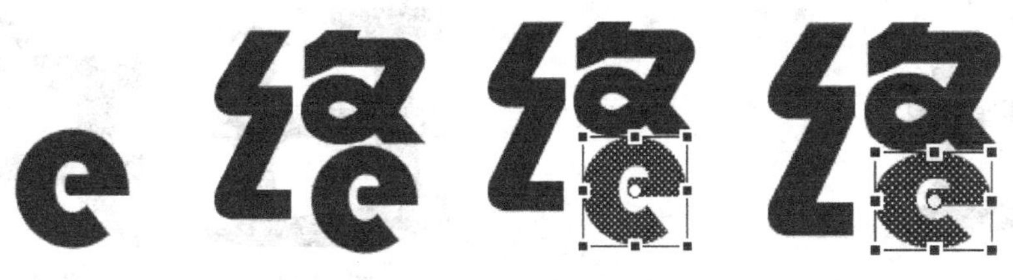

图 13-10　　图 13-11　　图 13-12　　图 13-13

（8）在“时间轴”面板中创建新图层并将其命名为“钢笔装饰”。选择“钢笔”工具，在钢笔工具“属性”面板中将“笔触颜色”设置为红色（#FF0000），“笔触”选项设置为 1，在“万”字的右下方单击鼠标，设置起点，如图 13-14 所示，在空白处单击鼠标，设置第 2 个节点，按住鼠标不放，向左上拖曳控制手柄，调节控制手柄改变路径的弯度，效果如图 13-15 所示。使用相同的方法，应用“钢笔”工具绘制出如图 13-16 所示的边线效果。

图 13-14　　图 13-15　　图 13-16

（9）选择“颜料桶”工具，在工具箱中将“填充颜色”设置为黑色，在边线内部单击鼠标，填充图形，如图 13-17 所示。选择“选择”工具，双击边线将其选中，按 Delete 键将其删除，效果如图 13-18 所示。

图 13-17 　　图 13-18

（10）在“时间轴”面板中创建新图层并将其命名为“无线图标”。选择“椭圆”工具，在工具箱中将“笔触颜色”设置为无，“填充颜色”设置为黑色，在“升”字的左上角绘制一个圆形，效果如图 13-19 所示。

（11）选择“基本椭圆”工具，在基本椭圆工具“属性”面板中，将“笔触颜色”设置为黑色，“填充颜色”设置为无，“笔触”选项设置为 4，其他选项的设置如图 13-20 所示，在“升”字的左上角绘制一个开放弧，如图 13-21 所示。用相同的方法绘制出如图 13-22 所示的效果。

图 13-19

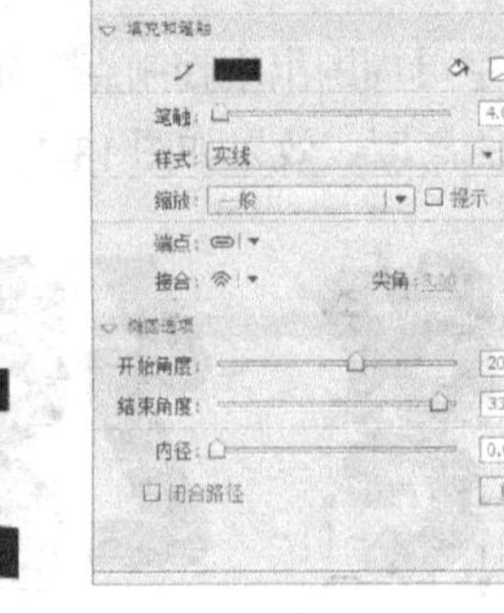

图 13-20

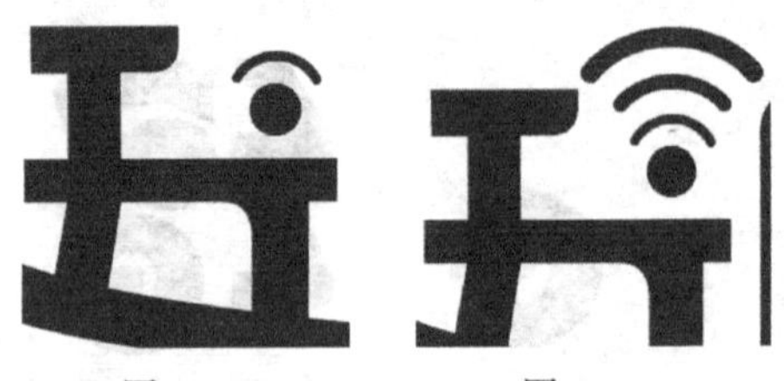

图 13-21　　图 13-22

2．制作标志

（1）单击舞台窗口左上方的“场景 1”图标 场景 1，进入“场景 1”的舞台窗口。将“图层 1”重命名为“底图”。按 Ctrl+R 组合键，在弹出的“导入”对话框中选择“Ch13 > 素材 > 制作通信网络标志 > 01”文件，单击“打开”按钮，文件被导入舞台窗口中，效果如图 13-23 所示。

（2）在“时间轴”面板中创建新图层并将其命名为“标志”。将“库”面板中的图形“文字”拖曳到舞台窗口中，如图 13-24 所示。

图 13-23

图 13-24

（3）选择“选择”工具，在舞台窗口中选中“文字”实例，在图形“属性”面板中选择“色彩效果”选项组，在“样式”选项下拉列表中选择“色调”，各选项的设置如图 13-25 所示，舞台窗口中的效果如图 13-26 所示。

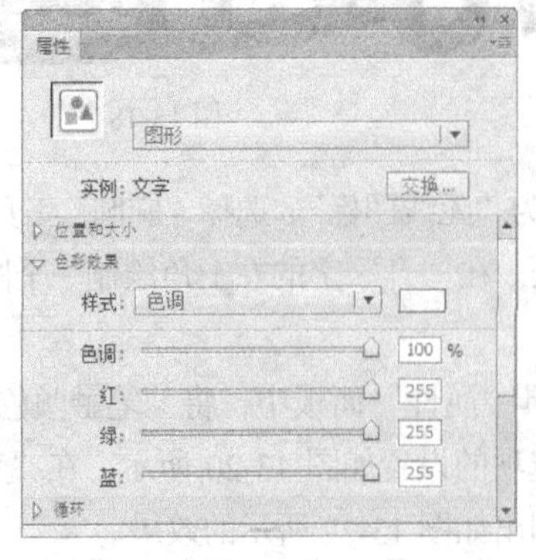

图 13-25

图 13-26

（4）在“时间轴”面板中创建新图层并将其命名为“变色”。将“库”面板中的图形元件“文字”再次拖曳到舞台窗口中，并将其放置到适当的位置，使标志产生阴影效果，如图 13-27 所示。按两次 Ctrl+B 组合键，将其打散。选择“修改 > 形状 > 将线条转换为填充”命令，将线条转为填充。

（5）选择“窗口 > 颜色”命令，弹出“颜色”面板，选择“填充颜色”选项，在“颜色类型”选项的下拉列表中选择“线性渐变”，在色带上将渐变色设置为从紫色（#30278B）、绿色（#00E704）到深绿色（#18A317），共设置 3 个控制点，生成渐变，如图 13-28 所示。

（6）选择“颜料桶”工具，在文字上从上向下拖曳渐变色。松开鼠标后，渐变色被填充，效果如图 13-29 所示。通信网络公司标志制作完成，按 Ctrl+Enter 组合键即可查看效果。

图 13-27

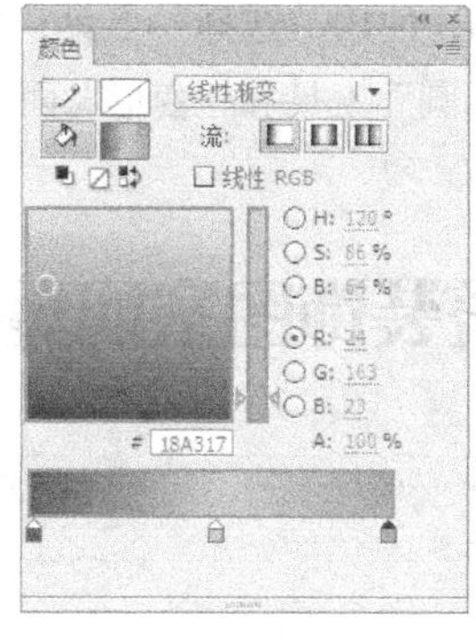

图 13-28

图 13-29

课堂练习 1——制作童装网页标志

练习 1.1 项目背景及要求

1. 客户名称

靓宝贝童装网。

2. 客户需求

靓宝贝童装网是一家专门销售儿童服饰的网络平台，店面经营多年，通过优质服务和质量保证，得到广大顾客的认可。目前网站为提高认知度，需要重新制作店面标志，网站设计要求围绕主题，表现出精品童装的特色。

3. 设计要求

（1）标志设计要以黄色和绿色为主，体现儿童的纯真与服饰给人带来的温暖。

（2）标志以店面名称为主，通过对文字的变形与设计达到需要的效果。

（3）标志设计注重细节，添加一些小的装饰图案为标志增添特色。

（4）设计规格均为 550 px（宽）× 400 px（高）。

练习 1.2 项目创意及制作

1. 设计作品

设计作品效果所在位置：“Ch13/效果/制作童装网页标志.fla”，最终效果如图 13-30 所示。

图 13-30

2．制作要点

使用“文本”工具，输入标志名称；使用“选择”工具，删除多余的笔画；使用“椭圆”工具和“钢笔”工具，绘制笑脸图形；使用“椭圆”工具和“变形”面板，制作花形图案；使用“属性”面板，设置笔触样式，制作底图图案效果。

课堂练习 2——制作传统装饰图案网页标志

练习 2.1　项目背景及要求

1．客户名称

凤舞装饰网页。

2．客户需求

凤舞装饰网页是一个专门设计各类装饰图案的网络平台，可满足顾客各类款式设计、图案订制、成品制作等不同需求，同时提供不同的设计模板、素材下载服务，为各类不同的需求者提供最新最全的设计案例，满足不同的设计要求。目前网站新推出一款传统装饰图案的设计方案，并以此为主打产品进行推广，所以需要设计一款装饰图案的网页标志，标志设计要求体现出网站风格并且具有中国传统特色。

3．设计要求

（1）标志设计是为装饰图案网站所设计，所以要求能够将装饰图案在标志上有所体现。

（2）标志设计形式多样，在细节的处理上要求细致独特。

（3）标志设计层次分明，体现传统文化特色。

（4）要求使用明亮的色彩，能够使人印象深刻。

（5）设计规格均为 600 px（宽）×315 px（高）。

练习 2.2　项目创意及制作

1．素材资源

图片素材所在位置：“Ch13/素材/制作传统装饰图案网页标志/01”。

2．设计作品

设计作品效果所在位置：“Ch13/效果/制作传统装饰图案网页标志.fla”，最终效果如图 13-31 所示。

图 13-31

3．制作要点

使用“属性”面板，改变元件的颜色；使用“遮罩层”命令，制作文字遮罩效果；使用“将线条转换为填充”命令，制作将线条转换为图形效果。

课后习题 1——制作科杰龙电子标志

习题 1.1　项目背景及要求

1．客户名称

科杰龙电子商务。

2．客户需求

科杰龙电子商务是一家经营电子商务管理的企业，经营管理范围覆盖多个城市，公司拥有丰富的商业资源，强大的运营管理能力。目前公司要为其网站设计新的图标，要求图标制作简洁精致。

3．设计要求

（1）图标制作要求具有统一的风格和特色。

（2）图标要求运用黑色体现出沉稳前卫的感觉，独具特色。

（3）图案设计简洁直观，并且具有现代感，时尚的外观是图标制作的标准。

（4）图案由文字变换形成，使图标看起来丰富并且具有趣味。

（5）设计规格均为 263 px（宽）× 108 px（高）。

习题 1.2　项目创意及制作

1．设计作品

设计作品效果所在位置：“Ch13/效果/制作科杰龙电子标志.fla”，最终效果如图 13-32 所示。

2．制作要点

使用“文本”工具，输入标志文字；使用“分离”命令，将文字打散；使用“选择”工具和“套索”工具，删除多余的笔画；使用“部分选取”工具，将文字变形；使用“椭圆”工具，绘制圆形；使用“钢笔”和“颜料桶”工具，添加笔画效果。

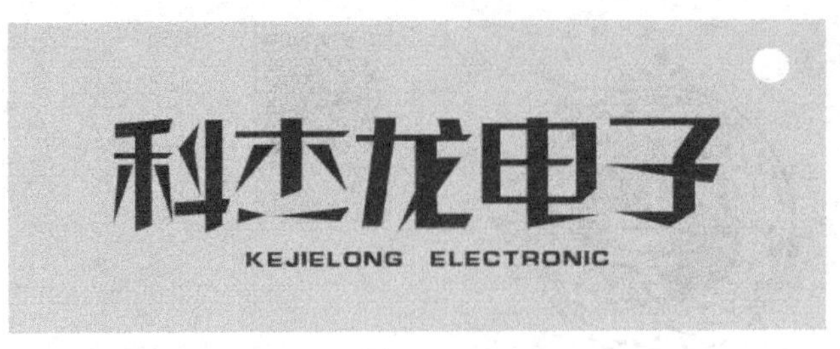

图 13-32

课后习题 2——制作时尚网络标志

习题 2.1 项目背景及要求

1. 客户名称

融创易网。

2. 客户需求

融创易网是中国领先的互联网技术公司，公司为用户提供免费邮箱、游戏、搜索引擎服务，开设新闻、娱乐、体育等 30 多个内容频道，以及博客、视频、论坛等互动交流，备受年轻人的喜爱与追捧。公司目前为了扩大公司的认知度，需要重新制作公司标志，要求标志设计具有时尚感与活力感。

3. 设计要求

（1）标志设计要符合时下年轻人喜爱的风格特色。

（2）使用公司名称作为标志，要求通过文字的变化与设计使标志更加丰富。

（3）标志设计用色大胆前卫，能够使人眼前一亮。

（4）整体设计要求时尚、可爱，符合现代网络特色。

（5）设计规格均为 373 px（宽）× 153 px（高）。

习题 2.2 项目创意及制作

1. 设计作品

设计作品效果所在位置：“Ch13/效果/制作时尚网络标志.fla”，最终效果如图 13-33 所示。

图 13-33

2. 制作要点

使用“选择”工具和“套索”工具，删除多余的笔画；使用“部分选取”工具，将文字变形；使用“椭圆”工具和“钢笔”工具，添加艺术笔画。

13.2 贺卡设计——制作春节贺卡

13.2.1　项目背景及要求

1．客户名称

来英科技有限公司。

2．客户需求

由于春节即将来临，来英科技有限公司要求制作电子贺卡用于与合作伙伴及公司员工联络感情和互致问候。贺卡要求具有温馨的祝福语言，浓郁的民俗色彩，以及传统的东方韵味，能够充分表达本公司的祝福与问候。

3．设计要求

（1）卡片要求运用传统民俗的风格，既传统又具有现代感。

（2）使用具有春节特色的元素装饰画面，丰富画面，使人感受到浓厚的春节气息。

（3）使用红色及黄色等能够烘托节日氛围的色彩，使卡片更加热闹。

（4）设计要求表现出节日的欢庆与热闹的氛围。

（5）设计规格均为 450 px（宽）× 300 px（高）。

13.2.2　项目创意及制作

1．素材资源

图片素材所在位置：“Ch13/素材/制作春节贺卡/01~05”。

文字素材所在位置：“Ch13/素材/制作春节贺卡/文字文档”。

2．设计作品

设计作品效果所在位置：“Ch13/效果/制作春节贺卡.fla”，最终效果如图 13-34 所示。

图 13-34

3．制作要点

使用“文本”工具，输入文字；使用“任意变形”工具，改变图形的大小；使用“转换为元件”

命令，制作图形元件；使用“动作”面板，设置脚本语言。

13.2.3 案例制作及步骤

1. 导入素材并制作鞭炮动画效果

（1）选择“文件 > 新建”命令，弹出“新建文档”对话框，在“常规”选项卡中选择“ActionScript 3.0”选项，将“宽度”选项设置为 450，“高度”选项设置为 300，单击“确定”按钮，完成文档的创建。

（2）选择“文件 > 导入 > 导入到库”命令，在弹出的“导入到库”对话框中选择“Ch13 > 素材 > 制作春节贺卡 > 01 ~ 05”文件，单击“打开”按钮，文件被导入“库”面板中，如图 13-35 所示。

（3）按 Ctrl+F8 组合键，弹出“创建新元件”对话框，在“名称”选项的文本框中输入“春字”，在“类型”选项下拉列表中选择“图形”选项，单击“确定”按钮，新建图形元件“春字”。舞台窗口也随之转换为图形元件的舞台窗口。将“库”面板中的位图“02”拖曳到舞台窗口中，如图 13-36 所示。

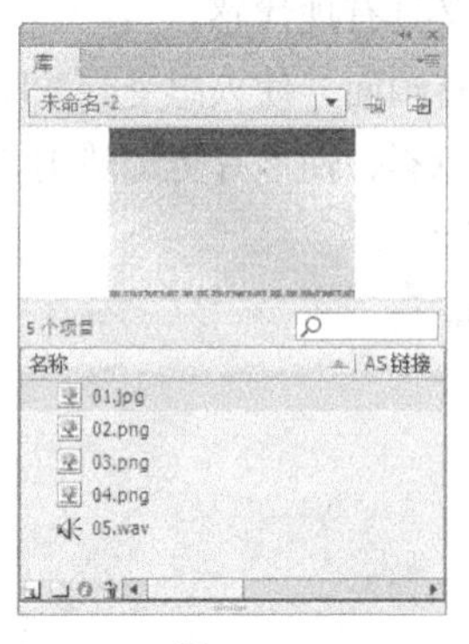

图 13-35

图 13-36

（4）用相同的方法将“库”面板中的位图“03”和“04”，制作成图形元件“鞭炮”和“年字”，如图 13-37 和图 13-38 所示。

（5）在“库”面板中新建一个影片剪辑元件“鞭炮动”，如图 13-39 所示，舞台窗口也随之转换为影片剪辑元件的舞台窗口。

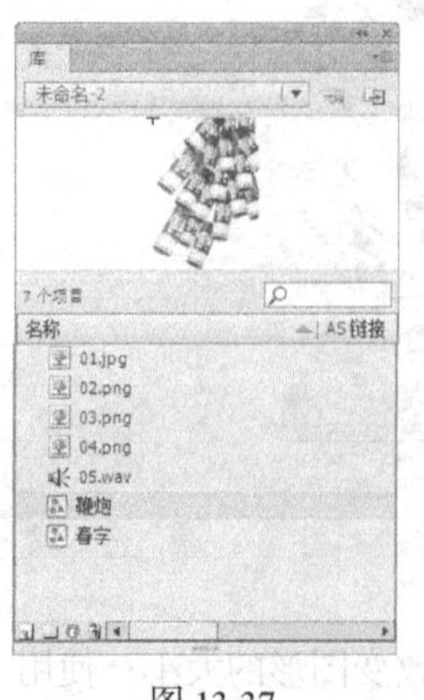

图 13-37

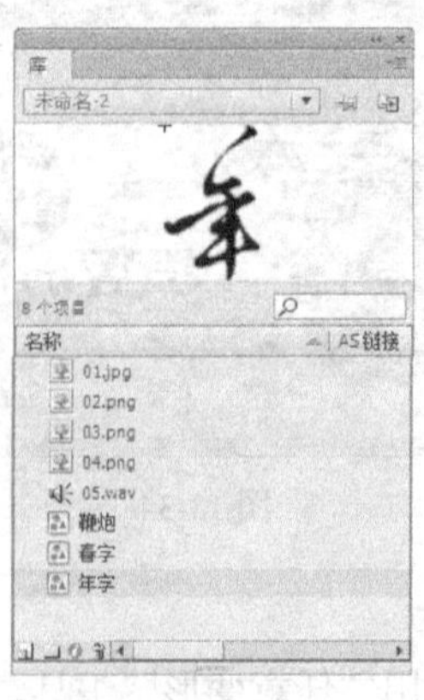

图 13-38

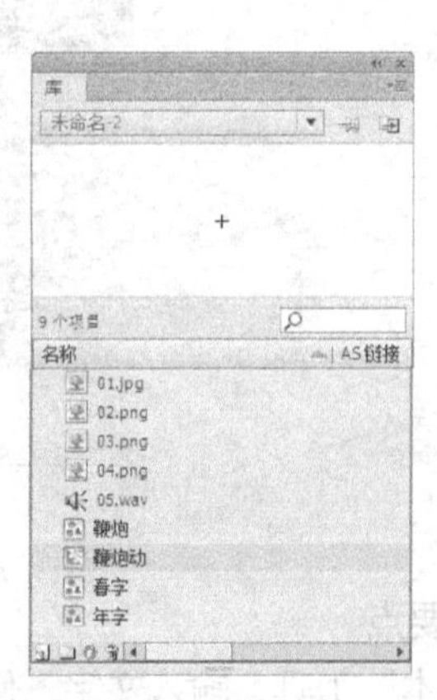

图 13-39

（6）将“库”面板中的图形元件“鞭炮”拖曳到舞台窗口中，如图 13-40 所示。分别选中“图层 1”的第 10 帧、第 19 帧，按 F6 键，插入关键帧。选中“图层 1”的第 10 帧，按 Ctrl+T 组合键，弹出“变形”面板，将“旋转”选项设置为 9.7，如图 13-41 所示，按 Enter 键，图形顺时针旋转 9.7°，效果如图 13-42 所示。

图 13-40

图 13-41

图 13-42

（7）分别用鼠标右键单击“图层 1”的第 1 帧、第 10 帧，在弹出的菜单中选择“创建传统补间”命令，生成传统补间动画。

2．制作文字动画效果

（1）在“库”面板中新建一个影片剪辑元件“贺动”，舞台窗口也随之转换为影片剪辑元件的舞台窗口。选择“文本”工具，在文本工具“属性”面板中进行设置，在舞台窗口中适当的位置输入大小为 60、字体为“方正大标宋简体”的黄色（#FABF00）文字，文字效果如图 13-43 所示。

（2）选择“选择”工具，在舞台窗口中选中文字，按 F8 键，在弹出的“转换为元件”对话框中进行设置，如图 13-44 所示，单击“确定”按钮，文字转换为图形元件。

图 13-43

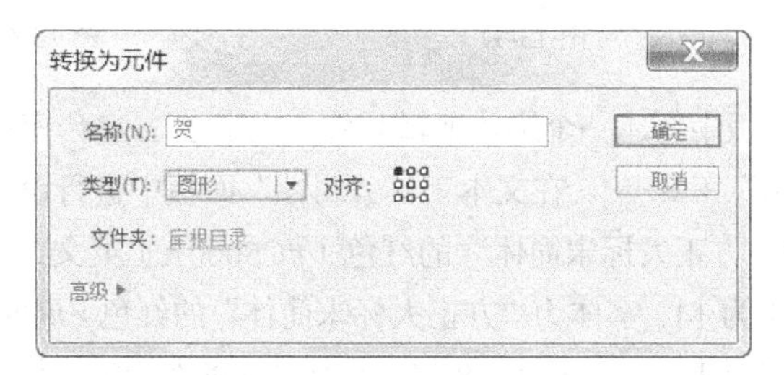

图 13-44

（3）分别选中“图层 1”的第 5 帧、第 10 帧，按 F6 键，插入关键帧。选中“图层 1”的第 5 帧，按 Ctrl+T 组合键，弹出“变形”面板，将“缩放宽度”和“缩放高度”选项均设置为 129%，如图 13-45 所示，按 Enter 键，图形等比例放大，效果如图 13-46 所示。

（4）分别用鼠标右键单击“图层 1”的第 1 帧、第 5 帧，在弹出的菜单中选择“创建传统补间”命令，生成传统补间动画。

图 13-45　　图 13-46

（5）在“库”面板中新建一个影片剪辑元件“文字 1”，舞台窗口也随之转换为影片剪辑元件的舞台窗口。选择“文本”工具 T，在文本工具“属性”面板中进行设置，在舞台窗口中适当的位置输入大小为 18、字体为“方正大标宋简体”的黄色（#FFDD03）文字，文字效果如图 13-47 所示。

（6）选中“图层 1”的第 4 帧，按 F6 键，插入关键帧，选中第 6 帧，按 F5 键，插入普通帧。选中第 4 帧，在“变形”面板中，将“旋转”选项设置为 4.2，如图 13-48 所示，按 Enter 键，图形顺时针旋转 4.2° 。

图 13-47　　图 13-48

（7）在“库”面板中新建一个影片剪辑元件“文字 2”，舞台窗口也随之转换为影片剪辑元件的舞台窗口。选择“文本”工具 T，在文本工具“属性”面板中进行设置，在舞台窗口中适当的位置输入大小为 25、字体为“方正大标宋简体”的红色（#C5000A）英文，文字效果如图 13-49 所示。再次在舞台窗口中输入大小为 14、字体为“方正大标宋简体”的红色（#C5000A）英文，文字效果如图 13-50 所示。再次在舞台窗口中输入大小为 18、字体为“方正大标宋简体”的红色（#C5000A）英文，文字效果如图 13-51 所示。

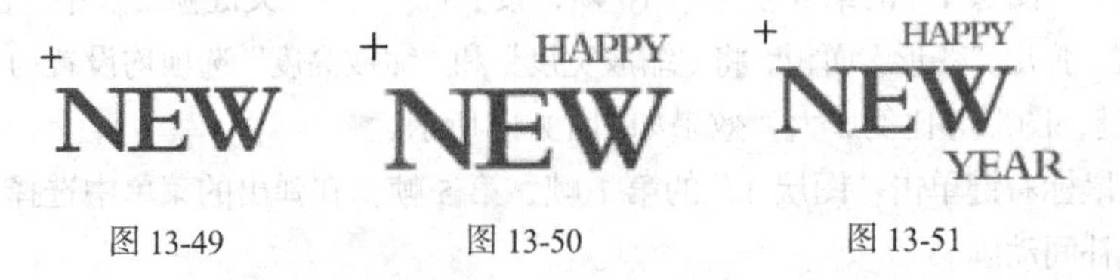

图 13-49　　图 13-50　　图 13-51

（8）在文本工具“属性”面板中进行设置，在舞台窗口中适当的位置输入大小为 20、字体为“方正大标宋简体”的黑色文字，文字效果如图 13-52 所示。再次在舞台窗口中输入大小为 14、字体为“方正大标宋简体”的黑色文字，文字效果如图 13-53 所示。将“库”面板中的图形元件“年字”拖曳到舞台窗口中并放置在适当的位置，如图 13-54 所示。

图 13-52

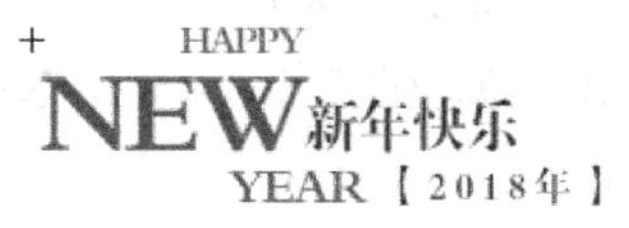

图 13-53

图 13-54

（9）选择“选择”工具，在舞台窗口中选中英文“NEW”，如图 13-55 所示，按 F8 键，在弹出的“转换为元件”对话框中进行设置，如图 13-56 所示，单击“确定”按钮，文字转换为图形元件。

图 13-55

图 13-56

（10）用相同的方法分别将舞台窗口中的英文“HAPPY”“YEAR”及中文“新年快乐”和“[2018年]”，转换为图形元件，如图 13-57 和图 13-58 所示。

（11）在舞台窗口中框选所有实例，如图 13-59 所示。按 Ctrl+Shift+D 组合键，将选中的实例分散到独立层，“时间轴”面板如图 13-60 所示。

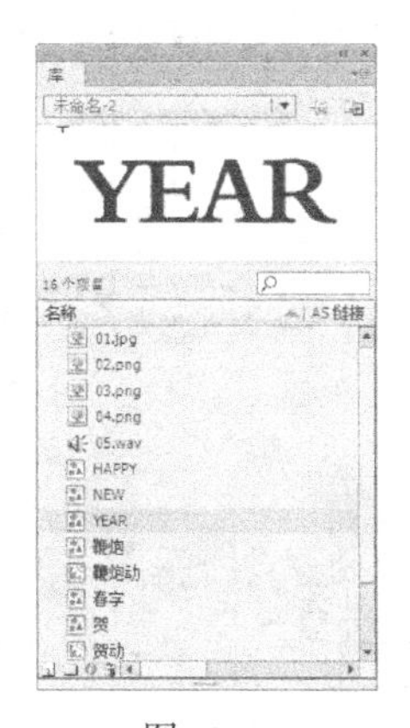

图 13-57

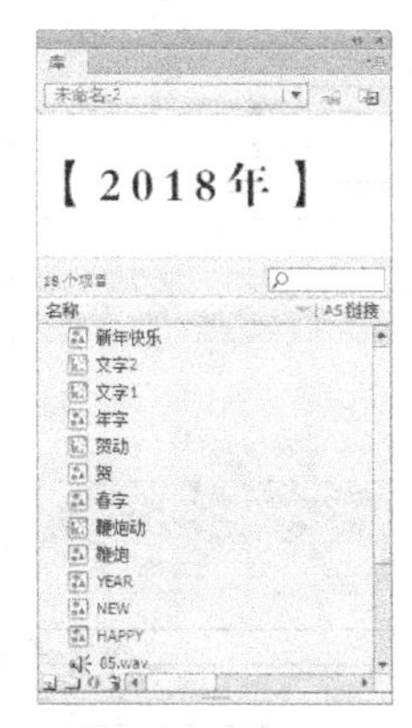

图 13-58

图 13-59

图 13-60

（12）分别选中“NEW”“HAPPY”“新年快乐”“YEAR”“[2018]”“年字”图层的第 15 帧，按 F6 键，插入关键帧，如图 13-61 所示。将播放头拖曳到第 1 帧的位置，在舞台窗口框选中实例并水平向右拖曳到适当的位置，如图 13-62 所示。在图形“属性”面板中选择“色彩效果”选项组，在“样式”选项的下拉列表中选择“Alpha”，将其值设置为 0%。

（13）分别用鼠标右键单击图层的第 1 帧，在弹出的菜单中选择“创建传统补间”命令，生成传统补间动画，如图 13-63 所示。

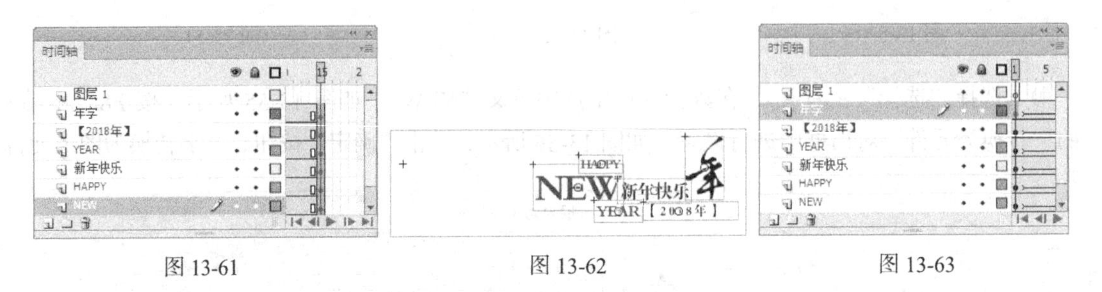

图 13-61　　图 13-62　　图 13-63

（14）单击“HAPPY”图层的图层名称，选中该层中的所有帧，将所有帧向后拖曳至与“NEW”图层隔 5 帧的位置，如图 13-64 所示。用同样的方法依次对其他图层进行操作，如图 13-65 所示。分别选中“[2018]”“YEAR”“新年快乐”“HAPPY”“NEW”图层的第 39 帧，按 F5 键，在选中的帧上插入普通帧，如图 13-66 所示。

（15）在“时间轴”面板中将“图层 1”重命名为“动作脚本”。选中“动作脚本”图层的第 39 帧，按 F6 键，插入关键帧。按 F9 键，弹出“动作”面板，在“脚本窗口”中设置脚本语言，如图 13-67 所示。设置好动作脚本后，关闭“动作”面板。在“动作脚本”图层的第 39 帧上显示出一个标记“a”。

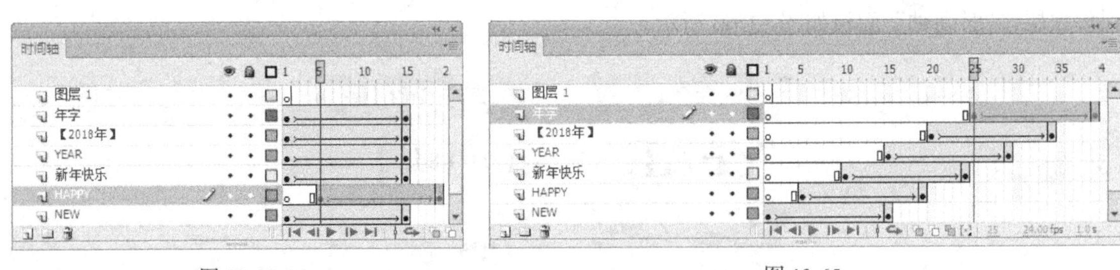

图 13-64　　图 13-65

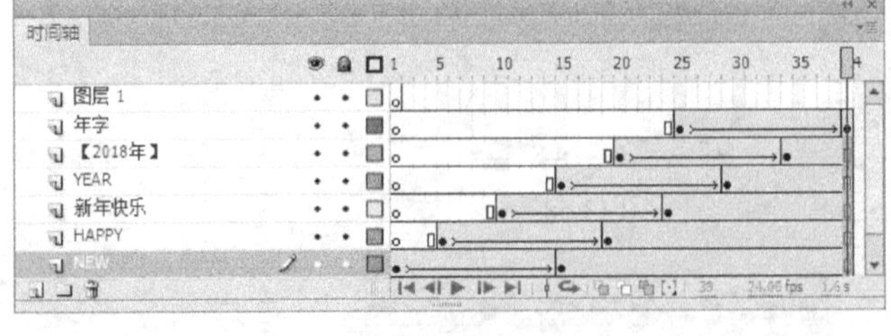

图 13-66

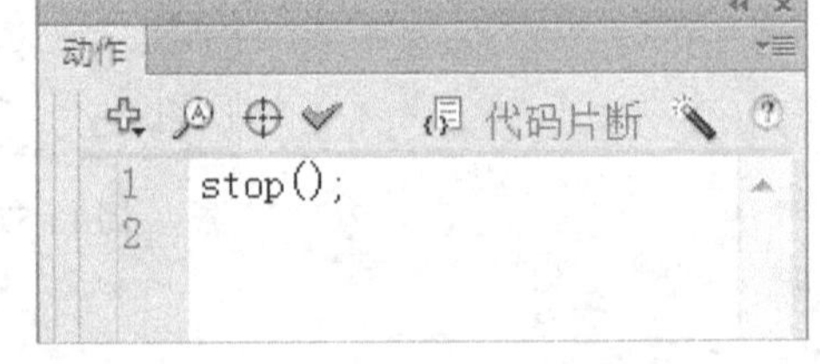

图 13-67

3．制作背景动画效果

（1）单击舞台窗口左上方的“场景 1”图标 场景 1，进入“场景 1”的舞台窗口。将“图层 1”重命名为“背景”。将“库”面板中的位图“01”拖曳到舞台窗口中，并放置在与舞台中心重叠的位置，如图 13-68 所示。选中“背景”图层的第 100 帧，按 F5 键，插入

普通帧。

（2）在“时间轴”面板中创建新图层并将其命名为“春”。将“库”面板中的图形元件“春字”拖曳到舞台窗口中并放置在适当的位置，如图 13-69 所示。分别选中“春”图层的第 20 帧、第 40 帧，按 F6 键，插入关键帧。

图 13-68

图 13-69

（3）选中“春”图层的第 1 帧，在舞台窗口中将“春字”实例水平向右拖曳到适当的位置，如图 13-70 所示。分别用鼠标右键单击“春”图层的第 1 帧、第 20 帧，在弹出的菜单中选择“创建传统补间”命令，生成传统补间动画。

（4）选中第 20 帧，在帧“属性”面板中，选择“补间”选项组，在“旋转”选项中选择“顺时针”，其他选项的设置如图 13-71 所示。在“时间轴”面板中创建新图层并将其命名为“文字 1”。选中“文字 1”图层的第 20 帧，按 F6 键，插入关键帧，将“库”面板中的影片剪辑元件“文字 1”拖曳到舞台窗口中并放置在适当的位置，如图 13-72 所示。

（5）选中“文字 1”图层的第 40 帧，按 F6 键，插入关键帧。选中“文字 1”图层的第 20 帧，在舞台窗口中将“文字 1”实例水平向右拖曳到适当的位置，如图 13-73 所示。用鼠标右键单击“文字 1”图层的第 20 帧，在弹出的菜单中选择“创建传统补间”命令，生成传统补间动画。

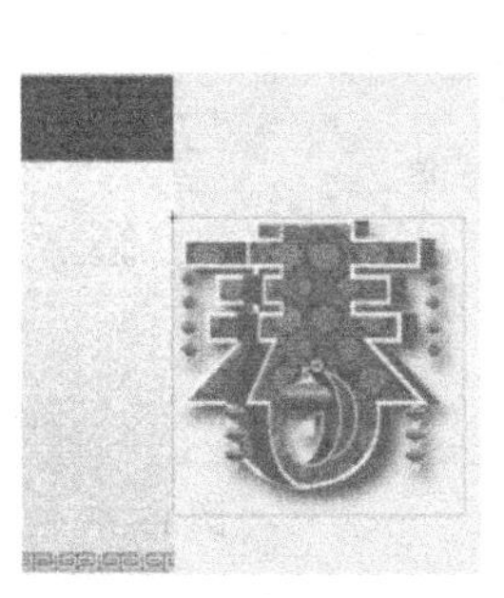
图 13-70

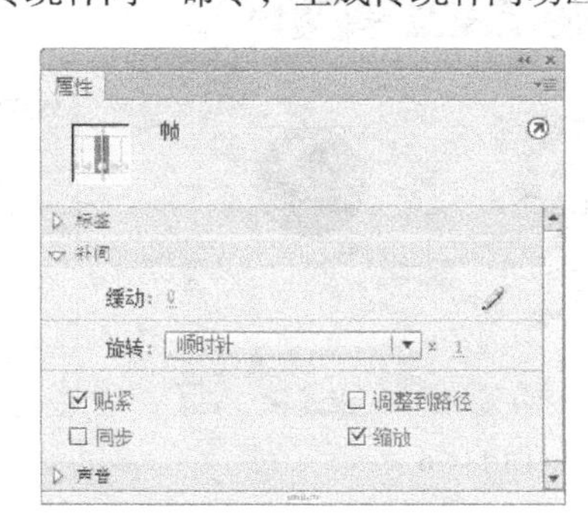

图 13-71

图 13-72

图 13-73

（6）在“时间轴”面板中创建新图层并将其命名为“鞭炮”。选中“鞭炮”图层的第 40 帧，按 F6 键，插入关键帧。将“库”面板中的影片剪辑元件“鞭炮动”拖曳到舞台窗口中并放置在适当的位置，如图 13-74 所示。

（7）在“时间轴”面板中创建新图层并将其命名为“文字 2”。选中“文字 2”图层的第 40 帧，按 F6 键，插入关键帧。将“库”面板中的影片剪辑元件“文字 2”拖曳到舞台窗口中并放置在适当的位置，如图 13-75 所示。

图 13-74

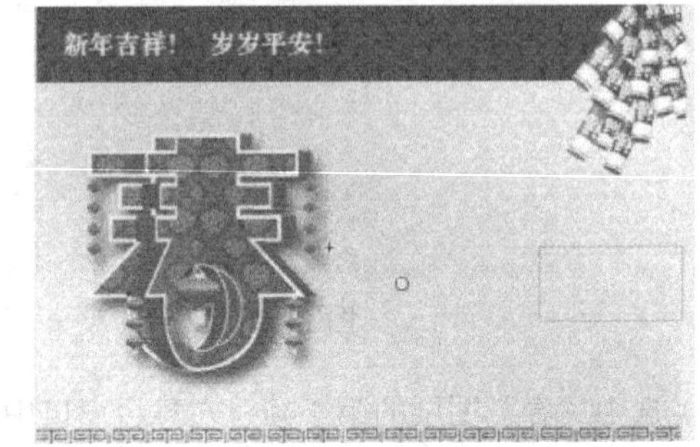

图 13-75

（8）在“时间轴”面板中创建新图层并将其命名为“圆”。选中“圆”图层的第 80 帧，按 F6 键，插入关键帧。选择“椭圆”工具，在工具箱的下方选择“对象绘制”按钮。在工具箱中将“笔触颜色”设置为无，“填充颜色”设置为红色（#C8000B），按住 Shift 键，在舞台窗口中拖曳光标，绘制一个圆形，效果如图 13-76 所示。

（9）选中“圆”图层，按 F8 键，在弹出的“转换为元件”对话框中进行设置，如图 13-77 所示，单击“确定”按钮，将圆形转换为图形元件。

图 13-76

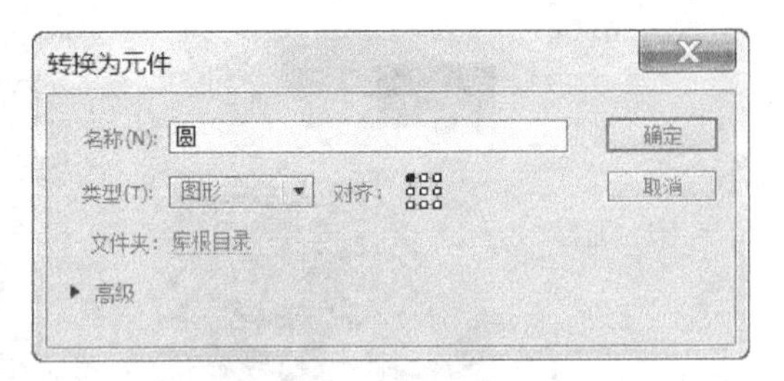

图 13-77

（10）分别选中“圆”图层的第 90 帧、第 95 帧、第 100 帧，按 F6 键，插入关键帧。选中“圆”图层的第 80 帧，在舞台窗口中将“圆”实例水平向右拖曳到适当的位置，如图 13-78 所示。

（11）选中“圆”图层的第 95 帧，按 Ctrl+T 组合键，弹出“变形”面板，将“缩放宽度”和“缩放高度”选项均设置为 120%，如图 13-79 所示，按 Enter 键，图形等比例放大，效果如图 13-80 所示。

（12）分别用鼠标右键单击“圆”图层的第 80 帧、第 90 帧、第 95 帧，在弹出的菜单中选择“创建传统补间”命令，生成传统补间动画。

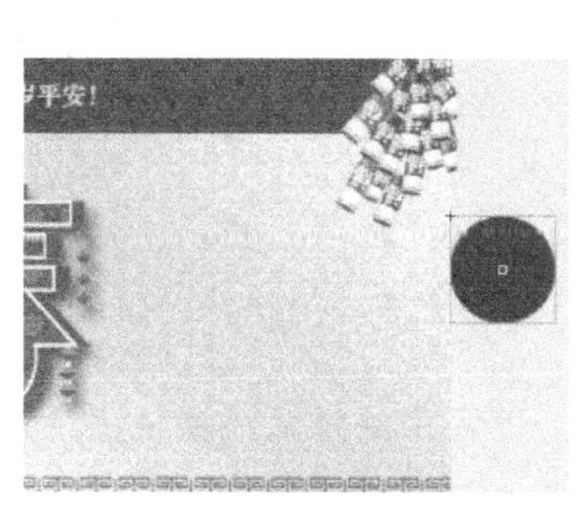

图 13-78

图 13-79

图 13-80

（13）在“时间轴”面板中创建新图层并将其命名为“贺”。选中“贺”图层的第 100 帧，按 F6 键，插入关键帧，将“库”面板中的影片剪辑元件“贺动”拖曳到舞台窗口中并放置在适当的位置，如图 13-81 所示。

（14）在“时间轴”面板中创建新图层并将其命名为“音乐”。将“库”面板中声音文件“05”拖曳到舞台中。在“时间轴”面板中创建新图层并将其命名为“动作脚本”。选中“动作脚本”图层的第 100 帧，按 F6 键，插入关键帧，如图 13-82 所示。

图 13-81

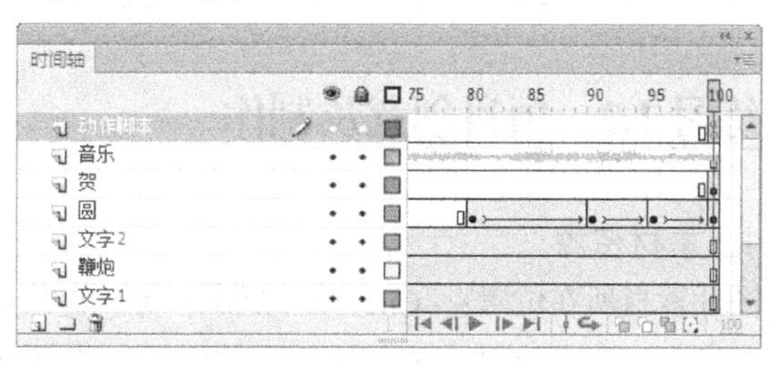

图 13-82

（15）按 F9 键，弹出“动作”面板，在“脚本窗口”中设置脚本语言，如图 13-83 所示。设置好动作脚本后，关闭“动作”面板。在“动作脚本”图层的第 100 帧上显示出一个标记“a”。春节贺卡效果制作完成，按“Ctrl+Enter”组合键即可查看效果，如图 13-84 所示。

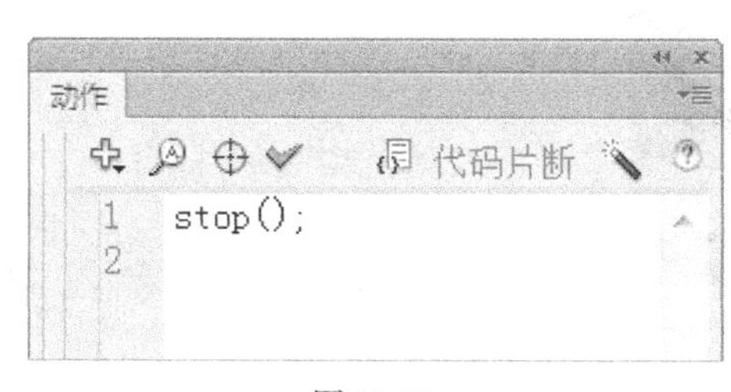

图 13-83

图 13-84

课堂练习 1——制作端午节贺卡

练习 1.1　项目背景及要求

1. 客户名称

创维有限公司。

2. 客户需求

创维有限公司因端午节即将来临，需要制作电子贺卡，以便与合作伙伴以及公司员工联络感情和互致问候。贺卡要求具有温馨的祝福语言、浓郁的民俗色彩，以及传统的节日特色，能够充分表达本公司的祝福与问候。

3. 设计要求

（1）贺卡要求运用传统民俗的风格，既传统又具有现代感。

（2）使用具有端午节特色的元素装饰画面，使人感受到浓厚的端午节气息。

（3）使用绿色烘托节日氛围，使卡片更加具有端午节特色。

（4）设计规格均为 520 px（宽）× 400 px（高）。

练习 1.2　项目创意及制作

1. 素材资源

图片素材所在位置："Ch13/素材/制作端午节贺卡/01~13"。

文字素材所在位置："Ch13/素材/制作端午节贺卡/文字文档"。

2. 设计作品

设计作品效果所在位置："Ch13/效果/制作端午节贺卡.fla"，最终效果如图 13-85 所示。

图 13-85

3. 制作要点

使用"铅笔"工具和"颜料桶"工具，绘制小船倒影效果；使用"任意变形"工具，调整图形的大小；使用"文本"工具，添加文字效果；使用"创建传统补间"命令，制作传统补间动画；使用"动作"面板，添加动作脚本。

课堂练习 2——制作生日贺卡

练习 2.1 项目背景及要求

1. 客户名称

卡诺蛋糕。

2. 客户需求

卡诺蛋糕是一家专做各类用于节日庆贺蛋糕的专卖店。本案例是为一位订制生日蛋糕的客户设计生日贺卡表达祝福，贺卡设计要求温馨可爱，并且紧紧围绕生日主题。

3. 设计要求

（1）卡片设计使用具有生日特色的元素作为主体。

（2）色彩鲜艳明亮，让人感受到热闹、欢乐的氛围。

（3）使用文字点名主题，搭配合理，富有趣味。

（4）设计规格均为 600 px（宽）× 600 px（高）。

练习 2.2 项目设计及制作

1. 素材资源

图片素材所在位置：“Ch13/素材/制作生日贺卡/01~11”。

2. 设计作品

设计作品效果所在位置：“Ch13/效果/制作生日贺卡.fla”，最终效果如图 13-86 所示。

图 13-86

3. 制作要点

使用“导入”命令，导入素材文件；使用“创建元件”命令，将导入的素材文件制作成图形元件；使用“影片剪辑”命令，制作烛火动画；使用“创建传统补间”命令，制作传统补间动画；使用“动作脚本”命令，添加动作脚本。

课后习题 1——制作元宵节贺卡

习题 1.1 项目背景及要求

1. 客户名称

尚佳科技有限公司。

2. 客户需求

尚佳科技有限公司在元宵节来临之际，为与合作伙伴以及公司员工联络感情和互致问候，现需要制作电子贺卡封面效果；整体要具有温馨和传统的节日特色，能够充分表达本公司的友善祝福与问候。

3. 设计要求

（1）贺卡要求运用插画的形式进行设计。

（2）使用具有元宵节特色的元素装饰画面，使人感受到浓厚的元宵节气息。

（3）整体色调使用暖色调烘托节日氛围，使卡片更加具有元宵节特色。

（4）要求表现出节日的欢庆与热闹的氛围。

（5）设计规格均为 2598 px（宽）× 1240 px（高）。

习题 1.2 项目创意及制作

1. 素材资源

图片素材所在位置：“Ch13/素材/制作元宵节贺卡/01~15”。

2. 设计作品

设计作品效果所在位置：“Ch13/效果/制作元宵节贺卡.fla”，最终效果如图 13-87 所示。

图 13-87

3. 制作要点

使用“导入”命令，导入素材制作元件；使用“属性”面板，调整图形的不透明度及动画的旋转；使用“创建传统补间”命令，制作补间动画效果。

课后习题 2——制作母亲节贺卡

习题 2.1　项目背景及要求

1. 客户名称

喜旺幼儿园。

2. 客户需求

喜旺幼儿园是一家优质的双语幼儿园，在母亲节来临之际，幼儿园为表达对家长的节日问候，需要制作一个母亲节贺卡。贺卡设计要求传统、美观，能够表现出幼儿园的心意与祝福。

3. 设计要求

（1）卡片设计要具有成熟女人的特色。

（2）使用粉色作为背景，使用花朵作为搭配，烘托出温馨的节日氛围。

（3）文字设计在画面中能够起到点明主旨的作用。

（4）整体风格要求甜蜜、温馨，让人感受到幸福的感觉。

（5）设计规格均为 600 px（宽）× 500 px（高）。

习题 2.2　项目创意及制作

1. 素材资源

图片素材所在位置："Ch13/素材/制作母亲节贺卡/01~07"。

2. 设计作品

设计作品效果所在位置："Ch13/效果/制作母亲节贺卡.fla"，最终效果如图 13-88 所示。

图 13-88

3. 制作要点

使用"创建传统补间"命令，制作椭圆动画效果；使用"文本"工具，添加祝福语，使用"喷涂刷"工具，绘制装饰圆点。

13.3 电子相册——制作金秋风景相册

13.3.1 项目背景及要求

1. 客户名称

罗曼摄影工作室。

2. 客户需求

罗曼摄影是一家专业的摄影工作室，业务包括个人写真、婚纱照、宣传片等，主题风格多样，套餐丰富，且外景拍摄地点较多。秋天是丰收的季节，金黄的麦田，标志着绚丽与成熟，特此推出金秋风景相册定制活动。相册模板要突出金秋时节的特点，并展现出摄影的水平。

3. 设计要求

（1）相册模版要求使用实景照片进行排版制作，画面要唯美动人。

（2）模板要求简洁大气，没有较多装饰图案。

（3）色彩要求使用暖色调，符合金秋时节感觉。

（4）模版要求放置四幅照片，主次分明，视觉流程明确。

（5）设计规格均为 800 px（宽）× 406 px（高）。

13.3.2 项目创意及制作

1. 素材资源

图片素材所在位置："Ch13/素材/制作金秋风景相册/01~07"。

2. 设计作品

设计作品效果所在位置："Ch13/效果/制作金秋风景相册.fla"，最终效果如图 13-89 所示。

图 13-89

3. 制作要点

使用"导入"图片，制作按钮元件；使用"创建传统补间"命令，制作传统补间动画；使用"动作"面板，添加动作脚本。

13.3.3 案例制作及步骤

1. 导入图片并制作小照片按钮

（1）选择“文件 > 新建”命令，弹出“新建文档”对话框，在“常规”选项卡中选择“ActionScript 2.0”选项，将“宽度”选项设为 800，“高度”选项设为 406，单击“确定”按钮，完成文档的创建。将“图层 1”重新命名为“底图”。

（2）选择“文件 > 导入 > 导入到舞台”命令，在弹出的“导入”对话框中选择“Ch13 > 素材 > 制作金秋风景相册 > 01”文件，单击“打开”按钮，文件被导入到舞台窗口中，效果如图 13-90 所示。选中“底图”图层的第 148 帧，按 F5 键，插入普通帧。

（3）按 Ctrl+L 组合键，弹出“库”面板，在“库”面板下方单击“新建元件”按钮，弹出“创建新元件”对话框，在“名称”选项的文本框中输入“小照片 1”，在“类型”选项的下拉列表中选择“按钮”选项，单击“确定”按钮，新建按钮元件“小照片 1”，如图 13-91 所示，舞台窗口也随之转换为按钮元件的舞台窗口。

图 13-90

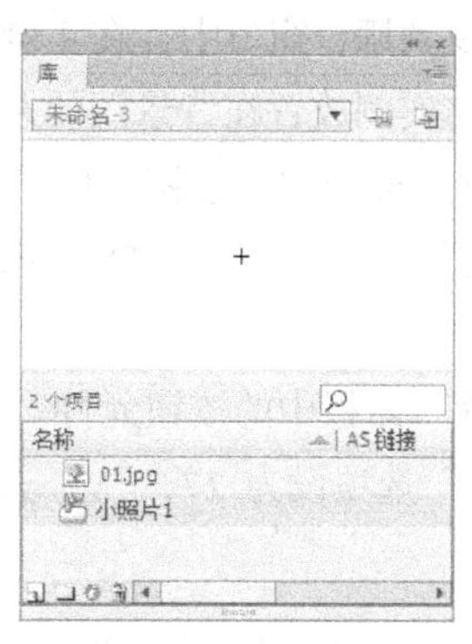

图 13-91

（4）选择“文件 > 导入 > 导入到舞台”命令，在弹出的“导入”对话框中选择“Ch13 > 素材 > 制作金秋风景相册 > 05”文件，单击“打开”按钮，弹出“Adobe Flash CS6”提示对话框，询问是否导入序列中的所有图像，单击“否”按钮，文件被导入到舞台窗口中，效果如图 13-92 所示。

（5）新建按钮元件“小照片 2”，如图 13-93 所示。舞台窗口也随之转换为按钮元件“小照片 2”的舞台窗口。

图 13-92

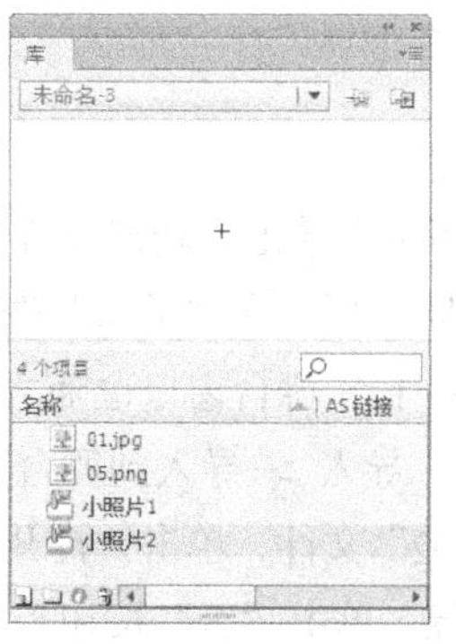

图 13-93

（6）用“步骤 4”中的方法将“Ch13 > 素材 > 制作金秋风景相册 > 06”文件导入舞台窗口中，效果如图 13-94 所示。新建按钮元件“小照片 3”，舞台窗口也随之转换为按钮元件“小照片 3”的舞台窗口。将 “Ch13 > 素材 > 制作金秋风景相册 > 07”文件导入舞台窗口中，效果如图 13-95 所示。

图 13-94

图 13-95

2. 在场景中确定小照片的位置

（1）单击舞台窗口左上方的“场景 1”图标，进入“场景 1”的舞台窗口。单击“时间轴”面板下方的“新建图层”按钮，创建新图层并将其命名为“小照片”。将“库”面板中的按钮元件“小照片 1”拖曳到舞台窗口中，在实例“小照片 1”的“属性”面板中，将“X”选项设为 27，“Y”选项设为 37，将实例放置在背景图的左上方，效果如图 13-96 所示。

（2）将“库”面板中的按钮元件“小照片 2”拖曳到舞台窗口中，在实例“小照片 2”的“属性”面板中，将“X”选项设为 27，“Y”选项设为 150，将实例放置在背景图的左侧中心位置，效果如图 13-97 所示。

（3）将“库”面板中的按钮元件“小照片 3”拖曳到舞台窗口中，在实例“小照片 3”的“属性”面板中，将“X”选项设为 27，“Y”选项设为 264，将实例放置在背景图的左下方，效果如图 13-98 所示。

图 13-96

图 13-97

图 13-98

3. 制作大照片按钮

（1）在“库”面板下方单击“新建元件”按钮，弹出“创建新元件”对话框，在“名称”选项的文本框中输入“大照片 1”，在“类型”选项的下拉列表中选择“按钮”选项，单击“确定”按钮，新建按钮元件“大照片 1”，舞台窗口也随之转换为按钮元件的舞台窗口。

（2）选择“文件 > 导入 > 导入到舞台”命令，在弹出的“导入”对话框中选择“Ch13 > 素材 > 制作金秋风景相册 > 02”文件，单击“打开”按钮，弹出“Adobe Flash CS6”提示对话框，询问是否导入序列中的所有图像，单击“否”按钮，文件被导入舞台窗口中，效果如图 13-99 所示。

（3）新建按钮元件“大照片 2”，舞台窗口也随之转换为按钮元件“大照片 2”的舞台窗口。用相同的方法将“Ch13 > 素材 > 制作金秋风景相册 > 03”文件导入舞台窗口中，效果如图 13-100 所示。新建按钮元件“大照片 3”，舞台窗口也随之转换为按钮元件“大照片 3”的舞台窗口。将“Ch13 > 素材 > 制作金秋风景相册 > 04”文件导入舞台窗口中，效果如图 13-101 所示。

图 13-99

图 13-100

图 13-101

4．在场景中确定大照片的位置

（1）单击舞台窗口左上方的“场景 1”图标，进入“场景 1”的舞台窗口。在“时间轴”面板中创建新图层并将其命名为“大照片 1”。选中“大照片 1”图层的第 2 帧，按 F6 键，插入关键帧，如图 13-102 所示。将“库”面板中的按钮元件“大照片 1”拖曳到舞台窗口中，在实例“大照片 1”的“属性”面板中，将“X”选项设为 203，“Y”选项设为 37，将实例放置在背景图的右侧，如图 13-103 所示。

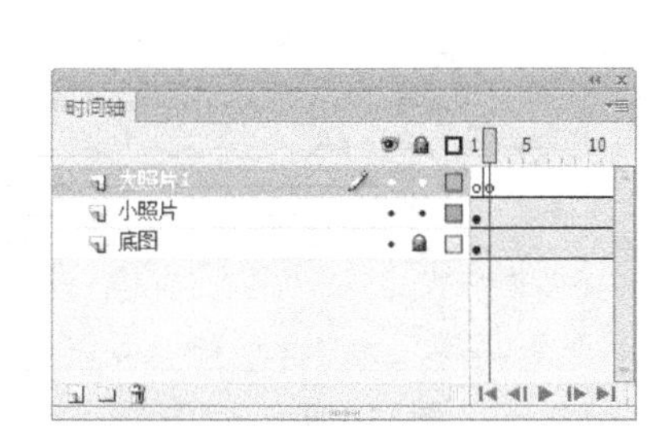

图 13-102

图 13-103

（2）分别选中“大照片 1”图层的第 25 帧、第 26 帧和第 50 帧，按 F6 键，插入关键帧，如图 13-104 所示。选中“大照片 1”图层的第 51 帧，按 F7 键，插入空白关键帧，如图 13-105 所示。

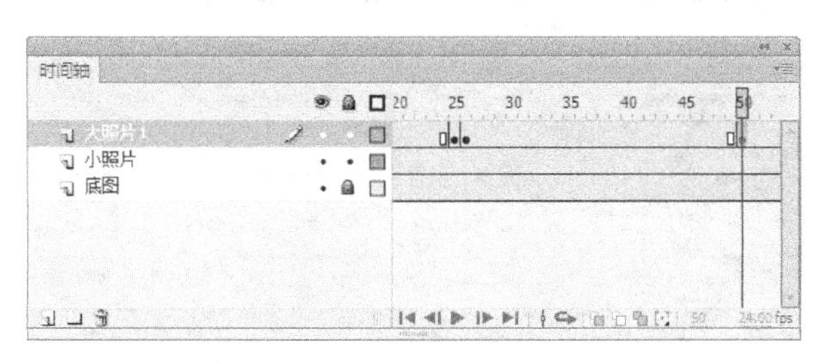

图 13-104

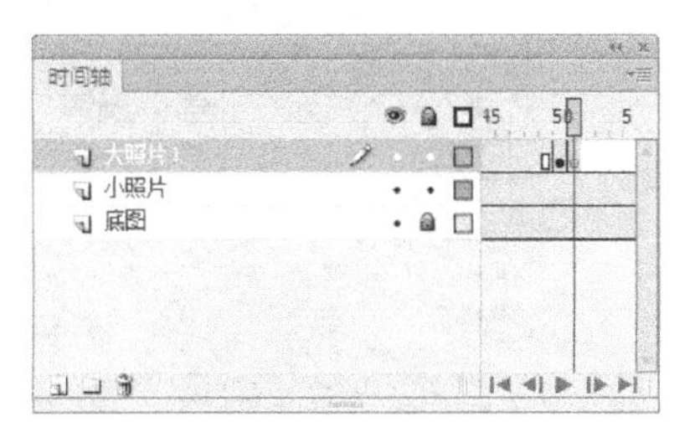

图 13-105

（3）选中“大照片 1”图层的第 2 帧，在舞台窗口中选中“大照片 1”实例，在图形“属性”面板中选择“色彩效果”选项组，在“样式”选项的下拉列表中选择“Alpha”，将其值设为 0%，如图 13-106 所示，效果如图 13-107 所示。用相同的方法设置“大照片 1”图层的第 50 帧。

图 13-106

图 13-107

（4）分别用鼠标右键单击“大照片 1”图层的第 2 帧和第 26 帧，在弹出的快捷菜单中选择“创建传统补间”命令，生成传统补间动画。

（5）在“时间轴”面板中创建新图层并将其命名为“大照片 2”。选中“大照片 2”图层的第 51 帧，按 F6 键，插入关键帧。将“库”面板中的按钮元件“大照片 2”拖曳到舞台窗口中，在实例“大照片 2”的“属性”面板中，将“X”选项设为 203，“Y”选项设为 37，将实例放置在背景图的右侧，如图 13-108 所示。

（6）分别选中“大照片 2”图层的第 74 帧、第 75 帧和第 99 帧，按 F6 键，插入关键帧。选中“大照片 2”图层的第 100 帧，按 F7 键，插入空白关键帧，如图 13-109 所示。

图 13-108

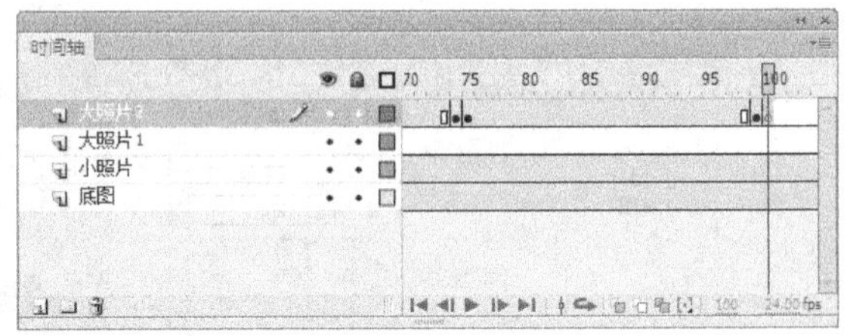

图 13-109

（7）选中“大照片 2”图层的第 51 帧，在舞台窗口中选中“大照片 2”实例，在图形“属性”面板中选择“色彩效果”选项组，在“样式”选项的下拉列表中选择“Alpha”，将其值设为 0%，如图 13-110 所示，效果如图 13-111 所示。用相同的方法设置“大照片 2”图层的第 99 帧。

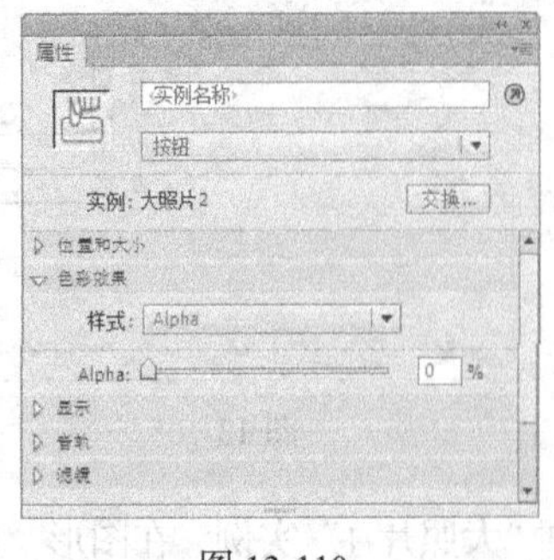

图 13-110

图 13-111

（8）分别用鼠标右键单击“大照片 2”图层的第 51 帧和第 75 帧，在弹出的快捷菜单中选择“创建传统补间”命令，生成传统补间动画。

（9）在“时间轴”面板中创建新图层并将其命名为“大照片 3”。选中“大照片 3”图层的第 100 帧，按 F6 键，插入关键帧。将“库”面板中的按钮元件“大照片 3”拖曳到舞台窗口中，在实例“大照片 3”的“属性”面板中，将“X”选项设为 203，“Y”选项设为 37，将实例放置在背景图的右侧，如图 13-112 所示。

（10）分别选中“大照片 3”图层的第 123 帧、第 124 帧和第 148 帧，按 F6 键，插入关键帧，如图 13-113 所示。

图 13-112

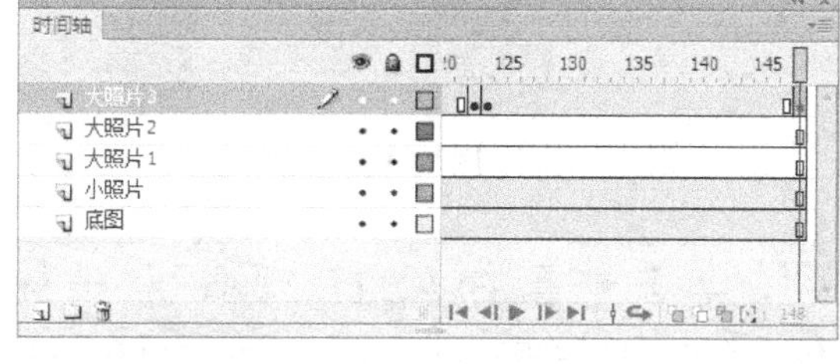

图 13-113

（11）选中“大照片 3”图层的第 100 帧，在舞台窗口中选中“大照片 3”实例，在图形“属性”面板中选择“色彩效果”选项组，在“样式”选项的下拉列表中选择“Alpha”，将其值设为 0%，如图 13-114 所示，效果如图 13-115 所示。用相同的方法设置“大照片 3”图层的第 148 帧。

图 13-114

图 13-115

（12）分别用鼠标右键单击“大照片 3”图层的第 100 帧和第 124 帧，在弹出的快捷菜单中选择“创建传统补间”命令，生成传统补间动画。

5．添加动作脚本

（1）选中“小照片”图层，在舞台窗口中选中“小照片 1”实例，如图 13-116 所示，选择“窗口 > 动作”命令，或按 F9 键，弹出“动作”面板。在面板中单击“将新项目添加到脚本中”按钮，在弹出的菜单中选择“全局函数 > 影片剪辑控制 > on”命令，在“脚本窗口”中显示出选择的脚本语言，在下拉列表中选择“release”命令，如图 13-117 所示。

（2）脚本语言如图 13-118 所示。将鼠标光标放置在第 1 行脚本语言的最后，按 Enter 键，光标显示到第 2 行，如图 13-119 所示。

（3）单击“将新项目添加到脚本中”按钮，在弹出的菜单中选择“全局函数 > 时间轴控制 > gotoAndPlay”命令，在“脚本窗口”中显示出选择的脚本语言，在第 2 行脚本语言“gotoAndPlay ( )”

后面的括号中输入数字 2，如图 13-120 所示。（脚本语言表示：当用鼠标单击“小照片 1”实例时，跳转到第 2 帧并开始播放第 2 帧中的动画。）

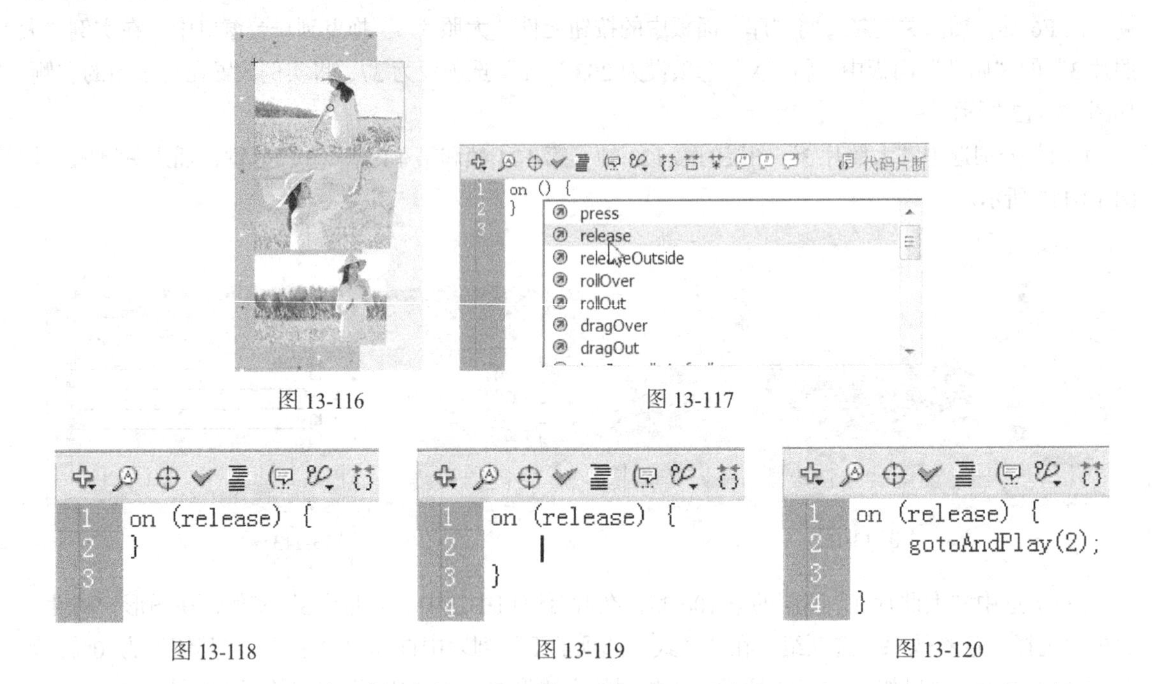

图 13-116　　图 13-117

图 13-118　　图 13-119　　图 13-120

（4）选中“小照片”图层，在舞台窗口中选中“小照片 2”实例，按照“步骤 1 ~ 步骤 3”中的方法，在“小照片 2”实例上添加动作脚本，并在脚本语言“gotoAndPlay ( )”后面的括号中输入数字 51，如图 13-121 所示。

（5）选中“小照片”图层，在舞台窗口中选中“小照片 3”实例，按照“步骤 1 ~ 步骤 3”中的方法，在“小照片 3”实例上添加动作脚本，并在脚本语言“gotoAndPlay ( )”后面的括号中输入数字 100，如图 13-122 所示。

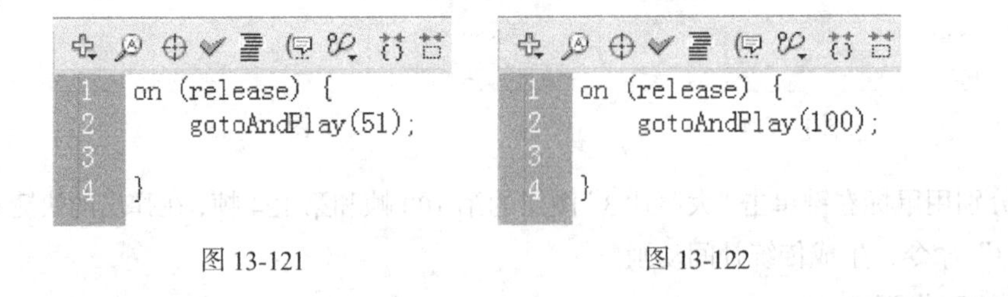

图 13-121　　图 13-122

（6）选中“大照片 1”图层的第 25 帧，在舞台窗口中“大照片 1”实例，按照“步骤 1 ~ 步骤 3”中的方法，在“大照片 1”实例上添加动作脚本，并在脚本语言“gotoAndPlay ( )”后面的括号中输入数字 26，如图 13-123 所示。

（7）选中“大照片 2”图层的第 74 帧，在舞台窗口中“大照片 2”实例，按照“步骤 1 ~ 步骤 3”中的方法，在“大照片 2”实例上添加动作脚本，并在脚本语言“gotoAndPlay ( )”后面的括号中输入数字 75，如图 13-124 所示。

（8）选中“大照片 3”图层的第 123 帧，在舞台窗口中“大照片 3”实例，按照“步骤 1 ~ 步骤 3”中的方法，在“大照片 3”实例上添加动作脚本，并在脚本语言“gotoAndPlay ( )”后面的括号中输入数字 124，如图 13-125 所示。

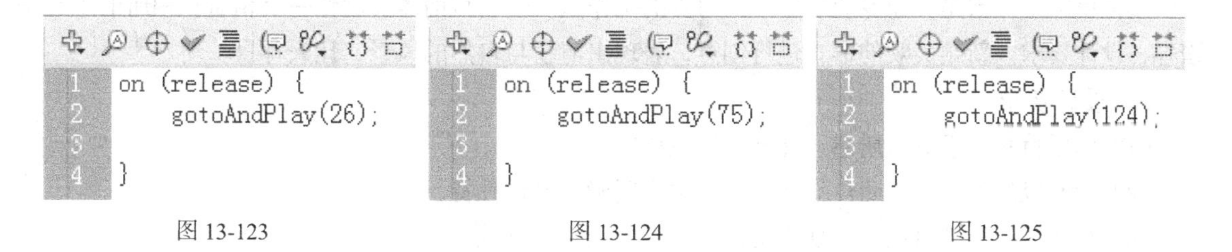

图 13-123　　图 13-124　　图 13-125

（9）在“时间轴”面板中创建新图层并将其命名为“动作脚本”，如图 13-126 所示。选中“动作脚本”图层的第 1 帧，在“动作”面板中单击“将新项目添加到脚本中”按钮，在弹出的菜单中选择“全局函数 > 时间轴控制 > Stop”命令。在“脚本窗口”中显示出选择的脚本语言，如图 13-127 所示。设置好动作脚本后，在图层“动作脚本”的第 1 帧上显示出一个标记“a”。

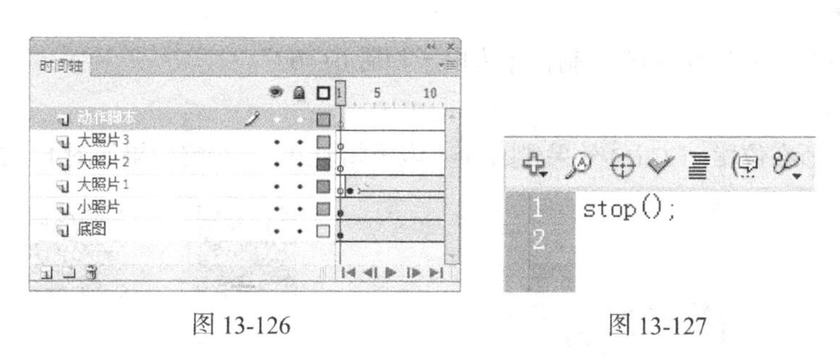

图 13-126　　图 13-127

（10）用鼠标右键单击“动作脚本”图层的第 1 帧，在弹出的快捷菜单中选择“复制帧”命令。分别用鼠标右键单击“动作脚本”图层的第 25 帧、第 50 帧、第 74 帧、第 99 帧、第 123 帧和第 148 帧，在弹出的快捷菜单中选择“粘贴帧”命令，效果如图 13-128 所示。金秋风景相册效果制作完成，按 Ctrl+Enter 组合键即可查看效果。

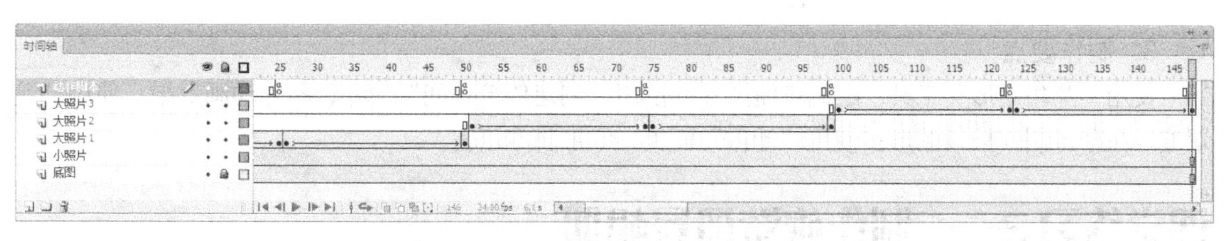

图 13-128

课堂练习 1——制作个人电子相册

练习 1.1　项目背景及要求

1. 客户名称

缪莎摄影工作室。

2．客户需求

缪莎摄影工作室是一家专业制作个人写真的工作室。公司目前需要制作一个相册，相册的主题是踏春，设计要求以新颖美观的形式进行创意，表现出清新与自然的风景，让人耳目一新。

3．设计要求

（1）模板背景要求具有质感，能够烘托主题。

（2）画面以风景和人物照片作为主体，主次明确，设计独特。

（3）整体风格新潮时尚，表现出工作室独特的创意与真诚的服务。

（4）设计规格均为 600 px（宽）× 400 px（高）。

练习 1.2　项目创意及制作

1．素材资源

图片素材所在位置："Ch13/素材/制作个人电子相册/01~07"。

2．设计作品

设计作品效果所在位置："Ch13/效果/制作个人电子相册.fla"，最终效果如图 13-129 所示。

图 13-129

3．制作要点

使用"圆角矩形"工具，绘制按钮图形；使用"创建传统补间"命令，制作动画效果；使用"遮罩层"命令，制作挡板图形；使用"动作"面板，添加脚本语言。

课堂练习 2——制作旅游风景相册

练习 2.1　项目背景及要求

1．客户名称

麦吉克摄影工作室。

2．客户需求

麦吉克摄影工作室具有专业的摄影工作团队，工作室运用艺术家的眼光捕捉属于您的独特瞬间，同时提供精致唯美的相册。目前工作室需要制作一款新的旅游相册模板，要求相册时尚、大气，能够表现工作室的品质及旅游相册的特点。

3. 设计要求

（1）相册的设计以轻松写意为主要宗旨，紧贴主题。

（2）相册以各地不同风景为主，画面要求唯美。

（3）整体设计要体现旅行所带来的轻松愉悦感觉。

（4）设计规格均为 840 px（宽）× 552 px（高）。

练习 2.2　项目创意及制作

1. 素材资源

图片素材所在位置："Ch13/素材/制作旅游风景相册/01~07"。

2. 设计作品

设计作品效果所在位置："Ch13/效果/制作旅游风景相册.fla"，最终效果如图 13-130 所示。

图 13-130

3. 制作要点

使用"多角星形"工具，绘制浏览按钮；使用"动作"面板，添加脚本语言；使用"遮罩层"命令，制作照片遮罩效果。

课后习题 1——制作儿童电子相册

习题 1.1　项目背景及要求

1. 客户名称

优达儿童摄影之家。

2. 客户需求

优达儿童摄影之家能提供顾客专业的儿童摄影服务，包括满月照、百天照、亲子照、全家福、婴幼儿摄影、儿童写真、儿童艺术照、上门拍摄等。本店需要制作一款新的电子相册，要求表现儿童的阳光、天真的特性。

3. 设计要求

（1）相册风格要求清新自然，突出儿童可爱天真的特性。

（2）明亮的色彩能够突出相册主题，所以相册设计要求色彩明快清新。

（3）设计要求以儿童与自然作为设计要素。

（4）整体效果要求具有阳光、自然、童趣的效果。

（5）设计规格均为 800 px（宽）× 527 px（高）。

习题 1.2　项目创意及制作

1．素材资源

图片素材所在位置："Ch13/素材/制作儿童电子相册/01~06"。

2．设计作品

设计作品效果所在位置："Ch13/效果/制作儿童电子相册.fla"，最终效果如图 13-131 所示。

图 13-131

3．制作要点

使用"变形"面板，改变照片的大小；使用"属性"面板，改变照片的不透明度；使用"钢笔"工具，制作边框元件；使用"属性"面板，改变边框元件的属性来制作照片底图效果。

课后习题 2——制作街舞影集

习题 2.1　项目背景及要求

1．客户名称

巴巴摄影工作室。

2．客户需求

巴巴摄影工作室是一家专业的摄影工作室，经营项目广泛，备受好评。工作室目前承接制作街舞影集项目。要求设计独特，迎合主题，突出街舞带来的律动与激情，以使人印象深刻。

3．设计要求

（1）影集以人物为主，突出主题，图文搭配合理使画面更加生动有趣。

（2）设计形式多样，在细节的处理上要求细致独特。

（3）整体设计要求整洁有序，并且时尚新潮。

（4）设计规格均为 800 px（宽）×614 px（高）。

习题 2.2　项目创意及制作

1．素材资源

图片素材所在位置："Ch13/素材/制作街舞影集/01~05"。

文字素材所在位置："Ch13/素材/制作街舞影集/文字文档"。

2．设计作品

设计作品效果所在位置："Ch13/效果/制作街舞影集.fla"，最终效果如图 13-132 所示。

图 13-132

3．制作要点

使用"插入帧"命令，延长动画的播放时间；使用"创建传统补间"命令，制作动画效果；使用"动作"面板，设置脚本语言来控制动画播放。

13.4　广告设计——制作健身舞蹈广告

13.4.1　项目背景及要求

1．客户名称

舞动奇迹健身中心。

2．客户需求

舞动奇迹健身中心是一家融合了舞蹈与健身理念，开设一系列舞蹈健身课程，并且设有专业的舞蹈培训课程的专业健身中心。目前健身中心正在火热报名中。要求针对舞动奇迹健身中心制作一个专业的宣传广告，在网络上进行宣传，要求制作风格独特，现代感强。

3．设计要求

（1）广告要求具有动感，展现年轻时尚的朝气。

（2）使用炫酷的背景，烘托舞蹈的魅力，表现健身中心的独特。

（3）要求搭配正在跳舞的人物，使画面更加丰富。

（4）整体风格要求具有感染力，体现舞动奇迹健身中心的热情与品质。

（5）设计规格均为 350 px（宽）× 500 px（高）。

13.4.2 项目设计及制作

1．素材资源

图片素材所在位置："Ch13/素材/制作健身舞蹈广告/01~06"。

2．设计作品

设计作品效果所在位置："Ch13/效果/制作健身舞蹈广告.fla"，最终效果如图 13-133 所示。

图 13-133

3．制作要点

使用"帧"命令，制作音乐符动画；使用"创建补间动画"命令，制作人物动画效果；使用"影片剪辑"元件，制作圆形动画。

13.4.3 案例制作及步骤

1．导入图片并制作人物动画

（1）选择"文件 > 新建"命令，弹出"新建文档"对话框，在"常规"选项卡中选择"ActionScript 3.0"选项，将"宽度"选项设置为 350，"高度"选项设置为 500，"背景颜色"设置为蓝色（#00CBFF），单击"确定"按钮，完成文档的创建。

（2）选择"文件 > 导入 > 导入到库"命令，在弹出的"导入到库"对话框中选择"Ch13 > 素材 > 制作健身舞蹈广告 > 01 ~ 06"文件，单击"打开"按钮，文件被导入"库"面板中，如图 13-134 所示。

（3）按 Ctrl+L 组合键，弹出"库"面板。在"库"面板下方单击"新建元件"按钮，弹出"创建新元件"对话框，在"名称"选项的文本框中输入"人物动"，在"类型"选项的下拉列表中选择"影片剪辑"，单击"确定"按钮，新建一个影片剪辑元件"人物动"，舞台窗口也随之转换为影片剪辑元件的舞台窗口。将"库"面板中的位图"04"拖曳到舞台窗口左侧，如图 13-135 所示。

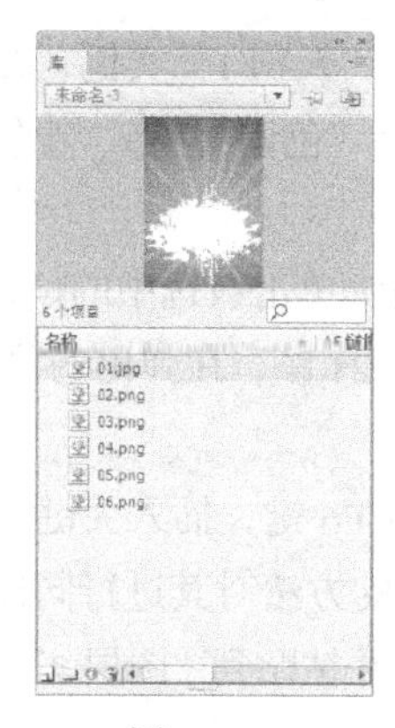

图 13-134　　图 13-135

（4）按 F8 键，在弹出的“转换为元件”对话框中进行设置，如图 13-136 所示，单击“确定”按钮，将位图“04”转换为图形元件“人物 1”。单击“时间轴”面板下方的“新建图层”按钮，生成新的“图层 2”。将“库”面板中的位图“05”拖曳到舞台窗口右侧，如图 13-137 所示。

图 13-136　　图 13-137

（5）按 F8 键，在弹出的“转换为元件”对话框中进行设置，如图 13-138 所示，单击“确定”按钮，将位图“05”转换为图形元件“人物 2”。分别选中“图层 1”“图层 2”的第 10 帧，按 F6 键，插入关键帧，在舞台窗口中选中对应的人物，按住 Shift 键，分别将其向舞台中心水平拖曳，效果如图 13-139 所示。

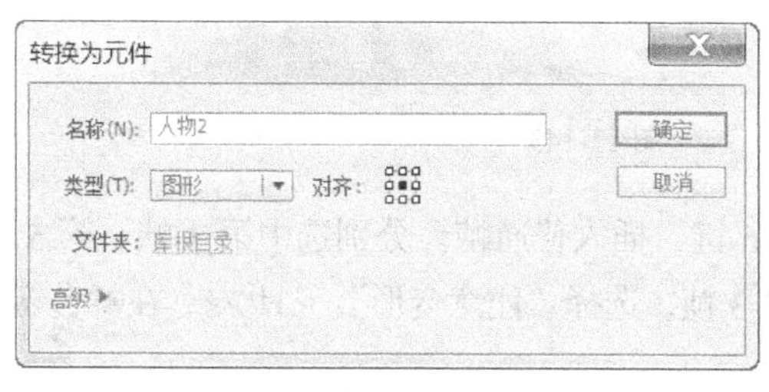

图 13-138　　图 13-139

（6）分别用鼠标右键单击“图层 1”“图层 2”的第 1 帧，在弹出的菜单中选择“创建传统补间”命令，生成传统补间动画。

（7）分别选中“图层 1”“图层 2”的第 40 帧，按 F5 键，插入普通帧。分别选中“图层 1”的第 16 帧、第 17 帧，按 F6 键，插入关键帧。

（8）选中“图层 1”的第 16 帧，在舞台窗口中选中“人物 1”实例，在图形“属性”面板中选择“色彩效果”选项组，在“样式”选项的下拉列表中选择“色调”，将“着色”设置为白色，其他选项为默认值，舞台窗口中的效果如图 13-140 所示。

（9）选中“图层 1”的第 16 帧、第 17 帧，用鼠标右键单击被选中的帧，在弹出的菜单中选择“复制帧”命令，将其复制。用鼠标右键单击“图层 1”的第 21 帧，在弹出的菜单中选择“粘贴帧”命令，将复制过的帧粘贴到第 21 帧中。

（10）分别选中“图层 2”的第 15 帧、第 16 帧，按 F6 键，插入关键帧。选中“图层 2”的第 15 帧，在舞台窗口中选中“人物 2”实例，用“步骤 7”中的方法对其进行同样的操作，效果如图 13-141 所示。选中“图层 2”的第 15 帧和第 16 帧，将其复制，并粘贴到“图层 2”的第 20 帧中，如图 13-142 所示。

图 13-140

图 13-141

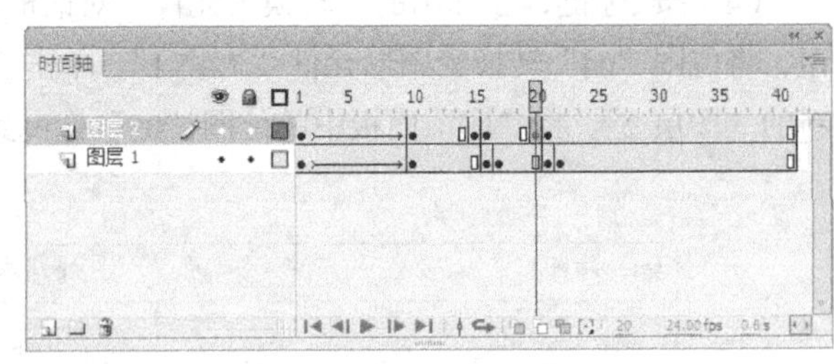

图 13-142

2．制作影片剪辑元件

（1）单击“新建元件”按钮，新建影片剪辑元件“声音条”。舞台窗口也随之转换为影片剪辑元件的舞台窗口。选择“矩形”工具，在工具箱中将“笔触颜色”设置为无，“填充颜色”设置为白色，在舞台窗口中绘制多个矩形，选中所有矩形，选择“窗口 > 对齐”命令，弹出“对齐”面板，单击“底对齐”按钮，将所有矩形底对齐，效果如图 13-143 所示。

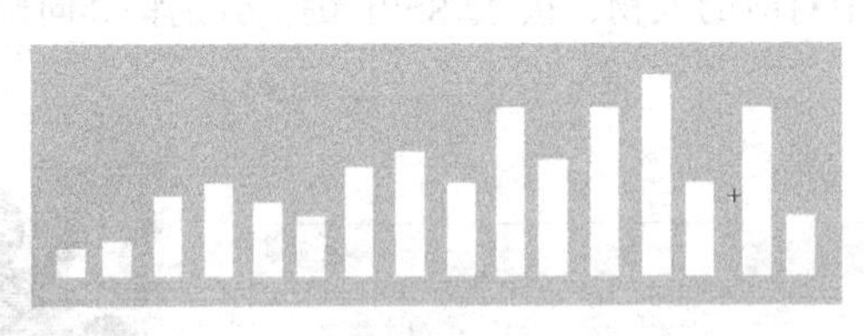

图 13-143

（2）选中“图层 1”的第 8 帧，按 F5 键，插入普通帧。分别选中第 3 帧、第 5 帧、第 7 帧，按 F6 键，插入关键帧。选中“图层 1”的第 3 帧，选择“任意变形”工具，在舞台窗口中随机改变各矩形的高度，保持底对齐。

（3）用“步骤 2”中的方法分别对“图层 1”的第 5 帧、第 7 帧所对应舞台窗口中的矩形进行操作。

（4）单击“新建元件”按钮，新建影片剪辑元件“文字”，舞台窗口也随之转换为影片剪辑元件的舞台窗口。将“库”面板中的位图“03”拖曳到舞台窗口中，效果如图 13-144 所示。选中“图层 1”图层的第 6 帧，按 F5 键，插入普通帧。

（5）单击“时间轴”面板下方的“新建图层”按钮，新建“图层 2”。选择“文本”工具，在文本工具“属性”面板中进行设置，在舞台窗口中适当的位置输入大小为 22、字体为“方正兰亭特黑长简体”的白色文字，文字效果如图 13-145 所示。

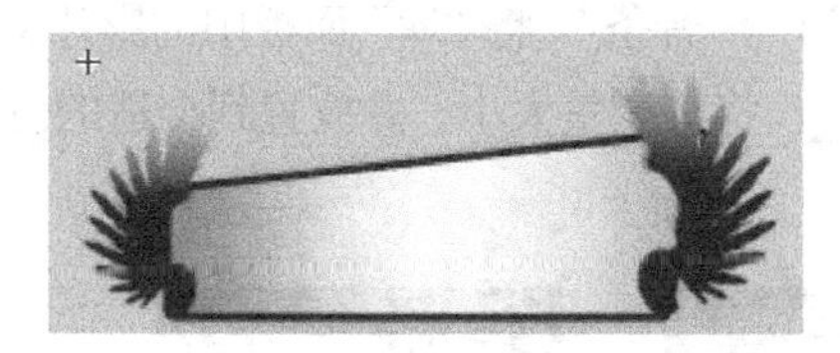
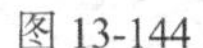

图 13-144

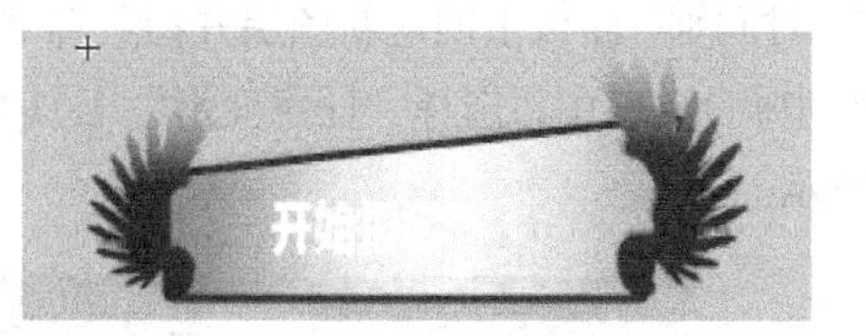

图 13-145

（6）选中文字，按 2 次 Ctrl+B 组合键，将其打散。选择“任意变形”工具，单击工具箱下方的“扭曲”按钮，拖动控制点将文字变形，并放置到合适的位置，效果如图 13-146 所示。

（7）选中“图层 2”的第 4 帧，按 F6 键，插入关键帧，在工具箱中将“填充颜色”设置为红色，舞台窗口中的效果如图 13-147 所示。

图 13-146

图 13-147

（8）单击“新建元件”按钮，新建影片剪辑元件“圆动”，舞台窗口也随之转换为影片剪辑元件的舞台窗口。将“库”面板中的位图“02”拖曳到舞台窗口中，效果如图 13-148 所示。按 F8 键，在弹出的“转换为元件”对话框中进行设置，如图 13-149 所示，单击“确定”按钮，将位图“02”转换为图形元件“圆”。

（9）分别选中“图层 1”的第 10 帧、第 20 帧，按 F6 键，插入关键帧。选中“图层 1”图层的第 10 帧，在舞台窗口中选中“圆”实例，选择“任意变形”工具，按住 Shift 键拖动控制点，将其等比例放大，效果如图 13-150 所示。

图 13-148

图 13-149

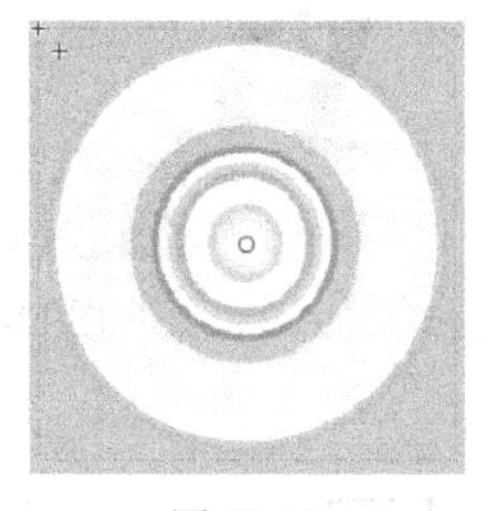

图 13-150

（10）分别用鼠标右键单击“图层 1”的第 1 帧、第 10 帧，在弹出的菜单中选择“创建传统补间”命令，生成传统补间动画。

3. 制作动画效果

（1）单击舞台窗口左上方的“场景 1”图标，进入“场景 1”的舞台窗口。将“图层 1”重新命名为“底图”。将“库”面板中的位图“01”拖曳到舞台窗口中，效果如图 13-151 所示。

（2）在“时间轴”面板中创建新图层并将其命名为“圆”。将“库”面板中的影片剪辑元件“圆动”向舞台窗口中拖曳 4 次，选择“任意变形”工具，按需要分别调整“圆动”实例的

大小，并放置到合适的位置，如图 13-152 所示。

（3）在“时间轴”面板中创建新图层并将其命名为“声音条”。将“库”面板中的影片剪辑元件“声音条”拖曳到舞台窗口中，选择“任意变形”工具，将其调整大小，并放置到合适的位置，效果如图 13-153 所示。

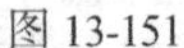

图 13-151

图 13-152

图 13-153

（4）在“时间轴”面板中创建新图层并将其命名为“人物”。将“库”面板中的影片剪辑元件“人物动”拖曳到舞台窗口中，效果如图 13-154 所示。

（5）在“时间轴”面板中创建新图层并将其命名为“文字”。将“库”面板中的影片剪辑元件“文字”拖曳到舞台窗口中，效果如图 13-155 所示。

（6）在“时间轴”面板中创建新图层并将其命名为“装饰”。将“库”面板中的位图“06”拖曳到舞台窗口中，效果如图 13-156 所示。健身舞蹈广告制作完成，按 Ctrl+Enter 组合键即可查看效果。

图 13-154

图 13-155

图 13-156

课堂练习 1——制作音乐广告

练习 1.1 项目背景及要求

1. 客户名称

莱斯音乐广场有限公司。

2. 客户需求

莱斯音乐工作室是一家具有优质音乐、专业的灯光、全方位服务的专业音乐厅，音乐厅需要提高知名度和信誉度，希望针对莱斯音乐广场制作一个专业的宣传广告，在网络上进行宣传，要求制作风格独特，现代感强。

3．设计要求

（1）广告要求具有动感，展现年轻时尚的朝气。

（2）使用深色的背景，烘托夜晚的魅力，表现音乐厅的独特。

（3）制作闪亮的灯光增加炫动的气氛，要求搭配人物，丰富画面。

（4）整体风格要求画面热烈具有感染力，体现音乐厅的热情与品质。

（5）设计规格均为 400px（宽）× 588 px（高）。

练习 1.2　项目创意及制作

1．素材资源

图片素材所在位置："Ch13/素材/制作音乐广告/01~08"。

2．设计作品

设计作品效果所在位置："Ch13/效果/制作音乐广告.fla"，最终效果如图 13-157 所示。

图 13-157

3．制作要点

使用"导入"命令，导入素材文件；使用"创建元件"命令，制作图形元件；使用"创建传统补间"命令，制作补间动画效果。

课堂练习 2——制作电子商务广告

练习 2.1　项目背景及要求

1．客户名称

华士电子商务科技有限公司。

2．客户需求

华士电子商务科技有限公司是一家专为企业或个人提供网上交易洽谈平台的公司，是协调、整合信息流、物质流、资金流有序、关联、高效流动的重要场所。目前公司推出一款新设计的创新电子商务平台，为宣传其最新产品，需要制作广告，广告要求体现出公司网络科技感。

3. 设计要求

（1）设计要求以传达电子商务平台为主旨，能够起到宣传效果。

（2）广告背景使用靓丽丰富的色彩，能够刺激观众的视觉，提升观众的热情度。

（3）在广告上体现网络管理相关元素，丰富画面，并能够点明主题。

（4）整体能够表现电子商务简洁、高效、安全的特点。

（5）设计规格均为 300 px（宽）× 550 px（高）。

练习 2.2　项目创意及制作

1. 素材资源

图片素材所在位置："Ch13/素材/制作电子商务广告/01~04"。

文字素材所在位置："Ch13/素材/制作电子商务广告/文字文档"。

2. 设计作品

设计作品效果所在位置："Ch13/效果/制作电子商务广告.fla"，最终效果如图 13-158 所示。

图 13-158

3. 制作要点

使用"矩形"工具和"颜色"面板，绘制渐变矩形；使用"文本"工具，添加标题文字；使用"创建传统补间"命令，制作补间动画。

课后习题 1——制作手机广告

习题 1.1　项目背景及要求

1. 客户名称

米心手机。

2. 客户需求

米心手机是一家生产销售通信设备的民营通信科技公司，米心的产品覆盖手机、平板电脑、移动宽带等业务，目前公司推出一款超大屏四核的智能手机，为宣传其最新产品，需要制作广告，广告要求时尚并富有活力。

3．设计要求

（1）广告制作要求突出对手机性能、科技和特色的宣传介绍。

（2）画面要求具有青春时尚的活力元素，能够吸引消费者关注。

（3）图文搭配合理，色彩艳丽丰富。

（4）以手机图像作为广告的视觉焦点，达到宣传效果。

（5）设计规格均为 800 px（宽）× 251 px（高）。

习题 1.2　项目创意及制作

1．素材资源

图片素材所在位置："Ch13/素材/制作手机广告/01~04"。

文字素材所在位置："Ch13/素材/制作手机广告/文字文档"。

2．设计作品

设计作品效果所在位置："Ch13/效果/制作手机广告.psd"，最终效果如图 13-159 所示。

图 13-159

3．制作要点

使用"变形"面板，改变元件的大小并旋转角度；使用"属性"面板，改变图形的位置；使用"动作"面板，为按钮添加脚本语言。

课后习题 2——制作瑜伽中心广告

习题 2.1　项目背景及要求

1．客户名称

舞动奇迹健身中心。

2．客户需求

舞动奇迹健身中心是一家融合了舞蹈与健身理念，开设一系列舞蹈健身课程，并且设有专业的瑜伽培训课程的专业健身中心。目前健身中心正在火热报名中。要求针对舞动奇迹健身中心制作一个针对瑜伽培训的宣传广告，在网络上进行宣传，要求制作风格独特，现代感强。

3．设计要求

（1）广告要求具有动感，展现年轻时尚的朝气。

（2）使用温馨柔美的背景，烘托瑜伽的魅力，表现健身中心的独特。

（3）要求搭配正在锻炼的人物，使画面更加丰富。

（4）整体风格要求具有感染力，体现舞动奇迹健身中心的热情与品质。

（5）设计规格均为 620 px（宽）× 428 px（高）。

习题 2.2　项目创意及制作

1．素材资源

图片素材所在位置：“Ch13/素材/制作瑜伽中心广告/01~06”。

文字素材所在位置：“Ch13/素材/制作瑜伽中心广告/文字文档”。

2．设计作品

设计作品效果所在位置：“Ch13/效果/制作瑜伽中心广告.fla”，最终效果如图 13-160 所示。

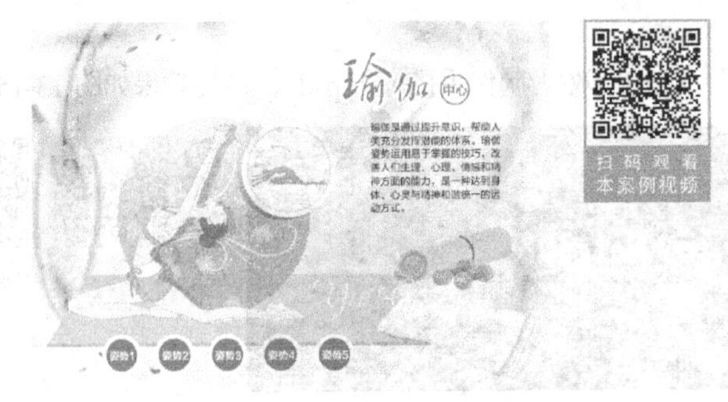

图 13-160

3．制作要点

使用“椭圆”工具和“颜色”面板，制作按钮图形；使用“文本”工具，输入介绍文本；使用“动作”面板，添加脚本语言。

13.5 网页设计——制作房地产网页

13.5.1 项目背景及要求

1．客户名称

房地产有限责任公司。

2．客户需求

房地产有限责任公司是一家经营房地产开发、物业管理、城市商品住宅、商品房销售的房地产公司。公司为迎合市场需求，扩大知名度，需要制作网站，网站设计要求厚重沉稳，并且设计精美，体现企业的高端品质。

3．设计要求

（1）设计风格要求高端大气，制作精良。

（2）要求网页设计使用蓝色的背景，冷色调的色彩能够表现出画面质感。

（3）网站设计围绕房产的特色进行设计搭配，分类明确细致。

（4）整体风格沉稳大气，表现出企业的文化内涵。

（5）设计规格均为 600 px（宽）× 800 px（高）。

13.5.2　项目创意及制作

1．素材资源

图片素材所在位置："Ch13/素材/制作房地产广告/01~06"。

2．设计作品

设计作品效果所在位置："Ch13/效果/制作房地产广告.fla"，最终效果如图 13-161 所示。

图 13-161

3．制作要点

使用"导入"命令，导入素材文件；使用"创建元件"命令，将导入的素材制作成按钮元件；使用"文本"工具，输入需要的文字；使用"属性"面板，设置照片的具体位置；使用"帧"命令，制作逐帧动画效果；使用"动作脚本"命令，添加动作脚本。

13.5.3　案例制作及步骤

1．导入素材制作按钮元件

（1）选择"文件 > 新建"命令，弹出"新建文档"对话框，在"常规"选项卡中选择"ActionScript 2.0"选项，将"宽"选项设置为 600，"高"选项设置为 800，单击"确定"按钮，完成文档的创建。

（2）选择"文件 > 导入 > 导入到库"命令，在弹出的"导入到库"对话框中选择"Ch13 > 素材 > 制作房地产网页 > 01 ~ 06"文件，单击"打开"按钮，文件被导入"库"面板中，如图 13-162 所示。

（3）按 Ctrl+F8 组合键，弹出“创建新元件”对话框，在“名称”选项的文本框中输入“按钮 1”，在“类型”选项的下拉列表中选择“按钮”，单击“确定”按钮，新建按钮元件“按钮 1”，如图 13-163 所示，舞台窗口也随之转换为按钮元件的舞台窗口。将“库”面板中的位图“02”拖曳到舞台窗口中，如图 13-164 所示。

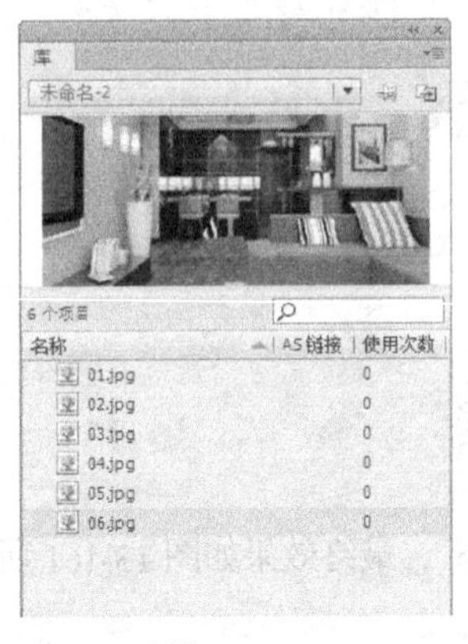

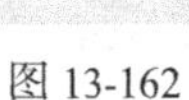
图 13-162

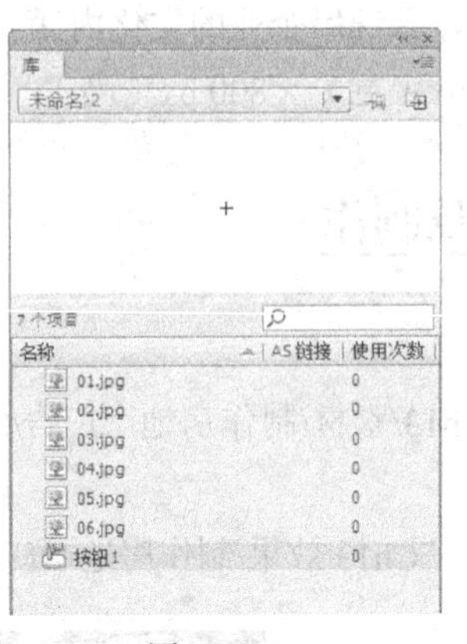

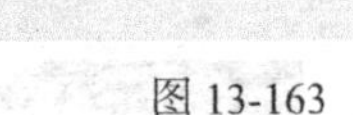
图 13-163

图 13-164

（4）单击“时间轴”面板下方的“新建图层”按钮，新建“图层 2”，如图 13-165 所示。选择“文本”工具，在文本工具“属性”面板中进行设置，在舞台窗口中适当的位置输入大小为 18、字体为“方正粗倩简体”的白色文字，文字效果如图 13-166 所示。使用相同的方法制作按钮“按钮 2”“按钮 3”“按钮 4”，“库”面板如图 13-167 所示。

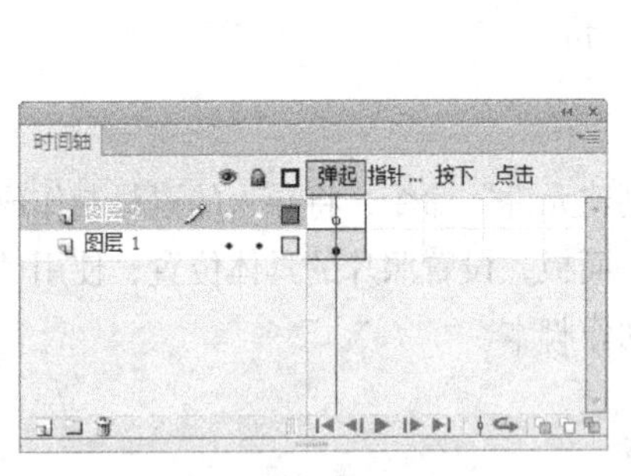

图 13-165

图 13-166

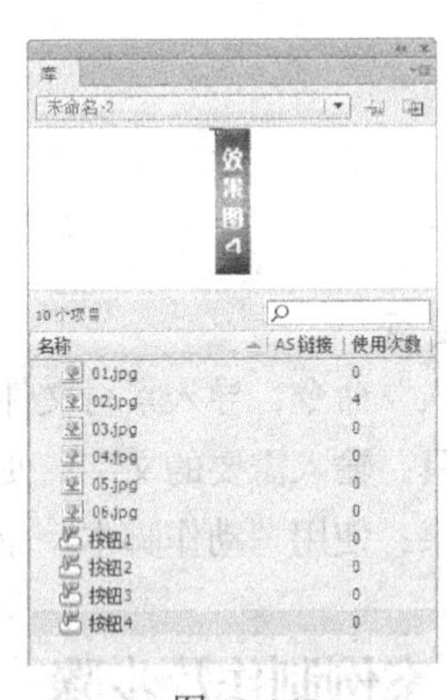

图 13-167

2．制作场景动画

（1）单击舞台窗口左上方的“场景 1”图标，进入“场景 1”的舞台窗口。将“图层 1”重命名为“底图”。将“库”面板中的位图“01”拖曳到舞台窗口中。选中“底图”图层的第 4 帧，按 F5 键，插入普通帧。

（2）在“时间轴”面板中创建新图层并将其命名为“按钮”。将“库”面板中的按钮元件“按钮 1”拖曳到舞台窗口中，在按钮“属性”面板中，将“X”选项设置为 117，“Y”选项设置为 558，将实例放置在背景图的左下方，效果如图 13-168 所示。

（3）将“库”面板中的按钮元件“按钮 2”拖曳到舞台窗口中，在按钮“属性”面板中，将“X”选项设置为 409，“Y”选项设置为 558，将实例放置在背景图的右下方，效果如图 13-169 所示。

（4）将“库”面板中的按钮元件“按钮 3”拖曳到舞台窗口中，在按钮“属性”面板中，将“X”选项设置为 437，“Y”选项设置为 558，将实例放置在背景图的右下方，效果如图 13-170 所示。

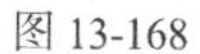

图 13-168

图 13-169

图 13-170

（5）将“库”面板中的按钮元件“按钮 4”拖曳到舞台窗口中，在按钮“属性”面板中，将“X”选项设置为 465，“Y”选项设置为 558，将实例放置在背景图的右下方，效果如图 13-171 所示。

（6）在“时间轴”面板中创建新图层并将其命名为“图片”。将“库”面板中的位图“03”拖曳到舞台窗口中，在位图“属性”面板中，将“X”选项设置为 146，“Y”选项设置为 558，将实例放置在背景图的中下方，效果如图 13-172 所示。

（7）选中“图片”图层的第 2 帧，按 F7 键，插入空白关键帧。将“库”面板中的位图“04”拖曳到舞台窗口中，在位图“属性”面板中，将“X”选项设置为 146，“Y”选项设置为 558，将实例放置在背景图的中下方，效果如图 13-173 所示。

图 13-171

图 13-172

图 13-173

（8）选中“图片”图层的第 3 帧，按 F7 键，插入空白关键帧。将“库”面板中的位图“05”拖曳到舞台窗口中，在位图“属性”面板中，将“X”选项设置为 146，“Y”选项设置为 558，将实例放置在背景图的中下方，效果如图 13-174 所示。

（9）选中“图片”图层的第 4 帧，按 F7 键，插入空白关键帧。将“库”面板中的位图“06”拖曳到舞台窗口中，在位图“属性”面板中，将“X”选项设置为 146，“Y”选项设置为 558，将实例放置在背景图的中下方，效果如图 13-175 所示。

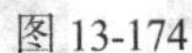

图 13-174

图 13-175

3．添加动作脚本

（1）在“时间轴”面板中创建新图层并将其命名为“动作脚本”。选中“动作脚本”图层的第 1 帧，选择“窗口 > 动作”命令，弹出“动作”面板，在“动作”面板中设置脚本语言，“脚本窗口”中显示的效果如图 13-176 所示。在“动作脚本”图层的第 1 帧上显示出一个标记“a”，如图 13-177 所示。

（2）选中“按钮”图层的第 1 帧，在舞台窗口中选中“按钮 1”实例，调出“动作”面板，在“动作”面板中设置脚本语言，“脚本窗口”中显示的效果如图 13-178 所示。

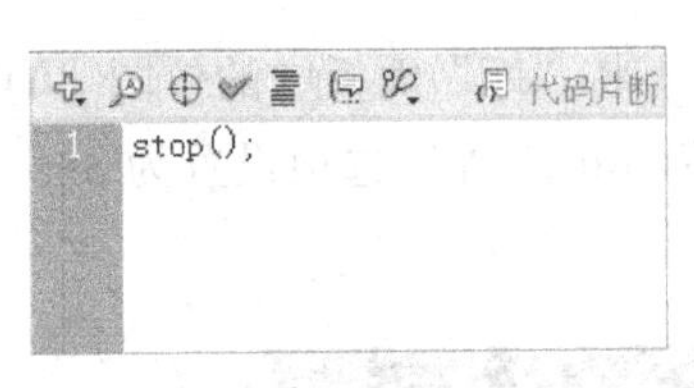

图 13-176

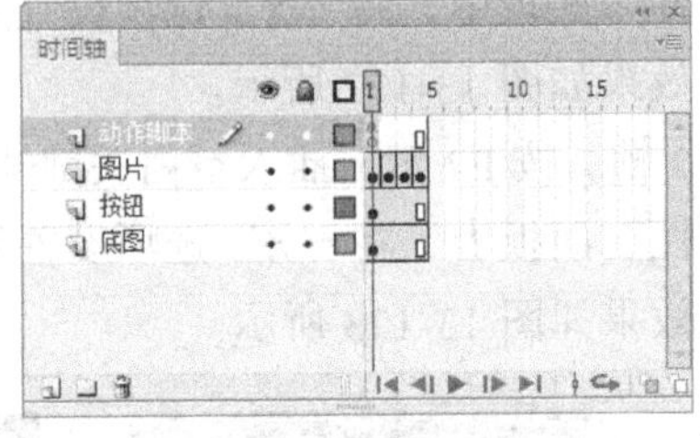

图 13-177

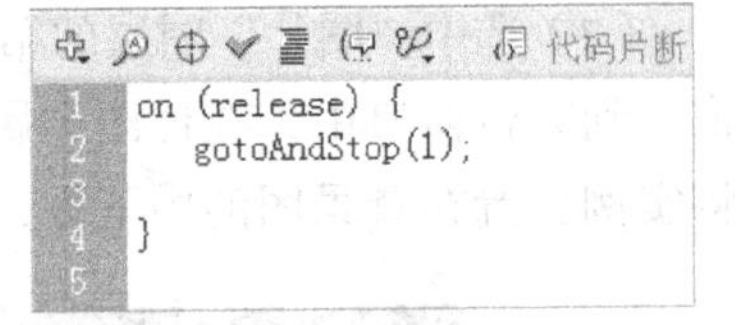

图 13-178

（3）在舞台窗口中选中“按钮 2”实例，调出“动作”面板，在“动作”面板中设置脚本语言，“脚本窗口”中显示的效果如图 13-179 所示。

（4）在舞台窗口中选中“按钮 3”实例，调出“动作”面板，在“动作”面板中设置脚本语言，“脚本窗口”中显示的效果如图 13-180 所示。

（5）在舞台窗口中选中“按钮 4”实例，调出“动作”面板，在“动作”面板中设置脚本语言，“脚本窗口”中显示的效果如图 13-181 所示。设置好动作脚本后，关闭“动作”面板。房地产网页制作完成，按 Ctrl+Enter 组合键即可查看效果。

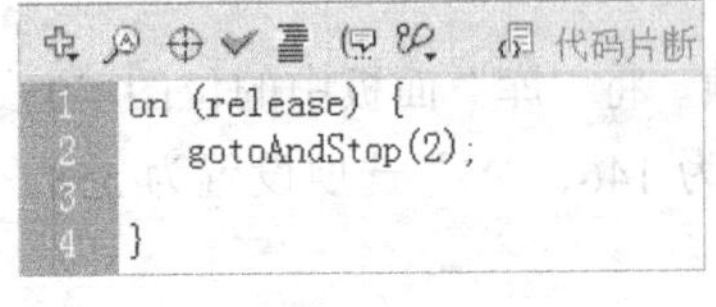

图 13-179

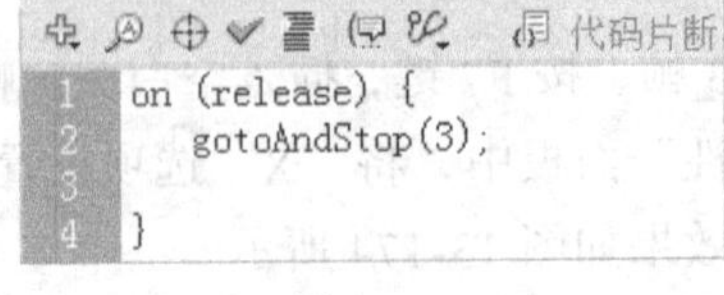

图 13-180

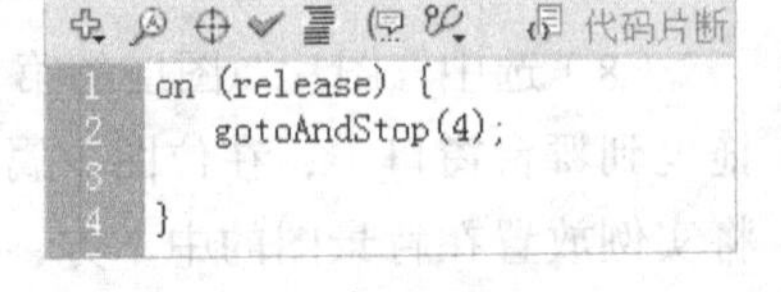

图 13-181

课堂练习 1——制作数码产品网页

练习 1.1　项目背景及要求

1. 客户名称

数码电子商城有限公司。

2. 客户需求

数码电子商城有限公司是一家经营数码产品的大型商场，经营范围广泛，种类丰富，目前需要制作专业数码相机的网站，网站的主要开发目的是利用网络技术，为用户搭建一个快捷稳定的数码产品购物平台，并且能够提升专业数码商城的知名度。

3. 设计要求

（1）网页设计要求使用绿色作为网站背景，浅淡的色彩能够突显出主题产品。

（2）使用独特的设计形式来宣传产品的特性，增添网站的趣味性。

（3）网站的导航栏设计要求简洁直观，便于用户浏览。

（4）文字及图片的搭配主次分明，画面干净。

（5）设计规格均为 650 px（宽）× 400 px（高）。

练习 1.2　项目创意及制作

1. 素材资源

图片素材所在位置："Ch13/素材/制作数码产品网页/01~06"。

文字素材所在位置："Ch13/素材/制作数码产品网页/文字文档"。

2. 设计作品

设计作品效果所在位置："Ch13/效果/制作数码产品网页.fla"，最终效果如图 13-182 所示。

图 13-182

3. 制作要点

使用"矩形"工具和"颜色"面板，制作绿色条图形；使用"创建传统补间"命令，制作目录动画效果；使用"文本"工具，输入导航文字。

课堂练习 2——制作精品购物网页

练习 2.1 项目背景及要求

1. 客户名称

精品购物网。

2. 客户需求

精品购物网是一家网购专业平台，是中国电子商务领域较受消费者欢迎和较具影响力的电子商务网站之一。为了更好地为广大消费者服务，需要重新设计网页页面，网页的设计要求符合百货商城网的定位，能够更加吸引消费者。

3. 设计要求

（1）网页设计的背景使用渐变色，能够更好地突出产品。

（2）网页的页面分类明确细致，便于用户浏览搜索。

（3）网页的内容丰富，画面热闹，使用红色进行装饰。

（4）整体设计更偏重于迎合女性消费者的喜好。

（5）设计规格均为 650 px（宽）×450 px（高）。

练习 2.2 项目创意及制作

1. 素材资源

图片素材所在位置："Ch13/素材/制作精品购物网页/01"。

文字素材所在位置："Ch13/素材/制作精品购物网页/文字文档"。

2. 设计作品

设计作品效果所在位置："Ch13/效果/制作精品购物网页.fla"，最终效果如图 13-183 所示。

图 13-183

3. 制作要点

使用"钢笔"工具，绘制引导线；使用"椭圆"工具，绘制按钮图形；使用"动作"面板，添加动作脚本。

课后习题 1——制作美发网页

习题 1.1 项目背景及要求

1. 客户名称

美莱发型。

2. 客户需求

美莱发型是一家以打造美容美发行业高端品牌，树立百年美容美发店为目标的美发店。店面经营至今已在全国拥有多家分店。现为了更好地服务大众，让更多的人了解我们，特开设网络平台。要求设计抓住本店特色，突出本店优势，以吸引更多的消费者。

3. 设计要求

（1）网站的设计主题以造型为主，要求设计师抓住重点。

（2）色彩搭配鲜艳明快，使浏览者眼前一亮。

（3）网页画面以造型照片作为搭配，点明主题。

（4）网站设计具有创新，使其在美发网站中脱颖而出。

（5）设计规格均为 957 px（宽）× 605 px（高）。

习题 1.2 项目设计及制作

1. 设计素材

图片素材所在位置：“Ch13/素材/制作美发网页/01~04”。

2. 设计作品

设计作品效果所在位置：“Ch13/素材/制作美发网页.fla”，最终效果如图 13-184 所示。

图 13-184

3. 制作要点

使用“矩形”工具，制作按钮效果；使用“属性”面板，为实例命名；使用“动作”面板，设置语言脚本。

课后习题 2——制作化妆品网页

习题 2.1　项目背景及要求

1．客户名称

SNOW 化妆网。

2．客户需求

SNOW 化妆网是一家面向全国女性护肤保养的交流平台。每月定期推出新的护肤产品，并提供专业的护肤指导，帮助顾客找到适合自己的化妆品。现新一期化妆品即将推出，需要设计新的网页页面，设计要求突出产品特点，且能够吸引顾客消费。

3．设计要求

（1）网页设计的背景使用渐变色，能够更好地突出产品。

（2）网页的页面分类明确细致，便于用户浏览搜索。

（3）网页的内容丰富，使用红色进行装饰。

（4）整体设计偏重于迎合女性消费者的喜好。

（5）设计规格均为 800 px（宽）× 484 px（高）。

习题 2.2　项目创意及制作

1．素材资源

图片素材所在位置："Ch13/素材/制作化妆品网页/01~05"。

文字素材所在位置："Ch13/素材/制作化妆品网页/文字文档"。

2．设计作品

设计作品效果所在位置："Ch13/素材/制作化妆品网页.fla"，最终效果如图 13-185 所示。

图 13-185

3．制作要点

使用"圆角矩形"工具和"颜色"面板，绘制按钮图形；使用"文本"工具，添加标题和产品说明文字效果；使用"动作"面板，为按钮元件添加脚本语言。